智慧能源体系

童光毅　杜松怀　著

科 学 出 版 社

北　京

内 容 简 介

本书从智慧能源体系的概念、内涵、逻辑结构和发展路径入手，重点介绍微电网、泛能网、智能电网、能源互联网的特征、关键技术、工程实践、商业模式及其相互之间的关系，全方位地展示各自的发展背景、社会需求、技术难点、系统组成、工程应用、创新模式及应用前景。

本书可作为电气工程、能源工程、系统工程和自动控制等领域的科技工作者、工程技术人员、管理人员和研究生的参考书，也可作为电力市场、经济管理、互联网技术应用研究人员的参考书。

图书在版编目（CIP）数据

智慧能源体系 / 童光毅，杜松怀著. —北京：科学出版社，2020.6

ISBN 978-7-03-064261-5

Ⅰ. ①智… Ⅱ. ①童… ②杜… Ⅲ.智能技术-应用-电网-研究
Ⅳ. ①TM727-39

中国版本图书馆CIP数据核字（2020）第017840号

责任编辑：裴 育 陈 婕 罗 娟 / 责任校对：郭瑞芝
责任印制：吴兆东 / 封面设计：蓝 正

科学出版社 出版
北京东黄城根北街16号
邮政编码：100717
http://www.sciencep.com
北京建宏印刷有限公司 印刷
科学出版社发行 各地新华书店经销
*
2020年6月第 一 版 开本：720×1000 1/16
2023年8月第四次印刷 印张：20 1/4
字数：400 000

定价：145.00元

（如有印装质量问题，我社负责调换）

前　言

能源是人类社会发展的基石，是世界经济增长的动力。纵观人类历史，科技与生产力的每一次重大进步与飞跃，莫不与能源变革息息相关。如今，随着经济的快速发展，能源的消耗也越来越大，能源短缺与环境污染日益成为制约当今社会发展的重要因素，也成为关系人类生存与发展的重大问题。

技术创新驱动能源利用转型。人类能源的利用发展有三次划时代的革命性转折。第一次转折，是煤炭取代柴薪成为人类社会的主要能源；第二次转折，是石油取代煤炭进而占据人类能源消费的主导地位；第三次转折，则是目前正在发生的清洁能源逐步大规模取代常规化石能源，进而实现可再生能源的循环利用。

近年来，随着互联网技术的不断发展和完善，互联网经济不断打破现在固有格局并颠覆传统的经济模式。与此同时，基于互联网思维建设能源互联网，进而构建智慧能源体系，已经成为当前亟待研究和解决的重大战略问题。

在此背景下，本书提出“智慧能源体系”的相关理论并建立了其相应的技术架构。全书共 5 章。第 1 章概要介绍智慧能源体系，梳理并厘清智慧能源体系的概念、内涵及各组态模块的逻辑结构；第 2 章主要介绍微电网的起源、发展历程、发展意义、关键技术及工程实践等；第 3 章介绍泛能网的概念、特征、关键技术、工程实践和商业场景；第 4 章介绍智能电网的概念、特征、关键技术、发展趋势和商业模式等；第 5 章定义能源互联网，并介绍其关键技术和商业模式等。

本书主要撰写人员及分工如下：中国农业大学兼职教授童光毅、中国农业大学教授杜松怀和中国电力科学研究院教授级高工盛万兴，负责第 1 章智慧能源体系概论的撰写；中国农业大学苏娟、井天军、赵凤展、牛焕娜等，负责第 2 章微电网的撰写；国网能源研究院教授级高工韩新阳、全球能源互联网发展合作组织胡波，以及新奥泛能网络集团刘敏、李明辉等，负责第 3 章泛能网的撰写；中国电力科学研究院配电研究所刘科研和白牧可、计量研究所刁赢龙等，负责第 4 章智能电网的撰写；中国电力科学研究院用电与能效研究所郭炳庆、屈博、吴乃月、李阳、黄乔林，国家电网浙江省电力公司刘强，国家电网上海市电力公司陈景琪等，负责第 5 章能源互联网的撰写。全书由童光毅和杜松怀设计、统稿并整理。

与本书内容相关的研究得到了国家重点研发计划项目(2016YFB0900100)的大力支持，在此表示感谢。此外，在书稿撰写和多次论证的过程中，中国农业大学研究生张稳、王梦真、胡晨、刘博、唐皓淞、倪琦、杨曼、梁鹏霄及科研助理蓝洁琼等参与了部分工作，在此也一并表示感谢。

由于作者的能力、研究视野和学术水平有限，书中难免存在不妥之处，敬请读者批评指正。

童光毅　杜松怀

2019 年 4 月于北京

目　录

序

前言

第 1 章　智慧能源体系概论……1

1.1　智慧能源体系概述……1

1.1.1　智慧能源体系概念……1

1.1.2　智慧能源体系逻辑结构……2

1.1.3　智慧能源体系发展路径……3

1.2　国内外智慧能源体系的发展……4

1.2.1　国内外微电网的发展……4

1.2.2　国内外泛能网的发展……6

1.2.3　国内外智能电网的发展……9

1.2.4　国内外能源互联网的发展……13

参考文献……16

第 2 章　微电网……18

2.1　微电网概述……18

2.1.1　微电网起源……18

2.1.2　微电网发展历程……19

2.1.3　微电网概念及特征……24

2.1.4　微电网电压等级及规模……28

2.1.5　新能源与微电网……29

2.1.6　微电网发展的意义……31

2.2　微电网关键技术……32

2.2.1　常用分布式发电控制技术……32

2.2.2　发电功率预测技术……34

2.2.3　储能技术……35

2.2.4　检测与控制技术……39

2.2.5　微电网能量管理技术……51

2.2.6　微网群协调控制技术……58

2.3　微电网工程实践……67

2.3.1　偏远地区微电网……67

2.3.2　城市微电网……72

2.3.3 海岛微电网…………73
2.3.4 其他类型微电网…………74
2.4 微电网商业模式…………79
2.4.1 微电网典型运营模式…………80
2.4.2 微电网经营策略…………86
2.5 展望…………87
2.6 本章小结…………88
参考文献…………88
第3章 泛能网…………93
3.1 泛能网概述…………93
3.1.1 泛能网发展背景…………93
3.1.2 泛能网概念及特征…………94
3.1.3 泛能网的演进…………95
3.1.4 泛能网发展的价值和意义…………96
3.1.5 泛能网与微电网、微能网的对比…………97
3.2 泛能网关键技术…………98
3.2.1 能源物理设施类技术…………100
3.2.2 系统集成优化类技术…………112
3.2.3 精益交易运营类技术…………116
3.2.4 契合现代能源体系的新型标准体系…………125
3.3 泛能网工程实践…………125
3.3.1 存量改造区域-泛能融合迭代模式…………125
3.3.2 新建区域-泛能规划牵引的网络迭代模式…………127
3.3.3 泛能站由点及面逐步扩展模式…………129
3.3.4 类泛能项目…………130
3.4 泛能网商业模式…………131
3.4.1 泛能网商业场景…………131
3.4.2 数字化能源解决方案模式…………132
3.4.3 综合能源交易运营模式…………132
3.4.4 智慧运维模式…………133
3.5 展望…………133
3.6 本章小结…………134
参考文献…………134
第4章 智能电网…………136
4.1 智能电网概述…………136
4.1.1 智能电网发展背景…………136

4.1.2　智能电网概念及特征……137
4.1.3　智能电网发展的意义……139
4.1.4　智能电网的建设思路……141
4.1.5　智能电网的建设过程……145
4.1.6　信息革命与智能电网……149
4.2　智能电网关键技术……152
4.2.1　电源侧技术……152
4.2.2　电网侧技术……180
4.2.3　用户侧技术……188
4.2.4　储能技术……197
4.2.5　智能电网关键技术发展趋势分析……202
4.3　智能电网工程实践……204
4.3.1　国外典型工程实践……204
4.3.2　国内典型工程实践……207
4.4　智能电网商业模式……211
4.4.1　大规模能源格局商业模式……211
4.4.2　分布式电源商业模式……211
4.4.3　屋顶光伏商业模式……215
4.4.4　电网大数据商业模式……216
4.4.5　能效电厂商业模式……219
4.4.6　电动汽车充换电商业模式……221
4.4.7　储能调峰调频商业模式……222
4.5　展望……224
4.5.1　智能电网建设成效……224
4.5.2　智能电网的机遇与挑战……224
4.5.3　智能电网发展模式……226
4.6　本章小结……229
参考文献……229
第5章　能源互联网……235
5.1　能源互联网概述……235
5.1.1　能源互联网概念及特征……235
5.1.2　能源互联网发展的意义……238
5.2　能源互联网关键技术……243
5.2.1　清洁能源技术……243
5.2.2　能源传输与变换技术……243
5.2.3　能源存储技术……259

5.2.4　能源互联网运行优化技术……262
5.2.5　信息通信关键技术……271
5.3　能源互联网商业模式……280
5.3.1　能源互联网相关环境因素分析……280
5.3.2　商业模式中的互联网思维……286
5.3.3　商业模式初探……290
5.3.4　碳排放权交易……299
5.4　展望……304
5.4.1　能源互联网的建设思路与建设重点……304
5.4.2　能源互联网发展路径……306
5.4.3　全球能源互联网发展格局……308
5.5　本章小结……310
参考文献……310

第1章　智慧能源体系概论

能源是国民经济的基础性产业，是经济社会发展的命脉。互联网与能源的有机融合，是重塑全球能源竞争新格局的重要契机，是实现能源绿色和可持续发展的内在动力与要求，是推动能源生产和消费革命的强劲引擎。

当前，全球经济快速发展，能源需求日趋增加，要素和环境约束不断趋紧，高耗能、高污染的生产和消费模式给生态环境带来严重破坏，环境承载能力接近极限，传统的能源生产和消费模式难以为继，全球能源发展方式需要从简单、粗放式发展向集约和可持续发展方向转变。可以预期，随着储能技术、信息技术的发展，“互联网+智慧能源”将全面引领未来的能源革命与技术创新。这种引领作用将充分体现在两个方面：一方面，互联网将为能源转型发展提供强有力的信息和网络技术支撑，促进能源发展在生产、传输、交易、消费的各环节进行变革和创新；另一方面，推进包含微电网(micro-grid，MG)、泛能网、智能电网和能源互联网在内的智慧能源体系的形成与完善。

1.1　智慧能源体系概述

1.1.1　智慧能源体系概念

1. 智慧地球与智慧能源

2009年，IBM的报告《智慧地球赢在中国》中介绍了涵盖六大领域的智慧行动方案，即智慧的电力、智慧的医疗、智慧的城市、智慧的交通、智慧的供应链和智慧的银行[1]。同年，《当能源充满智慧》《智慧能源与人类文明的进步》等文章的发表，引发了业界对智慧能源的关注。自此，“智慧能源(smart energy)”的概念正式进入中国[2]。

在《智慧地球赢在中国》中[1]，“智慧地球”的核心是以一种更智慧的方法，通过利用新一代信息技术来改变政府、公司和个人相互交互的方式，以便提高交互的明确性、效率、灵活性和响应速度。智慧地球具备更透彻的感知、更广泛的互联互通、更深入的智能化三个重要特征。

“智慧能源”是指充分开发人类的智力和能力，通过不断的技术创新和制度变革，在能源开发利用、生产消费的全过程和融汇人类独有的智慧，建立和完善符合生态文明和可持续发展要求的能源技术及能源制度体系，从而呈现出的一种全新的能源形式。简而言之，智慧能源就是指拥有自组织、自检查、自平衡、自优化等人类大脑功能，满足系统、安全、清洁和经济要求的能源供给形式[2]。

2. 智慧能源体系

“十三五”以来，国家有关部委先后印发《关于促进智能电网发展的指导意见》等一系列文件，推进我国能源革命，推进构建清洁低碳、安全高效的现代能源体系，标志着我国能源体制机制改革跨入历史新起点，智慧能源体系正在逐步形成。

智慧能源体系是基于泛能网、微电网、智能电网、能源互联网的一种较高形式的供给系统的总和[3]。这种泛在级能源供给体系主要作用表现在两个方面：一方面，可以基于互联网进行能源监测、调度和管理，提高可再生能源的利用比例，实现供能方式的多元化，优化总体能源结构；另一方面，可以基于互联网进行能源的公平交易、高效管理和精准服务，促使供需对接，实现能源按需流动，促进资源节约及高效利用，降低能源消耗总量[4]。

智慧能源体系是具有多源、互动、自主、协调四大特征的一种物理能源网络体系。这种物理能源网络体系以实现更加清洁、高效、灵活的用能为目标，通过整合及协调微电网、泛能网、智能电网、能源互联网等多组态能源形态，实现就地、局域、地区及跨区范围的多能互补和能源资源优化配置。

1.1.2 智慧能源体系逻辑结构

智慧能源体系是多种能源供给体系基于互联网思维的互联构成的新一代能源体系，它是人类进行能源开发和综合利用的新起点，在能源技术革命的历程中具有里程碑式的意义。

智慧能源体系能够在不同类型和不同规模的能源及需求之间，平滑地实现快速实时平衡、灵活调度、优化配置、高效及可靠运行，其物理形态涵盖微电网、泛能网、智能电网及能源互联网，其逻辑结构如图 1.1 所示。

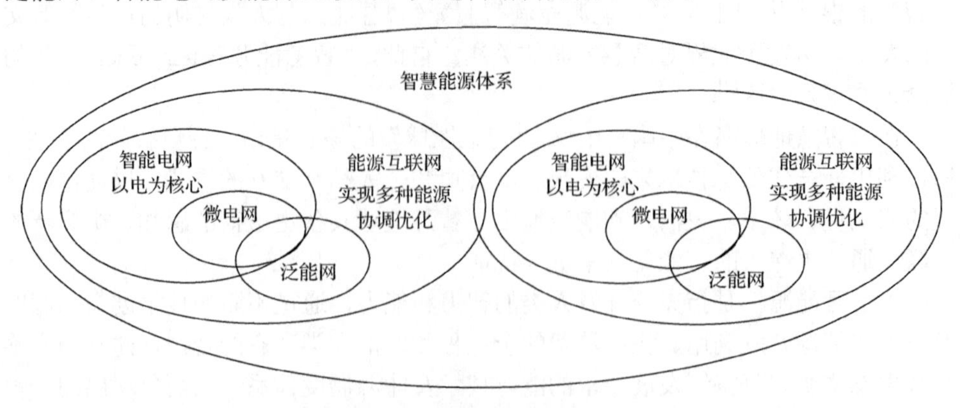

图 1.1　智慧能源体系逻辑结构

微电网是由分布式电源、储能和负荷构成的，以供应电力为主的独立可控系统。微电网可以实现局部地区的电力电量自平衡，可应用于分布式电源高渗透率地区，实现分布式可再生能源的接入和消纳；解决与大电网联系薄弱的偏远地区的供电能力不足问题；满足对电能质量和供电可靠性有特殊要求的用户需要。

泛能网由基础能源网、传感控制网和智慧互联网组成，能够将区域多种能源高效转换为冷、热、电等不同种类和品位的适用能源形式，并形成清洁能源循环生产、多种能源有序配置和高效利用的能源网络。功能最大化的泛能网，集微电网、微能网、微能源站于一体，主要应用于对冷、热、电需求较大的工业园区。

智能电网是以电为核心，具备电源、电网和用户间信息双向流动、高度感知及灵活互动的新一代电力系统。这种电力系统已由传统的以发电、输电、配电、用电为主要任务和目标，发展成为以传统大电网为基础，在配电侧融入分布式发电、微电网、微能网或泛能网等多种供电和供能模式，具备高比例可再生能源特征和高度智能化特征的一体化智能电力系统。

能源互联网是智能电网发展的高级阶段。它由一个或多个跨区域相互连接的智能电网子系统构成，能够在同一个信息物理系统中实现多种能源的协调和优化。换句话说，能源互联网是指以智能电网为基础平台、以互联网为支撑构建的多类型能源网络，即利用互联网思维与技术改造传统能源行业，实现横向多源互补、纵向“源-网-荷-储”协调、能源与信息高度融合的新型能源体系，促进能源交易透明化、推动能源商业模式创新。

此外，还可以从多个角度来理解微电网、泛能网与智能电网之间的关系。就能源品种而言，微电网主要供应电力，泛能网则强调多种能源综合优化利用，实现冷热电三联供。就区域范围而言，微电网和泛能网都可以满足局部地区的用电或用能需求，实现能源的自平衡；泛能网具有区域多能源融合及广域能源协同优化的特征；智能电网的范畴更大，既包含大电网，又包括区域电网，其中也包含微电网或泛能网。就应用场景而言，微电网可以促进分布式电源的消纳，减少对大电网的冲击，提升供电可靠性；泛能网可以满足对冷热电需求较大的工业园区，通过多种能源之间的转换，提升能源整体利用效率。

1.1.3 智慧能源体系发展路径

智慧能源体系的发展路径可用图1.2加以描述。在由时间和范围两个变量构成的二维坐标图中，从左到右、从下到上，在传统电网的基础上，先后在不同的时间断面和发展阶段，呈现出从微电网、泛能网、智能电网、能源互联网到全球能源互联网的发展脉络和路径。

近年来，为了满足区域用电或用能的需求，先后出现了“微电网”和“泛能网”；为了实现电源、电网、用户间的信息双向流动、高度感知和灵活互动，产生了新一代电力系统，即“智能电网”；为了实现智能电网和互联网的深度融合，将催生出最终能够实现能量流、信息流、业务流相互融合的“能源互联网”；为了实现“一带一路”倡议和全球共同发展，未来将实现跨国和跨地区智能电网的互联，并逐步构建“全球能源互联网”。

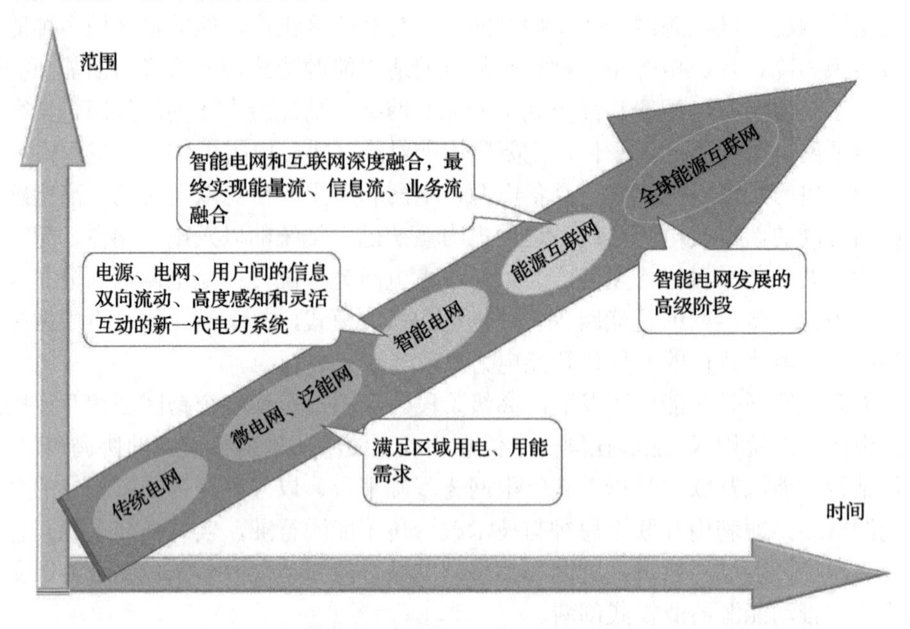

图 1.2 智慧能源体系的发展路径

1.2 国内外智慧能源体系的发展

智慧能源体系是一种包含微电网、泛能网、智能电网、能源互联网等多组态能源形式的能源网络体系，它的构建和完善取决于各能源组态的发展。目前，国内外智慧能源体系的建设内容及发展水平具有显著差异。

1.2.1 国内外微电网的发展

1. 国外微电网的发展

就世界范围而言，美国、日本和欧盟等国家及地区较早开展微电网领域的研究和实践。近年来，这些国家和地区结合各自实际情况，立足于经济可持续发展及电力系统实际，建立了分布式能源及微电网模型，自主研发适合本地情况的微电网控制和保护策略、通信协议等，并通过仿真系统、实验室测试系统及现场示范工程进行验证，解决了微电网运行、保护、经济性分析等一系列基本的理论和技术问题[5]。

2002 年，美国电力可靠性技术解决方案协会(CERTS)微网实验室的测试报告首次提出了较为完整的微电网概念。与此同时，在美国电力公司的资助下，该实验室在哥伦布市的杜兰技术中心建立了一个示范工程。该示范工程包含光伏发电、微型燃气轮机、燃料电池等多种微电源形式，实现了并网和离网模式之间的无缝切换，以及无需高速通信实现离网条件下的电压和频率稳定。在此基础上，美国能源部劳伦斯伯克利国家实验室、美国国家可再生能源实验室、美国加利福尼亚州能源委员会等机构都在微电网方面相继展开了相关研究，从而促进了美国微电网的快速发展。

欧盟框架计划率先启动并支持了一批微电网建设项目。在欧盟第五研发框架计划(FP5)、欧盟第六研发框架计划(FP6)和欧盟第七研发框架计划(FP7)中，都将“可再生能源和分布式发电并网”列为电力和电网技术的研究项目。其中，FP5 项目将各种不同的分散的分布式电源连接成微电网，实现了其与配电网的连接；FP6 项目着重研究了多个微电网并入大电网的协调控制策略和能量管理方案；FP7 项目研究包括主动配电系统、微电网和虚拟能源市场等，以及可再生能源接入输电网技术、新型储能技术和电力用户与输电网之间的双向连接技术，提出了微电网的基本概念及运行特性等。在新能源发电高速发展的驱动下，欧盟建立了多个微电网示范平台，并对微电网的基本运行以及整体能量管理策略进行了具体验证。同时，ABB、西门子等大型企业的加盟，也使得欧洲的微电网研究成果具有很高的实用价值。

日本基于本国的资源和负荷需求情况，在可再生能源发电方面投入了巨大的研究力量，在利用微电网整合多种可再生能源的研究方面建立了示范工程，并对相应的理论和控制方法进行实际验证。在微电网研究方面，日本以新能源产业技术综合开发机构为核心，结合高校和企业的合作，在理论研究和实用化方面均做出了重要贡献。在微电网示范工程中，新能源的渗透率不断提高，同时与热电联供设计理念相结合，以期更好地实现环境友好和能源高效利用。另外，日本学者还提出了灵活可靠的智能能量供给系统，其主要思想是在配电网中加入柔性交流输电系统(flexible AC transmission systems，FACTS)，利用 FACTS 快速、灵活的控制性能，实现对配电网能源结构的优化，并满足用户对不同电能质量的需求。

2. 国内微电网的发展

2006 年，我国的国家高技术研究发展计划(863 计划)和国家重点基础研究发展计划(973 计划)分别立项支持微电网技术的研究。自此，微电网技术及理论正式成为国家的重点研究方向。国内诸多高校、科研院所及企业相继开展了科学研究，包括建立各类分布式电源及其并网运行数学模型，搭建包含分布式发电及其他供能系统的微电网仿真环境，开展微电网运行特性分析，研究微电网与大电网相互作用机理等。

微电网技术的发展与先进的电力电子技术、控制技术、计算机技术、通信技术紧密相关。根据微电网的特殊需求，需要研究适用的电力电子技术并研制一些新型的电力电子设备，如并网逆变器、静态开关和电能控制装置。由于各种可再生能源接入电网的瓶颈尚未完全解决，适用于微电网系统的电力电子技术仍在研发和完善中。

微电网的保护与控制研究，包含微电网中电源与负荷的控制技术、微电网能量管理技术、微电网电能质量综合监控技术、微电网测控与通信规约、微电网安全与保护技术等。目前的相关技术大多都是针对传统的配电网结构，如何在此基础上进行改造、优化、升级，实现成熟的微电网保护控制技术仍需深入研究。

微电网的运行分析决策技术，包含微电网与大电网的能量交换与协调控制技术、微电网优化运行技术、含微电网的新型配电网经济调度技术，以及微电网的经济性评估和量化。目前，这些技术仍处于初始研究阶段，要实现产业化还须结合实验室验证和示范工程的建设逐步深入进行。

微电网是大电网的有力补充，是智能电网的重要组成部分，在工商业区域、城市片区、偏远地区及海岛地区等具有广泛的应用前景。随着微电网关键技术研发的加快和实质性突破，我国的微电网建设将进入快速发展期。

1.2.2 国内外泛能网的发展

泛能网是以多能互补的分布式能源为切入点，以物联网和气、电、热等能源网络连接各类能源设施和产业为主体，以平台为依托进行全网综合能源协同优化的智慧能源系统。泛能网强调以分布式能源为核心，协同其他各类产能、储能、用能设施，多能融合，气、电、热(冷)以最优路径协同转化，最大化满足用户需求。就国外来看，分布式能源已有多能源发展历史，区域内依托综合能源运营商开展气、电、热(冷)一体化运营也较为常见，但尚未出现真正意义上的平台统筹下的多能源化学耦合、协同转化场景，较之泛能网存在本质差异。

1. 国外分布式能源及综合能源运营的发展

分布式能源系统作为一种高效、节能、环保的用户端能源综合利用系统，具有显著社会效益和经济效益，是全球能源发展的趋势。近年来，美国、欧盟、日本等已将发展分布式能源确定为提升能源安全、促进节能经济的重要战略，并采取了税收减免、投资补贴、贷款利率优惠、上网电价优惠等一系列扶持政策，推动分布式能源快速发展，目前分布式能源的发展已较为成熟。

美国从20世纪70年代开始发展分布式能源，共经历了三个阶段：第一阶段主要以小型热电联产为主，规模小，用户端直接发电，自给自足，并未纳入社会公共监督范畴；第二阶段是分布式能源的标准化发展阶段，政府出台系列法规促进分布式能源发展，并将其纳入公共事业监管范围，明确规定其可以并网；第三阶段是分布式能源与新能源结合，发展可再生能源技术，为分布式能源的发展提供了坚实的技术支撑。分布式能源系统的发展常依托丰富的油气资源和油气管网。目前，美国的分布式能源系统研究主要以天然气分布式能源项目为主，快速发展分布式太阳能发电和中小型风电技术，未来天然气与可再生能源的结合将是发展方向。据不完全统计，截至 2016 年，美国的分布式能源站点已有 6000 多座，总装机超过 9000 万 kW，占电力总装机比例不到 10%，到 2020 年，15%的现有建筑和 50%以上的新增建筑都将采用分布式能源供能[6]。

欧盟各成员方高度重视分布式能源，主要从市场化定价、发展目标引导和标准规范三个方面支持其发展。同时，各组织、成员方合作开展微电网计划，建立不同规模的微电网试验平台，进一步推进分布式能源的发展和应用。丹麦是世界上分布式能源推广力度最大的国家之一，从 1999 年就开始进行电力改革，并出台《供热法》和《电力供应法》支持分布式能源发展，给出了补偿政策和优惠贷款等具体扶持政策。其分布式能源占有率在整个能源体系中接近 40%，占电力系统的比例已经超过 50%[7]。德国积极推动能源转型，计划在 2020 年可再生能源发电量占总电耗的 35%，到 2050 年实现以可再生能源为主的能源供应体系。在分布式能源方面，德国颁布《可再生能源法》，利用“灵活的电价调整机制”引导分布式能源发展；通过新的《热电法》推动热电联产技术(CHP)的大力发展，对光伏装机进行大规模财政补贴；先后发布新接入中、低压配电网的分布式电源并网技术标准，明确严格的并网技术标准，保证电网的安全性，为分布式能源系统的市场推广扫除技术障碍，促进其发展。

日本能源资源短缺，严重依赖进口，用能成本高，因此非常重视可再生能源的开发利用，很早就开始利用以太阳能、风能为代表的可再生能源。整体来看，日本的分布式能源呈波浪式发展，在 20 世纪 70 年代世界能源危机和 90 年代世界金融危机期间，发展较为迅速。之后，随着核能的迅速发展，分布式能源发展缓慢。“3·11”大地震之后，依靠核能的能源战略发生改变，为了填补核电退出后的电力供应问题，日本政府加快推动分布式能源建设，大力支持小微型热电联产技术、太阳能光伏技术的发展。日本计划在 2030 年前将分布式能源发电量占总电力供应的比例提升至 20%[8]。

从综合能源运营来看，以德国为代表的区域综合能源运营模式较为常见，即区域内依托主要的综合能源运营商开展气、电、热(冷)的一体化运营，为用户提供多种能源，释放集约效应。同时，国外的多能互补、冷热电联供、智慧能源等与泛能网的出发点也有类似之处，但目前尚未真正实现综合能源在平台统筹寻优下进行多能耦合，寻找最优转化路径，协同满足用户需求的场景。

2. 国内泛能网的发展

泛能网是我国首先提出并率先推动的多能融合、物联协同、平台驱动“源-网-荷-储”协同优化的智慧能源系统，具有多种能源融合、以分布式能源为基础、设施互联互通、需供智慧互动、实时交易调度、数据智能支撑等典型特征，是支撑清洁、高效、经济、安全的现代能源体系构建的有效载体。

泛能网自2008年被提出，历经多年的理念完善、技术探索和产业实践，共经历了三个发展阶段：第一阶段为2008～2013年的“单站模式”阶段，以泛能规划牵引、泛能站(高效分布式能源系统)支撑，带动单体系统能源结构优化和能效提升；第二阶段是2014～2016年的“互补模式”阶段，遵循国家“互联网+”及“互联网+智慧能源”发展导向，重点发展泛能微网，实现区域内多能源设施互联互通、协同共享，提升能源设施利用率，降低总体投资规模和用能成本；第三阶段是2017年以来的“平台模式”阶段，伴随能源体制市场化改革及数字能源时代到来，将物联网、大数据、云计算、人工智能等技术同能源技术深度融合，重点发展泛能网络平台，打通物理世界和数字世界，提供数字化解决方案，开展智慧化综合能源交易运营服务，通过端、云协同支撑全域综合能源用、产、输、配、储协同优化。

从技术特征来看，目前已形成涵盖能源物理设施类技术、系统集成优化类技术和精益交易运营类技术等较为完善的泛能网技术体系，打通了天然气、太阳能、地热能等多能源及源、网、荷、储多环节，支撑方案规划设计、项目交付、交易运营及增值服务全价值链活动。能源物理设施类技术主要包括燃气冷热电三联供、分布式光伏、地水源热泵、储能等技术，支撑能源物理设施构建；系统集成优化类技术主要包括负荷预测、量化筛选、需供重构等技术，以数字化方案形式支撑能源物理设施优化配置；精益交易运营类技术主要包括站级能效优化、负荷牵引曲线、价格预测、多维寻优动态匹配、精益购售、偏差调节等技术，依托泛能网络平台中的大数据及人工智能具体实现，支撑能源全要素协同优化。

从产业实践来看，截至目前，泛能网项目已在我国50多个城市开展，广泛应用于工业园区、复合园区、城市区块乃至整个城市，形成了面向存量改造、增存混合、新建园区/城区及大型公共建筑、工业企业等不同业态的落地模式，并取得了良好效果。其中，以长沙黄花机场、株洲神农城、盐城亭湖区人民医院、腾讯数据中心等为代表的单体项目，已形成交通枢纽、城市综合体、医院等业态示范，带动行业能源系统升级；以青岛中德生态园、廊坊城区某区块、廊坊开发区、余杭开发区为代表的区域类项目，已形成不同类型区域的可行模式，通过泛能微网的构建扩展正在发挥显著的促进作用。目前，作为泛能网智慧中枢的泛能网络平台正在发展中，部分核心功能已投入应用，正在持续扩展升级。未来，以该平台为依托，将实现广域能源设施的物联、各类产业主体的互联及全要素协同优化，推动资源配置方式向需供互动、有序配置、节约高效升级，支撑泛能网价值的最大化释放，同步优化能源结构，提升能效及能源设施利用率，降低碳及大气污染物排放，推动现代能源体系落地。

1.2.3　国内外智能电网的发展

1. 国外智能电网的发展

目前，美国、加拿大、澳大利亚和欧洲各国相继开展了智能电网的研究。其实践主要侧重在配电和用户侧，重点研发可再生能源和分布式电源并网技术、电动汽车与电网协调运行技术，以及电网与用户的双向互动技术等。其中，较具代表性的是美国与欧洲。

1) 美国智能电网的发展

在美国，电网老化、运行效率下降、停电事故越来越频繁，加上节能环保的压力，迫使政府提出了智能电网的研究与建设计划。2003 年，美国推出了 Grid2030 计划。2004 年，在美国能源部的支持下，智能电网项目正式启动，即美国电力科学研究院提出的 IntelliGrid 项目。2005～2006 年，美国能源部和美国能源技术实验室合作，联合发起“现代电网”建设倡议，从概念上形成了一个比较完整的、具有美国特色的智能电网体系。

美国将智能电网发展的重点放在配电网一侧，一方面致力于应用通信技术和智能控制技术来提高配电网的智能化程度，另一方面强调用户的参与和互动。

美国智能配电系统的关键技术，主要包括高级配电自动化技术和配电管理技术。高级配电自动化技术解决方案，是在传统的配电自动化系统中增加某些功能，以解决分布式能源并网、电动汽车接入带来的问题，并降低系统的网损和能源消耗。增加的内容如电压调整、配电系统监测、自愈控制等，应用于中压配电网，主要解决方案包括节能降压(conservation voltage reduction，CVR)、集成电压/无功控制(integrated volt/var control，IV-VC)、故障检测隔离与恢复(fault detection，isolation & restoration，FDIR)[9]。

许多供电企业已计划或开始大面积建设配电自动化工程。以得克萨斯州 Oncor 公司为例，该公司从 2004 年开始对配电自动化系统进行大规模建设，包括配变、柱上开关、线路、无功补偿装置等；同时为其配电自动化系统与用户信息采集系统通信架设了频率为 900MHz 的无线通信网络，通过该光纤通道实现配电自动化主站与通信主站的数据通信[10]。

配电管理技术是将停电管理系统(outage management system，OMS)与先进计量设施(advanced metering infrastructure，AMI)集成，提高用户停电管理水平、供电可靠性和工作效率[9,11]。随着智能电网的建设与发展，传感技术和监测技术越来越体现出经济意义。根据 Navigant Research 公司的最新研究报告，2014～2023 年，公用事业部门在电网资产管理和状态监测系统方面的投资将增加到 69 亿美元，其中一半来自软件解决方案。在此期间的总投资额将累计达到 492 亿美元[12]。

以美国太平洋天然气与电力(PG&E)公司为例，2014 年该公司宣布成功完成了历经 3 年的 Cornerstone 工程。该工程是为了减少供电中断的频率和持续时间，改进供电服务。2010 年，加利福尼亚州公用事业委员会授权 PG&E 公司投资 3.57 亿美元来改进配电系统的可靠性，要求其在现有设施基础上将成本最小化，同时满足客户的可靠性要求。该工程从三个方面改进了电力服务：

(1) 在超过 500 条线路上安装智能开关。截至 2013 年 12 月，该项措施累计避免了超过 23 万户次的停电。在停电发生时，也不再需要工作人员赶到现场手动操作，设备可以在数分钟内自动恢复故障线路。

(2) 升级乡村电网。在超过 440 个性能最差的乡村电线上，安装了 5000 多组保险丝和 500 多个线路继电器。该措施三年间减少了 33% 的停电情况。

(3) 强化变电站和线路互联，升级变电站设备并增加线路容量。该措施在应对负荷需求增长方面具有十分显著的效果，尤其是在炎热的夏天。与 2006 年相比，PG&E 公司的客户所遭受的平均停电持续时间缩短了 40%，停电次数降低了 27%。Cornerstone 工程在此过程中扮演了关键的角色。

2) 欧洲智能电网的发展

欧洲智能电网的发展，主要归因于严格的温室气体排放政策的推动作用，以及分布式能源和可再生能源接入的社会需求。

欧盟各国智能电网的研究重点是可再生能源接入和跨国互联电网的发展，其优先关注的重点领域包括：①优化电网的运行和使用；②优化电网基础设施；③大规模间歇性电源并网；④信息和通信技术；⑤主动配电网；⑥新电力市场的地区、用户和能效。

欧盟联合研究中心(JRC)报告将欧洲智能电网的技术应用分为六个方面：智能电网管理、分布式能源并网、可再生能源并网、并网机制(需求响应)、智能家居和智能客户、电动汽车及其他(通信基础设施、储能等)[13]。

(1) 智能电网管理。

这部分项目旨在提高电网的灵活性，如变电站自动化、电网监控等，特别关注的是改善中低压配电网的可观性和可控性。在这一技术层面，配电网运营商起到了主导作用。

(2) 分布式能源并网。

这部分项目主要关注分布式能源集成的控制方法、新型的硬件/软件解决方案，以保证系统的可靠性和安全性。

(3) 可再生能源并网。

这部分项目主要涉及输电网层面的大规模可再生能源并网，主要包括：可再生能源的规划、控制和运行的简易性及其市场集成；配电网的需求侧管理和辅助服务的集成，以支持输电网运行；预测可再生能源发电出力的工具；海上风电接入的离岸网。

(4) 并网机制。

这部分项目关注并网机制(如虚拟电厂和需求响应)的应用，以集结分散发电和需求等灵活资源，响应电网约束条件和市场信号。数据证实，大部分项目侧重于分布式信息通信技术(information communication technology，ICT)结构研究，以协调分布式资源，提高需求及供电的弹性。

(5) 智能家居和智能客户。

这部分项目涉及智能家居和智能客户，主要包括测试新电价方案的智能应用和家居自动化。这些项目需要客户主动参与，目的在于分析客户的行为或培养客户参与的能力。

(6) 电动汽车及其应用。

这部分项目主要关注电动汽车和混合动力车在电网中的接入。这些研究致力于回答这样的问题：电动汽车怎样与当地的分布式电源合作以减少电网上的峰荷；在电动汽车充放电的网络上，怎样获得最大利益；从经济和技术方面来看，电动汽车集成是否可行。这类项目中 60%以上是从 2010 年开始实施的，这说明业界对该领域的兴趣正在不断增加。

2. 国内智能电网的发展

2001 年，中国科学院院士、清华大学教授卢强提出了“数字电力系统”的概念。2008 年，中国工程院院士、天津大学教授余贻鑫在中国国际供电会议上做了《建设具有“高级计量、高级配电管理、高级输电和资产管理的自愈智能电网”》的报告。至此，我国智能电网研究的序幕被拉开。

2009 年，在特高压输电技术国际会议上，国家电网公司正式发布“坚强智能电网计划”，并提出了四个基本技术特征：信息化、数字化、自动化、互动化。其中，信息化是指实时和非实时信息的高度集成、共享和利用；数字化是指电网对象、结构及状态的定量描述和各类信息的精确高效采集与传输；自动化是指电网控制策略的自动优选、运行状态的自动监控和故障状态的自动恢复等；互动化是指电源、电网和用户资源的友好互动和协调运行[9]。

目前，我国的智能电网建设已经在发电侧、输电环节及配用电侧全面展开，体现出独有的中国特色智能电网建设之路。

1)发电侧

这方面主要是建设大规模可再生清洁能源发电，已取得了一批具有国际先进水平的大规模新能源发电并网关键技术研究成果，有力地支撑了新能源的开发、消纳和电力行业的发展。

2)输电环节

输电环节方面的智能电网建设主要是特高压输电工程建设。2009年，国家电网公司宣布第一条特高压交流试验示范工程——晋东南至湖北荆门1000kV交流特高压输电线路建成并投入运行。之后不久，国家电网公司提出了我国的特高压电网建设规划，联络各大区域电网、大煤电基地、大水电基地、大可再生能源基地和主要负荷中心。

3)配用电侧

配用电侧方面的重点是建设和推广数字化变电站和智能电表。目前，我国开展了两代智能变电站的开发与实践。在先后两批建设74座试点工程的基础上，我国进一步升级原有智能变电站技术方案，大幅优化主接线及平面布局，构建一体化业务系统，进一步深化高级应用功能。

截至2017年，我国已新建并投运智能变电站500多座，研制成功多项关键设备并得到规模应用；6个110kV、220kV电压等级新一代智能变电站示范工程技术方案得到实践验证，累计实现1.55亿户用电信息采集，构建了大规模的高级计量体系，支撑了智能用电服务的提升。电动汽车充换电服务网络建设全面推进，在26个省区建成投运了电动汽车充换电站360座、充电桩15333个，带动了电动汽车相关产业的快速发展[9]。表1.1给出了智能电网的几种典型发展模式。

表1.1 智能电网的几种典型发展模式

代表国家与地区	侧重点	解决的问题	特点	主要技术
美国	以信息化为基础的配电网智能化	电网老化严重、事故频发、人均能源消费量较大	①互动信息充分、用户积极参与市场运作；②各种发电和储能系统“即插即用”[14]；③投资重点以提高用电效率、保证可靠性为主[15]	智能电表、智能调度技术、高级计量体系、需求侧响应、分布式储能
中国	高压侧电网智能化控制	清洁能源消纳、能源资源与负荷逆向分布	①电网互联规模大；②能源资源优化配置效力高	特高压交直流输电技术、柔性直流输电技术、交直流大电网智能调度技术、大电网预警与安全防御技术[16,17]
欧洲、日本	适应能源结构调整、双向互动	大规模可再生能源安全消纳	①新能源消纳比例高；②信息在电源和用户间双向流动	电动汽车技术、可再生能源发电预测技术、大规模可再生能源并网运行控制技术、大容量储能技术

1.2.4　国内外能源互联网的发展

1. 国外能源互联网的发展

能源互联网是当前全新的研究热点，已有多个国家的科研机构启动开展相关研究，并且都想在此次技术革命中占领先机。近年来，欧盟、美国、日本等进行了大量的研究和实践并取得了显著成效，下面分别对已提出的能源互联网构想和相关项目进行介绍和分析。

1) 德国 E-Energy 计划

2008 年 12 月，德国联邦经济和技术部发起了一个技术创新促进计划，以 ICT 为基础构建未来能源系统，着手开发和测试能源互联网的核心技术。之后，德国联邦政府发起 E-Energy 计划，并将其作为国家性的“灯塔项目”，旨在推动基于 ICT 的高效能源系统项目，致力于能源的生产、输送、消费和储能各个环节之间的智能化[18,19]。

E-Energy 计划选取了 6 个示范项目，分别由 6 个技术联盟来负责具体实施。其中，库斯科港的 eTelligenc 项目研究大规模风力发电和供热需求之间的平衡；哈茨地区的 RegModHarz 项目充分利用该地区丰富的可再生能源，结合拥有的抽水蓄能电站来实现电力供应；莱茵-鲁尔地区的 E-DeMa 项目则使用户同时扮演能源生产者和消费者的角色，加强用户与系统之间的互动；斯图加特地区的 Meregio 项目综合了 ICT 和智能电表来实现碳排放的有效控制[20-21]。E-Energy 计划在 2020 年将实现在电网中覆盖信息网络，并使能源网络中所有元素都可通过互联网信息技术协调工作。

2) 欧盟 FINSENY 项目

2011 年，欧盟启动了“未来智能能源互联网(future internet for smart energy，FINSENY)”项目，该项目的核心在于构建未来能源互联网的 ICT 平台，支撑配电系统的智能化；通过分析智能能源场景，识别 ICT 需求，开发参考架构并准备欧洲范围内的试验，最终形成欧洲智能能源基础设施的未来能源互联网 ICT 平台[23]。荷兰电工材料协会致力于领导并推广欧盟的能源互联网建设，希望通过建设能源互联网，将数千个小型电厂产生的电流汇集并输送，建立一个能基本实现自我调控的智能化电力系统。

3) 瑞士未来能源网络愿景项目

2006 年，瑞士联邦政府能源办公室和产业部门共同发起“未来能源网络愿景(vision of future energy networks)”项目，重点研究多能源传输系统的利用及分布式能源的转换和存储，开发相应的系统仿真分析模型和软件工具[24]。该项目提出未来能源网络包含两个元素：一是通过混合能源路由器(hybrid energy router)集成能源转换和存储设备；二是通过能源内部互联器(energy interconnector)实现不同能源的组合传输[25,26]。能源路由器主要由苏黎世联邦理工学院研发。

能源路由器可采集并整合实时负荷预测与实时监测的分布式电源、配电网潮流数据，对各发电侧及受控负荷侧进行优化控制；可实现不同能源载体的输入、输出、转换、存储，是能源生产、消费、传输基础设施的接口设备，是电网系统中的一个广义多端口网络节点[27,28]。

4)美国 FREEDM 系统项目

2008 年，美国启动"未来可再生电能传输与管理(future renewable electric energy delivery and management，FREEDM)"系统项目，同时建立 FREEDM 研究院，该项目由 17 个科研院所和 30 余个工业伙伴共同参与。该项目重点研究适应高渗透率分布式可再生能源发电和分布式储能并网的高效配电系统，并称该系统为能源互联网(energy internet)[29]。

FREEDM 系统项目对能源互联网的描述为，综合运用先进的电力电子技术、信息技术和智能管理技术，将大量由分布式能量采集装置、分布式能量储存装置和各种类型负荷构成的新型电力网络节点互联起来，以实现能量双向流动的能量对等交换与共享网络。能源互联网的主要特点是通过固态变压器接入中压配电网的多种负荷、储能设备及可再生能源，转换成电能后可实现即插即用、故障快速检测和处理、配电网智能化管理；中压配电网还是以交流方式传输电能，直流负荷、分布式电源在固态变压器的接入端口接入中压配电网[15,16]。FREEDM 系统项目的核心在于将电力电子技术和信息技术引入电力系统，效仿通信网络中路由器的概念，提出能源路由器的概念并实施初步开发，以期在未来的配电网层面构建能源互联网，实现分布对等的系统控制与交互[16,17]。

5)日本数字电网路由器研究

2010 年，日本启动“智能能源共同体”计划，开展能源和智能电网等领域的研究。2011 年，日本开始推广“数字电网”计划，该计划是基于互联网的启发，构建一种基于各种电网设备的 IP 来实现信息和能量传递的新型能源网。通过提供异步连接、协调局域网内部以及不同局域网系统的数字电网路由器，将其与现有电网及互联网相连，采用相当于互联网地址的“IP 地址”识别发电设备及用电设备在内的装置，以进行统筹管理与能量调度。2011 年展示的马克一号数字电网路由器(DGR)使用了绝缘栅双极型晶体管等电力电子设备，通过电网频率跟踪来调整电压的大小。目前，日本数字电网联盟已在肯尼亚未通电地区开展了数字电网路由器试验研究[30,31]。

综上所述，尽管各方的认知方式及其侧重点各有不同，但有一点是相同的，即都是将互联网技术运用到能源系统，把一个集中式的、单向的、生产者控制的能源系统转变成大量分布式辅以较少集中式的新能源与更多的消费者互动的能源系统，以提高可再生能源的比例，实现多元能源的有效互联和高效利用。

2. 国内能源互联网的发展

近年来，我国的能源互联网研究经历了理论、方法、技术、装备及实践探索的过程，研究和实践成果不断涌现，展示出强大的生命力和广泛的应用前景。

2012 年 8 月，首届中国能源互联网发展战略论坛在长沙召开，会上对能源互联网的概念进行了初步介绍[32]。2013 年 12 月，北京市科学技术委员会组织“第三次工业革命”和“能源互联网”专家研讨会，并启动相关课题研究。2014 年 2 月，国家能源局委托江苏现代低碳技术研究院开展能源互联网发展战略研究。2014 年 6 月，中国电力科学研究院牵头承担国家电网公司基础前瞻性项目“能源互联网技术架构研究”，着力构建未来能源互联网架构，搭建相应的能源互联网研究平台。2016 年 4 月，中国科学院开展“我国新一代能源系统战略研究”课题研究，提出了新一代能源系统的理念。

2012 年，能源革命战略在中国共产党第十八次全国代表大会上被提出。2015 年，“互联网+”行动计划在十二届全国人大三次会议上被提出，极大地促进了国内能源互联网的发展。2015 年 4 月，国家能源局首次召开能源互联网工作会议，同期，清华大学发起并组织了以“能源互联网：前沿科学问题与关键技术”为主题的香山科学会议，为我国能源互联网的发展建言献策，在国内外产生了重要影响。2015 年 6 月，国家能源局制定《国家能源互联网行动计划》，并将其作为国家“互联网+”行动计划的重要载体；清华大学牵头承担了其中有关能源互联网的形态特征、关键技术与技术标准、商业模式与市场机制、效益评估等重点课题。2016 年 2 月，国家发展和改革委员会、国家能源局、工业和信息化部联合发布国家能源互联网纲领性文件《关于推进“互联网+”智慧能源发展的指导意见》，提出了能源互联网的路线图，明确了推进能源互联网发展的指导思想、基本原则、重点任务和组织实施。2016 年 3 月，《中华人民共和国国民经济和社会发展第十三个五年规划纲要》(简称“十三五”规划)中指出，推进能源产业与信息等领域新技术深度融合，统筹能源与通信、交通等基础设施网络建设，建设“源-网-荷-储”协调发展、集成互补的能源互联网。2016 年 4 月，国家发展和改革委员会、国家能源局正式发布《能源技术革命创新行动计划(2016—2030 年)》，为未来我国能源互联网技术的发展制定了行动计划。目前，中国电力企业联合会牵头并组织清华大学等高校和科研机构正在开展国家能源互联网系统标准的制定。此外，清华大学、国防科技大学、华北电力大学、天津大学、中国电力科学研究院等高校与科研机构，从能源互联网的基本概念及形态、发展模式及路径、技术框架及拓扑、关键技术分析等方面展开了广泛的研究。

从当前情况来看，能源互联网已经受到国内各级政府和研究机构的高度重视，能源互联网的理念与技术也已在国内得到越来越广泛的关注，正逐渐由以基础性研究为主的概念阶段向以应用性研究为主的起步阶段转变。

参考文献

[1] 钱大群. 智慧地球赢在中国[R]. 北京: IBM 商业价值研究院, 2009.

[2] 刘辉. 智慧能源[J]. 中国电力教育, 2014, (19): 94.

[3] 童光毅，王梦真，杜松怀，等. 关于智能电网发展的几点思考[J]. 南方能源建设，2018, 5(4):21-28.

[4] 崔颖. 互联网+智慧能源: 引领能源生产和消费革命[J]. 世界电信, 2015, (8): 53-56.

[5] 李献伟，李保恩，王鹏. 微电网技术现状及未来发展分析[J]. 通信电源技术，2015, (5): 202-207.

[6] 黄宇. 分布式能源政策与产业发展研究[J]. 煤气与热力, 2018, 38(4): 24-27.

[7] 冉娜. 国内外分布式能源系统发展现状研究[J]. 经济论坛, 2013, (10): 174-176.

[8] 张任国. 天然气行业发展分布式能源系统有关问题的分析[J]. 经营与管理，2011, (10): 27-31.

[9] 杨洋. 智能电网研究综述[J]. 现代建筑电气, 2014, (S1): 42-46.

[10] 林红阳，郑欢，柏强，等. 国内外配电自动化现状以及发展趋势探讨[J]. 通讯世界，2017, (1): 168-169.

[11] 张东霞，姚良忠，马文媛. 中外智能电网发展战略[J]. 中国电机工程学报，2013, 33(31): 1-15.

[12] 《供用电》编辑部. 美国太平洋天然气与电力公司提升配电可靠性[J]. 供用电, 2014, (4): 15.

[13] 张毅威，丁超杰，闵勇，等. 欧洲智能电网项目的发展与经验[J]. 电网技术，2014, 38(7): 1717-1723.

[14] Akella R, Meng F J, Ditch D, et al. Distributed power balancing for the FREEDM system[C]. The First IEEE International Conference on Smart Grid Communications, Gaithersburg, 2010.

[15] Luna A, La'baque M C, Zygadlo J A, et al. Intelligent energy management of the FREEDM system[C]. Proceedings of IEEE Power and Energy Society General Meeting, Minnesota, 2010.

[16] Huang A Q, Crow M L, Heydt G T, et al. The future renewable electric energy delivery and management (FREEDM) system: The energy internet[J]. Proceeding of IEEE, 2011, 99: 133-148.

[17] Karady G G, Huang A Q, Baran M . FREEDM system: An electronic smart distribution grid for the future[C]. IEEE PES Transmission and Distribution Conference and Exposition, Orlando, 2012.

[18] Federation of German Industries (FGI). Internet of Energy: ICT for Energy Markets of the Future[R]. Berlin: Federation of German Industries Publication, 2008.

[19] Schmeck H, Karg L. E-Energy—Paving the Way for an Internet of Energy (Auf dem Weg zum Internet der Energie) [J]. it—Information Technology, 2010, 52(2): 55-57.

[20] Goerdeler A. E-Energy-Deutschlands Wegzum Internet der Energie[M]. Heidelberg: Springer-Verlag, 2012.

[21] Federal Ministry of Economics and Energy of Germany E-Energy. [EB/OL]. http://www.e-energy.de/en/index.php[2013-06-01].

[22] Ili'c D, Karnouskos S, Silva P G D, et al. A system for enabling facility management to achieve deterministic energy behavior in the smart grid era[C]. Proceedings of the International Conference on Smart Grids and Green IT Systems, Barcelona, 2014: 170-178.

[23] European Commission. Mission Growth: Europe at the Lead of the New Industrial Revolution[R]. 2013.

[24] Geidl M, Favre-Perrod P, Klöckl B, et al. A greenfield approach for future power systems[C]. CIGRE General Sessions 41, Paris, 2006.

[25] Geidl M, Koeppel G, Favreperrod P, et al. Energy hubs for the future[J]. Power & Energy Magazine IEEE, 2007, 5(1): 24-30.

[26] Parisio A, Vecchio C D, Vaccaro A. A robust optimization approach to energy hub management[J]. International Journal of Electrical Power & Energy Systems, 2012, 42: 98-104.

[27] Shen Z, Liu Z, Baran M. Power management strategies for The Green Hub[C]. Proceeding of IEEE Power and Energy Society General Meeting, San Diego, 2012.

[28] Del Real A J, Arce A, Bordons C. Combined environmental and economic dispatch of smart grids using distributed model predictive control[J]. International Journal of Electrical Power & Energy Systems, 2014, 54: 65-76.

[29] Huang A. FREEDM system—A vision for the future grid[C]. Proceeding of IEEE Power & Energy Society General Meeting, Minnesota, 2010.

[30] Boyd J. An internet-inspired electricity grid[J]. IEEE Spectrum, 2013, 50: 12-14.

[31] Abe R, Taoka H, Mcquilkin D. Digital grid: Communicative electrical grids of the future[J]. IEEE Transactions on Smart Grid, 2011, 2: 399-410.

[32] 查亚兵, 张涛, 谭树人, 等. 关于能源互联网的认识与思考[J]. 国防科技, 2012, 33: 1-6.

第2章 微 电 网

2.1 微电网概述

2.1.1 微电网起源

随着世界工业化进程的加快，全世界的能源消费需求不断增长。根据国际能源署(International Energy Agency，IEA)预测，到2040年，全球能源需求总量将相比于2017年增加30%。我国是工业大国，经济发展迅速，人口众多，社会繁荣，因此我国能源的需求量也会快速增加。

随着能源需求量和消费量的日益增加，人类终将面临常规能源的资源枯竭问题。根据英国石油公司(BP)发表的一份关于全球能源的统计报告，按照目前的开采速度计算，全球石油储量可供应20多年，天然气和煤炭则分别可以供应52年和149年。随着经济的发展和气候变化的加剧，环境监管要求日趋严格，促使人们对化石能源(煤炭和石油等)的枯竭问题越来越重视，对节能减排的呼声日益高涨。近年来，世界各国已经开始进行能源政策及能源结构的调整，清洁能源的大规模开发与利用已经成为当今备受关注的话题。

在清洁和可再生能源的开发利用方面，光能、风能、生物质能、潮汐能、地热能等可再生能源已逐渐走入人们的视线。相对于终将穷尽的化石类能源，可再生能源具有对环境无害或危害极小、分布广泛、采集简单等诸多优点，非常适宜就地开发和利用。

分布式发电(distributed generation，DG)可以利用各种类型的可用和分散存在的能源，具有投资小、清洁环保、供电可靠及发电方式灵活等优点，其装机容量逐年递增。小型分布式电源的容量通常在几百千瓦以下，大型分布式电源的容量可达到兆瓦级。目前，比较成熟的分布式发电技术主要包括风力发电、光伏发电、燃料电池发电、微型燃气轮机发电等。分布式发电技术有助于推动清洁能源和可再生能源的开发与利用，提高能源利用效率，改善能源供应结构，保障能源供应的安全与可靠[1]。

但与此同时，大规模和高比例分布式电源的接入，使电网运行面临许多新的问题与挑战。研究证明，分布式电源的随机性、波动性和间歇性会对电能质量、网损、电网保护、实时监控、并网标准等带来一系列问题或影响[2,3]。为此，微电网技术应运而生。

微电网是一种整合各种分布式能源优势、削弱分布式发电对电网的不利影响、充分挖掘分布式发电综合效益的有效方式，已成为分布式发电领域的研究热点和重要发展方向[4]。它通过整合和协调分布式发电单元与配电网之间的关系，在一个局部区域内，直接将分布式发电单元、电力网络和终端用户联系在一起(微电网将发电机、负荷、储能装置及控制装置等结合，形成一个单一可控的能量单元)，可以方便地进行结构配置和电力调度优化，减轻能源动力系统对环境的影响，推动分布式电源上网，降低大电网的负担，改善供电的可靠性和安全性，并促进社会向绿色、环保、节能方向发展[5]。

2.1.2　微电网发展历程

1. 微电网技术内涵的发展

从技术层面看，随着新能源技术的快速发展，微电网的技术内涵及外延不断丰富和完善。微电网的发展先后经历了分布式电源、微电网(含多微网配网)、多微电网、微网群的发展阶段，如图2.1所示。

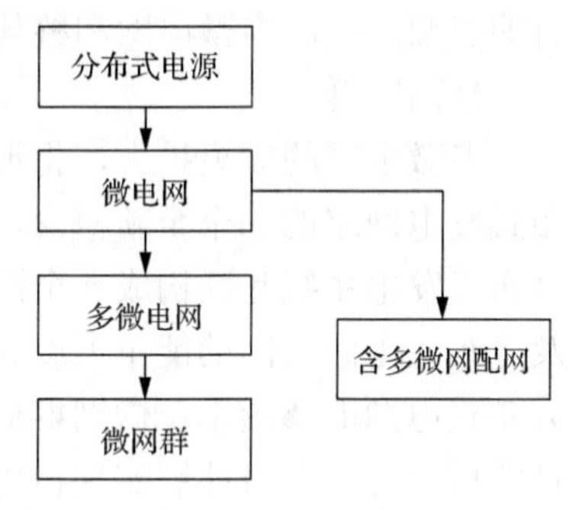

图2.1　技术层面的微电网发展历程

1)分布式电源

近几十年来，集中式发电和远距离输电的大电网面临越来越大的运行稳定性和安全性问题。随着科技的进步和人类环保意识的增强，清洁能源的研究和利用越来越受到人们的关注。在一次能源开发利用及动力源方面，许多国家正在研究和利用多种一次能源，如液体燃料(煤油、汽油、柴油等)、气体燃料(天然气、石油气、煤气、沼气、可燃废气等)等；所采用的动力源更是多样化，如水能、风能、太阳能等。由此驱动并产生了高效经济的新型分布式发电技术，即通过在配电网容纳单独的和多元的发电单元，通过动力控制单元(power-conditioning unit，PCU)与外界电网进行能量交换。同时，分布式储能技术应运而生，它通常采用超导线圈、储能电池、超级电容器或者机械飞轮等装置储存分布式电源的多余能量，并在有特定需要时将储能进行释放和利用。

2)微电网

依托分布式发电技术研究成果，结合不同供用电系统及电力用户对电能质量的要求，基于电网设计的实际需求和分散化局域电力系统的发展趋势，逐步形成了整合上述技术及需求的新的特殊电网形式——微电网。微电网的能量主要来源于可再生能源，其发电系统类型多样，主要包括微型燃气轮机、内燃机、燃料电池、太阳能电池、风力发电机等；其系统容量通常为中型和小型，为20kW～10MW；

其网内电压等级通常为交流 0.4kV，低压直流还可能包括 48V[6]，有些微电网还包括 10.5kV 及以上的上游母线。

3) 多微电网

随着微电网规模的不断扩大，技术的不断丰富，微电网间开始出现交集，多微电网由此发展起来。多微电网是智能电网发展的一种新产物，它将微电网与通信技术、多代理技术及复杂约束下的多目标优化、人工智能和专家算法等相结合，根据监视或控制的不同需求形成一个数据采集与监视控制(supervisory control and data acquisition，SCADA)系统，或一个分散式控制系统(distributed control system，DCS)。如果将某个配电网区域整体视为一个微电网，则虚拟电厂(virtual power plant，VPP)和超级电网(super grid)均可视为多微电网系统。在多微电网系统中，整体系统和各子系统均拥有各自的约束、利益和一定的智能及判断协调能力，可以通过规划统筹、管理控制所辖区域内柔性可调度设备，有效整合和利用其所拥有的资源，提高多微电网和整体电网的经济性及稳定性[7]。

4) 微网群

多微电网的规模扩大，将形成集群式的电网整体——微网群。微网群作为分布式发电网络的一个全新概念，立足于微电网，是将地理位置上毗邻的微电网、分布式发电系统互联构成一个微电网群集系统，通过群内微电网(又称“子微网”)及分布式电源之间的能量调度和互济，增强彼此间的供电可靠性，以进一步提高分布式电源的渗透率。微网群概念的提出，不但增强了孤岛运行情况下微电网运行的可靠性，而且能够实现微电网与分布式发电系统之间的能量互济。揭示微网群内子微网与子微网、子微网与分布式发电系统之间的相互作用机理，研究各组成要素之间、各子系统之间的相互协调与合作或同步的联合作用，使其在宏观上表现为一个可控源，对含有微电网及分布式发电系统的智能配电网的可靠、安全、稳定运行具有重要的促进作用[8]。

5) 多微网配网

多微网配网是指微电网与现有配电网相结合，并将多个微电网融入配电网中，所形成的含多微电网的配网系统。微电网通过将分布式发电单元与配电网整合，在一个局部区域内直接将分布式发电单元、电力网络和终端用户联系在一起，使得新能源不再单一地从发电场所传输到电网中，进而降低弃风弃光、电压和频率偏移及三相不平衡等现象的发生频率。微电网直接与配电网相结合，可以方便地进行电力调度，减轻新能源发电不确定性对电网的影响，降低大电网的负担，改善运行的安全可靠性，并促进电网运行的清洁化、节能化。

2. 微电网在国内外的发展

微电网的发展主要集中在美国、欧洲、日本和中国。

1)美国

美国电力可靠性技术解决方案协会(The Consortium Electric Reliability Technology Solutions，CERTS)最早提出微电网的概念。美国CERTS提出的微电网主要由基于电力电子技术且容量小于等于500kW的小型微电源与负荷构成，并引入基于电力电子技术的控制方法。电力电子技术是美国CERTS微电网实现智能、灵活控制的重要支撑，正是基于此形成的“即插即用”(plug and play)与“对等”(peer to peer)的控制思想和设计理念，美国建成了第一个微电网示范工程——Mad River微电网。

微电网工程得到了美国能源部的高度重视。2003年，“电网现代化”(grid modernization)的目标在美国被提出，即要将信息技术、通信技术等广泛引入电力系统，以实现电网的智能化。在随后出台的“Grid2030”发展战略中，美国能源部制定了美国电力系统未来几十年的研究与发展规划，微电网的发展和研究是该规划内容的重要组成部分之一。2006年，在美国微电网会议上，美国能源部对其今后的微电网发展计划进行了详细剖析。2014年，美国能源部与阿尔斯通签署了一项价值120万美元的微型网络研发和系统设计项目合同，以支持奥巴马政府提出的“气候行动计划”。

2)日本

日本立足于国内能源日益紧缺、负荷日益增长的现实背景也展开了微电网研究，但其发展的目标主要定位于能源供给多样化、减少污染、满足用户的个性化电力需求。与美国专注于微电网智能化的发展目标相比，日本的发展目标集中在分布式能源多元化和降低分布式电源入网成本上。为此，日本学者提出建立灵活、可靠和智能的微电网系统。同时，日本把微电网建设与热电联产相结合，希望能够获得更好的经济和环境效益。新能源利用一直是日本能源的发展重点，2005年以来不仅在国内建立了多个微电网工程，而且还专门成立了新能源与工业技术发展组织(New Energy and Industrial Technology Development Organization，NEDO)，统一协调日本国内高校、企业与国家重点实验室对新能源及其应用的研究。近年来，NEDO在微电网研究方面已取得许多成果。

3)欧洲

欧洲的分布式能源发展极早，从风力发电到潮汐能、太阳能利用等。从电力市场需求、电能安全供给及环保等角度出发，欧洲于2005年就提出了“聪明电网”计划，并在2006年出台该计划的技术实现方略。2016年，欧盟委员会通过了“欧洲人的清洁能源”新战略展望，即2030年之前将绿色能源份额增长至50%，碳排放量降低40%，单位能效提高30%。

4)中国

中国的微电网和可再生能源技术起步较晚。但从“十二五”开始，中国越来越重视微电网的发展，科技部立项支持了诸如“金太阳示范项目”和“微网群高效可靠运行关键技术及示范”等诸多重点项目。《能源发展战略行动计划(2014—2020年)》中明确指出，要大力支持新能源发展，并以能源技术创新为手段，实现新能源的大规模开发和替代，坚定地走低碳能源发展之路[9]。

2015 年，国家能源局印发《关于推进新能源微电网示范项目建设的指导意见》(国能新能〔2015〕265 号)；2017 年，国家发展和改革委员会、国家能源局发布《关于印发〈推进并网型微电网建设试行办法〉的通知》(发改能源〔2017〕1339号)，规范和鼓励微电网的发展。

国内外典型的微电网示范工程如表 2.1 所示。

表 2.1　国内外典型的微电网示范工程

名称	母线类型	容量/kW	母线电压等级/V	运行模式	微网组成
电气可靠性技术解决方案联合会项目(美国)	交流	180	480	并网-孤岛可转换模式	三台 60kW 燃气轮机，蓄电池 5kW
分布式电源集成测试实验室项目(美国)	交直流	2000	480	并网模式	光伏 150kW，内燃机 390kW
帕姆代尔市微电网(美国)	交直流	4000	480	并网模式	光伏 900kW，水轮机 250kW，汽轮机 200kW，备用柴油机 1800kW，超级电容器 450kW，敏感负荷 400kW
毕尔巴鄂市微电网(西班牙)	交流	140	400	并网模式	光伏 5.8kW，风机 6kW，二台 63kW 柴油发电机，蓄电池 2.2kW，飞轮储能 250kW，超级电容器 200kW
基斯诺斯岛微电网(希腊)	交流	106	400	孤岛模式	光伏 12kW，蓄电池 85kW，柴油机 9kW
聚特芬小镇微电网(荷兰)	交直流	370	400	孤岛模式	光伏 335kW，蓄电池 35kW
曼海姆居民区示范工程(德国)	交流	90	400	孤岛模式	光伏 23.5kW，蓄电池 60kW，燃气轮机 7.5kW
卡塞尔大学微电网项目(德国)	交直流	330	400	并网-孤岛可转换模式	光伏 25kW，蓄电池 300kW，燃气轮机 5.5kW，模拟风机 5kW
爱知县微电网(日本)	交流	1730	400	并网模式	光伏 330kW，熔碳酸盐燃料电池 570kW，固体氧化物燃料电池 25kW，磷酸燃料电池 800kW
八户市微电网(日本)	交流	750	400	并网模式	光伏 130kW，生物质发电 510kW，风机 20kW，铅酸蓄电池 100kW
浙江舟山东福山岛微电网项目(中国)	交直流	610	400	孤岛模式	光伏 100kW，风机 210kW，储能系统 300kW
南京供电公司科技综合楼示范项目(中国)	交流	110	400	并网-孤岛可转换模式	光伏 50kW、屋顶风电 10kW、铅酸蓄电池 50kW
河北承德微电网项目(中国)	交流	190	400	并网模式	光伏 50kW、风机 60kW、储能 80kW

3. 微电网标准的发展

从相关标准的发展历程来看，微电网标准仍在不断补充和完善。

2003年，美国电气电子工程师协会(Institute of Electrical and Electronics Engineers，IEEE)发布了《分布式电源并网标准》(IEEE 1547)，它是分布式发电(DG)一系列互联标准中的第一项标准。该标准规定了10MVA以下DG互连的基本要求，涉及了所有有关DG互连的主要问题，包括电能质量、系统可靠性、系统保护、通信、安全标准、计量等。

另一个比较早的分布式电源标准是IEEE Std 446-1995《工业及商业设备用应急和备用供电系统》。该标准讲述了应急备用分布式电源如何安装和应用，用户可以采用分布式电源给本地负荷提供动力。但这种发电机不并网，其主要用途是为应急备用提供高可靠性电源。

国际电工委员会(International Electrotechnical Commission，IEC)发布的与微电网相关的标准主要是IEC/TS 62257《农村电气化用小型可再生能源和混合系统》系列。该系列标准主要规定了农村电气化项目在发电地址、设备选型、系统设计、项目管理等方面的指导原则。其中，IEC/TS 62257-9-2：2006是国际上较早的专门针对微电网制定的标准。此后，IEC成立了专门负责微电网标准制定工作的工作组。此外，2017年，中国电力科学研究院牵头编制的国际电工委员会标准IEC/TS 62786：2017《分布式电源与电网互联》正式发布，该标准的发布填补了IEC分布式电源并网标准的空白。该标准作为分布式电源连接到配电网的技术规范，力求反映各国分布式电源并网技术发展成果，满足多样性分布式电源与电网互联的规划、设计、并网、运行等需求，内容涵盖了总体需求、并网方案、开关选择、正常运行范围、抗扰动能力、有功无功响应、电能质量、接口保护、监测控制和通信等各个方面。目前，已制定的标准包括：IEC/TS 62898-1-2017《微电网项目计划和规格指南》(*Guidelines for microgrid projects planning and specification*)、IEC/TS 62898-2-2018《微电网运行指南》(*Microgrid- guidelines for operation*)、IEC/TS62898-3-1-2016《微电网第3-1部分：技术规范—保护和动态控制》(*Microgrids-part* 3-1: *technical requirements-protection and dynamic control*)，这三个标准的负责人均为中国专家。

近几年，我国在微电网和分布式电源接入与运行管理方面也陆续制定了一系列标准，其中，相关的主要国家标准有：

(1) GB/T 33589—2017《微电网接入电力系统技术规定》。该标准规定了微电网接入电力系统运行应遵循的一般原则与技术要求。

(2) GB/T 34129—2017《微电网接入配电网测试规范》。该标准规定了微电网并网测试的测试条件、测试项目、测试方法。适用于通过35kV及以下电压等级接入配电网的新建、扩建及改造并网型微电网的并网测试。

(3) GB/T 34930—2017《微电网接入配电网运行控制规范》。该标准规定了微电网接入配电网运行控制应遵循的规范和要求，主要内容包括微电网的运行方法与控制策略、联络线交换功率控制、并/离网转换控制、继电保护与安全自动装置、电网异常响应、电能质量、通信与自动化、防雷与接地。

(4) GB/T 33593—2017《分布式电源并网技术要求》。该标准适用于通过 35kV 及以下电压等级接入的新建、扩建或改建分布式电源，主要内容包括电能质量、功率控制和电压调节、启停、运行适应性、安全、继电保护与安全自动装置、通信与信息、电能计量、并网检测。

(5) GB/T 33592—2017《分布式电源并网运行控制规范》。该标准规定了并网分布式电源在并网/离网控制、有功功率控制、无功电压调节、电网异常响应、电能质量监测、通信与自动化、继电保护及安全自动装置、防雷接地方面的运行控制要求。

(6) GB/T 33599—2017《光伏发电站并网运行控制规范》。该标准规定了光伏发电站并网运行控制的基本规定，以及运行管理、功率预测、发电计划、有功功率控制、无功功率控制、继电保护及安全自动装置运行等要求。

(7) GB/T 50866—2013《光伏发电站接入电力系统设计规范》。该标准适用于通过 35kV(20kV)及以上电压等级并网以及通过 10kV(6kV)电压等级与公共电网连接的新建、改建和扩建光伏发电站接入电力系统设计，主要内容包括总则、术语、基本规定、接入系统条件、一次部分设计、二次部分设计。

(8) GB/T 33594—2017《电动汽车充电用电缆》。该标准规定了电动汽车充电用电缆的使用特性、表示方法、技术要求、标志、试验方法和要求、检验规则及电缆的包装、运输和储存，适用于电动汽车传导充电连接装置用额定电压交流 450/750V 及以下、直流 1.0kV 及以下充电用电缆。

关于分布式电源接入与管理的国家电网公司的企业标准主要有 Q/GDW 480—2010《分布式电源接入电网技术规定》、Q/GDW 667—2011《分布式电源接入配电网运行控制规范》、Q/GDW 666—2011《分布式电源接入配电网测试技术规范》等；我国能源行业标准主要有 NB/T 33011—2014《分布式电源接入电网测试技术规范》、NB/T 33010—2014《分布式电源接入电网运行控制规范》、NB/T 33013—2014《分布式电源孤岛运行控制规范》、NB/T 33012—2014《分布式电源接入电网监控系统功能规范》、NB/T 33015—2014《电化学储能系统接入配电网技术规定》、NB/T 33014—2014《电化学储能系统接入配电网运行控制规范》等。

2.1.3　微电网概念及特征

1. 微电网的概念

世界各国发展微电网的侧重点有所不同，因此对微电网概念的定义也有所差别。

1)美国的微电网定义

微电网作为美国未来电力系统发展的重要组成部分，得到美国能源部的高度重视，目前主要由美国CERTS、威斯康星大学、通用电气公司等共同参与研究。

2001年，CERTS给出的微电网定义为：微电网是一种由负荷和小型微电源共同组成的系统，它可同时提供电能和热量；微电网内部电源的能量转换主要由电力电子器件控制；微电网相对于外部大电网表现为单一的受控单元，并同时满足用户对电能质量和供电安全等的要求。该微电网定义的结构如图2.2所示。

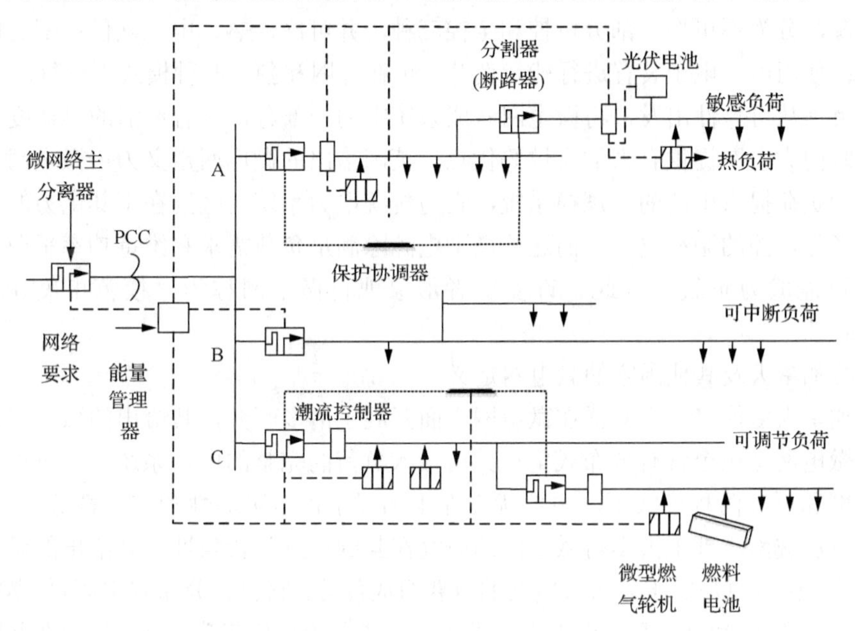

图2.2 CERTS提出的微电网结构

美国能源部给出的微电网定义为：微电网由分布式电源和电力负荷构成，可以工作在并网与孤岛两种模式下，具有高度的可靠性和稳定性。此定义描述了微电网的典型特征，不失一般性。

美国威斯康星大学的Lasseter教授给出的微电网定义为：微电网是一个由负荷和微型电源组成的独立可控系统，就地提供电能和热量。

2)日本的微电网定义

日本的微电网研究在世界范围内处于领先地位。日本NEDO给出的微电网定义为：微电网是指在一定区域内利用可控的分布式电源，根据用户需求提供电能的小型系统。

东京大学给出的微电网定义为：微电网是一种由分布式电源组成的独立系统，一般通过联络线与大系统相连，由于供电与需求的不平衡关系，它可以选择与主网之间互供或者独立运行。

三菱公司给出的微电网定义为：微电网是一种包含电源和热能设备以及负荷的小型可控系统，对外表现为一整体单元并可以接入主网运行。该定义将含传统电源的独立电力系统也归入微电网研究范畴，大大扩展了 CERTS 对微电网的定义范围。

3) 欧洲的微电网定义

欧盟框架计划给出的微电网定义为：利用一次能源；使用一次能源；使用微型电源，分为不可控、部分可控和全控三种，并可冷、热、电三联供；配有储能装置；使用电力电子装置进行能量调节；可在并网和独立两种模式下运行。

英国从可靠性出发，将微电网看成系统中的一部分，具有灵活的可调度性且可适时向大电网提供有力的支撑等优点。英国给出的微电网定义为：微电网是面向小型负荷提供电能的小规模系统，它与传统电力系统的区别在于其电力的主要提供者是可控的微型电源，而这些微型电源除满足负荷需求和维持功率平衡外，也有可能成为负载。因此，许多学者形象地将微电网称为“模范市民(model citizen)”。

4) 加拿大及其他国家的微电网定义

加拿大多伦多大学同样在微电网方面开展了诸多研究，其给出的微电网定义为：微电网是一个含有分布式电源并可接入负荷的完整的电力系统，它可以运行在并网和孤岛两种模式下，主要优点在于加强了供电可靠性和安全性等。

新加坡南洋理工大学对微电网的研究在其国内颇具代表性，其给出的微电网定义为：微电网是低压分布式电网的重要组成部分，它包含分布式电源(如燃料电池、风电及光伏发电等)、电力电子设备、储能设备和负荷等，可以运行在并网或独立两种模式下。

韩国的诸多高校和科研机构对微电网也开展了多方面的研究，典型的是韩国明知大学成立的智能电网研究中心。他们给出的微电网定义为：微电网是由分布式电源、负荷、储能设备、热恢复设备等构成的系统，有可并网运行、可充分利用电能和热能、可独立运行的优点。

5) 中国的微电网定义

我国权威研究机构将微电网定义为：以分布式发电技术为基础，以分散型资源或用户的小型电站为主，结合终端用户电能质量管理和能源梯级利用技术形成的小型模块化、分散式供能网络。事实上，微电网是为整合分布式发电的优势、削弱分布式发电对电网的冲击和负面影响而提出的一种新的分布式能源组织方式和结构。

2017 年，国家有关部门印发的《推进并网型微电网建设试行办法》将微电网定义为：微电网是指由分布式电源、用电负荷、配电设施、监控和保护装置等组成的小型发配用电系统。

2. 微电网的特征、组成、优点及典型应用场景

1）微电网的基本特征

与大电网不同，微电网具备微型化、自平衡、清洁高效等三个基本特征。

(1)微型化：系统规模小，电压等级低。

(2)自平衡：通过综合调节分布式发电、储能和负荷，实现微电网内部电量的自平衡，总体上与外部电网的电力交换很少。

(3)清洁高效：以清洁能源为主，以能源综合利用为目标，同时配置高效的能量管理系统。

2）微电网的组成

微电网通常由分布式能源、储能装置、负荷、控制系统等部分组成。微电网对外呈现为一个整体，通过一个公共连接点与电网相连。微电网的结构及组成如图 2.3 所示，其主要组成部分如下[10]。

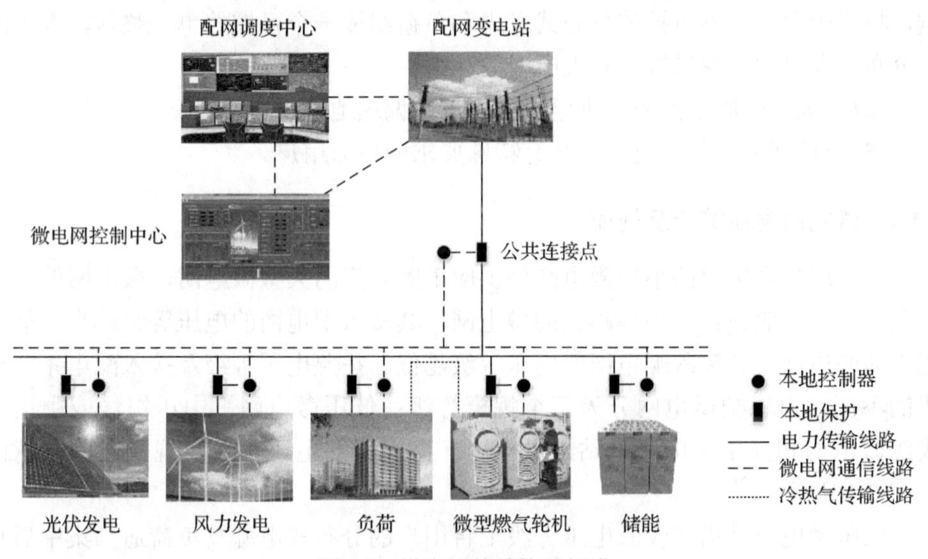

图 2.3　微电网的结构及组成

(1)分布式能源，可以是以新能源为主的多种能源形式，如光伏发电、风力发电和燃料电池发电等，也可以热电联产或冷热电联产形式存在，就地向用户提供热能或冷能，提高分布式能源的利用效率和灵活性。

(2)储能装置，有各种储能方式，包括物理储能、电化学储能和电磁储能等，用于新能源发电的能量存储、微电网的负荷曲线平滑，实现负荷曲线的削峰填谷

及微电网的黑启动。

(3)负荷，包括一般负荷和重要负荷。

(4)控制系统，用于实现分布式电源控制、储能控制、并网/离网切换控制、微电网实时监控、微电网能量管理及基于市场机制的微电网调度等。

3)微电网的主要优点

微电网的主要优点体现在以下四个方面：

(1)微电网能够成为电网的友好单元，不会给相连电网带来不可预料的冲击，也不需要对配电网的操作进行大的修改。

(2)微电网广泛应用先进的电力电子控制技术，可以为分布式电源和负荷提供灵活的整合方案，包括即插即用和对等性等。

(3)微电网可以提供很高的局部供电可靠性。

(4)微电网可以满足用户对电能质量的不同需求和定制要求。

4)微电网的典型应用场景

微电网主要适用于以下三种典型应用场景：

(1)满足高比例分布式可再生能源的接入和消纳。微电网利用储能和协调控制，将多个分散、不可控的分布式发电和负荷组成一个可控的单一整体，大大降低分布式发电的大规模接入对大电网的冲击。

(2)与大电网联系薄弱，供电能力不足的偏远地区。

(3)对电能质量和供电可靠性有特殊要求的电力用户。

2.1.4 微电网电压等级及规模

从供应独立用户的小型微电网到供应千家万户的大型微电网，微电网的规模千差万别。一般而言，规模越大的微电网，其接入配电网的电压等级越高；规模越小的微电网，其接入配电网的电压等级越低。按照电压等级及接入配电系统模式的不同，可以把微电网分为三个规模等级：低压微电网，中压馈线或中压支线级微电网和高压配电变电站级微电网。微电网的电压等级及规模范围示意图如图 2.4 所示[11,12]。

低压微电网是指在较低电压等级上将用户的分布式电源及负荷适当集中后形成的微电网，这种微电网大多由电力用户或能源用户拥有，规模较小。

中压馈线级微电网和中压支线级微电网的配电主干线路电压等级为 10kV 或 35kV，适用于向有较高供电可靠性要求、容量中等、用户较为集中的区域供电。

高压配电变电站级微电网，包含整个变电站主变二次侧所连接的多条馈线及其供电范围内的所有微电网。其中，变电站级微电网和馈线级微电网对配电系统自动化和继电保护有比较高的要求[11]。

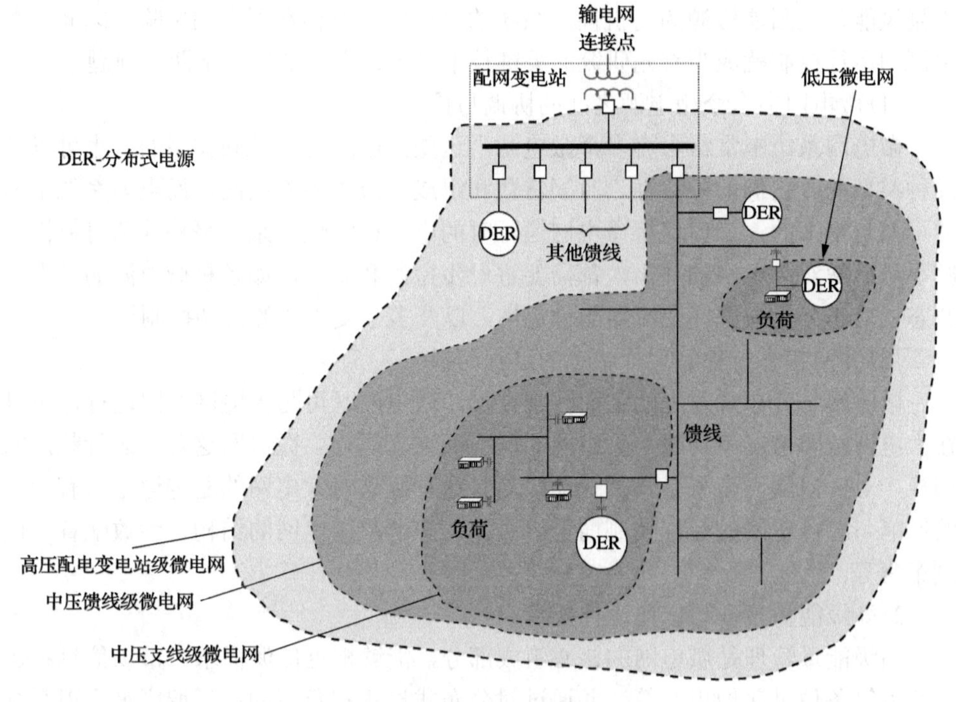

图 2.4 微电网电压等级及规模范围

2.1.5 新能源与微电网

分布式电源尽管拥有多样化、高效性和经济性等特点，但本身存在诸多问题，如分布式电源单机接入成本高、控制困难等。另外，分布式电源相对大电网来说是一个不可控源。因此，大系统往往采取限制、隔离的方式来处置分布式电源，以减小其对大电网的冲击。IEEE 1547 对分布式能源的入网标准给出了具体规定：当电力系统发生故障时，分布式电源必须马上退出运行。这就大大限制了分布式能源效能的充分发挥。

微电网技术不仅从局部解决了分布式电源大规模并网时的运行问题，而且在能源效率优化等方面与智能配电网的目标相一致。目前的新一代微电网已经具备智能配电网的雏形，它能很好地兼容各种分布式电源，提供安全、可靠的电力供应，实现网络层面的能量优化，起到承上启下的作用。与此同时，微电网与智能配电网也有显著的区别，主要体现在提供多样化商业产品和与用户的互动性方面。微电网技术的日益成熟和完善，关系到分布式发电技术的规模化应用和智能配电网的发展。目前的微电网设计与运行技术主要体现在以下几个方面[13]。

1) 微电网运行控制技术

微电网系统整体承受扰动的能力较弱，尤其是在孤岛(自主)运行模式下，考虑到风能、太阳能资源的随机性，系统的安全性可能存在更高的风险。因此，微电网的运行控制就成为首先研究的关键技术之一，主要解决以下两个问题。

(1) 微电网中多个微电源之间的协调与控制。

微电网系统中常常含有多个微电源，这些微电源可以是同类型的，也可以是异种类型的。它们的外特性、时间常数和组成环节等各不相同，而电力系统中的能量都是平衡的，如何保持微电网运行时的电压稳定性、系统平稳性和可靠性，减小微电网对大电网的冲击，都需要进一步探讨和研究，如各种微电源的稳态、暂态、动态分析模型，变流器的稳定性，以及多个变流器的协调控制等。

(2) 并网状态与独立运行状态的过程切换。

微电网与分布式发电的主要区别在于，微电网既可与大电网并网运行，也可在大电网故障情况下切断与大电网的联络而独立运行。微电网这两种运行状态的切换，对大电网而言就是一种扰动，而且这种扰动对大电网的稳定运行具有一定的影响。对微电网的运行控制而言，必须动态调整微电网的结构、参数配置、控制策略等。

2) 高级能量管理与优化运行技术

高级能量管理是微电网的核心组成部分，能够根据能源需求、市场信息和运行约束等条件迅速做出决策，并通过对分布式设备和负荷的灵活调度来实现系统的最优化运行。

微电网的能量管理系统(energy management system，EMS)与传统能量管理系统的主要区别在于：①微电网内集成热负荷和电负荷，因此它需要热电匹配；②它能够与电网自由进行能量交换；③它能够提供分级服务，特殊情况下可牺牲非关键负荷或延迟其需求响应，为关键负荷提供优质电力保障。

3) 微电网故障检测与保护技术

分布式电源(DER)单元的接入使得微电网系统的保护和控制方面与常规电力系统在故障检测方法和保护原理上都有很大的不同。例如，除过压及欠压保护外，针对分布式电源，还包括反孤岛和低频保护的特殊保护功能。另外，常规的保护控制策略是针对单向潮流系统的保护，而微电网系统的潮流可能双向流通，且随着系统结构和所连接的分布式发电单元数量的不同，短路电流级别将有很大不同，传统的继电保护设备可能起不到应有的保护作用，甚至可能导致保护设备自身的损坏，因此需要研发能够在完全不同于常规保护模式下运行的新的故障检测与保护控制技术。

总之，微电网协调了大电网与分布式电源间的矛盾，充分挖掘了分布式能源为电网和用户所带来的价值和效益，使得新能源上网更加灵活，利用率更高。在可以预见的将来，新能源将依托微电网在配电侧发挥越来越大的作用。

2.1.6 微电网发展的意义

微电网作为输电网、配电网之后的第三级电网，将分布式发电应用于电力系统并发挥其最大潜能，进而创造显著的社会、经济和环境效益。作为可控的电力系统单元，微电网既可以与大电网并网运行，也可脱离大电网而孤立运行。微电网为分布式电源的广泛应用提供了新的方向，既可作为一个大小可以改变的智能负载快速响应输电系统的要求，也可满足用户的特殊需求，如增加可靠性、降低馈线损耗、保持本地电压稳定、提高发热使用效率、校正电压、提供不间断电源服务等[14]。

具体来说，发展微电网的意义如下。

(1)可以进一步提高电力系统的安全性和可靠性，增强区域供电抵御自然灾害和应对突发故障的能力[15]。在并网运行方式下，可以由大电网和内部分布式电源联合为网内负荷供电；当大电网出现故障或存在电能质量问题时，可以由微电网中心控制系统控制微电网与主网断开进行自主运行，即仅由内部分布式电源给负荷供电；当故障解除后，微电网重新恢复并网运行。由此可见，微电网将先进的信息技术、控制技术与电力技术相结合，能为用户和系统提供更高的可靠性并实现经济与效益最大化，还能有效提高电力系统抵御自然灾害的能力。

(2)可以促进可再生能源分布式发电的并网，有利于可再生能源的健康和快速发展[16]。处于电力系统管理边缘的大量分布式电源并网，有可能造成电力系统的不可控、不安全和不稳定，从而影响大电网的运行和电力市场的交易，也因此使得分布式发电面临许多技术障碍和质疑。微电网可以充分发挥分布式发电的优势，消除分布式发电对电网的冲击和负面影响，使用系统的方法和先进的工程技术解决分布式发电并网带来的诸多问题。通过将地域相近的微电源、储能装置及负荷结合起来进行协调控制，微电网对配电网表现为“电网友好型”的单个可控集合，可以平稳地与大电网进行能量交换，而且能够在大电网发生故障时独立运行。

(3)可以提高电力系统的供电可靠性和电能质量，有利于提高电网企业的整体服务水平[17]。传统的配电网一般呈辐射状。稳定运行状况下，沿馈线潮流方向，电压逐渐降低；有功和无功负荷随时间的变化会引起电压波动，线路末端波动较大；如果负荷集中在线路末端附近，电压波动会更大。当微电网接入传统配电网后，尤其是当微电网接入配电网馈线末端时，由于馈线上传输功率的减小以及微电网就地输出无功的支持，沿馈线各负荷节点处的电压将被相应抬升，显著有利于配电网供电质量的显著提升。

(4)可以延缓电网投资，降低网损，有利于建设节约型社会[18]。电力工业长期采用集中式大容量发电、远距离输电的模式。这种模式随着近年来电网规模的不断扩大，弊端日益突显。随着微电网的快速发展，配电侧电力系统存在的问题逐渐得到缓解。对分布式能源和电力用户而言，微电网具有“就地消纳”的特点，能够有效减少对集中式大型发电厂电力生产的依赖以及远距离电能传输、多级变送的损耗，从而延缓电网投资，降低网损。

2.2　微电网关键技术

2.2.1　常用分布式发电控制技术

1. 风力发电控制技术

风力发电机组由风力机和发电机两部分组成。微电网中风力发电机的选型与风力机的类型及控制系统的控制方式直接相关。近年来，直驱式风力发电机在微电网中的应用日趋广泛。该类机组多采用低速永磁同步发电机，省去了齿轮箱等变速机构，由风力机直接驱动发电机运行。图 2.5 为微电网常用的变速恒频控制的直驱永磁同步发电机原理图。

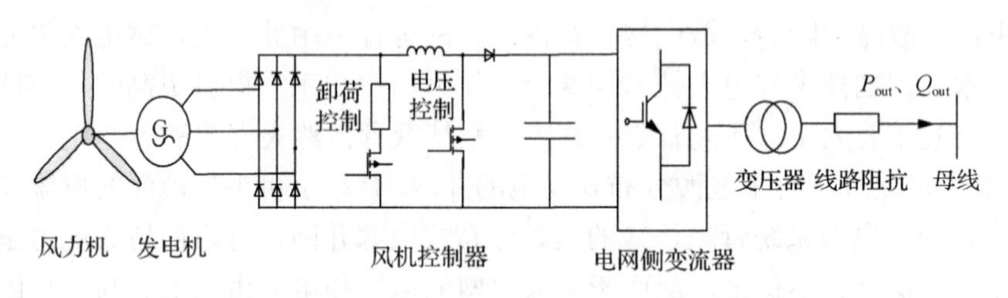

图 2.5　微电网常用的一种风力发电系统结构图

电机侧风机发电控制器将发电机发出的频率波动的交流电转换为直流电，并可通过控制风机输出电压对风机发电功率进行控制，通过卸荷控制装置对风机进行保护。电网侧变流器将直流电逆变为与电网频率一致的交流电并输送到电网。目前，发电机侧的变换器多采用电力电子器件构成的脉宽调制(pulse width modulation，PWM)变换器，可以对同步发电机的转矩进行控制，进而使发电机组快速跟随风速的变化，实现最大发电功率的跟踪[19,20]。电网侧变换器一般为常用的三相电压源型 PWM 逆变器，采用定功率控制模式，将风力发电功率输送到电网。

微电网中多采用中小容量的风电机组，以满足发电就地平衡的要求，但中小容量风力发电机的转动惯量小，电机侧变流器多采用不控整流，再通过并联的直流卸荷装置平抑功率波动，因此，微电网风力发电较难实现并网定功率控制，可以通过卸荷装置实现瞬时的限输入功率控制。

2. 光伏发电控制技术

光伏发电系统也是微电网常见的重要电源形式之一，它通过光伏电池直接将太阳辐射能转换为电能。虽然光伏发电技术与常规发电技术相比具有发电转换率低、投资成本高的限制，但太阳能是不会枯竭的能源，因此它具有广阔的发展前景。在光伏电池的工作过程中，其工作点与负载条件、光照条件和环境温度均有关系，经常会偏离最佳工作点，因此需要配备光伏发电最大功率点跟踪装置。图 2.6 为用于微电网的光伏发电系统结构图。

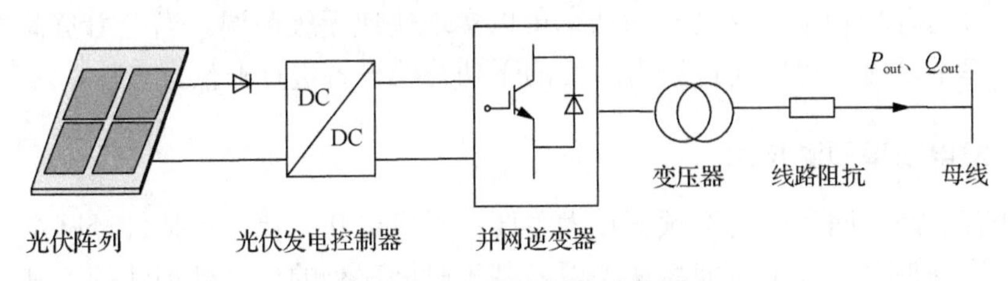

图 2.6 光伏发电系统结构图

由图 2.6 可知，微电网光伏发电系统由光伏阵列、光伏发电控制器、并网逆变器、变压器、输电线路等组成。光伏发电控制器模拟可控负载，跟踪光伏阵列的最大输出功率[21-23]；并网逆变器一般采用定功率控制模式，将直流电转变为与电网同步的交流电输送到电网。风力发电机组具有较强的机械惯性，功率调节速度较慢。与之相比，由于光伏组件由半导体器件构成，其输出功率的控制具有调节速度快、控制简单的特点，可以通过改变最大功率点快速实现光伏并网及输入功率控制[24]。

3. 微型燃气轮机发电控制技术

微型燃气轮机是以天然气、甲烷、汽油、柴油为燃料的超小型燃气轮机，单机功率通常为 25～300kW。微型燃气轮机发电效率可达 30%，联合发电和供热后整个系统能源利用率超过 60%[25]。微型燃气轮机的特点是体积小、质量轻、发电效率高、污染小、运行维护简单。利用微型燃气轮机发电是一种比较成熟且具有较高商业价值的分布式发电技术，适用于中心城区和远郊农村。图 2.7 为微型燃气轮机组的结构图。

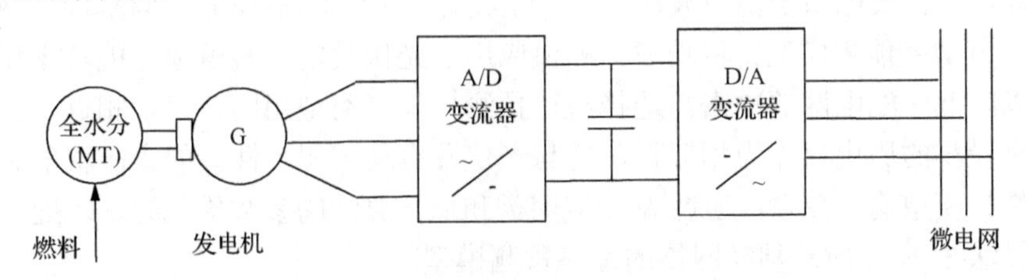

图 2.7 微型燃气轮机组的结构图

微型燃气轮机目前为冷热电联产系统中燃气热机的主流机型，由其组成的发电机组还包括内置式高速逆变发电机和电力电子控制装置等。原动机的控制主要根据低转速控制、温度控制和加速控制等环节的输出信号，对燃料系统的输入进行调节[29]。在电力电子控制环节，由于微型燃气轮机的转速较高，通常采用永磁同步发电机经过“AC-DC”和“DC-AC”变换器(分别简称 A/D 和 D/A 变流器)将高频交流电转换为工频交流电以作为微电网的电源。

微型燃气轮机组在燃料气压稳定时可看作连续电源，由于机组发电成本较高，一般只输出有功功率，这类有功功率可以实现快速无级可调。当电力负荷需要的无功功率不足时，可以通过较为廉价的无功补偿设备进行补偿。

2.2.2　发电功率预测技术

现有的微电网发电功率预测技术主要针对风电和光伏，包括神经网络、遗传算法、模糊理论等人工智能算法，以及基于时间序列的信号处理法等，其时间尺度以超短期预测为主。

风电功率预测的误差特性分析可以为微电网优化调度与稳定运行提供更加准确的参考。根据超短期风电功率预测误差概率密度特性对误差进行分层，再依据误差波动性和不同层误差幅值特性进行分类处理的预测误差数值特性分析方法可有效提高预测精度。此外，在概率密度特性的提取部分，采用改进后的广义误差分布模型对预测误差的概率密度分布进行拟合，可以综合误差模型预测和误差概率密度拟合两种方法的优点，更为准确地对超短期风电功率预测误差进行分析和补偿。

针对风速序列随时间、空间呈现非平稳性变化的特征，可采用基于经验模态分解(empirical mode decomposition，EMD)和支持向量机(support vector machine，SVM)的短期风电功率组合预测方法。首先利用 EMD 将风速序列分解为一系列相对平稳的分量，以减少不同特征信息间的相互影响；然后利用 SVM 法对各分量建立预测模型，针对各序列自身特点选择不同的核函数和相关参数来处理各组不同数据，以提高单个模型预测的精度；最后将风速预测的结果进行叠加并输入功率转换曲线，以得到风电功率预测结果，进而更好地跟踪风电功率的变化。

针对光伏发电系统出力波动问题，可以采用遗传算法-模糊径向基神经网络的光伏发电功率预测模型。将功率预测值应用于光伏发电的蓄电池储能功率调节系统，以降低对配电网的冲击。选择与待预测日天气类型相同、日期相近、温度欧氏距离最小的历史日作为相似日，把与光伏发电功率相关性大的太阳辐射强度和温度作为模型输入变量，通过 K 均值聚类和遗传算法的参数优化方法，建立基于遗传算法-模糊径向基神经网络的最终预测模型。

风力发电和光伏发电的功率预测，是制订微电网能量调度计划的前提。为此，可以运用基于时间序列法的风/光发电功率预测模型，引用等效平均风速概念，以提高风功率预测的准确度；采取在线滚动建模的方式修正基于时间序列法的预测模型，最后运用天气预报信息修正风/光发电功率预测的误差，设计风/光发电功率预测软件的功能组成结构，进而制定包括超短期、扩展短期及短期预测模块的程序流程，并完成软件开发。

2.2.3 储能技术

储能技术及储能系统在智能电网中的应用相关内容，参见4.2.4节储能技术的具体论述。本节主要针对微电网中常见的几种储能方式和储能技术进行简要介绍。

1. 常见的电化学储能和电磁储能技术

1) 磷酸铁锂电池

磷酸铁锂电池，是指用磷酸铁锂作为正极材料的锂离子电池。锂离子电池的正极材料主要有钴酸锂、锰酸锂、镍酸锂、三元材料、磷酸铁锂等。磷酸铁锂晶体中的P—O键稳固，难以分解，即便在高温或过充时也不会像钴酸锂一样结构崩塌发热或形成强氧化性物质，因此拥有良好的安全性。有报告指出，实际操作中，针刺或短路试验中发现有小部分样品出现燃烧现象，但未出现一例爆炸事件；而过充试验中使用大大超出自身放电电压数倍的高电压充电，发现依然有爆炸现象。虽然如此，其过充安全性与普通液态电解液钴酸锂电池相比，已大有改善。

长寿命铅酸电池的循环寿命在300次左右，最高也就500次，而磷酸铁锂动力电池，循环寿命达到2000次以上，标准充电(5h率)使用，可达到2000次。同质量的铅酸电池寿命期为1～1.5年，而磷酸铁锂电池在同样条件下使用，其理论寿命可达到7～8年。综合考虑，磷酸铁锂电池的性能价格比理论上为铅酸电池的4倍以上。对于磷酸铁锂电池，大电流放电可达电流2C快速充放电，在专用充电器下，1.5C充电40min内即可使电池充满，启动电流可达2C，而铅酸电池无此性能。

磷酸铁锂电池的电热峰值可达350～500℃，而锰酸锂电池和钴酸锂电池的电热峰值只在200℃左右由此可知，其工作温度范围宽广，有耐高温特性。

2) 阀控铅酸蓄电池

阀控铅酸蓄电池的设计原理是把所需的电解液注入极板和隔板中，没有游离的电解液，通过负极板潮湿来提高吸收氧的能力，以防止电解液减少把蓄电池密封。阀控铅酸蓄电池的极栅主要采用铅钙合金，以提高其正负极析气(H_2和O_2)过电位，达到减少其充电过程中析气量的目的。正极板在充电达到70%时，氧气就开始产生，而负极板达到90%时才开始产生氧气。在生产工艺上，一般情况下正负极板的厚度比为6:4，根据这一正、负极活性物质量比的变化，当负极上绒状Pb达到90%时，正极上的PbO_2接近90%，再经少许的充电，正、负极上的活性物质分别氧化还原达95%，接近完全充电，这样可使H_2、O_2气体析出减少。采用超细玻璃纤维(或硅胶)来吸储电解液，同时为正极上析出的O_2向负极扩散提供通道。这样，O_2 一旦扩散到负极上，立即为负极吸收，从而抑制了负极上 O_2 的产生，使浮充电过程中产生的气体 90%以上被消除(少量气体通过安全阀排放出去)。

该类蓄电池运行受温度影响较大。电池充电时，其内部气体复合本身就是放热反应，使电池温度升高、浮充电流增大、析气量增大，由于电池本身是“贫液”，装配紧密，内部散热困难，若不及时将热量排出，将造成热失控。浮充末期电压太高，电池周围环境温度升高，都会使电池热失控加剧。温度每升高 1℃，单电池电压下降约 3mV，使浮充电流升高，从而使得温度进一步升高。温度高于 50℃会使电池槽变形。温度低于– 40℃时，阀控铅酸蓄电池还能正常工作，但蓄电池容量会减小。

3) 全钒液流电池

全钒液流电池是一种以钒为活性物质呈循环流动液态的氧化还原电池。电池的输出功率取决于电池堆的大小，储能容量取决于电解液储量和浓度，因此它的设计非常灵活，当输出功率一定时，要增加储能容量，只需增大电解液储存罐的容积或提高电解质浓度。

钒电池的活性物质存在于液体中，电解质离子只有钒离子一种，故充放电时无其他电池常有的物相变化，电池使用寿命长。钒电池充、放电性能好，可深度放电而不损坏电池；自放电低，在系统处于关闭模式时，储罐中的电解液无自放电现象。钒电池选址自由度大，系统可全自动封闭运行，维护简单，操作成本低；电池系统无潜在的爆炸或着火危险，安全性高；电池部件多为廉价的碳材料、工程塑料，材料来源丰富，易回收，不需要贵金属作为电极催化剂；能量效率高，可达 75%～80%，性价比非常高；启动速度快，如果电堆里充满电解液，可在 2min 内启动，在运行过程中充放电状态切换只需要 0.02s。

但全钒液流电池在使用中仍存在一些问题，它能量密度低，目前先进的产品能量密度大概有 40W · h/kg，而它大概只有 35W · h/kg，加上又是液流电池，所以占地面积大。此外，目前国际先进水平的全钒液流电池的工作温度范围为 5～45℃，温度过高或者过低都会影响全钒液流电池的正常工作。

4) 钠硫电池

钠硫电池是一种以金属钠为负极、硫为正极、陶瓷管为电解质隔膜的二次电池。在一定的工作温度下，钠离子透过电解质隔膜与硫之间发生的可逆反应，形成能量的释放和储存。电池通常由正极、负极、电解质、隔膜和外壳等几部分组成。一般常规二次电池，如铅酸电池、镉镍电池等都由固体电极和液体电解质构成，而钠硫电池则与之相反，它是由熔融液态电极和固体电解质组成的，构成其负极的活性物质是熔融金属钠，正极的活性物质是硫和多硫化钠熔盐，因为硫是绝缘体，所以硫一般填充在导电的多孔的炭或石墨毡里，固体电解质兼隔膜的是一种专门传导钠离子被称为 Al_2O_3 的陶瓷材料，外壳则一般用不锈钢等金属材料。

钠硫电池具有许多优点：①比能量(即电池单位质量或单位体积所具有的有效电能量)高，其理论比能量为 760W·h/kg，实际已大于 150W·h/kg，是铅酸电池的 3～4 倍，如日本东京电力公司(TEPCO)和 NGK 公司合作开发钠硫电池作为储能电池，其应用瞄准电站负荷调平(即起削峰平谷作用，将夜晚多余的电存储在电池里，到白天用电高峰时再从电池中释放出来)、UPS 应急电源及瞬间补偿电源等；②可大电流、高功率放电，其放电电流密度一般可达 200～300mA/cm^2，瞬时可放出其 3 倍的固有能量；③充放电效率高。因为采用固体电解质，所以没有通常采用液体电解质二次电池的那种自放电及副反应，充放电电流效率几乎达到 100%。钠硫电池的工作温度为 300～350℃，由于电池工作时需要一定的加热保温，所以可采用高性能的真空绝热保温技术，以有效地解决这一问题。

5)超级电容

超级电容储能属于电磁储能的范畴，其基本原理及暂态技术特性参见第 4 章相关内容。在微电网中，超级电容目前主要用作功率型储能装置，常与电化学型、能量型储能介质(如磷酸铁锂、铅酸电池等)配合使用，主要用于快速充放电和吸收有功功率的波动。

2. 微电网储能的主要控制方式

微电网的储能系统一般通过逆变器进行控制，拓扑采用电压源型储能系统(voltage source converter，VSC)拓扑。在三相 VSC 设计中，一般将三相电压电流信号通过坐标变换转换到 dq 坐标系进行控制，有利于有功分量和无功分量的独立控制[27,28]。在双环控制系统中，外环控制器主要用于体现不同的控制目的，同时产生内环参考信号，一般动态响应较慢。内环控制器主要进行精细的调节，用于提高逆变器输出的电能质量，一般动态响应较快。当并网要求不是非常高时，也可以采用较简单的控制方式，单独使用外环对逆变器进行控制，但此时并网的电能质量和控制速度并不是非常理想的，因此目前应用较多的是双环控制方式[29]。

由于逆变器滤波电感的影响使逆变器输出有功分量和无功分量产生耦合，常采用前馈解耦的控制方式，VSC 内环控制方程如下所示：

$$
\begin{aligned}
V_d &= \left(K_{\mathrm{p}} + \frac{K_{\mathrm{i}}}{s}\right)(i_d^* - i_d) + e_d - i_q X_{\mathrm{T}} \\
V_q &= \left(K_{\mathrm{p}} + \frac{K_{\mathrm{i}}}{s}\right)(i_q^* - i_q) + e_q + i_d X_{\mathrm{T}}
\end{aligned}
\tag{2.1}
$$

式中，s 为拉普拉斯算子；d 轴表示有功分量；q 轴表示无功分量；V_d、V_q 分别为逆变器交流侧电压 d、q 轴分量；e_d、e_q 分别为电网电动势的 d、q 轴分量；i_d、i_q

分别为交流侧电流 d、q 轴分量；K_p、K_i 分别为比例调节增益和积分调节增益；X_T 为滤波电抗。逆变器输出内环控制的参考信号 i_d^*、i_q^* 按预先设定。

按照储能系统的并网逆变器使用场合及并网控制的目的不同，其并网逆变器也需要采取不同的控制策略。这种控制策略的不同主要体现在逆变器的外环控制。常见的分布式电源逆变器型接口的外环控制方法可以分为恒功率控制（又称为 P-Q 控制）和恒压恒频控制（又称为 V-f 控制）。

图2.8为三相VSC采用 P-Q 控制和 V-f 控制方式时的控制结构示意图。图2.8（a）

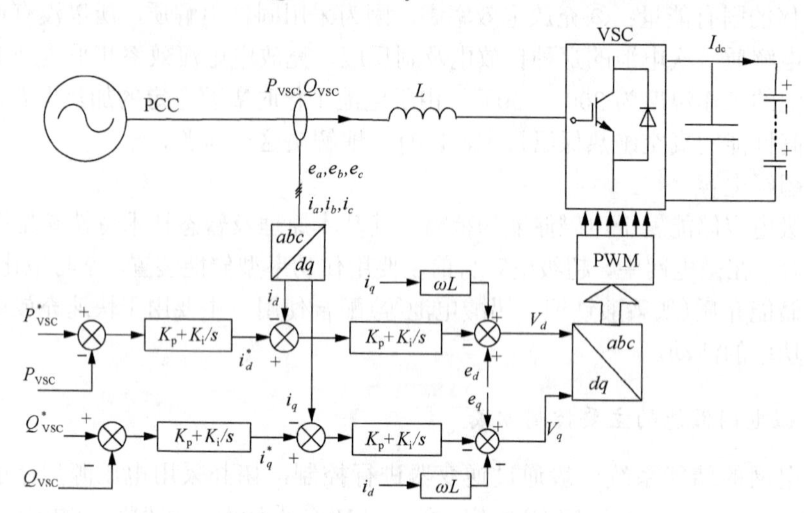

(a) VSC的 P-Q 控制框图

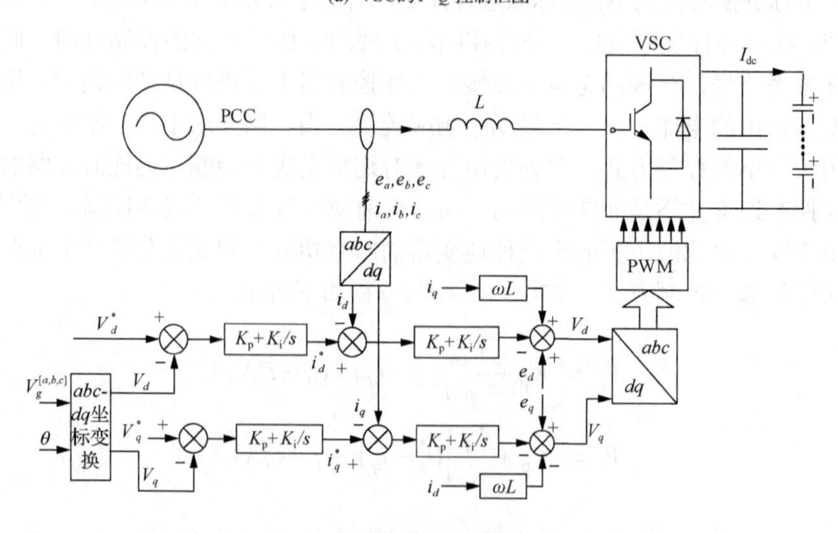

(b) VSC的 V-f 控制框图

图 2.8　三相 VSC 的 P-Q 控制和 V-f 控制框图

中，信号采集模块采集 VSC 输出电流、母线的电压及频率，通过锁相环(phase locked loop，PLL)使 VSC 的输出电压频率与母线电压频率同步。P_{VSC}^{*}、Q_{VSC}^{*}为给定逆变器功率参考信号，其与逆变器实际输出功率信号 P_{VSC}、Q_{VSC}进行比较，经过比例积分(PI)环节得到内环参考信号i_d^*、i_q^*。

图 2.8(b)中，三相 VSC 采用 V-f 控制方式时，VSC 输出的电压幅值和频率参考值与交流侧测量得到的电压矢量 V_d、V_q 进行比较，经过两个 PI 控制器得到内环有功功率和无功功率参考信号，实现对逆变器输出电压和频率的控制。

2.2.4 检测与控制技术

1. 锁相技术

1)闭环实时相位测量方法

闭环实时相位检测方法以 PLL 为基础，其基本结构[30]如图 2.9 所示。

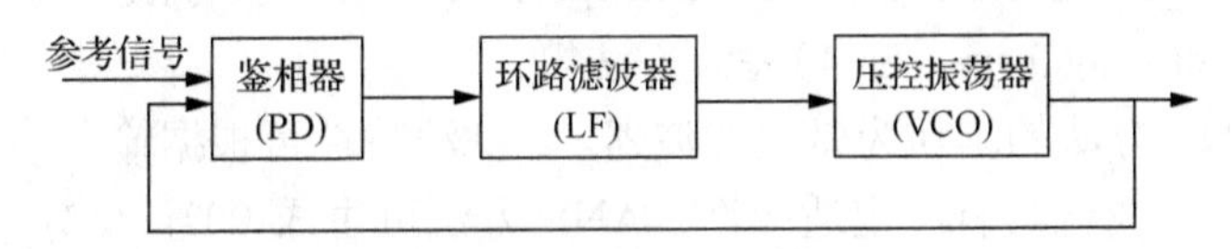

图 2.9 PLL 的基本结构

鉴相器(phase detector，PD)将参考信号和控制系统内部同步信号的相位差转变为电压，经过环路滤波器(loop filter，LF)和压控振荡器(voltage-controlled oscillator，VCO)调整系统内部同步信号的频率和相位，使其与参考信号一致。

基于同步参考坐标系锁相环[31](synchronous reference frame PLL，SRF-PLL)是目前应用最广泛的 PLL 方法，也是众多改进 PLL 方法的基础，其基本原理框图如图 2.10 所示。

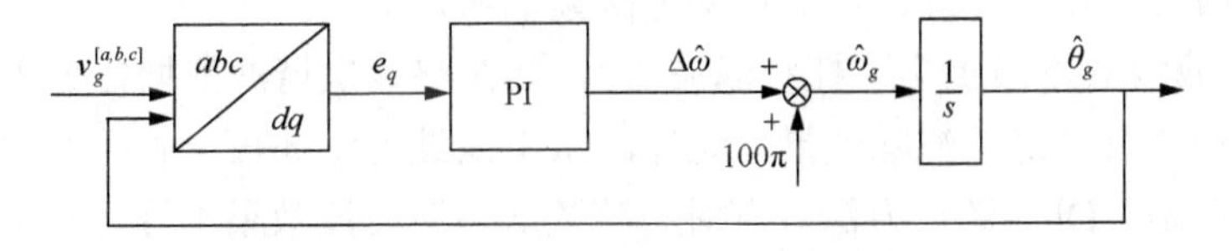

图 2.10 SRF-PLL 的基本原理框图

SRF-PLL 方法利用估算相位$\hat{\theta}_g$对三相电网电压$v_g^{[a,b,c]}$进行 dq 变换，得到其 q 轴分量e_q，作为鉴相器输出。当电网电压相位θ_g与$\hat{\theta}_g$相等时，e_q为零。e_q经过 PI 控制器(等价于 LF)后得到调整频率$\Delta\hat{\omega}$，叠加上前馈分量100π后得到估算频率$\hat{\omega}_g$，$\hat{\omega}_g$经过积分环节(等价于 VCO)得到实时估算相位$\hat{\theta}_g$。

SRF-PLL 方法具有原理简单、易于实现、对电网电压相位和频率变化具有较好跟踪性等优点。但是，当电网电压中含有低次谐波或者不平衡分量扰动时，e_q 上将存在低次波动，该波动的存在增加了 PI 控制器的滤波压力，影响了相位测量精度和速度。为此，众多学者提出了各类改进 PLL 方法，主要分为基于改进鉴相器的 PLL 方法及基于改进环路滤波器的 PLL 方法。

2）基于改进鉴相器的 PLL 方法

基于改进鉴相器的 PLL 方法可分为两类：增加前置滤波环节的鉴相方法和增加正负序分离环节的鉴相方法。

(1) 增加前置滤波环节的鉴相方法。

该类方法在 SRF-PLL 的基础上，增加额外的滤波环节，来预先滤除电网电压中的低次谐波或不平衡分量，从而减轻后级 LP 型滤波器压力，提高相位测量精度。该类方法的缺点是引入额外滤波环节，从而降低了相位测量的速度。

常用的前置滤波方法有自适应陷波滤波（adaptive notch filtering，ANF）方法、二阶广义积分（second-order generalized integral，SOGI）滤波方法、离散傅里叶变换（discrete Fourier transform，DFT）滤波方法等。

其中，ANF 方法的本质为带阻滤波器，其滤波特性可根据输入信号自动调整，对电网电压频率变化具有一定适应性。ANF 方法可生成 90°正交分量，使其可应用于单相系统中。

SOGI 滤波器本质上为带通滤波器，其在谐振频率处有无穷大增益，可对其他次频率造成不同程度衰减。与 ANF 方法相同，SOGI 滤波方法也可应用于单相系统的正交分量生成，但是，它不具有频率自适应性，当电网频率发生偏移时，会降低滤波效果和带来不确定的相位延迟。通常的处理方法是将 PLL 估算频率 $\hat{\omega}$ 反馈给 SOGI 滤波器，自适应调整 SOGI 滤波器谐振频率来改善滤波效果。有的学者提出一种基于二阶广义积分的锁频环方法，该方法通过调整 SOGI 滤波器的谐振频率来改变其滤波特性，从而跟踪电网频率和相位。

DFT 滤波器本质上为“梳状滤波器”，其在整数次谐波处增益为零，因此对整数次谐波具有良好的滤除效果。此外，DFT 滤波方法还可以直接对单相电压进行鉴相。但是，DFT 滤波方法具有对非整数次谐波滤波效果不好、对电网频率变化较为敏感、动态响应特性较慢等缺点。

(2) 增加正负序分离环节的鉴相方法。

根据对称分量理论，三相不平衡电压可分解成正序分量、零序分量和负序分量。因此，一些学者提出从三相不平衡电压中分离出正序分量，再对正序分量进行 dq 变换得到鉴相量 e_q^p，以提高电压不平衡时的实时相位测量效果。

常用的正负序分离方法可分成四类：$T/4$ 周期延迟、全微分方法、双同步坐标系变换解耦方法、正交移相滤波方法等。

①$T/4$周期延迟方法。

该方法通过将电网电压延迟 $T/4$ 周期，对原电压信号和延迟后电压信号进行 dq 变换，然后通过式(2.2)就可得到电网电压正序 q 轴分量，以此作为鉴相器输出：

$$e_q^p = e_q + e_q\left(t - \frac{T}{4}\right) \tag{2.2}$$

该方法的缺点是：当电网电压频率变化时，无法准确地确定延迟时间，从而无法正确分离出正序分量，影响相位实时测量效果。

②全微分方法。

文献[32]提出了基于全微分的正序分离方法。考虑 $\alpha\beta$ 坐标系三相不平衡电压模型：

$$\begin{cases} v_\alpha = V_p\cos(\omega_g t + \alpha) + V_n\cos(-\omega_g t + \beta) = v_{p\alpha} + v_{n\alpha} \\ v_\beta = V_p\sin(\omega_g t + \alpha) + V_n\sin(-\omega_g t + \beta) = v_{p\beta} + v_{n\beta} \end{cases} \tag{2.3}$$

将式(2.3)两端进行微分可得

$$\begin{cases} \dfrac{\mathrm{d}v_\alpha}{\mathrm{d}\omega_g t} = -V_p\sin(\omega_g t + \alpha) + V_n\sin(-\omega_g t + \beta) = -v_{p\beta} + v_{n\beta} \\ \dfrac{\mathrm{d}v_\beta}{\mathrm{d}\omega_g t} = V_p\cos(\omega_g t + \alpha) - V_n\cos(-\omega_g t + \beta) = v_{p\alpha} - v_{n\beta} \end{cases} \tag{2.4}$$

式中，ω_g 为电网角频率；α、β 分别为正序、负序初相角。

式(2.3)和式(2.4)联立可求解出电网电压在 $\alpha\beta$ 坐标系的正序分量 $v_{p\alpha}$ 和 $v_{p\beta}$，再利用 $v_{p\alpha}$ 和 $v_{p\beta}$ 进行 dq 变换得到 e_q^p，作为鉴相器输出。相比于 $T/4$ 周期延迟方法，全微分方法具有更快的动态响应速度。但是，微分运算会放大噪声和谐波干扰，因此该方法易受噪声和谐波影响。

文献[33]在全微分方法的基础上，增加了高次微分运算，可进一步分离指定 k 次谐波，提高对谐波扰动的抑制性。但是，这同时也增加了算法复杂性，且高次微分对噪声更加敏感。

③双同步坐标系变换解耦方法。

文献[34]～[37]提出了一种双同步系变换解耦的方法，来分离电网电压中的正负序电压。双同步坐标系解耦框图如图 2.11 所示。

该方法采用实时估计相位 $\hat{\theta}_g$ 及其取反值 $-\hat{\theta}_g$ 对三相电压 $v_g^{[a,b,c]}$ 模型进行 dq 正序、负序变换，然后利用正负序解耦网络(图 2.11 中，省略了正负序解耦公式)，

分离出正序电压 q 轴分量 e_q^{*+1}，作为鉴相器输出。

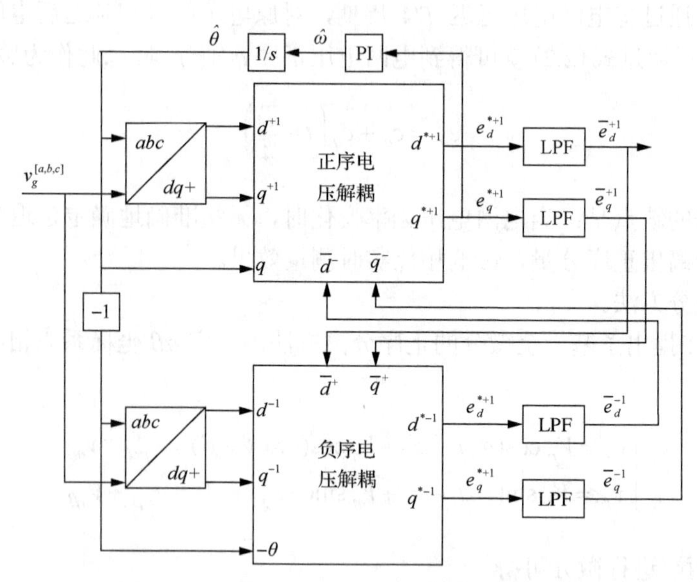

图 2.11　双同步坐标系解耦框图

文献[38]将单相电压假设为两相为零的三相不平衡电压，通过双同步坐标系交叉解耦来实现单相电压的鉴相。

该方法优点是不需要电网频率信息，即可实现正负序分离，提高了电网频率变化情况下的分离效果。但是，其不足是鉴相环节中含有低通滤波器(low pass filter，LPF)，降低了实时相位测量速度。

④正交移相滤波器方法。

三相电网电压中的正序分量 v_a^p、v_b^p、v_c^p 可用式(2.5)表示：

$$\begin{bmatrix} v_a^p \\ v_b^p \\ v_c^p \end{bmatrix} = \frac{1}{3}\begin{bmatrix} 1 & a & a^2 \\ a^2 & 1 & a^2 \\ a & a^2 & 1 \end{bmatrix}\begin{bmatrix} v_a \\ v_b \\ v_c \end{bmatrix} = \frac{1}{2}\begin{bmatrix} v_a - \dfrac{1}{\sqrt{3}\mathrm{j}}(v_a - v_c) \\ -(v_a^p + v_b^p) \\ v_c - \dfrac{1}{\sqrt{3}\mathrm{j}}(v_a - v_b) \end{bmatrix} \tag{2.5}$$

式中，$a = 1/2 - \sqrt{3}/2\,\mathrm{j}$。

通过式(2.5)结合正交移相滤波器，即可分离出三相电压中的正序分量。采用的正交移相滤波器有许多种：文献[30]中采用 90°全通滤波器；文献[31]中采用自适应陷波滤波器；文献[32]中采用一阶广义积分滤波器；文献[12]、[39]、[40]中采用二阶广义积分滤波器。

2. 基于改进环路滤波器的 PLL 方法

在环路滤波器上，最常用的方法是 PI 控制器。但是，PI 控制参数需要权衡考虑滤波效果和动态响应，通常无法兼得。为此，一些学者从改进环路滤波器入手，来提高实时相位的测量效果。

文献[35]提出采用 BANG-BANG 非线性控制器取代 PI 控制器，进行实时相位跟踪。相比于 PI 控制，BANG-BANG 控制器具有更好的动态特性和稳态精度。但是，BANG-BANG 控制器受调整步长影响较大，过小的步长会导致动态特性变差，而过大的步长会导致抖振，影响相位测量精度。

文献[36]提出了一种基于自适应观测器的 PLL 方法。该方法引入了两个观测状态变量 $\mu_{\alpha\beta}$ 和 κ，其定义为

$$\begin{cases} \mu_{\alpha\beta} = \dfrac{\bar{\omega}}{\omega}(v_{\alpha\beta}^{p} - v_{\alpha\beta}^{n}) \\ \kappa = \dfrac{\omega^{2}}{\bar{\omega}} \end{cases} \tag{2.6}$$

式中，ω 为电网频率；$\bar{\omega}$ 为电网基波频率，取 100π；$v_{\alpha\beta}^{p}$、$v_{\alpha\beta}^{n}$ 分别为三相电网电压 $\alpha\beta$ 坐标系的正序和负序分量。通过合理设计自适应观测器参数，动态调整 κ，观测电网频率和相位。

该方法引入了与负序电压相关的状态变量 $\mu_{\alpha\beta}$ 和与频率相关的估计参数 κ，使其对负序电压和频率变化具有较强的适应性。该方法分离出来的正序分量中不但含有基频分量，还包括谐波分量，因而受电网谐波影响较大。

3. 开环实时相位测量方法

开环实时相位测量方法中，不存在反馈环节，而是直接对输入电压信号进行处理来获得相位信息。开环实时相位测量方法又可分成直接滤波法和参数估计法两类。

1) 直接滤波法

直接滤波法通常应用于三相系统，存在 dq 坐标系和 $\alpha\beta$ 坐标系两种结构[37]，如图 2.12 所示。图中，θ_0 为估算相位值；$\hat{\omega}$ 为估算频率值。

直接滤波法采用滤波器对三相电网电压直接滤波，然后通过反三角函数计算出电网电压实时相位。dq 坐标系下，$\bar{e}_d$ 和 $\bar{e}_q$ 为直流分量，滤波器可选用低通滤波[38]、陷波[39]、带阻滤波[39]等；而 $\alpha\beta$ 坐标系下，$\bar{v}_\alpha$、$\bar{v}_\beta$ 为正弦分量，通常采用自适应陷波[40]、空间矢量滤波[27]和递推离散傅里叶变换滤波等。

直接滤波法具有原理简单、易于实现等优点，同时存在一些缺点：滤波器存在一定的相位延迟，降低实时相位估算精度；滤波器参数需要在动态特性和滤波

效果上权衡考虑；当电网频率变化时，会降低滤波器滤波效果。

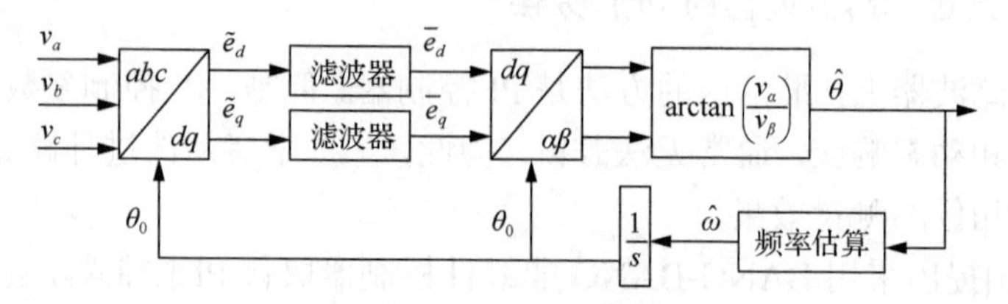

(a) *dq*坐标系的开环滤波结构

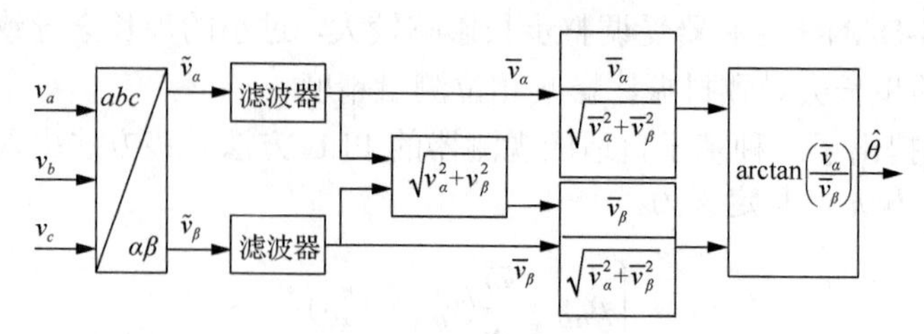

(b) *αβ*坐标系的开环滤波结构

图 2.12　直接滤波法结构框图

2) 参数估计法

参数估计法将电网电压相位作为待估参数，采用数学估计的方法计算出参数的最优估计值。根据观测方程的不同，参数估计法又可分成基于“三点法”建立观测方程和基于含谐波(负序)电压模型建立观测方程两类。

(1) 基于“三点法”建立观测方程。

通过增广卡尔曼滤波(Kalman filter，KF)，实时估算电网相位。其状态方程为

$$\hat{x}_k=\begin{bmatrix}2\cos(\omega T_{\mathrm{s}}) & \hat{y}_{k-1} & \hat{y}_{k-2}\end{bmatrix}^{\mathrm{T}}$$
$$\hat{x}_{k+1}=\begin{bmatrix}1 & 0 & 0\\ 0 & 2\cos(\omega T_{\mathrm{s}}) & -1\\ 0 & 1 & 0\end{bmatrix}\hat{x}_k \tag{2.7}$$

式中，$\hat{x}_k$ 为状态量；ω 为电网频率；T_{s} 为采样周期；$\hat{y}_{k-1}$ 和 $\hat{y}_{k-2}$ 为前两次估算电压值。

测量方程为

$$y_k=\begin{bmatrix}0 & 2\cos(\omega T_{\mathrm{s}}) & -1\end{bmatrix}\hat{x}_k+\varepsilon_k \tag{2.8}$$

式中，y_k 为电压实时测量值；ε_k 为随机噪声误差。

由式(2.7)和式(2.8)结合扩展卡尔曼滤波器(extended Kalman filter，EKF)方法，可估算出状态量 $\hat{x}_k$，从而估算出电网相位。该方法的优点是对电网频率变化

具有跟踪性，可快速估算出电网幅值、相位和频率，且可同时应用于单/三相系统中。但是，由于该方法测量方程中只包含随机噪声误差，当电网含有谐波时，会降低相位测量精度，通常需要增加额外的滤波环节来滤除谐波分量，从而增加了算法的复杂度、降低了相位测量速度。

(2)基于含谐波(负序)电压模型建立观测方程。

文献[38]、[39]考虑含各次谐波的三相电压模型，如下所示：

$$y_k = A_0 + \sum_{n=1}^{\infty} A_n \cos(n\omega t) + B_n \sin(n\omega t) \tag{2.9}$$

式中，A_0 为直流分量；A_n 和 B_n 为 n 次谐波实部和虚部幅值。

文献[38]、[39]定义的状态变量为

$$W = [B_1 \quad A_1 \quad \cdots \quad B_n \quad A_n] \tag{2.10}$$

观测方程为

$$\hat{y}(t) = W_0 + W \begin{bmatrix} \sin(\omega t) \\ \cos(\omega t) \\ \vdots \\ \sin(n\omega t) \\ \cos(n\omega t) \end{bmatrix} \tag{2.11}$$

式中，W_0 为 W 的初值。该文献通过自适应线性神经元(adaptive linear neuron，ADALINE)算法估算各次谐波幅值，然后根据基波幅值估算出电网电压相位。

文献[40]针对三相不平衡电压(在 dq 坐标系下)提出了一种基于递推最小二乘法参数估计的实时相位测量算法。其观测方程如下：

$$\begin{bmatrix} E_{ds}(t_i) \\ E_{qs}(t_i) \end{bmatrix} = \begin{bmatrix} \cos(\omega t_i) & -\sin(\omega t_i) & \cos(\omega t_i) & \sin(\omega t_i) \\ \sin(\omega t_i) & \cos(\omega t_i) & -\sin(\omega t_i) & \cos(\omega t_i) \end{bmatrix} \begin{bmatrix} E_d^p(t_i) \\ E_q^p(t_i) \\ E_d^n(t_i) \\ E_q^n(t_i) \end{bmatrix} \tag{2.12}$$

式中，E_{ds}、E_{qs} 分别为三相电压在 dq 坐标系中的 d、q 轴分量，为观测量；E_d^p、E_q^p 分别为三相电压中正序分量的 d、q 轴分量；$E_d^n(t_i)$、$E_q^n(t_i)$ 分别为负序分量的 d、q 轴分量，为参数估计量；ω 为电网频率，含 ω 项的矩阵为输入矩阵。

文献[40]以观测值与估算值残差最小为目标函数，采用带遗忘因子的递推最小二乘法估算出电网电压中正、负序分量，然后依据正序分量进行反三角函数运算，得到电网相位。

该类参数估计方法的优点是对电网电压谐波具有良好的抑制作用，当电网频率不变时，可快速准确地估算出电网相位；其缺点是观测方程中假定电网频率 ω 为固定值，当电网频率变化时，将无法达到最优估计，降低了测量精度，而通过增加额外的频率跟踪环节补偿频率变化，又会降低相位测量速度。

4. 无缝切换技术

根据 DG 并网时控制方法的不同，可将其并/离网双模式控制方法分成两类：①直接电流/负载电压控制方法，简称直接控制方法；②间接电流/负载电压串级控制方法，简称间接控制方法。

1) 直接控制方法

直接控制方法在并网状态时直接控制电感上的并网电流，在离网状态时控制电容电压。该类方法的优点是动态响应速度快，能够快速跟踪参考值的变化。

根据其控制结构的不同，直接控制方法又可具体分为三类：单/单环控制结构、双/双环控制结构及单/双环控制结构。

(1) 单/单环控制结构。

单/单环控制结构的典型框图如图 2.13 所示。该控制结构在并网状态时采用逆变侧电感电流单环控制，控制 DG 输出电流；在离网状态采用电容电压单环控制，维持本地负载电压恒定。

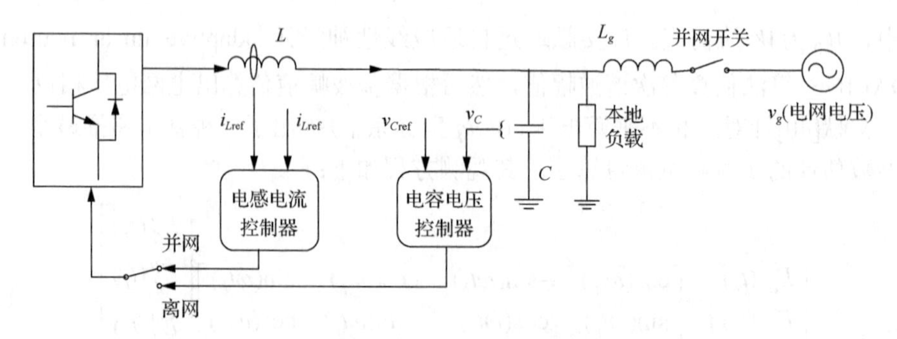

图 2.13　单/单环典型控制结构

基于电压前馈的单/单环控制结构如图 2.14 所示。图中 i_{Lref} 为电感电流环参考电流，v_{Cref} 为电容电压环参考电压，v_C 为实际电容电压，L_g 为电网电感负载；电感电流环和负载电压环并联工作，当系统处于并网运行正常状态时，负载电压环由于饱和限值而退化为前馈补偿，电感电流环参考值由并网电流计算模块计算得到。而当负载出现过电压时，负载电压环将自动退出饱和，且电感电流环参考值修改为通过离网电流计算模块得到。此时，系统可能处于两种状态：①离网状态，负载电压将在电感电流环和负载电压环共同控制下恢复为额定值；②并网状态，电网电压骤升引起过电压，电感电流环将无法跟踪参考值而进入饱和，当饱和后，重新修改电感电流环给定值为并网电流给定。

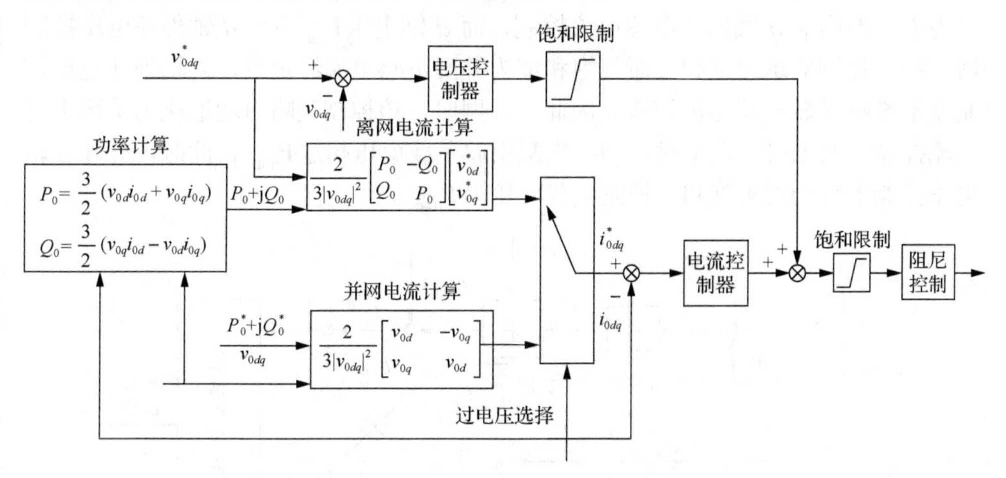

图 2.14 基于电压前馈的单/单环控制结构

(2) 双/双环控制结构。

双/双环控制结构的典型框图如图 2.15 所示。

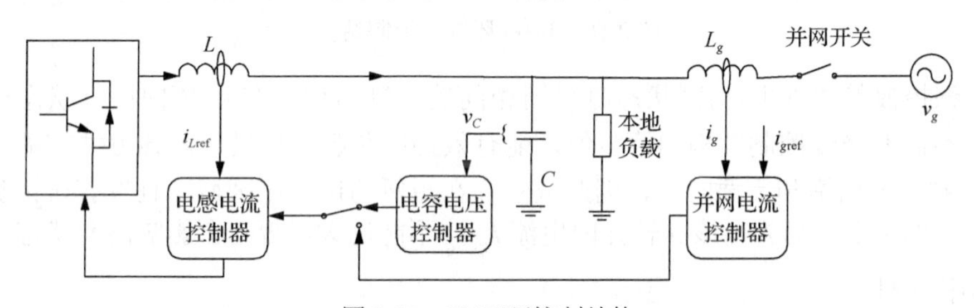

图 2.15 双/双环控制结构

根据图 2.15 所示控制结构，当微电网并网状态时，采用并网电流外环和逆变侧电感电流内环双环控制，控制并网电感电流；在微电网离网运行状态时，采用电容电压外环和逆变侧电感电流内环的双环控制，控制电容电压。

双/双环控制结构具有相同的电感电流内环，在并/离网运行状态切换时，不会改变控制对象，有利于 DG 运行状态的平滑切换。但是，当外环切换时，电感电流内环给定值存在突变，容易引起负载电压暂态振荡。为此，一些学者提出在两个外环之间建立某种联系，使运行状态切换时内环给定值平滑过渡的方案。

(3) 单/双环控制结构。

单/双环控制结构的典型框图如图 2.16 所示。

该控制策略采用电容电压外环、电感电流内环的双环串级控制结构。图中，$V_{\max}$ 为正常工作电压上限；V_{Cq}、V_{Cd} 分别为电容电压 q 轴、d 轴分量；I_{LLd}、I_{LLq}

分别为本地负载电流 q 轴、d 轴分量；I_{grefq}、I_{grefd} 分别为并网电流给定值 q 轴、d 轴分量。当系统并网运行时，q 轴电压 V_{Cq} 始终为零，q 轴外环电压控制器输出始终为零，不影响 q 轴内环电感电流控制，而 d 轴电压 V_{Cd} 不受 d 轴外环电压控制器控制，控制器迅速饱和，而其饱和值为并网电感电流给定值，d 轴外环电压控制器不影响 d 轴电感电流控制。因此，并网时，该控制策略自动退化为单环电感电流控制。而当孤岛发生时，功率失配引起负载电压超过 V_{max}，此时，外环 d 轴电压控制器自动退出饱和，控制负载电压为 V_{max}。

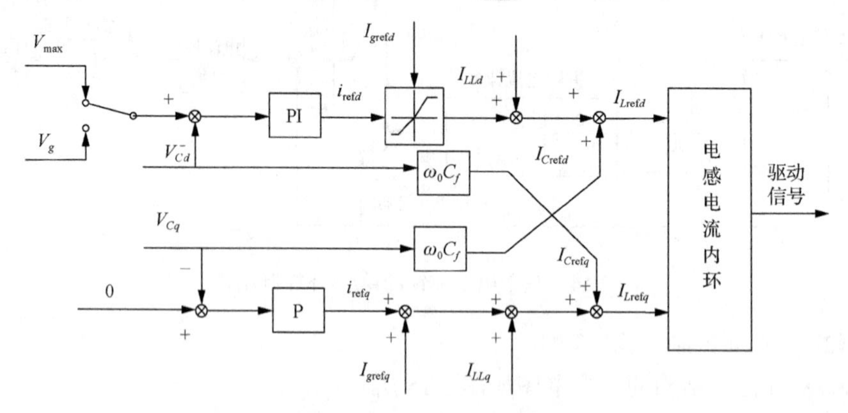

图 2.16　单/双环统一控制结构

该控制策略在并/离网状态时采用相同的控制结构，在并/离网运行状态切换时，不需要修改控制结构和给定值，能有效抑制负载电压过压。该方法的缺点是 PI 控制器退出饱和需要时间，因此依然存在短暂的过电压区域，且没有讨论负载欠压时的情况。另外，该 q 轴并网电流 I_{grefq} 不能过大，否则会影响离网状态时的控制稳定性。

2）间接控制方法

间接电流控制方法在并网状态时并不直接控制电感电流，而是通过控制负载电压来间接控制电流；在离网状态时，控制负载电压。该类方法的优点是：离网、并网运行状态具有共同的负载电压内环；当系统并/离网运行状态切换时，容易实现负载电压控制。其缺点是：与直接电流控制相比，其动态特性较慢，不利于快速跟踪可再生能源功率变化。但是，目前的 DG 通常采用两级结构，并在直流侧配备有储能单元。因此，并不需要逆变器跟踪功率变化，这在一定程度上弱化了该缺点。

间接控制策略存在两种研究系统（图 2.17）：①基于 LCL 滤波器 DG；②基于 LC 滤波器 DG 和本地负载组成的分布式发电系统（DGs）。

图 2.17(a) 中，基于 LCL 滤波器 DG，并网运行时，采用电感 L_2 电流外环和电容电压内环的串级控制结构，控制目标是 DG 输出给定电流 i_{dg}^{ref}；离网运行时，

电流外环失效，只控制电容电压。但是由于电感L_2的存在，电容电压并不等于负载电压，不能准确地控制负载电压。

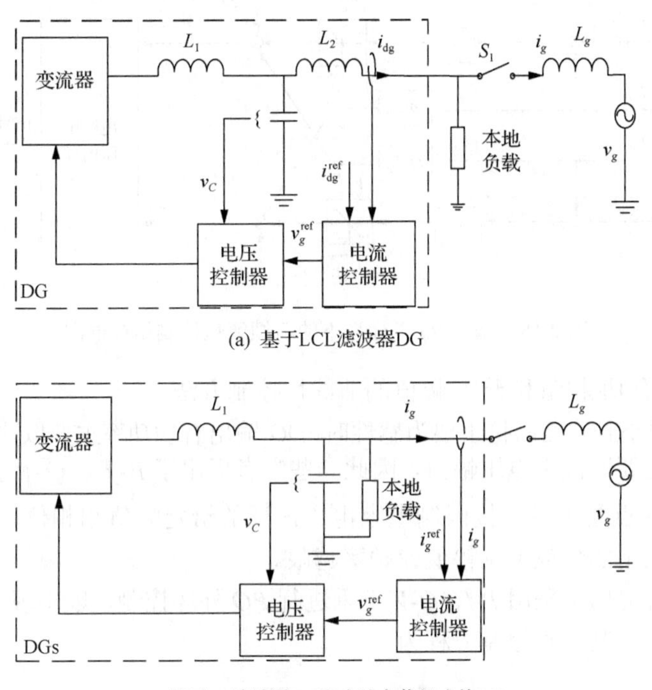

(a) 基于LCL滤波器DG

(b) 基于LC滤波器DG和本地负载组成的DGs

图 2.17 间接控制策略两种结构

图 2.17(b)中，基于 LC 滤波器 DG 和本地负载组成的分布式发电系统(DGs)，并网运行时，采用入网电流i_g外环和电容电压内环的串级控制结构，控制目标是 DGs 的入网电流i_g^{ref}。离网运行时，入网电流外环失效，只控制电容电压，即负载电压。该控制系统正常工作的前提是 DG 输出容量大于本地负载容量。

并网电流外环控制方法可以分成两类：基于 dq 坐标系下的前馈解耦控制方法；基于有功-相角和无功-幅值的非线性控制方法。

(1)基于 dq 坐标系下的前馈解耦控制方法。

该类方法为 dq 同步旋转坐标下的经典控制方法，针对 LCL 滤波逆变器系统、LC 滤波逆变器及本地负载 DGs 系统。该方法的控制结构框图如图 2.18 所示。图中，G_{IG}为前馈补偿环节系数。

该控制方法的优点是：通过增加前馈补偿，实现 q 轴电流和 d 轴电流控制解耦，控制器参数可以采用经典控制理论进行整定，控制稳定性较好；其缺点是：无法直接对电容电压内环的幅值或频率进行限幅来抑制并/离网状态切换时的负载电压越限。文献[41]中选取$V_{Cd}^{\max}$为 1.1 倍的额定电压，$V_{Cq}^{\max}$为 10%$V_{Cd}^{\max}$，其合成模值大于额定工作电压范围，依然存在出现本地负载过电压的风险。

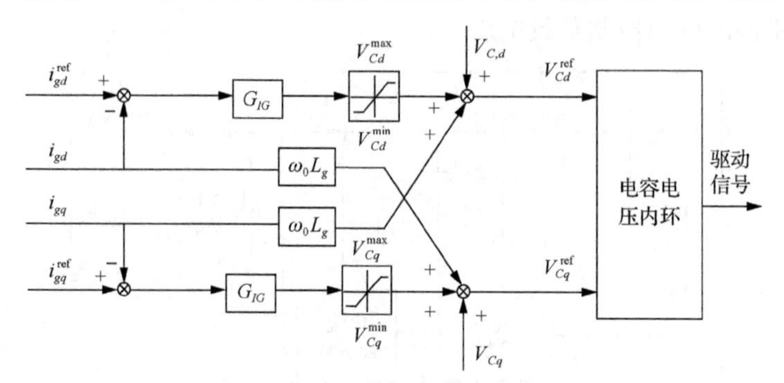

图 2.18　基于 dq 坐标系下的前馈解耦控制结构框图

(2) 基于有功-相角和无功-幅值的非线性控制方法。

当功角很小且线路阻抗主要为感性时，DG 输出有功功率主要取决于电压相角，而无功功率主要取决于电压幅值，因此一些学者提出了 P-f 、Q-V 控制策略。该控制方法的优点是可以直接限制电容电压内环的给定幅值和相位，避免系统并/离网切换过程中的负载电压幅值或频率越限。

一些学者提出了采用 P-f、Q-V 下垂进行 PQ 外环控制，以实现 DG 和电网之间的功率共享。其下垂控制方程为

$$\begin{aligned} f^* &= f_0 - k_p(P - P_0) \\ U^* &= U_0 - k_q(Q - Q_0) \end{aligned} \tag{2.13}$$

式中，U^* 和 f^* 分别为电容内环电压和频率给定值；f_0 和 P_0 分别为频率和有功额定运行点；U_0 和 Q_0 为电压和无功额定运行点；k_p 和 k_q 为下垂系数。

P-f、Q-V 下垂本质上为比例控制，当电网电压幅值和频率发生变化时，将无法按给定功率输出。因此，一些学者提出自适应下垂控制方法，通过主动调整下垂系数或额定运行点来解决该问题。典型自适应下垂控制结构框图如图 2.19 所示。图中，ω^* 为给定频率值，σ^* 为相角给定值。

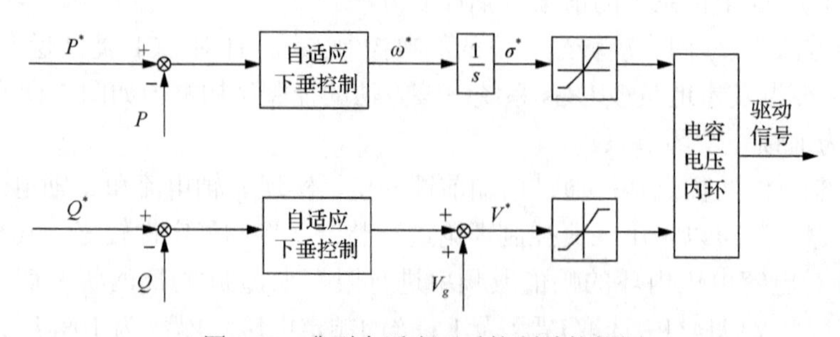

图 2.19　典型自适应下垂控制结构框图

图2.19所示的方法为非线性控制方法，其控制参数在设计上较为困难，且当线路阻抗不满足线路电抗值远远大于电阻值时，两个控制环之间存在紧密耦合，容易出现控制失稳。

2.2.5　微电网能量管理技术

1. 微电网能量优化调度技术

微电网能量优化调度是维持微电网经济运行的决策中心。通过对分布式电源、储能、负荷与电网的当前数据和历史数据进行分析，在获得负荷预测和可再生能源发电量预测的基础上，根据微电网的不同运行模式选择不同的能量调度策略和相应的优化调度模型，并采用有效的算法求解未来不同调度周期的最优运行计划，实现微电网运行效益最大化。

与传统电网能量优化调度相比，微电网的能量优化调度过程更加复杂，这是因为：①微电网中风能、太阳能等可再生能源分布式电源渗透率高，电源输出随着外部环境的变化而变化，具有间歇性和随机性；②微电网中存在多个能量的双向流动端口，如储能单元的吸收和释放电能、微网系统与大电网之间公共连接点(point of common coupling，PCC)的能量交换等；③微电网既可以与大电网联网运行，也可以脱离大电网独立运行，不同的运行模式下需要考虑的能量管理策略也不相同；④微电网对上级电网而言是一个能量流动可控单元，其中储能单元的引入对平抑电源和负荷波动、实现对上级电网的削峰填谷起至关重要的作用。由这些特点可以看出，可再生能源电源出力的间歇性和随机性可以通过储能单元来平抑；PCC端口能量流动的方向在很大程度上可以由储能电源能量大小和方向确定；在微电网孤岛运行模式下储能单元成为系统安全经济运行的保障。因此，如何充分发挥储能单元的重要作用，使其不至于仅成为一个备用电源，成为微电网能量优化调度关键，也是一个亟待解决的问题。

1)微电网能量优化调度模型

微电网能量优化调度的目标是在满足系统负荷需求和各种物理约束条件的情况下，以最小化分布式电源运行成本、系统网损、停电概率、污染排放等为目标，为分布式电源和储能系统提供功率运行点。由于有多个运行目标，微电网能量管理的控制目标可以描述成多目标函数或者某一方面的单目标函数。

可再生能源的发电基本上没有成本，微电网的调度策略一般是优先利用可再生能源的发电，通过预测系统预测可再生能源和负荷的出力值，在此基础上安排可调度机组和储能系统的出力。可调度机组的约束条件包括发电上下限约束、机组爬坡约束、最小启停时间约束。对于储能系统的建模，常用的模型有电力库模型、KiBaM模型，其约束条件一般包括电力容量约束、充放电上下限约束。系统约束则包括功率平衡约束、热能平衡约束、系统备用约束、线路潮流限值约束、母线电压限值约束。对于有特殊控制要求的设备可以加入一些额外约束，如蓄电池充放电次数约束。另外，对于有逆变器接口的分布式电源，其有功/频率的下垂特性也常作为约束条件。

微电网中可再生能源发电单元出力的强随机波动性会严重影响日前计划的精度，为避免此情况的发生，文献[27]提出消纳间歇性能源的滚动调度策略。在运行当日整点时刻检测该时段实际等效净负荷量与预测的差值，当差值超过阈值时，对当日剩余时段重新进行预测计算，并对日前所做发电计划进行修正。日前计划、滚动计划和实时调度计划的时间尺度以及相互协调关系如图 2.20 所示。

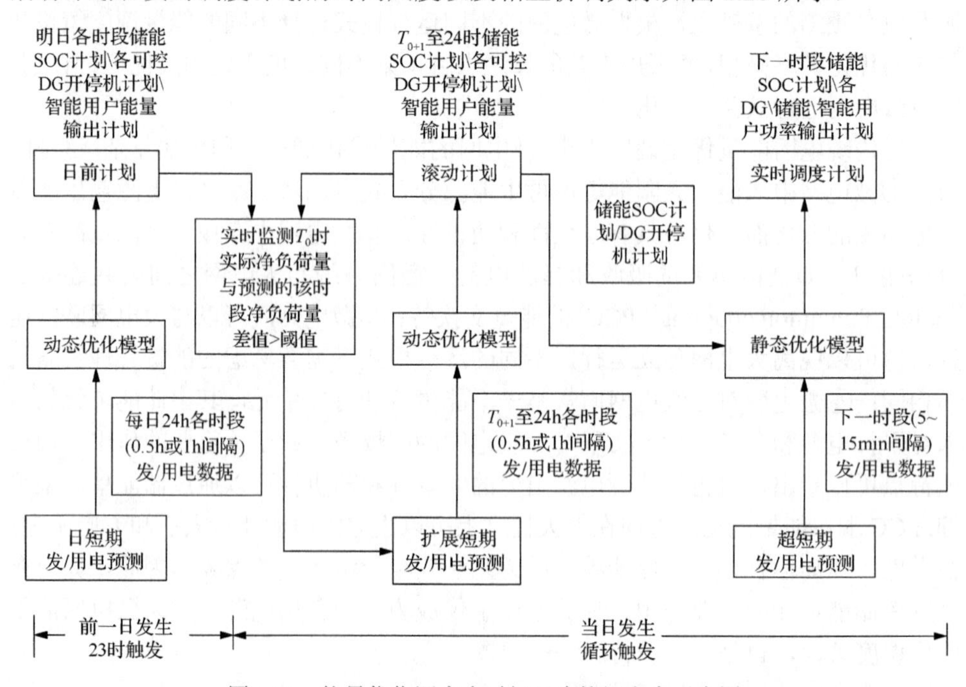

图 2.20　能量优化调度多时间尺度协调方案示意图

2) 微电网能量调度模型的求解算法

多目标优化问题求解时常通过将目标函数加权转化为单目标优化问题，采用单目标优化方法求解，也可以采用多目标优化方法求解，如非支配多目标遗传算法等。下面介绍的算法主要是针对单目标优化问题。不考虑可再生能源预测误差的情况下，微电网能量管理模型属于机组组合问题。目前大部分微电网能量管理模型不考虑系统潮流的约束，采用的求解方法主要有混合整数线性规划方法、动态规划方法、遗传算法、粒子群优化算法、蚁群算法等智能算法以及基于规则判断的专家系统等算法。其中，混合整数线性规划方法通过将优化模型中的非线性函数转化为线性函数，从而将优化问题转化为混合整数规划问题，采用成熟的专业软件求解，通常具有较高的求解精度和较快的求解速度。对于考虑潮流约束的模型，一般是在计算过程中加入最优潮流或前推回代法等配电网潮流计算的子程序。由于非线性约束剧增，通常采用遗传算法、粒子群算法等智能算法进行优化求解。

微电网中光伏、风电等可再生分布式电源出力的随机性、间歇性给微电网的短期调度带来挑战。光伏、风电的随机分布特性常用其概率密度分布函数来描述。一般情况下，光伏出力可认为服从贝塔分布，风电出力可以通过由服从 Weibull 分布的风速经风机的出力-风速转换函数获得，负荷一般服从高斯分布。目前考虑可再生能源出力预测误差分布的短期调度方法主要有基于机会约束的随机规划方法、基于抽样技术的场景削减法、点估计法。其中，场景削减法利用场景削减技术将众多的情景转化为可数的典型静态场景进行调度分析；点估计法则通过计算多随机变量构成的随机函数值的概率统计量进行分析。

微电网的能量优化调度包含短期和长期的能量优化调度。短期的能量优化调度包括：为分布式电源提供功率设定值，使系统电能平衡、电压稳定；为微电网电压及频率的恢复和稳定提供快速的动态响应；满足用户的电能质量要求；为微电网的并网提供同步服务。长期的能量优化调度包括：以最小化系统网损和运行费用、最大化可再生能源利用等为目标安排分布式电源的出力；为系统提供需求侧管理，包括切负荷和负荷恢复策略；配置适当的备用容量，满足系统的供电可靠性要求[28]。

2. 微电网潜在调节能力评估技术

微电网整体对外所呈现的电源特征是由可连续供给能量的可控电源(各种小型汽轮发电机、燃料电池等)、具有随机性和间歇性能量供给特征的风/光电源和具有源/载双向特性的储能单元共同作用形成的，对外所呈现的负载特征除常规配电负载特征之外还有储能单元所呈现的可控负载特征。因此，如何定量地描述微电网这种具有随机性的双向可控单元对外呈现出的源/载调节能力是主动型配电网及微网群调度与控制的基础。微电网的源/载调节能力是指未来 T 时段内系统对供用电量的平衡能力。因为是未来某时段的源/载平衡能力，所以称为潜在调节能力。

在电力系统评估中，香港大学吴复立院士首先将风险价值(value at risk，VaR)的概念引入电力系统可靠性分析中，提出了电力系统运行风险备用和条件风险备用两个新指标，并在文献[42]中讨论了这两个概念在配电网发电系统优化配置方面的研究。

电力系统中的总发电容量减去总负荷需求之差称为系统备用容量，即

$$R = \Delta P = P_{\Sigma gt} - P_{\Sigma ld} \tag{2.14}$$

式中，$P_{\Sigma gt}$ 为系统总发电容量；$P_{\Sigma ld}$ 为系统总负荷。

风险备用作为风险值，可以用一个概率水平来衡量。因此，风险备用容量(reserve

at risk, RaR)定义为：以超过 β 的概率确信系统的备用容量 R 将大于 α，所有这些 α 中的最大值为风险备用容量，即

$$E_{\mathrm{RaR}} = \max\{\alpha \mid \Pr\{R > \alpha\} \geqslant \beta\} \tag{2.15}$$

文献[43]通过对不平衡风险电量、已储电量充足与否和存储空间是否足够进行判断，合理划分微电网调节能力的状态空间。首先按照不平衡风险电量 ΔE 的正负将状态空间 Ω 分为“发电足够” Ω^+ 和“发电不足” Ω^- 两个部分（$\Omega^+ \cup \Omega^- = \Omega$）。

当状态变量处于状态空间 Ω^+ 时，在调度周期 T 时段内微电网发电有盈余，储能空间是否充足、能否吸纳多余的风险备用电量是主要矛盾。因此，这里先按可存电量空间的充裕程度(可存电量 $A_{e,t}= E_{\mathrm{RaR}}$ 和 $A_{e,t}=\Delta E$ 两条分界线)将 Ω^+ 分为 3 个子集：“储能空间充足”、“储能空间够用”和“储能空间不足”，然后按照已储电量是否充足($A_{s,t}= E_{\mathrm{LaR}}$ 一条分界线，E_{LaR} 为风险缺电量)将 3 个子集分别分为 2 个子集。这两次划分将状态空间 Ω^+ 分为 6 个子集，分别标为子空间 1～6，如图 2.21 中左半部分所示。

当状态变量处于状态空间 Ω^- 时，在调度周期 T 时段内微电网缺电，储能单元已储电量是否能够满足负荷需求是主要矛盾。因此，这里先按已储电量的充裕程度(已储电量 $A_{s,t}=E_{\mathrm{LaR}}$ 和 $A_{s,t}=\Delta E$ 两条分界线)将 Ω^- 分为 3 个子集：“已储电量充足”、“已储电量够用”和“已储电量不足”，然后按照可存电量空间是否充裕($A_{e,t}= E_{\mathrm{RaR}}$ 一条分界线)将 3 个子集分别分为 2 个子集。这两次划分将状态空间 Ω^- 分为 6 个子集，分别标为子空间 7～12，如图 2.21 中右半部分所示。

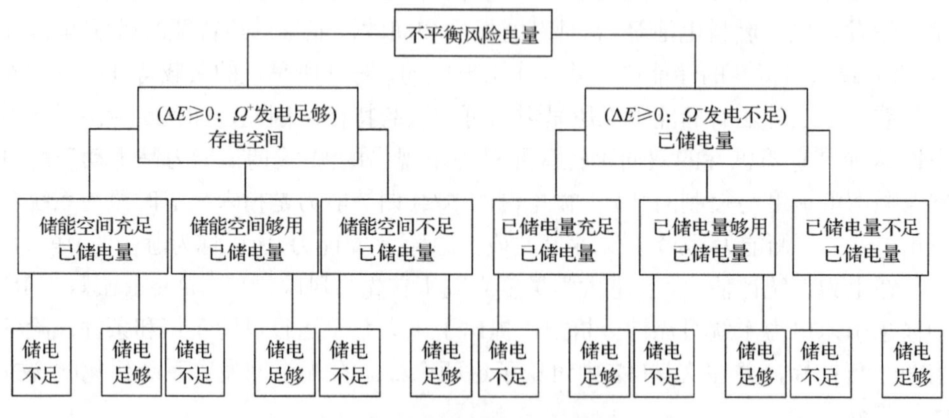

图 2.21　微电网调节能力状态空间的划分

在此基础上，定义微电网潜在调节能力评估的 4 个指标：可输出电量(E_{out})、可输入电量（E_{in}）、弃能电量（E_{g}）和减载电量（E_{L}）。可输出电量 E_{out} 为在下一个调度周期 T 内，微电网在满足自身需求的前提下能够对外提供的电量，包括网内的最小弃能电量和可控制微电源剩余发电量。可输入电量 E_{in} 为在下一个调度周

期 T 内，微电网可以吸收外部注入的电量，包括微电网剩余的储电空间(电量)和最小弃能电量。弃能电量 E_g 为在下一个调度周期 T 内，微电网内负荷和储能所不能吸纳的最大剩余发电电量。减载电量 E_L 为在下一个调度周期 T 内，微电网内因发电不足造成的最大减载电量。前两个指标描述了微电网对外提供电能交互时的源载特性指标，也就是其对外潜在调节能力指标，后两个指标描述了微电网内部运行评估指标，可以作为向上级调度部门请求支援或进行对外援助的依据。微电网潜在调节能力评估指标的计算过程如图 2.22 所示。

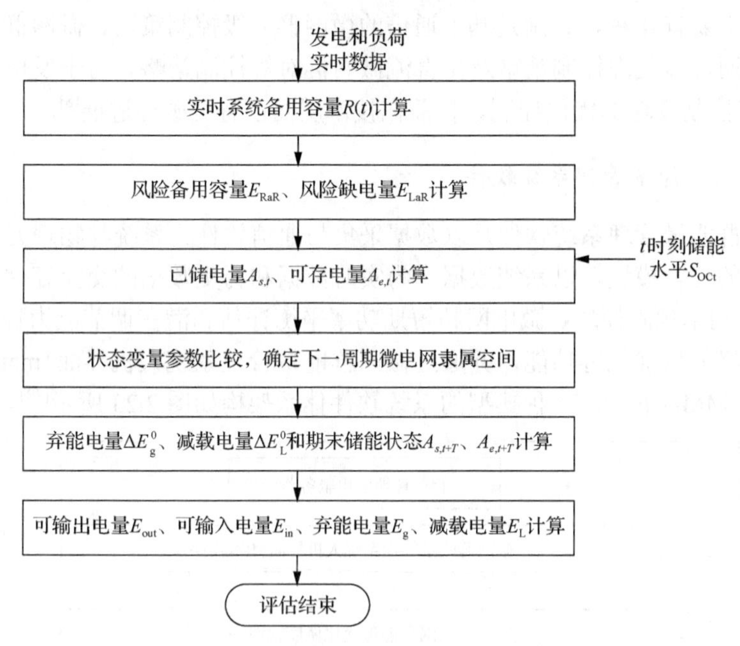

图 2.22　微电网潜在调节能力评估指标的计算过程

3. 微网群能量调度技术

当两个及以上微电网之间以较为紧密的电气、控制、信息等方式相互联系，且可实现共同的特定运行目标时，这个系统就构成了一个微网群，微网群还可以通过一个或多个 PCC 端口与大电网相连。微网群内部各微电网之间能量的相互协调，将会大大提高其运行可靠性和群内的电能质量等。

微网群能量调度的任务是通过群落中各微电网之间能量互济来实现群落的共同运行目标，也就是群级调度根据群落中各成员(微电网)当前时刻的状态，确定在下一个调度周期 T 内能量在微电网之间如何流动来实现共同的运行目标。

对微电网控制策略进行延伸，微网群在更高层次上实现了群内分布式电源及子微网、负荷等的协调控制。微网群既可以并网运行，也可以脱离大电网孤岛运行，并网运行时，微网群作为上级电网的一个可调度单元，从上级电网吸收功率或向上级电网提供功率，保证群内负荷的正常运行；孤岛运行时，微网群与上级电网的公共连接点断开，微网群内各子微网之间进行能量的协调和互济，为微网群内用户提供可靠的电能或热能供应。如何协调微网群内发电单元之间的能量互济，既保证中压母线负荷的正常工作又保证微电网内负荷的供电可靠性是微网群研究的重点。目前对微网群协调控制策略的研究主要包括两个层面，一个是群级分散自治协调控制策略，另一个是发电单元级协调控制策略。群级分散自治协调控制策略主要有 4 种，分别是基于通信的微网群分级控制策略、微网群主从控制策略、微网群多代理控制策略及交直流微网群对等控制策略。对于发电单元级的电压/频率控制及功率优化控制，目前在技术层面已有突破性进展[8]。

4. 微网群能量管理系统软件

微网群能量管理系统软件是以数据采集与通信软件为系统与物理元件层数据上传下达的传输模块，以系统数据库为实时数据和历史数据的交换存储基地，实现发/用电功率预测模块、微电网超短期功率平衡评估和潜在调节能力评估、微网群级和网级能量优化等功能，并通过微网群能量管理系统人机界面(man-machine interface，MMI)展示，一种典型的系统软件体系架构如图 2.23 所示[44]。

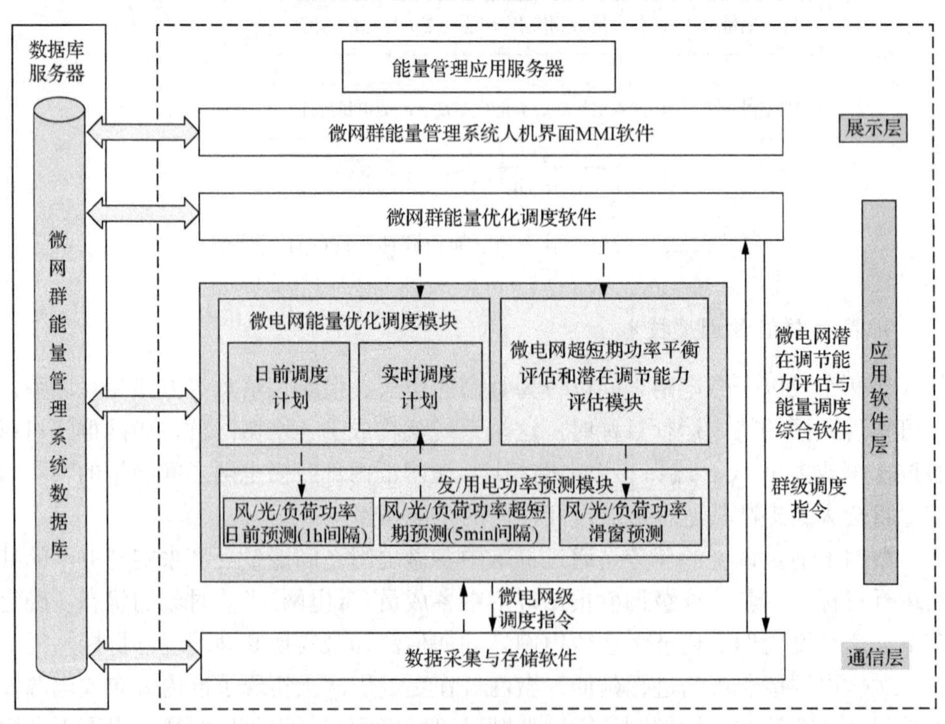

图 2.23 微网群能量管理系统软件体系架构

微网群能量管理系统软件主要包括：微网群能量管理系统数据库，数据采集与通信软件，微网群能量优化调度软件，由发/用电功率预测模块、微电网超短期功率平衡评估和潜在调节能力评估模块、微电网能量优化调度模块组成的微电网潜在调节能力评估与能量调度综合软件，微网群能量管理系统人机界面 MMI 软件。微网群能量管理系统数据库运行在数据库服务器中，数据采集与通信软件、微网群能量优化调度软件、子微电网的潜在调节能力评估与能量调度综合软件及微网群能量管理系统人机界面 MMI 软件运行于能量管理应用服务器中。

微网群能量管理系统数据库运行在数据库服务器中，提供能量管理所需的所有历史运行数据、设备参数、预测与调度数据的查询或操作服务，包括搜索、更新、容量控制、数据表管理等。

数据采集与通信软件是能量管理系统与微电网物理系统联系的总接口，对上通过数据库向各功能软件提供实时数据和历史运行数据，对下向物理设备发送各功能软件的决策控制指令。数据监测与采集(supervisory control and date acquisition，SCADA)系统对微网群内各设备运行数据以及整体实时气象参数进行采集与处理，包括实时数据库和历史数据库，其中实时数据库用于提供微网群实时控制需要的实时数据集合，历史数据库用于记录微网群内各设备运行数据曲线、整体气象数据及历史事件信息。

微电网潜在调节能力评估与能量调度综合软件可实现各子微电网的间歇性电源与负荷的多时间尺度功率预测，在此基础上实现各子微电网的功率平衡和潜在调节能力评估，以及子微电网解列运行模式下(非群模式下)各分布式电源的发电计划和储能荷电状态(state of charge，SOC)计划的制定，并将制定的调度计划通过数据采集与存储软件下发到各子微电网协调控制器。

微网群能量管理系统人机界面MMI软件是系统各功能展示与人机联系的中心，完成控制指令输出与监视系统数据的显示等功能，包括实时监控、协调控制、发电计划、用电管理、历史数据、气象站、参数设置、设备管理等功能。

微电网能量优化调度模块是在发/用电预测模块的基础上进行不同时间尺度的优化调度，即在短期预测的基础上制定日前计划，给定未来 24h 的 SOC 计划。在超短期预测的基础上结合日前调度结果制定未来 5min 的实时调度计划。

微网群能量优化调度软件是在群运行模式下，基于各子微电网超短期功率平衡评估和潜在调节能力评估指标，制定各子微电网 PCC 电量交互计划以及与上级配电网的群 PCC 交互电量计划，并通过数据采集与存储软件下发到微网群协调控制器。该软件主要包括：多时间尺度的发/用电功率预测模块、微电网潜在调节能力评估模块、微网群网级能量调度模块和微网群能量优化调度模块。其中多时间尺度的发/用电功率预测模块包括短期预测、超短期预测(误差≤10%)和滚动滑窗预测。潜在调节能力评估模块是在滚动预测数据和实时遥测量的基础上得到未来

5min 和 2h 的潜在调节能力值。评估结果显示未来调度周期内本微电网内的能量支出和收纳能力，并作为群能量调度的数据基础，制定群级调度策略。群级能量优化调度模块根据评估结果，得到未来调度周期内各网公共节点的功率交互值。网级能量优化调度模块又分为网级日前调度和网级实时调度两部分，该模块以实现微电网内可控单元、半可控单元、储能单元、负荷及与上级电网交互功率的平衡和能量管理为目标。根据短期预测结果制定网级能量优化调度日前计划；在日前计划的基础上结合实时遥信量和超短期预测结果制定网级能量优化调度实时计划。该综合软件的功能结构如图 2.24 所示。

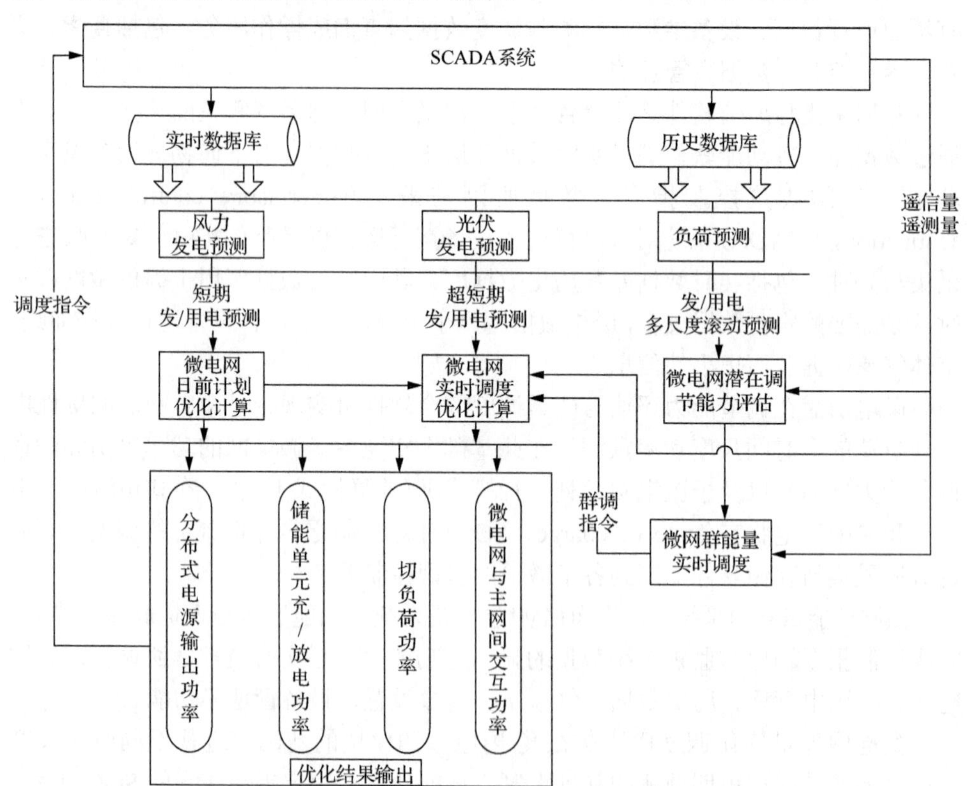

图 2.24　微网群多时间尺度能量优化调度综合软件的功能结构

2.2.6　微网群协调控制技术

1. 微网群协调控制技术研究现状

微电网技术是使区域配网负荷就地平衡、改善供电可靠性、提高可再生能源利用率的有效手段[45-47]。但是，单个微电网因受自身容量的限制，其接纳间歇性电源的能力存在局限性。随着间歇性电源渗透率的不断提高，抑制区域配电网内部功率波动的任务将由上一级电网承担，特殊条件下还可能造成弃风、弃光现象，不利于间歇性电源的长期和稳定发展[48,49]。

随着区域配网中微电网数量的增加，通过网络通信、智能量测、数据处理、智能决策等先进技术手段，多个微电网通过区域自治消纳和广域对等互联，可以最大限度地适应分布式可再生能源接入的动态特性；通过分散协同的管理调度，可以实现系统供需动态平衡，提高能源总体利用效率[50-52]。目前，我国对微网群的特征分析及研究仍处于起步阶段，国外对多个微电网进而到多个微电网集群的功率调度及协调控制已进行了一些探索和研究。文献[53]提出了一种将分布式电源整合并进行集群控制的方法，以维持注入主网的有功功率在合理的水平，并减少流向主网的无功功率，虽对与主网的交换功率进行了有效控制，但未对其优化。文献[54]对集群微电网进行了定义，并总结了其相对传统网络的典型特征，但并未对微网群进行定义。文献[55]研究了多微电网系统中微电网电压及频率的协调控制，提出了基于动作地域和时间长短的三层控制方法，以维持母线电压在波动范围内并减少有功损耗，但未考虑微电网在群控层面的状态运行管理。文献[56]提出了一种基于遗传算法和线性/二次规划多层次调度算法的多目标优化模型，对多微电网潜在的经济、技术效益进行了评估。国内学者近年来在国家 863 计划项目“微网群高效可靠运行关键技术及示范”支持下，相继开展了微网群的研究[57]。文献[58]比较了微网群分级控制、主从控制、多代理控制和对等控制策略的优缺点，并对微网群的未来发展及关键技术提出了建设性方案。文献[59]提出了一种微网群互联互动的新方案，该方案认为未来微网群的发展将是能源上的互联，使微网群更加有效地提升辅助服务，并参与到多种形式的电力市场中。

2. 微网群典型特征及运行模式

在高渗透率间歇性电源的中低压配电网中，构成微网群的前提是存在两个及以上电气距离近、控制和信息关联程度紧密的微电网。在微网群中，所有子微电网可以通过一个 PCC 或多个 PCC 接入配电网；各子微电网可以接受统一调度也可以独立运行。微网群的典型结构如图 2.25 所示。图中，微网群通过一个或多个 PCC 与配电网连接，各子微电网则通过各自的 PCC 开关并联或者串联。

本书在保留子微电网自身控制策略的前提下增加群控功能，其分层结构及通信过程如图 2.26 所示。图中，面向通用对象的变电站事件(generic object oriented substation events，GOOSE)以高速点对点通信上传遥信变量、下发遥控指令；SV 为 IEC61850 的采样值服务，可以让多个设备共享某部分采样值，也可让某个设备单独获得该部分采样值；MMS 服务采用双边应用关联来传送服务请求和响应，是基于 client/server 模式的可靠通信方式，因此用作能量管理系统和控制器之间的通信方式。

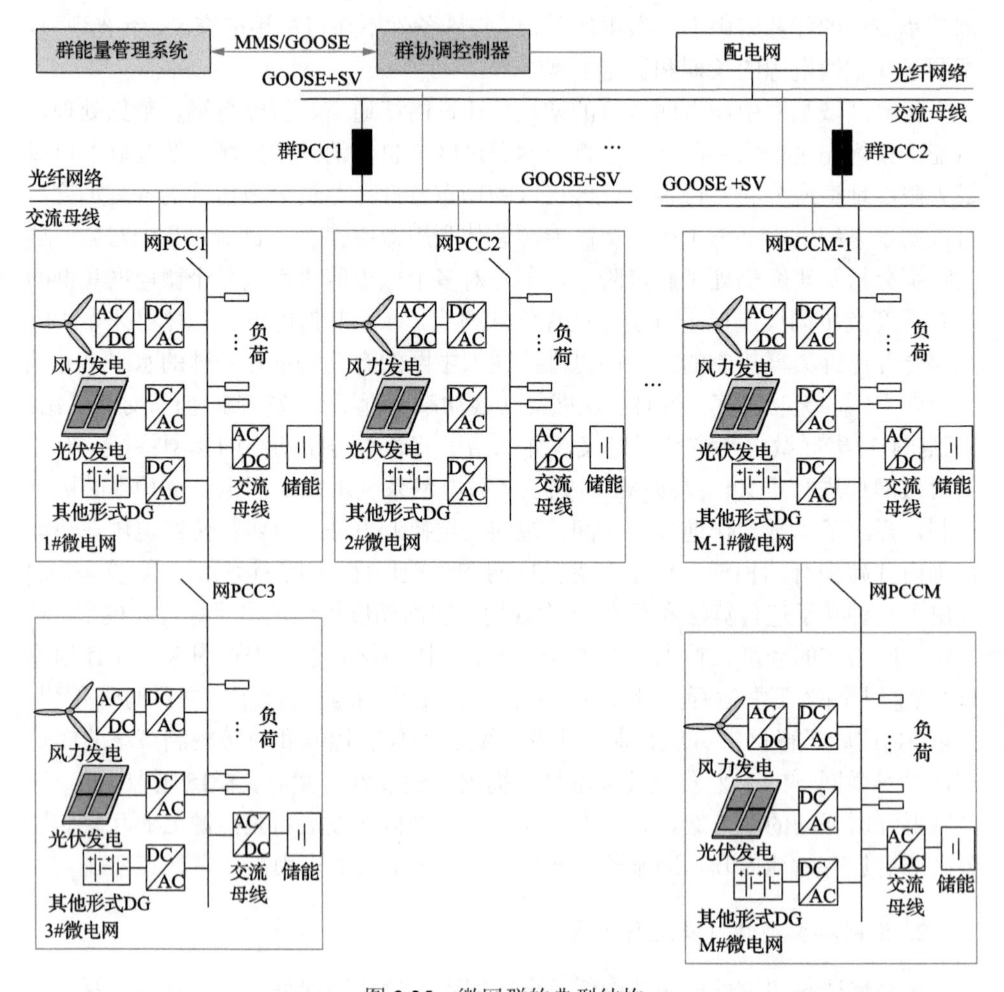

图 2.25　微网群的典型结构

图 2.26 所示的控制结构，从下到上分别为单元层(即设备层)、微网层、微网群层。单元层主要包括风电、光伏、储能测控终端及用电单元测控终端，主要完成对频率和电压的一次调整。微网层主要包含微电网能量管理系统和微电网控制器，主要完成微电网以独立方式运行时的功率调度及网内各微源间的协调控制；或者以群控模式运行时，接收和下发群调指令。微网群层包含群能量管理系统和群协调控制器，主要完成群模式下计算和下发各微电网之间功率互济的指令。

微网群中的各个微电网具有既能运行在并网模式接受群控或非群控，又能运行在离网模式接受群控或非群控的特点，这就决定了微网群系统运行模式的多样性。总体而言，微网群存在四种基本的运行模式：①群并网模式；②群离网模式；

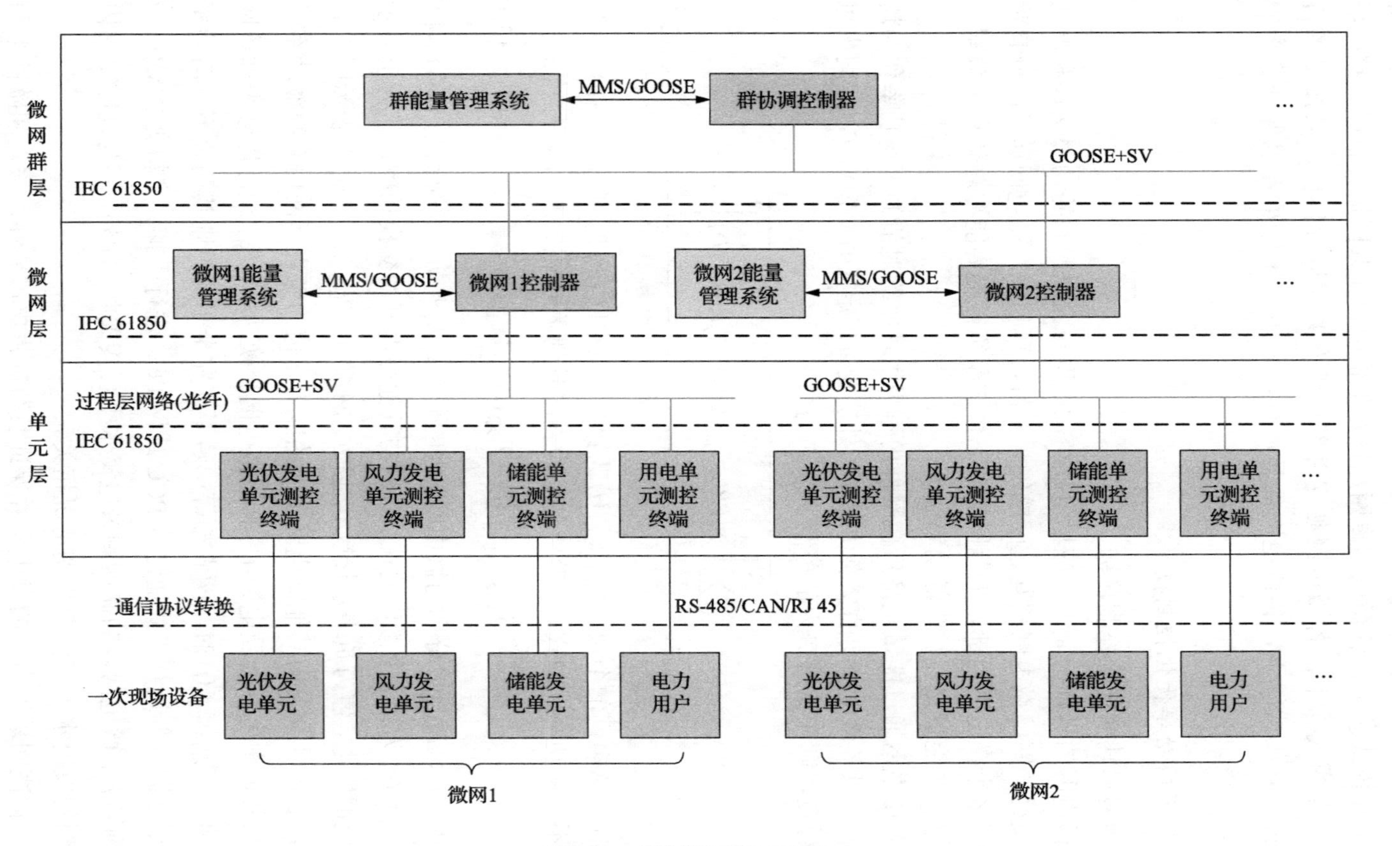

图2.26　微网群的分层结构

③独立并网模式；④网独模式。在模式①下，各微电网并网运行并统一接受群调或群控；在模式②下，各微电网离网运行，但依旧存在共同运行目标，接受群调或群控；在模式③下，各微电网独立并网，没有共同运行目标，只接受各自网调或网控；在模式④下，各微电网孤岛运行，只接受群调/群控以保证各自的稳定运行。

3. 微网群功率优化控制技术

1)微网群功率优化控制目标

在微电网的运行控制中，应尽量减少微电网与大电网间的功率交换和波动性以使其友好并网。微电网相互之间的能量互济，可使多个微电网通过区域自治消纳，实现多个微电网内部较大范围的动态供需平衡，提高能源总体利用效率，减少与主电网的能量交互，降低功率波动。

将各微电网通过能量互济后微网群内不平衡功率绝对值的平均功率作为运行控制目标，以各微电网间的交换功率作为外层变量。定义时间窗口 T，区间内包含 N 个采样点，则在窗口 T 内的控制目标 F 为

$$\min F = \frac{\sqrt{\sum_{i=1}^{i=N}\left[\sum_{j=1}^{M}(P_{\mathrm{unb\_mg\_}j}(i) - \Delta P_{\mathrm{mg\_}j}(i))\right]^2}}{N} \tag{2.16}$$

式中，M 为微电网的个数；$P_{\mathrm{unb\_mg\_}j}(i)$ 为第 j 个微电网在 i 时刻与其他微电网互济之前的不平衡功率，如式(2.17)所示，为当前时刻微电网内供需间的差值：

$$P_{\mathrm{unb\_mg\_}j}(i) = P_{\mathrm{DG}}(i) - P_{\mathrm{load}}(i) \tag{2.17}$$

式中，$P_{\mathrm{DG}}(i)$、$P_{\mathrm{load}}(i)$ 分别为微电网 j 内的分布式发电功率、负荷功率的预测值。

$\Delta P_{\mathrm{mg\_}j}(t)$ 为第 j 个微电网在 i 时刻与其他微电网的交换功率，值为正表示向其他微电网馈电，值为负表示接受其他微电网馈电；$P_{\mathrm{unb\_mg\_}j}(t)$ 为正表示网内有盈余功率，表征其具备向其他微电网馈电的能力，值为负表示网内有缺额功率，表征其需从其他微电网处受电。当与其他微电网交换功率 $\Delta P_{\mathrm{mg\_}j}(t)$ 能够平抑该网内不平衡功率 $P_{\mathrm{unb\_mg\_}j}(t)$ 时，两者相等；若不能完全平抑，则其剩余不平衡功率将由主网根据微网群运行模式通过群 PCC 或网 PCC 进行平抑。控制变量 $\Delta P_{\mathrm{mg\_}j}(t)$ 与 t 时刻第 j 个微电网内的储能剩余电量水平直接关联；此外，还与此时刻网内间歇性微源的发电水平、负荷投切情况相关。

为了提高间歇性电源的发电率并保证负荷的供电可靠性，假定间歇性电源在任意时刻均按照最大功率发电，且不采取切负荷的控制方法，仅以储能充放电功

率作为决策变量。因此，以各微电网内储能的充放电功率作为决策变量，则微网群的优化控制目标可改写为

$$\min F=\min\frac{\sqrt{\sum_{i=1}^{i=N}\left[\sum_{j=1}^{M}P_{\text{unb\_mg\_}j}(i)-f(P_{\text{ESS\_mg\_}1}(i),\ \cdots,\ P_{\text{ESS\_mg\_}j}(i))\right]^2}}{N} \tag{2.18}$$

式中，$P_{\text{ESS_mg_}j}(i)$为第j个微电网内储能在i时刻的充放电功率；f是以各储能充放电功率为决策变量的显性表达式，

$$f=\sum_{l=1,l\neq j}^{M}(P_{\text{wind\_mg\_}l}(i)+P_{\text{pv\_mg\_}l}(i)+P_{\text{ESS\_mg\_}l}(i))+P_{\text{ESS\_mg\_}j}(i) \tag{2.19}$$

其中，$P_{\text{wind\_mg\_}l}$、$P_{\text{pv_mg_}l}$分别为除微电网j外其他微电网所馈送的风电功率和光伏功率。这种馈送只会在微电网l内$P_{\text{wind_mg_}l}+P_{\text{pv_mg_}l}>P_{\text{load_mg_}l}$时才可能发生；若$P_{\text{wind_mg_}l}+P_{\text{pv_mg_}l}\leqslant P_{\text{load_mg_}l}$，则$P_{\text{wind_mg_}l}=P_{\text{pv_mg_}l}=0$。$P_{\text{ESS_mg_}l}$为除微电网$j$以外其他微电网储能针对微电网$j$的充放电功率，值为正表示放电，值为负表示充电。$P_{\text{ESS_mg_}j}$为微电网$j$的储能充放电功率，值为正表示放电，值为负表示充电。

2) 微网群功率波动熵值模型

(1) 功率波动熵值模型。

在上述滚动优化过程中，每个窗口内的优化均独立于其他窗口优化结果。在实际运行中，上一窗口优化下的储能充放电序列将会直接影响下一窗口内的储能充放电能力，制约下一窗口的优化效果。因此，在整个时域内，可能最后窗口优化下的储能结果差异较大，PCC点整体功率波动控制结果不理想。为使总时域内各窗口优化结果差异较小，引入熵值以对系统混乱和无序状态进行度量，当系统处于唯一状态时，其有序程度最高，相应熵值最小为0；当系统处于多种状态且等概率出现时，其有序程度最低，对应熵值最大[60,61]。

将上述求得各窗口下的F值按大小均分成24个区间，即$U=\{U_1,U_2,U_3,\cdots,U_{24}\}$，则可将熵值模型定义如下：

$$\min H=-\sum_{k=1}^{D-1}(F_{k.\max}-F_{k.\min})\cdot\mu_k\cdot\ln\mu_k \tag{2.20}$$

式中，D为总区间数；$F_{k.\max}$、$F_{k.\min}$分别为区间$[U_k,U_{k+1}]$内F的最大值、最小值；μ_k为属于区间$[U_k,U_{k+1}]$内出现F值的时间点个数占总时间点的比例。这里，引入F峰谷差值作为衡量F波动性大小的惩罚系数，即当峰谷差值较大时，即使F有序性较强，熵值依然会较大；只有当峰谷差值较小且F有序性较强时，熵值才会最小。

(2)熵值模型优化求解流程。

整个优化过程分为各窗口内的 F 值优化和整个 D 区间数内的 H 值优化，设时间窗口总数为 C，则整个优化流程如图 2.27 所示。图中，L 为最大迭代次数。

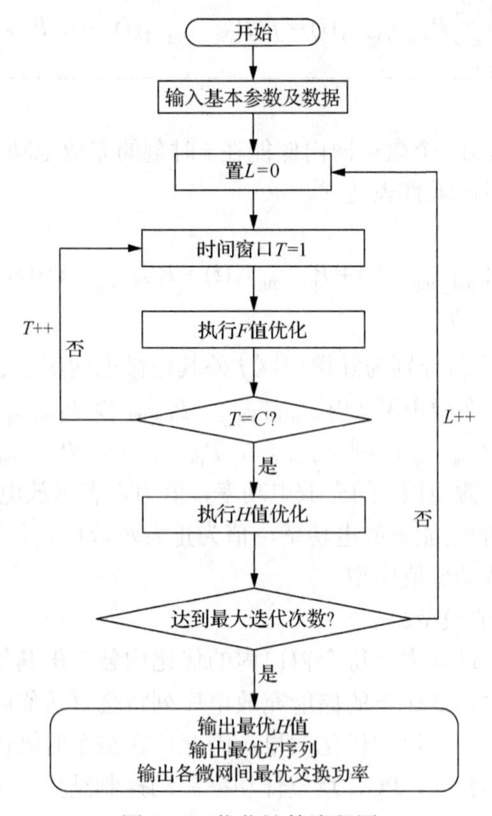

图 2.27 优化计算流程图

将储能系统的 SOC 限值及 2 倍额定充放电功率作为当前充放电功率的限值，即优化变量的约束条件，如式(2.21)～式(2.23)所示：

$$\begin{cases} P_{\text{ess.maxch}}(i)=\dfrac{\text{SOC}_{\max}-\text{SOC}(i)\cdot(1-\delta)}{\Delta t\cdot r_{\text{C}}} \\ P_{\text{ess.maxdic}}(i)=\dfrac{\text{SOC}(i)\cdot(1-\delta)-\text{SOC}_{\min}}{\Delta t}\cdot r_{\text{D}} \end{cases} \tag{2.21}$$

$$\begin{cases} 0\leqslant P_{\text{ess.ch}}(i)\leqslant 2P_{\text{rate}},2P_{\text{rate}}<P_{\text{ess.maxch}}(i) \\ 0\leqslant P_{\text{ess.ch}}(i)\leqslant P_{\text{ess.maxch}}(i),2P_{\text{rate}}\geqslant P_{\text{ess.maxch}}(i) \end{cases} \tag{2.22}$$

$$\begin{cases} 0\leqslant P_{\text{ess.dic}}(i)\leqslant 2P_{\text{rate}},2P_{\text{rate}}<P_{\text{ess.maxdic}}(i) \\ 0\leqslant P_{\text{ess.dic}}(i)\leqslant P_{\text{ess.maxch}}(i),2P_{\text{rate}}\geqslant P_{\text{ess.maxdic}}(i) \end{cases} \tag{2.23}$$

式中，$P_{ess.maxch}(i)$、$P_{ess.maxdic}(i)$分别为储能根据当前i时刻SOC值及SOC大小限值SOC_{max}、SOC_{min}所确定的i时刻最大充、放电功率，其中r_C、r_D分别为储能充、放电效率，δ为储能自放电量，Δt为采样时间间隔。

式(2.22)和式(2.23)分别为储能系统当前充放电功率的具体约束。在约束中将储能额定充放电功率P_{rate}考虑其中，认为储能系统最大允许工作在2倍的额定充放电功率下。在该两式中，通过$2P_{rate}$与$P_{ess.maxch}(i)$、$P_{ess.maxdic}(i)$的对比，实际上缩小了优化变量的约束范围，并通过i时刻充放电的解耦约束进一步缩小优化变量的搜索解空间，减小了优化计算量。

3)优化模型求解算法

为了在较快收敛速度下获得全局最优解，采用一种量子编码的粒子群(quantum particle swarm optimization，QPSO)算法。该算法在粒子群(particle swarm optimization，PSO)[62]算法的基础上，通过改进编码方式，能够改善其早熟收敛、全局寻优能力较差、收敛速度较慢等缺陷。

QPSO算法的核心是采用量子位对粒子的当前位置进行编码，用量子旋转门实现对粒子最优位置的搜索，用量子非门实现粒子位置的变异以避免早熟收敛。关于将量子算法引入智能算法中，目前国内外已有相关研究[63]，本书对其数学机理不再赘述。QPSO算法的基本流程有四个步骤，如下所示：

(1)产生初始种群，采用量子位的概率幅作为粒子当前位置的编码。

(2)将每个粒子占据的单位空间$I=[-1, 1]^n$映射到优化问题的解空间以计算粒子当前位置的优劣性。

(3)通过量子旋转门完成PSO算法中粒子位置的更新，其中通过粒子量子位概率幅完成PSO算法中粒子位置的更新，通过量子旋转门转角更新完成粒子移动速度的更新。

(4)通过量子非门引入变异算子以增加种群多样性，避免早熟收敛。

4. 微网群功率分层控制技术

在图2.26描述微网群分层结构的基础上，图2.28给出了微网群功率分层控制流程图。其中，P_{zl_mg1}、P_{zl_mg2}、P_{zl_mg3}为群调下发的微电网1、微电网2、微电网3的功率指令；$(P_{可发}-P_{实发})$、$(P_{可充}-P_{实充})$为微电网可输出、可输入的发电功率、充电功率，其中，$P_{可发}$、$P_{可充}$已将储能功率正、负调节能力包含在内；P^*_1、P^*_2、P^*_3为一次修正后的功率指令值；P_{order1}、P_{order2}、P_{order3}为二次修正后的功率指令值。

微网群功率分层控制的基本流程如下：

(1)判断当前微网群运行模式是否与群调校验相一致。

(2)能量管理系统根据前述微网群PCC点功率波动熵值模型，计算P_{zl_mg1}、

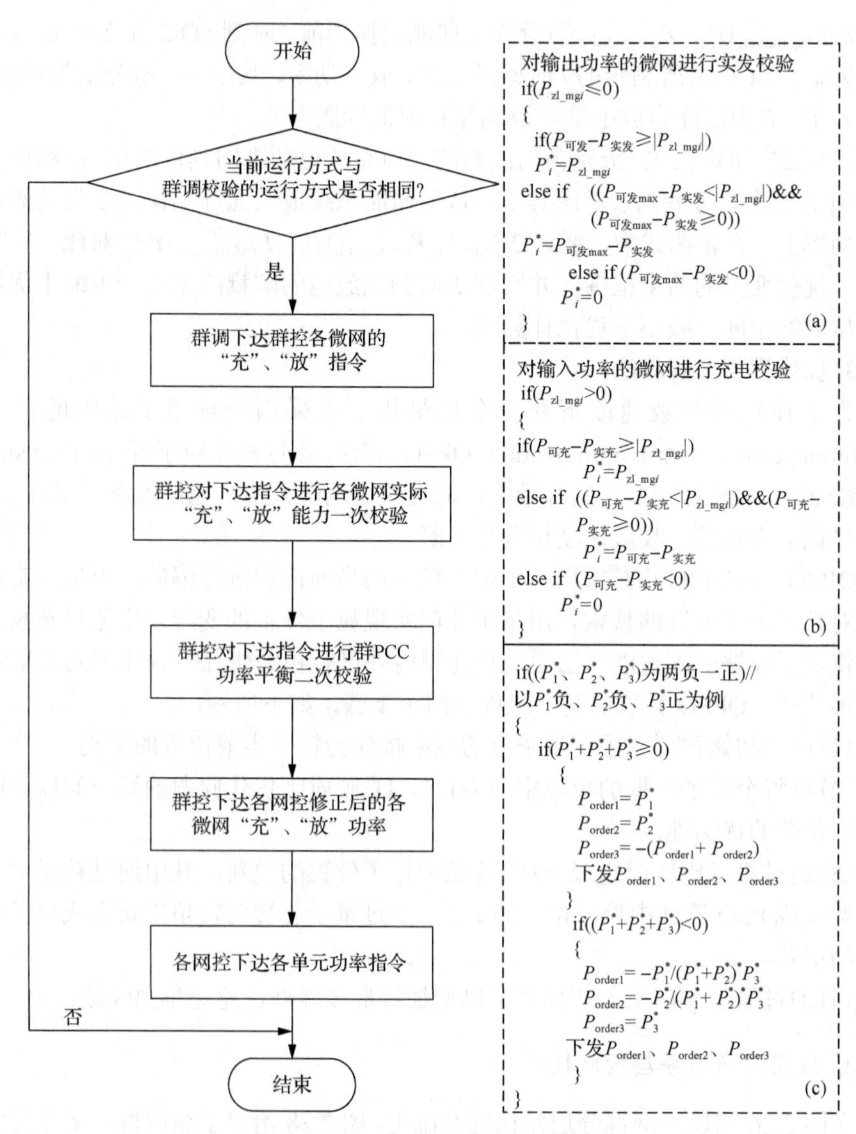

图 2.28　微网群功率分层控制流程图

P_{zl_mg2}、P_{zl_mg3} 并下发群控系统。

(3) 群控系统对功率进行一次校验，如图 2.28 中右侧方框 (a) 所示，对各微电网的实际“输出”能力进行校验。

(4) 群控系统对功率进行二次校验，如图 2.28 中右侧方框 (b) 所示，对各微电网实际“输入”能力进行校验。

(5) 群控下达各网修正后的“充”、“放”功率，如图中右侧方框 (c) 所示。列举了一个微电网从另外两个微电网接收功率的情形，同理可对一个微电网向另外两个微电网馈电的情形进行判断和验证。

(6)网控中心将指令下发给各单元。

2.3　微电网工程实践

2.3.1　偏远地区微电网

1. 广西贵港三里一中微网群

2012年，国家863计划项目“微网群高效可靠运行关键技术及示范”正式启动，该项目为我国首个关于微网群技术研究与示范课题，示范点在广西贵港市覃塘区三里镇第一初级中学(简称“贵港三里一中”)，其工程外貌如图2.29所示。

图2.29　贵港三里一中微网群工程外貌图

广西贵港三里一中位于莲花山脉、镇龙山与平天山脉之间的通道上，属于风能资源较丰富地区、太阳能资源二级丰富区，地处电网末端，供电能力严重不足，因此确定该地为示范工程的建设与实施地点。贵港三里一中微网群系统由3个微电网(也称子微网)组成，其中，微电网1配置有1套光伏设备，4台风电机组(1台30kW和3台10kW)；微电网2配置有2套光伏设备(一组31.5kWp，一组28kWp)；微电网3配置有2套光伏设备(一套31.5kWp和一套42kWp)；3个微电网均配置了储能。另外，在微网群母线上配置有柴油机，作为微网群孤岛运行时的总备用电源。整个微网群的系统整体结构如图2.30所示。

在项目执行过程中，中国农业大学承担了微网群能量管理与协调控制关键技术的研究，所开发的硬件和软件系统的结构如图2.31和图2.32所示。研究取得的成果已经在示范工程中得到应用和验证。

作为一种典型的应用案例，该示范工程所提出的微电网及微网群的能量调度关键技术，适用于偏远乡村、牧区、海岛等地区的各类型微电网的联网成群、独立成网，或者配合上级配电网调度部门实施经济优化调度等不同场景，具有良好的应用和推广前景。

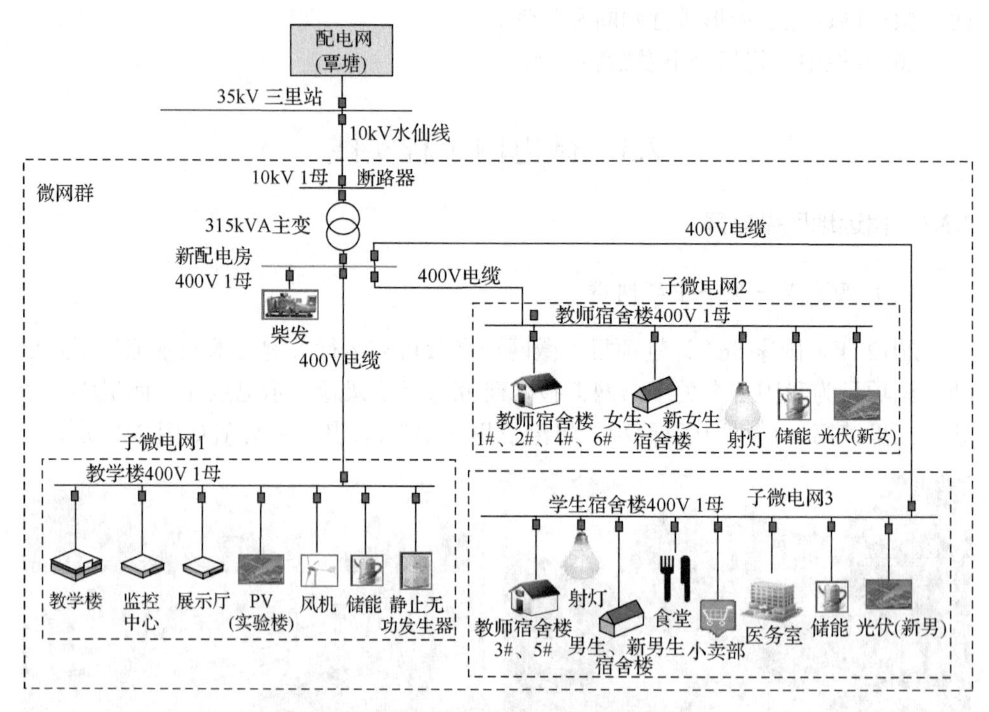

图 2.30　贵港三里一中微网群系统整体结构

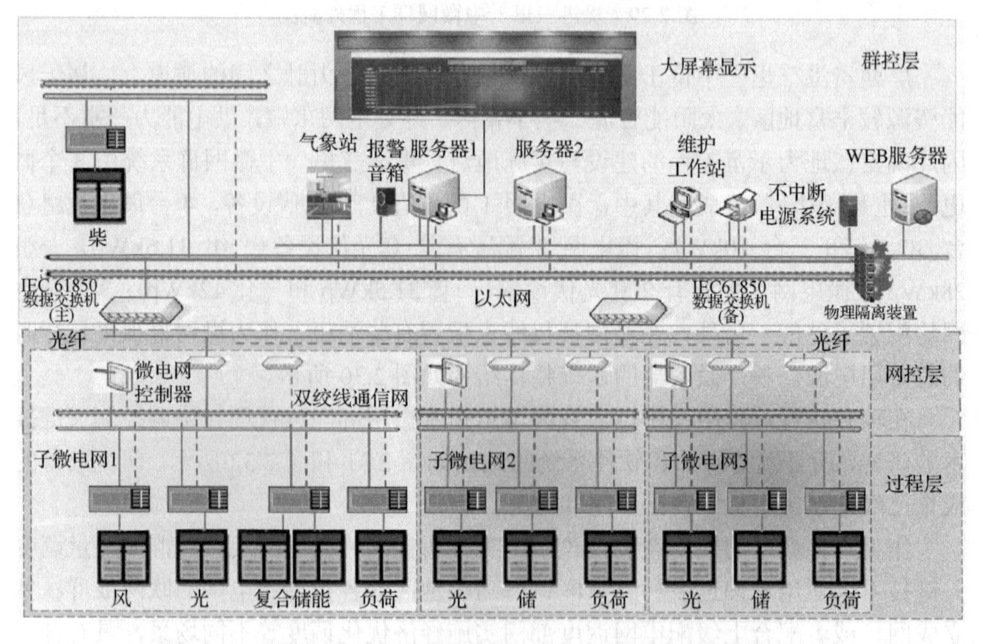

图 2.31　贵港三里一中微网群能量管理与协调控制系统物理架构

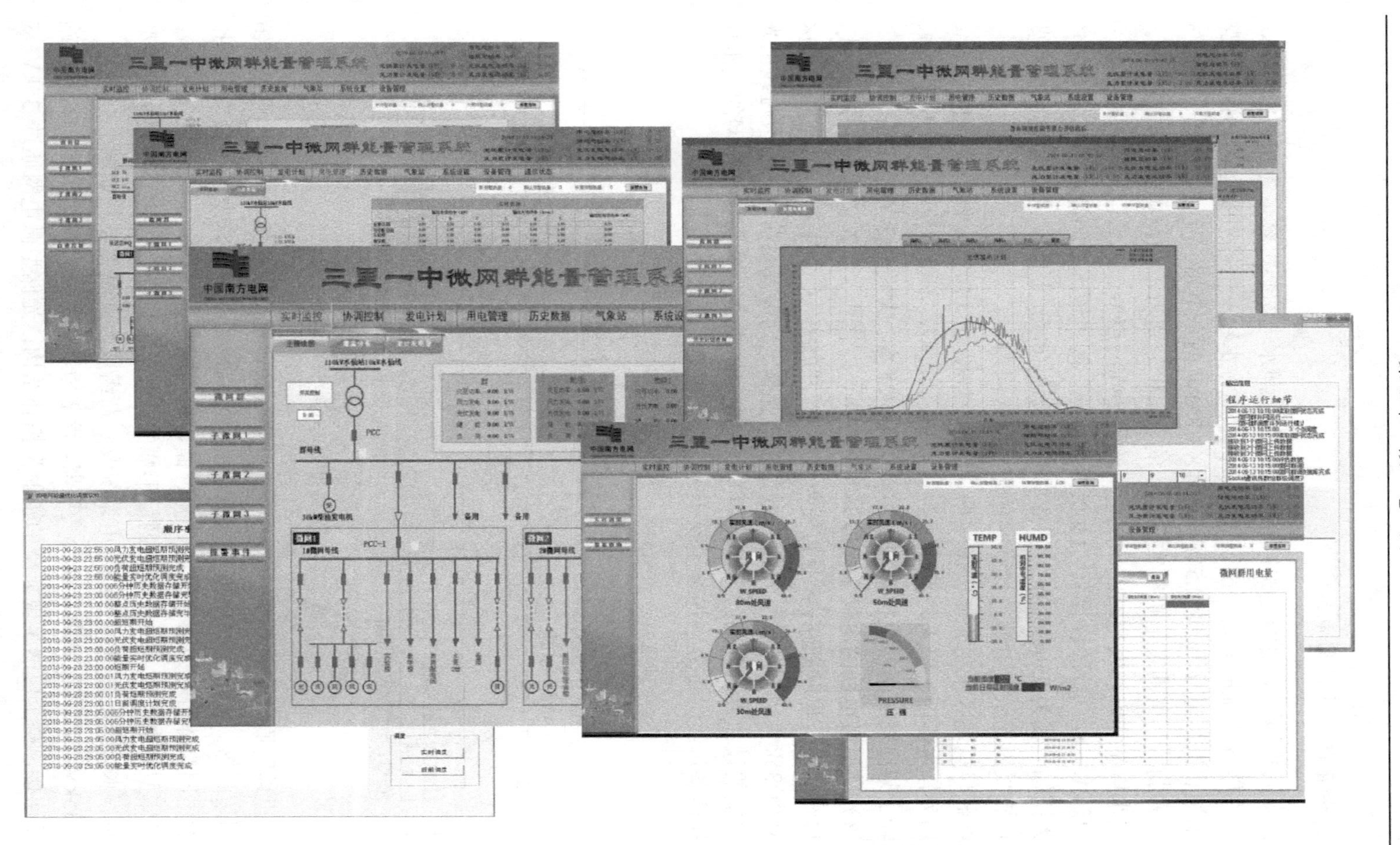

图2.32 贵港三里一中微网群能量管理与协调控制软件系统

2. 西藏阿里地区微电网[64]

西藏阿里地区的电网电源构成为：①狮泉河水电站装机容量为 4×1.6MW，由于水库库容及流量限制，常年仅有一台或两台水轮发电机组发电；②狮泉河柴油发电站装机容量分为 4×2.5MW 和 4×1.8MW 两个电站，受设备磨损、高原气候等因素制约，柴油发电机组实际运行的上限仅分别为 4×1MW 和 4×0.8MW。狮泉河水电站和柴油发电站的年发电量约为 2400 万 kW · h，而电网年需电量约为 3800 万 kW · h，电量缺口高达 1400 万 kW · h。阿里地区太阳能资源丰富，多年平均太阳辐照度为 8366MJ/m^2，日照时数也长达 10h/d。因此，考虑环境保护的要求，适宜采用光伏发电解决该地区的用电紧张问题。

西藏阿里地区采用光储型微电网，其建设规模为 10MWp，除供微电网自身负荷使用外，主要用于接入阿里地区孤立型 35kV 电网，不仅解决了供电不足问题，也减轻了柴油发电站的负担，减少污染、保护环境，大大降低了运行成本。

该光储型微电网的电气主接线如图 2.33 所示。图中，配置了两条 35kV 母线，两条母线间设有母联断路器，且每段母线分别经联络开关 QF1 和 QF2 与阿里地区的孤立型 35kV 电网相连。每段母线都接有光伏、储能及负荷，且每段母线上光伏和储能的设计容量分别为 5MWp 和 5.2MW · h。另外，为保证微电网的电压稳定，在两条母线上还分别加装了静止无功发生器(SVG)。

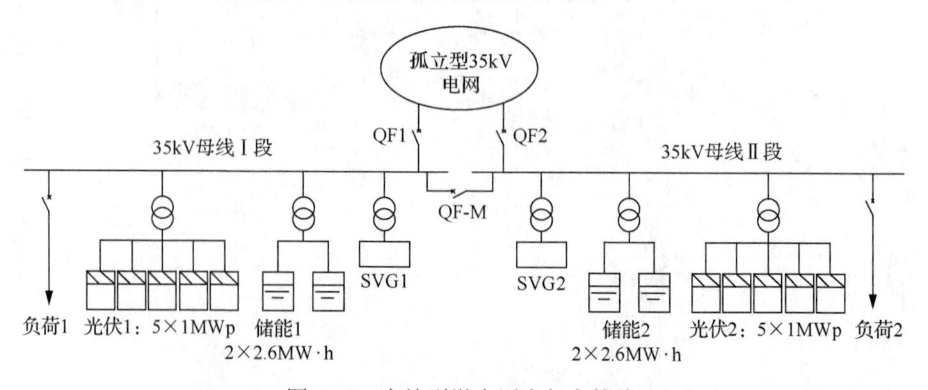

图 2.33　光储型微电网电气主接线

阿里地区原有的孤立型 35kV 电网供电区域较小，主要集中在阿里狮泉河镇及其周边村落。光储型微电网并入孤立型电网后，负荷暂时未发生改变，因此接入后的电网整体可等效为含有水、光、储、柴的微电网。

光储型微电网接入孤立型电网后形成的“水光储柴型微电网”，主要由光储型微电网、水力发电系统、柴油发电系统及负荷组成，其总体结构如图 2.34 所示。图中，35kV 中心变电站具有两台变压器，两者互为备用；负荷则通过中心变电站辐射型连接，整个电网呈现典型的辐射型拓扑结构；光储型微电网通过 35kV 双回架空线与中心变电站相连；水电站经 6/35kV 升压变压器通过双回架空线与中心变电站相连；柴油发电系统经 10/35kV 升压变压器与中心变电站相连；负荷则由多个 10kV 馈线组成。

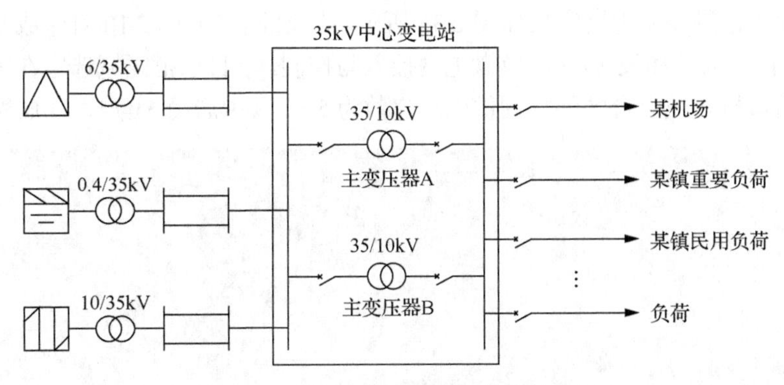

图 2.34 水光储柴型微电网结构示意图

3. 青海玉树州微电网[65]

2011 年 12 月 31 日，青海省玉树藏族自治州(玉树州)2MW 水光互补微电网发电示范工程建成且并网发电，它是国内首个兆瓦级水光互补微电网发电项目。该项目工程总投资 1.3 亿元。该项目的场景图如图 2.35 所示。

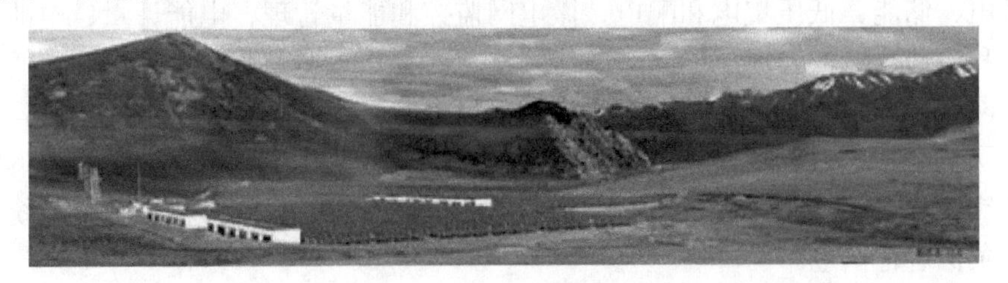

图 2.35 青海玉树水光互补微电网示范工程场景图

该示范工程的具体位置位于玉树州巴塘草原种畜场内，包括 2MW 平单轴跟踪的光伏发电系统、12.8MW 水电和 15.2MW · h 储能系统，共计安装 8700 多块光伏组件和 8200 多块蓄电池。按照项目规划，示范工程并网发电后，预计年均发电量为 280 万 kW · h，在 25 年的电站经营期内，累计发电量可达 7000 万 kW · h。

玉树电网主要依靠当地水电供电，夏冬两季都存在电力供应不足的情况。玉树地震的灾后重建工作，导致当地的电力供应更为紧张。然而，玉树地区太阳能资源丰富，全年日照时数在 2400～2700h，积极开发和利用当地太阳能发电资源已经达成广泛共识。该项目采用水光互补运行模式，光伏发电后，并入上一级水电网，光伏电站与水电站分时段、分情况运行，形成有益的互补，在全国尚属首例。需要指出的是，该水光互补微电网发电系统的关键设备为可调度、自同步电压源，以及双模式的并网逆变器，该项技术填补了世界空白，具有完全自主知识产权。

4. 河北承德围场微电网[66]

河北承德围场微电网实景如图 2.36 所示。该项目于 2011 年 10 月建成并投入运行，主要内容为分布发电/储能及微电网接入与控制。项目示范区域选定在围场御道口乡御道口村。试点台区的规划供电总户数为 59，其中居民 51 户，非居民 8 户。

图 2.36 河北承德围场微电网实景

项目建设分为村庄模式和单户模式。村庄模式的建设内容包括光伏发电、风力发电、储能、低压集电和配电、微电网监控和能量管理、电能计量、电能质量监测和治理、接入公用配电网、通信等 9 个子系统，最终形成一个 400V 的低压微电网运行系统，既可以并网运行，也可以离网运行。单户模式的建设内容，包括光伏发电、风力发电、蓄电池储能、交流逆变、双电源切换、微电网协调控制等 6 个单元，形成集风力发电、光伏发电、储能系统的三位一体的互补系统，为电力负荷进行供电。

2.3.2 城市微电网

新疆吐鲁番新区国家新能源示范城市[67]微电网建设按照争取日照、改善微气候、最大限度利用太阳能资源的原则进行光伏发电的设计与规划，通过调查吐鲁番地区用电负荷历史数据、分析用电负荷特性，完成了吐鲁番新能源示范区的用电负荷预测。依据确保建筑结构安全、最大限度利用太阳能资源的原则，通过分析、计算得到光伏发电量预测值。针对示范区内 13 种建筑屋顶的结构特点，完成光伏组件、逆变器的选型和光伏电气并网系统设计。光伏微电网工程以每一栋楼为单元，光伏组件电源和负荷就近采用一套 0.4kV 配电网，实现自发自用、余量上网、电网调剂的电能管理模式，上网、下网分别计量。新疆吐鲁番新区国家新能源示范城市屋顶光伏微电网外景如图 2.37 所示。

图 2.37　新疆吐鲁番新区国家新能源示范城市屋顶光伏微电网

2013 年底，一期工程太阳能光伏屋顶面积达 94069m^2，总装机容量 13.4MWp，年发电量 1580 万 kW·h，每年可减少二氧化碳排放 16197t，是我国目前规模最大的微电网工程，如图 2.37 所示，具有很好的示范作用。

2014 年 1 月 8 日，新疆吐鲁番新区国家新能源示范城市被国家能源局正式列为全国第一批创建新能源示范城市和产业园区名单。

微电网的主要电源为清洁能源。当外部电网断开时，智能电网将自动启用微电网系统。当主网停电时，并网开关、光伏风电开关由合变分，转为停运状态，随即储能装置进入放电状态，对负荷进行供电，然后光伏和风电开关由分变合，转为运行状态，实现对外发电。微电网完全可以在外部电网停电时，平滑地从并网运行转为孤岛运行。

2.3.3　海岛微电网

1. 广东珠海东澳岛风光柴蓄微电网[68]

广东珠海东澳岛风光柴蓄微电网是 2009 年国家“太阳能屋顶计划”政策支持的项目之一，于 2010 年 7 月建成并投入使用。

该项目根据海岛的自然条件和土地资源，建设 1000kWp 的光伏(太阳能)发电、50kW 的风力发电和 2000kW·h 的蓄电池储能系统，组成海岛全新的分布式供电系统，与海岛原有的柴油发电系统和电网输配系统集成一个智能微电网系统。这一系统的最大特点是，最大限度地利用海岛上丰富的太阳能和风力资源，最小程度地使用传统的柴油发电，进而为海岛提供绿色和环保的电力供应。

2. 鹿西岛并网型微电网示范工程[69]

鹿西岛并网型微电网示范工程位于该岛山坪村，占地面积为 11062m^2，项目总投资近五千万元，如图 2.38 所示。岛上风力发电、光伏发电、储能三个子系统组成了一个完整的风光储并网型微电网系统，具备灵活的并网和孤岛两种运行模式。

图 2.38 鹿西岛并网型微电网示范工程

岛上的风力发电系统由两台 780kW 华仪风机主导；光伏发电系统由 150 块光伏板、总容量 300kW 的太阳能光伏电站及相应的并网逆变器和升压变压器组成。在该岛的微电网综合控制大楼内，设计并安装了由 2MW×2h 的铅酸电池组、500kW×15s 的超级电容、5 台 500kW 的双向变流器组成的储能系统，储能总容量与供电海缆故障修复时间相匹配。当分布式电源能够满足岛上负荷用电需求时，微电网控制系统会将多余的电量送入主网。当分布式电源供电不足时，由主网供电，通过双向调节进行平衡，为岛上用电提供可靠保障。

2.3.4 其他类型微电网

1. 上海迪士尼变电站微电网系统[70]

上海迪士尼 110kV 变电站的微电网系统，本着“绿色、环保、智慧”的目标，成为国内首个采用微电网提供变电站站内用电的代表性工程，也是国际上率先在变电站内尝试建立微网系统的实际案例。该微电网系统由太阳能光伏系统、储能系统、电动汽车充电桩、微电网控制系统等部分组成，系统接线示意图如图 2.39 所示。

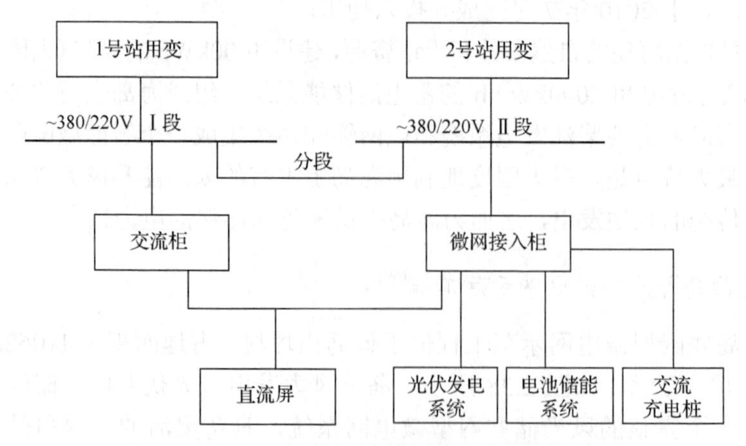

图 2.39 上海迪士尼变电站微电网系统接线示意图

该工程利用迪士尼变电站北侧屋顶安装太阳能光伏系统，站内南侧安装交流充电桩，并按太阳能光伏系统的实际出力情况和站用电紧急负荷的容量配置储能装置及站用电负荷，由此组成一个微电网系统。该微电网系统能够满足一定容量的站用电负荷，并展示绿色能源应用的理念。该系统具体包括变电站北侧屋顶19.6kW 的光伏发电系统、站内微电网室内 1 套 30kW·h 磷酸铁锂电池储能系统、站区南侧 3 台 7kW 的交流充电桩及微电网控制系统等。正常情况下，微电网内的分布式电源与站用变压器共同向站用电负荷供电；当外部电网故障导致站用变压器失电时，微电网将自动断开与主网的连接，进而离网运行和单独供电。

2. 北京市新能源产业基地智能微电网[71]

北京市新能源产业基地智能微电网建设项目位于北京市新能源产业基地高新技术产业孵化器，即中关村科技园延庆园八达岭新能源孵化器。孵化器占地面积 100 亩，总建筑面积 6.7 万 m^2，建设 24 栋独栋厂房和 1 栋园区综合办公楼。

该基地智能微电网项目包括 1 座 10kV 开闭所、3 座配电室、24 座建筑能源小屋和 1 座光伏车棚能源小屋，总计包括 29 个子微电网，组成三级微网群。全部微网群的变压器总配电容量为 5.5MW，接入约 2MW 分布式光伏、60kW 风力发电、2.5MW 的多种储能系统。新能源产业基地智能微电网实景如图 2.40 所示。

图 2.40 新能源产业基地智能微电网实景

项目运行后，新能源孵化器内的供电将全部由微电网负责提供，优先采用可再生能源(光伏、风电)供电，并综合运用储能系统，实现能量的优化配置，实现绿色发电、高可靠性供电、智能用电，满足用户的多元化需求，促进节能减排。

3. 江苏大丰风柴储海水淡化独立微电网系统[72]

江苏大丰风柴储海水淡化独立微电网系统，是国内首个日产万吨级淡化海水的独立微电网示范工程。该项目设计容量可最高日产淡化海水 10000t，其中一期工程按最高日产 5000t 淡化海水规模建设。该独立微电网系统以风力发电为主，柴油发电机发电为辅，为海水淡化提供电能。微电网系统共包括 1 台 2.5MW 永磁直驱风力发电机、3 组 625kW · h 铅碳蓄电池组成的储能系统、1 台 1250kVA 柴油发电机组以及 3 套海水淡化装置。

该项目的成功建设和运行，对于独立微电网系统的建设具有示范作用。独立微电网系统的主配电电压等级为 10kV，风机、储能、柴油机和海水淡化机组分别通过 10/0.4kV 变压器与 10kV 母线相连。整个系统的实时监测和运行调度由微电网能量管理系统负责完成。

4. 上海电力学院临港新校区新能源微电网示范项目[73]

2018 年，全国首个新能源微电网项目正式落户上海电力学院临港校区，是国内仅有的大学校园示范项目，如图 2.41 所示。

图 2.41　上海电力学院临港校区新能源微电网示范项目外景

该新能源微电网项目包含 2MW 光伏发电以及若干风力发电等新能源分布式发电系统，与城市大电网并网运行，即使在城网断电、完全离网的状态下，新能源微电网仍能独立运行并保住数据存储、安全保卫等重要电力负荷。校园内 29 幢楼屋顶都铺设太阳能电池板，采光面积约 2 万 m^2；车棚棚顶的光伏直接以直流电方式为棚内的电动车充电；路灯除照明功能外，还集成了通信、监控、充电桩、安防等几大功能；热系统采用空气源热泵与太阳能集热器的“黄金组合”。

该项目的能源监控系统共有 2017 个采集计量点，电、气、水等使用情况实现数据化，所有数据分层分类计算，分为照明电、插座电、动力电等。另外，系统用户管理功能可以远程监测异常电耗，可远程查明异常甚至关断相应电源，替代传统巡查手段。在能源监控系统中，各分系统底层数据实现一体化，成为“智慧校园”节能减排的信息化基础架构。根据建设目标，在安全用能前提下，拥有新能源微电网的智慧校园可比一般校园的综合能耗低约25%。

5. 河北涿州农场智慧能源与节能管理系统

河北涿州农场位于涿州市西部，占地面积2万多亩。涿州农场科研试验基地监控面积500亩，具有1个专用试验日光温室，占地512m^2，温室棚高3.4m。

中国农业大学为了解决涿州农场的新能源供电及智慧能源管理问题，实现传统能源与新能源的互补，满足创建国家现代农业科技城和示范区的要求，设计并构建了涿州农场能源与节能管理系统，该系统本质上是一个集新能源发电、配电管理、节能监测、用能管理于一体的综合微能网系统。本着优先使用新能源、合理匹配传统能源、最大限度地实现节能调控及提高可再生能源发电利用率和智能供用电管理水平的原则，通过测控终端在线监测农场的用电、制热及制冷情况，并根据节能诊断结果来控制电、热、冷的合理使用，达到节能降损的目的，形成“能效电厂”，减少碳排放，为高效农业生产奠定基础。该系统总体架构如图2.42所示。

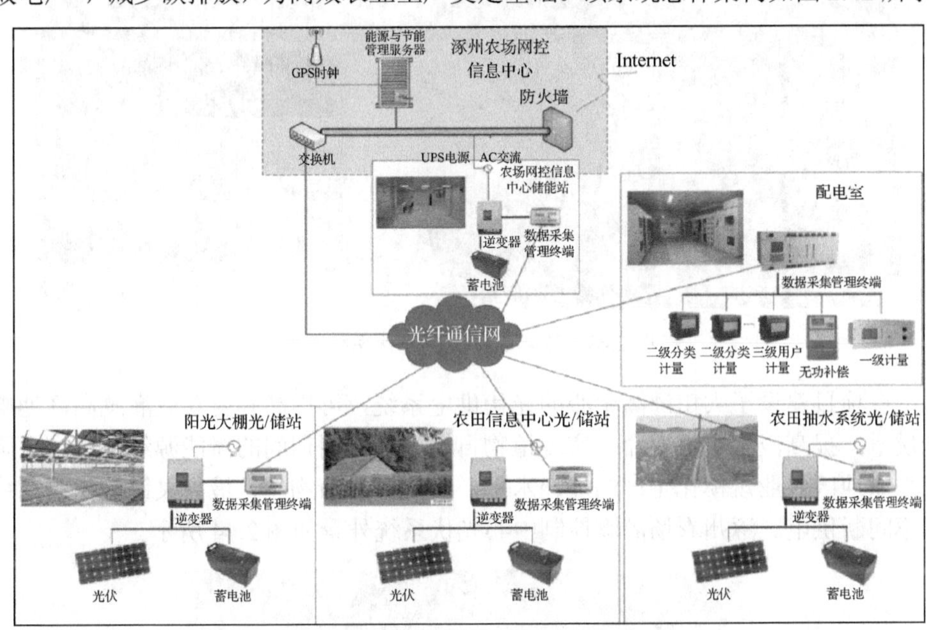

图2.42　涿州农场智慧能源与节能管理系统总体架构

根据项目的背景及系统目标，采用分层和分布式技术理念，设计涿州农场能源与节能系统为三层结构，即主站层、数据采集管理终端层和现场数据采集层。各新能源站的设备运行数据、配电室“三遥”与其各级分类计量数据，通过智能逆变器、各类电力测控仪表、电能计量表直接获取，称为现场数据采集层。数据采集管理终端层分布在各能源站、配电室，各管理终端通过现场485总线将各类现场数据采集仪表采集到的数据分类汇总并存储，通过光纤以太网专线通道上传至主站层，属于数据上传下达的中间层。主站设在涿州农场的网控信息中心，主要由能源与节能管理服务器通过实时召唤、定期采集各站管理终端的现场设备运行数据(管理终端也可主动上传发配电系统重要变位信息)，并利用采集的数据实现智能配电管理、可再生能源精细化管理与用电管理等高级功能。该主站服务器连接入公网，Internet 用户可以按规定的权限通过 IE 浏览器访问。

该项目根据钢管结构塑料大棚的采光特点，完成了 5kWp 光伏发电系统的塔架支撑式光伏支架及其施工安装流程的设计；根据现代农业大棚传感器网络与智能控制的特点，设计了光储并网供电方式，以实现智能农业大棚的不间断绿水供电；完成了新型光伏发电阵列及光储控制柜的设计、施工和安装；开发了光伏大棚并网发电系统的监控软件，实现了光伏发电与温室农业生产用电的远程在线监测、光伏发电量统计、历史数据存储功能，以及温室用电数据的统计。涿州农场大棚光伏系统照片如图 2.43 所示。

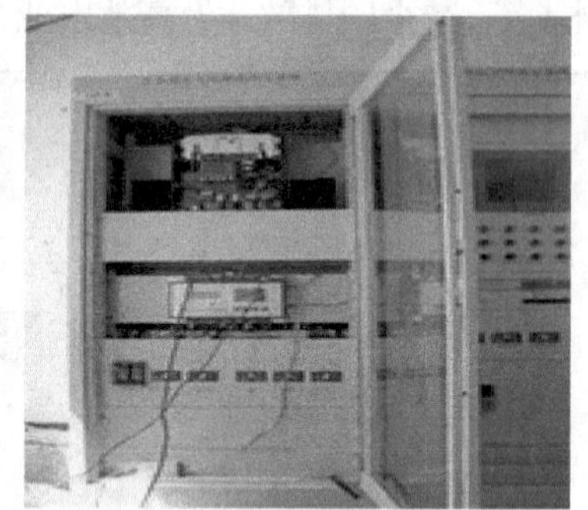

图 2.43　涿州农场大棚光伏系统照片

该项目建设了大田灌溉中心的光伏供电系统，可提高春夏农业灌溉高峰期电能质量，提高汲水电机寿命，实现植物日间光合作用期间的新能源经济供电，降低平原地区农业规模化生产的能耗水平，实现了对植物生长最为关键的灌溉系统的不间断供电。涿州农场灌溉控制中心光伏系统外景如图 2.44 所示。

图 2.44　涿州农场灌溉控制中心光伏系统外景

该项目建设了数据中心光储电源系统，为数据中心增加了绿色备用电源，提高了大田数据中心视频及传感器网络通信的传输可靠性，提高了数据中心应对恶劣天气的防灾能力，间接减少农业生产经济损失，同时为农场能源与节能管理系统的稳定运行提高了保障。涿州农场数据中心光储电源系统照片如图2.45所示。

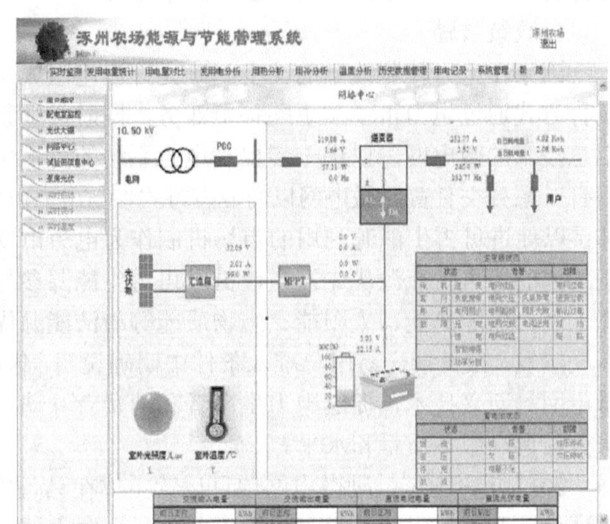

图2.45 涿州农场数据中心光储电源系统照片

2.4 微电网商业模式

近年来，全球能源危机与环境恶化问题日益突出。为了人类社会的可持续发展，各国大力研究和发展新能源与可再生能源，坚持走低碳绿色发展之路。随着微电网及多能互补优化调度技术的日益完善，可再生能源在就地开发、平衡、利用等方面得到了快速进步。世界范围内，由于微电网的不断发展，新能源与可再生能源的装机容量和发电量逐年快速上升，形成了“高比例可再生能源”的新型场景电力系统。在新型场景电力系统下，新能源微电网进入电力市场并开展竞争将成为必然趋势，对推进节能减排和实现能源可持续发展具有重要意义。

新一轮电力体制改革以来，国家出台了一系列政策措施，鼓励微电网以新业态方式参与电力市场，形成清洁能源利用的新载体，为新能源微电网进入电力市场提供了新的契机。

目前我国对微电网的研究与应用大都集中在技术层面，在新的电力市场架构下，微电网进入售电市场并参与竞争，将成为一种新型商业模式。

2.4.1 微电网典型运营模式

1. 微电网的发展机遇

随着电力行业新行业革命的不断进步，微电网在我国的建设将会迎来更多和更好的发展机遇，主要表现在以下四个方面。

1) 政策鼓励

国家在电力体制改革的文中明确允许微电网成为独立的售电主体，并可采取多种方式通过电力市场从事购售电业务，同时鼓励积极发展融合先进储能技术、信息技术的微电网，以进一步提高电力系统的可再生能源消纳能力和利用率。而后有一系列文件鼓励微电网以新业态方式参与电力市场，形成清洁能源利用的新载体；以促进可再生能源利用的市场机制作为电力市场的建设目标，允许微电网等规划内的可再生能源优先发电，鼓励可再生能源参与电力市场，支持清洁能源优先上网，保障风能、太阳能、生物质能等清洁能源优先发电上网，促进清洁能源多发满发。在直接交易用户准入条件中明确说明，售电侧改革应整合分布式发电、微电网等新兴技术，促进电力生产者和消费者互动，向用户提供高智能综合能源服务，调高服务质量和水平。

2017 年，国家鼓励微电网项目运营主体在具备售电公司准入条件、履行准入程序后，开展售电业务。支持微电网项目运营主体获得供电资质，依法取得电力业务许可证(供电类)，开展配售电业务，并承担微电网内的保底供电服务。

总之，众多国家政策均将微电网的建设和新能源可再生能源的发展置于重要位置，为微电网迅速进入市场提供了良好的政策环境。

2) 理论和技术支撑

在理论层面，通过近年来我国微电网领域专家学者的不断努力和探索，在微电网可靠性、可接入性、灵活性及能量优化与管理等方面，已形成了一系列的理论研究成果。在技术层面，不断发展电力系统的储能技术，改善微电网的安全稳定运行和电压频率特性；借助现代电力电子技术，达到微电网柔性输电，减少对大电网的冲击和影响；利用优化配置和能量管理策略，实现微电网“多元协调控制”的重要能源战略；依托微电网的状态切换控制、谐波抑制、频率偏差、环流抑制等技术，提高其供电可靠性和电能质量；采用先进的故障诊断方法，使微电网在独立运行和并网运行两种情况下均能对故障做出快速响应。

3) 实践探索与经验积累

在全球微电网迅猛发展的热潮中，我国众多科研机构和企业投入到微电网的应用和实践中，已建设了一批微电网示范工程。这些微电网示范工程大致可分为三种类型，即边远地区微电网、海岛微电网、城市微电网。目前我国边远地区微电网示范工程以西藏自治区、内蒙古自治区和青海省为主，海岛微电网示范工程集中在广东省、浙江省、海南省，城市微电网示范工程建设于北京市、天津市及其他省市工商业开发区[74]。

我国微电网最主要的特点是用于解决边远地区和海岛的供电问题，以及提升城市可再生能源集成和供电可靠性。经过多年的不断探索，我国在微电网应用方面已积累较为丰富的实践经验，是未来大力发展和建设微电网的宝贵财富。

4)可持续发展的要求

能源匮乏与环境问题日益严重，从根本上要求转变传统的能源消耗模式，鼓励利用清洁可再生能源，走低碳和绿色发展之路。“高比例可再生能源”的建设目标，促使新能源微电网成为未来能源发展趋势的内在推动力。

2. 微网型售电公司的定义

微网型售电公司是由微网系统投资组建的售电公司，由微电网容纳整合的风、光、天然气等各类新能源进行发电，并将电力作为商品进行市场交易，是电力零售市场中购售电环节的主要承担者，可以为终端用户提供电力业务及相关增值服务。微网型售电公司由于广泛接入了可再生能源，可以大幅度提高可再生能源的就地消纳水平。

3. 微网型售电公司的竞争优势

新电改允许电网企业、发电企业、高新产业园区或经济技术开发区、社会资本、公共服务行业和节能服务公司、拥有分布式电源的用户或微网系统(即微网型售电公司)等六类投资和组建售电公司，共同开展售电业务。相比于其他类型的售电公司，微网型售电公司具有较明显的竞争优势，主要表现在清洁性、盈利性、服务性、可靠性、响应性等五个方面。

1)清洁性

新能源微电网容纳和整合大量的可再生能源，既符合发展清洁能源的趋势，又满足用户的绿色环保意识。一些市场政策明确指出，清洁能源具备优先交易权，非常有利于微网型售电公司抢占市场先机。

2)盈利性

微网型售电公司“自发自售”电能，一般情况下，无须额外购电，大大降低了购电成本；拥有自建微网的运营权，直接向用户供电，可以一定程度上减少配电服务费用；具备灵活的电价机制，能够自主制定售电价格。因此，微网型售电公司具有较大的盈利空间。

3)服务性

微网型售电公司可提供清洁能源的一体化服务，制定个性化节能方案、提供家用分布式发电设备等增值服务，具有较大的市场服务潜力。

4) 可靠性

当主电网故障时，微电网可独立运行，对于供电可靠性要求较高的用户，微网型售电公司能够提供更加安全可靠的电能，最大限度地减少用户的经济损失。

5) 响应性

微网型售电公司可积极响应需求侧管理，参与可中断负荷调峰、电储能调峰调频等辅助服务，实现与主电网的友好互动，能够提高电力系统运行的安全系数。

4. 微网型售电公司参与市场的有效途径

1) 新型电力市场交易结构

在新电改背景下，电力市场的主体包括发电公司、供电企业(含电网公司和配电公司)、售电公司和电力用户，它们之间形成的新型电力市场交易结构如图 2.46 所示。

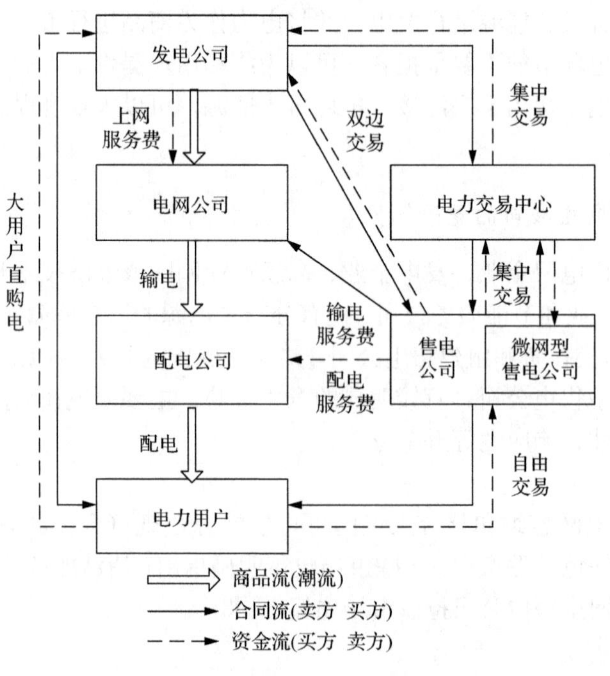

图 2.46　新型电力市场交易结构

在以往的电力市场交易结构中，合同流与商品流方向一致，资金流与商品流相反，整体呈现垂直状态。新电改后，由于售电公司和电力交易中心的出现，新型电力市场结构中交易方式更加多元复杂，整体呈现网络辐射状态。

2) 微网型售电公司参与市场的有效途径

微网型售电公司在新型电力市场交易结构中将具有多种参与市场的有效途径，归纳后如图 2.47 所示。

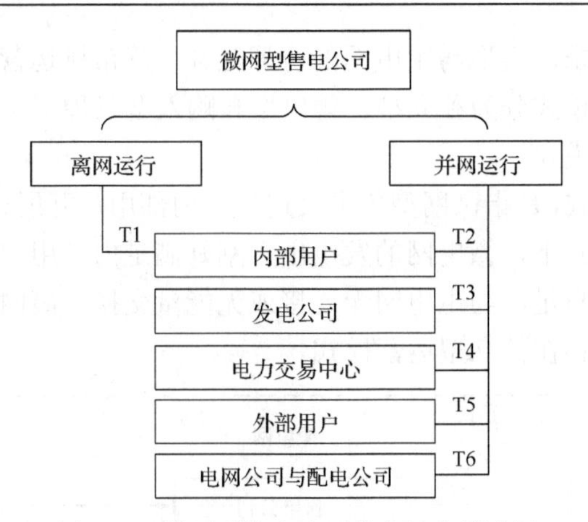

图 2.47　微网型售电公司的市场交易途径

(1)微电网在离网运行时，网内电量自发自用，交易途径为 T1。微网型售电公司仅能与内部用户开展交易，电力潮流、合同与资金等均在微电网范围内流动，不与外界互动。

(2)微电网在并网运行时，与主电网进行友好互动，其发电总量与内部负荷需求不再保持实时动态平衡的关系，微网型售电公司将产生新的交易途径 T2～T6。

交易途径 T2：与内部用户。微网型售电公司满足内部用户全部的用电需求、保障内部用户用电安全稳定，是开展对外交易的前提条件。

交易途径 T3：与发电公司。在某段时期，由于光照、风力等因素受季节变化的影响，微电网发电不稳定；或者气温的影响导致负荷增加，使得微电网发电出力无法满足网内全部的负荷需求，此时微网型售电公司需要与发电公司签订中长期的双边购电协议，保证微网系统在这段时间内安全运行。

交易途径 T4：与电力交易中心。在短时期内，微网型售电公司为了适应电力需求的实时变化，需要在电力交易中心参与集中交易。一方面，当发电量不足时，进行现货市场的集中式购电；另一方面，当发电量充足时，与其他发电公司共同参与集中式竞标，完成售电交易。这种交易途径一般面临较大的风险。

交易途径 T5：与外部用户。当微网型售电公司附近区域负荷较多或主电网传输线路易出现阻塞情况时，可以与外部用户签订售电合同。既能为微网型售电公司增加额外利润，又有利于电力系统网络的稳定运行。

交易途径 T6：与电网公司或配电公司。当微电网并网运行时，微网型售电公司对外各项交易产生的潮流需要占用输配电网容量，同时需要电网公司或配电公司的调度与配合，因此应当缴纳相应的输配电服务费用。

5. 微网型售电公司的典型运营模式

上述微网型售电公司参与市场的六种有效途径，能够使新能源微电网适应复杂情况的供用电需求，实现与主电网的协调互补。从市场运营的角度，可将微网型售电公司的运营模式分为独立型、售出型和购入型三种。

1) 独立型运营模式

独立型运营模式，是指微网型售电公司仅与内部用户开展售电交易，如图 2.48 所示。这种运营模式下，微电网的发电出力刚好满足内部用户电力负荷的需求，能够实现能源自给自足，与主电网无连接或无能量交换。离网运行和并网运行的微网型售电公司均存在独立型运营模式。

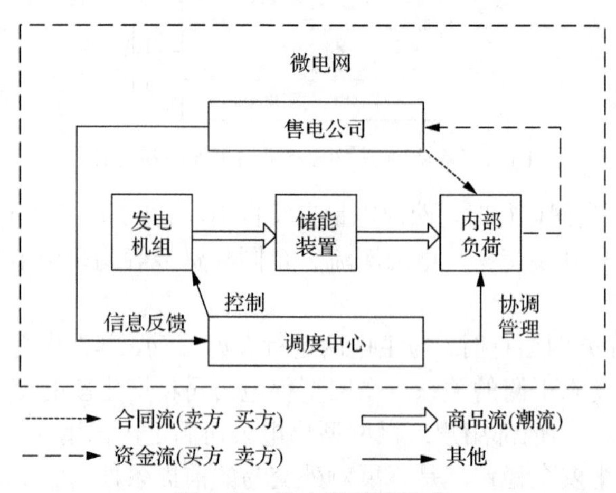

图 2.48　独立型运营模式

在独立型运营模式下，微网型售电公司需要制定合理的售电价格，组织内部电力用户签订协议并开展交易，并且需要为微网调度中心的协调管理提供供需信息，保证自身电力用户用电的安全性和可靠性。

2) 售出型运营模式

售出型运营模式，是指微网型售电公司与内部用户、外部用户或电力交易中心开展售电交易，如图 2.49 所示。这种运营模式下，并网运行的微电网在满足自身所有负荷用电的同时，仍有多余质量稳定的电量可以返送至主电网，联络线潮流表现为对外输送。

在售出型运营模式下，微网型售电公司可以自由参与电力市场售电侧竞争，与电力用户和电力交易中心开展零售侧与批发侧的售电交易。

由于主电网存在峰谷期，微电网发出的电量对主电网将造成不同影响：①当主电网处于正常用电时期时，微电网通过主电网向其他负荷供电，此时微电网占用了主电网的输电线路，潮流的变化会对系统整体的电力调度造成影响，因此微电网应与其他发电公司相同，向主电网缴纳相应的过网费；②当主电网处于用电高峰期时，微电网将电量输送至主电网供外部负荷使用，可以有效缓解附近阻塞线路的传输压力，利于电力系统安全运行；③当主电网处于低谷用电期时，微电

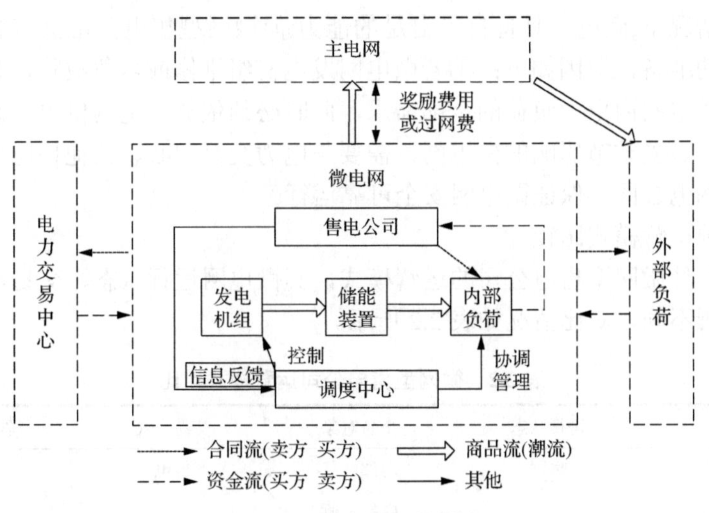

图 2.49 售出型运营模式

网和用户按照协议在此时交易，可以提高输配电网络的使用效率，能够促进移峰填谷措施的开展。上述②③两种情况，主电网应向微电网减少输电费或额外支付相应的费用作为奖励，促进微电网参与需求侧管理。

3)购入型运营模式

购入型运营模式是指微网型售电公司与内部用户开展售电交易，同时与电力交易中心或发电公司开展购电交易，如图 2.50 所示。这种运营模式下，并网运行的微电网无法满足自身用户正常用电，必须依靠主电网额外供给电量，联络线潮流表现为向内输送。此时，微电网等同于其他负荷，应向电网公司缴纳输电服务费。

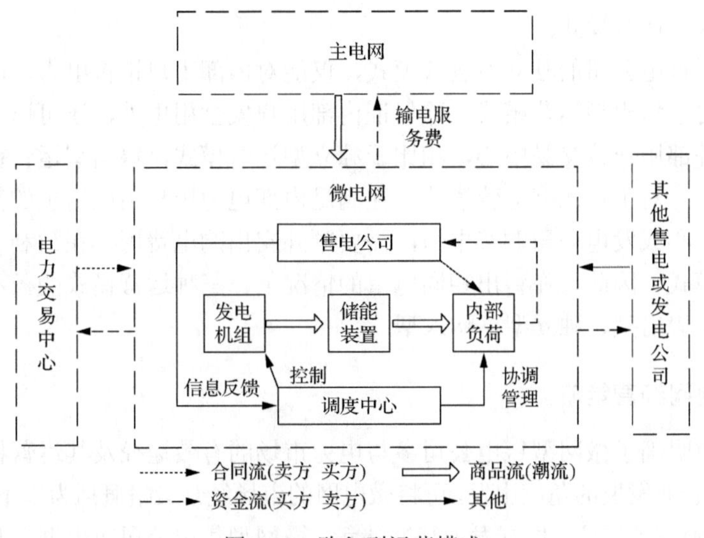

图 2.50 购入型运营模式

一般情况下,微电网具备自给自足的能力,但微网型售电公司仍需做好购入型运营模式的准备，原因如下：①若微电网发电机组维修或紧急故障，且储能装置无法满足微电网内电力负荷的全部需求，此时必须依靠主电网供电；②对于能源不稳定或明显受季节影响的微电网，需要与电力交易中心、其他售电公司或发电公司签订购电合同，保证微电网安全可靠运行。

4)三种运营模式比较

上述三种微网型售电公司的运营模式，其微电网运行状态、交易对象、交易方式均有所不同，对比情况如表 2.2 所示。

表 2.2　微网型售电公司运营模式对比

运营模式	运行状态	交易对象	交易方式	盈利指数
独立型	离网	内部负荷	售电	★★
售出型	并网	内部负荷 外部负荷 交易中心	售电	★★★
购入型	并网	内部负荷 发电公司	售电	★
		交易中心 配电公司	购电	

我国微电网建设目前主要集中在偏远地区、海岛及城市内。由于主电网条件有限，大多偏远地区和海岛微电网是独立运行的，其售电公司只能发展独立型运营模式；对于城市内的微电网，如家庭小区、办公楼宇、工业园区等微电网系统，具备与主电网并网条件，其售电公司可以根据实际情况，选择性开展独立型、售出型或购入型运营模式。

微网型售电公司的独立型运营模式，仅能对内部用户销售电力，能够达到自给自足。对于售出型运营模式，除保证内部用户安全用电外，还可以将多余的电量销售至外部用户或交易中心，相比于独立型运营模式，售出型运营模式自然盈利空间更大。对于购入型运营模式，在满足内部电力用户用电需求的基础上，必须向交易中心或发电公司购买电力，需要额外支出购电费用，在盈利方面不及独立型运营模式。因此，在售出相同电量的情况下，三种运营模式的盈利指数由高到低分别是售出型、独立型、购入型。

2.4.2　微电网经营策略

在前面明确了微网型售电公司参与电力市场的有效途径及其运营模式的基础上，从现代企业发展的角度出发，可将微电网的市场经营策略概括为以下五个方面：

(1)明确市场定位，做好发展战略决策。微网型售电公司应根据自身经济与技术实力，确定服务对象与服务内容，规划未来的发展方向。最大化利用和消纳可再生能源，实现绿色交易，成为“高比例可再生能源”建设目标的重要落实者。做到不断挖掘市场需求，承担相应的社会责任，大范围提供公共服务。

(2) 根据市场变化，动态调整运营模式。离网运行的微网型售电公司，采用独立型运营模式，应不断提高供电稳定性，确保微网内用户用电安全稳定，承担起相应的社会责任与义务。并网运行的微网型售电公司，应根据实际情况，选择适合的运营模式，需要服从系统的整体调度，积极响应削峰填谷号召，合理优化资源配置，实现最大化盈利的目标。

(3) 结合公司特色，拓展多元增值服务。微网型售电公司需要处理好发电、供电、用电三者之间的关系，实现售电业务均衡。在此基础上，应充分发挥微电网利用可再生能源的优势，积极拓展多元增值服务：①普及可再生能源的使用，提供家用式分布式电源发电设备，帮助用户解决部分日常能耗，提高可再生能源的就地消纳比例；②为用户提供节能咨询、能效分析、能源结构优化等“一站式”绿色能源管理服务。

(4) 降低综合成本，提升市场竞争潜力。微电网成立售电公司进入电力市场后，将形成“发-配-售”一体化的管理模式，应采用先进的技术和经营理念，降低成本，提高市场竞争力。在发电方面，需要提升分布式电源的生产效率，优化能源组成方案，降低电力成本；在电力输送方面，可以自建电网，获取新增配网的运营权，减少电力输送费用；在交易方面，应制定合理的售电价格，采取有效的竞价方案，进一步扩大盈利空间。

(5) 加强综合能源发展，大力建设微能网。根据需求侧负荷和当地企业的具体情况，积极发展微能网，将各类分布式能源、储电蓄热(冷)及高效用能技术相结合，通过智能电网及综合能量管理系统，形成以可再生能源为主的高效一体化和冷、热、电等多能互补系统，促进微能网发展。

2.5 展　望

微电网作为输电网、配电网之后的第三级电网，使分布式发电广泛应用于电力系统并发挥其最大潜能，进而创造显著的社会、经济和环境效益。微电网具有微型化、自平衡、清洁高效等诸多优点，发展微电网可以提高电力系统的安全性和可靠性，抵御突发故障，提高供电可靠性和电能质量；有助于促进可再生能源的发展，延缓电网投资，促进我国能源经济良性发展。

未来，新能源微电网将充分聚焦和代表能源在需求侧的发展和应用，并在技术和工程形态、市场模式等方面不断创新、完善和实用化。在新的电力市场环境下，微电网将作为独立的市场主体进入售电市场参与竞争，形成一种全新的竞争商业模式，并在清洁性、盈利性、服务性、可靠性和响应性等五个方面更好地体现微网型售电公司的独特竞争优势。上述这些技术与商业发展趋势，对于全面推进我国的能源结构调整、绿色环保用能、节能减排及实现能源可持续发展，将起到积极的推进作用。

2.6 本章小结

经过多年连续不断的探索，我国近年来在微电网的研究、应用和实践方面已经累积了丰富的经验，为未来微电网的建设和发展奠定了良好的理论和技术基础。本章对微电网的发展历程、关键技术、工程实践及商业模式做了全面介绍、描述和分析。在技术方面，重点介绍了分布式发电、发电功率预测、储能、检测与控制、微电网能量管理及微网群协调控制等六大关键技术。这些技术既涵盖单个微电网的并网和离网运行技术，也覆盖了微网群的能量调度与管理技术，同时涉及了储能的优化配置与协调运行技术。在工程实践方面，重点介绍了偏远地区微电网、城市配电网、海岛配电网及其他类型的微电网。在商业模式方面，重点分析了微电网的典型运营模式及市场经营策略。

参考文献

[1] 王成山，李鹏. 分布式发电、微网与智能配电网的发展与挑战[J]. 电力系统自动化，2010, 34(2):10-14, 23.

[2] 吕艳坤. 浅谈新能源接入对智能配电网的影响[J]. 科技资讯, 2011, (30): 128-129.

[3] 王成山，王守相. 分布式发电供能系统若干问题研究[J]. 电力系统自动化，2008, 32(20): 1-4, 31.

[4] Buccella C, Cecati C, Abu R H. An overview on distributed generation and smart grid concepts and technologies[J]. Power Electronics for Renewable Energy Systems, Transportation and Industrial Applications, 2014: 50-68.

[5] 刘林. 海岛智能微电网综述[J]. 现代制造, 2015, (9): 19-20.

[6] 鲁宗相，王彩霞，闵勇，等. 微电网研究综述[J]. 电力系统自动化, 2007, 31(19): 100-107.

[7] 章健，梅彦. 新一代智能电网的管理——多微电网的网络架构、运行模式及控制策略研究[J]. 电器与能效管理技术, 2015, (18): 45-49.

[8] 支娜，肖曦，田培根. 微网群控制技术研究现状与展望[J]. 电力自动化设备，2016, 36(4): 107-115.

[9] Zheng P, Liu H T, Zhang M L, et al. Research overview of optimization of multi-source and energy storage in microgrid[C]. The 12th IET International Conference on AC and DC Power Transmission (ACDC 2016), Beijing, 2016.

[10] 马勇飞, 王沧海, 何艳娇, 等. 微电网研究综述[J]. 科技展望, 2016, 54(25): 1-3.

[11] 王成山. 微电网分析与仿真理论[M]. 北京:科学出版社, 2013.

[12] Herman D. Investigation of the Technical and Economic Feasibility of Micro-grid-based Power Systems[R]. Palo Alto: Electric Power Research Institute, 2001.

[13] 孙佐. 新能源并网发电系统的关键技术和发展趋势. [J] 池州学院学报, 2010, 24(3): 31-35.

[14] 刘文, 杨慧霞, 祝斌. 微电网关键技术研究综述[J]. 电力系统保护与控制, 2012, 40(14): 152-155.

[15] 解翔, 袁越, 李振杰. 含微电网的新型配电网供电可靠性分析[J]. 电力系统自动化, 2011, 35(9): 67-72.

[16] 向月, 刘俊勇, 魏震波, 等. 考虑可再生能源出力不确定性的微电网能量优化鲁棒模型[J]. 中国电机工程学报, 2014, 34(19): 3063-3072.

[17] 杨新法, 苏剑, 吕志鹏, 等. 微电网技术综述[J]. 中国电机工程学报, 2014, 34(1): 57-70.

[18] 符杨, 胡鹏, 汤波, 等. 微网对电网稳定性影响的仿真与分析[J]. 电源技术, 2015, 39(3): 556-560.

[19] 赵仁德, 王永军, 张加胜. 直驱式永磁同步风力发电系统最大功率跟踪控制[J]. 中国电机工程学报, 2009, 29(27): 106-111.

[20] 姚骏, 廖勇, 瞿兴鸿, 等. 直驱永磁同步风力发电机的最佳风能跟踪控制[J]. 电网技术, 2008, 32(10): 11-15, 27.

[21] 熊远生, 俞立, 徐建明. 固定电压法结合扰动观察法在光伏发电最大功率点跟踪控制中的应用[J]. 电力自动化设备, 2009, 29(6): 85-88.

[22] 周林, 武剑, 粟秋华, 等. 光伏阵列最大功率点跟踪控制方法综述[J]. 高电压技术, 2008, 34(6): 1145-1154.

[23] Katiraei F, Iravani M R, Lehn P W. Small-signal dynamic model of a micro-grid including conventional and electronically interfaced distributed resources[J]. IET Generation, Transmission & Distribution, 2007, 1(3): 369-378.

[24] 徐青山. 分布式发电及微电网技术[M]. 北京: 人民邮电出版社, 2011.

[25] 张建华, 黄伟. 微电网运行控制与保护技术[M]. 北京: 中国电力出版社, 2010.

[26] 张兴, 张崇巍. PWM 整流器及其控制[M]. 北京: 机械工业出版社, 2003.

[27] 牛焕娜. 微电网优化调度与电压越限概率评估方法研究[D]. 北京: 中国农业大学, 2012.

[28] 吴雄, 王秀丽, 刘世民, 等. 微电网能量管理系统研究综述[J]. 电力自动化设备, 2014, 34(10): 7-14.

[29] 王成山, 李琰, 彭克. 分布式电源并网逆变器典型控制方法综述[J]. 电力系统及其自动化学报. 2012, 24(2): 12-20.

[30] 孙钦斐, 杨仁刚, 周献飞, 等. 基于数字锁相环的储能逆变器并网功率控制方法[J]. 农业工程学报, 2013, 29(S1): 138-142.

[31] 吴恒, 阮新波, 杨东升. 弱电网条件下锁相环对 LCL 型并网逆变器稳定性的影响研究及锁相环参数设计[J]. 中国电机工程学报, 2014, 34(30): 5259-5268.

[32] 钟诚, 井天军, 杨明皓. 基于周期性无功电流扰动的孤岛检测新方法[J]. 电工技术学报, 2014, 29(3): 270-276.

[33] 钟诚, 杜海江, 杨明皓. 三相单位功率因数 VSR 启动过流分析及其抑制[J]. 电力电子技术, 2013, 47(5): 32-34.

[34] 钟诚, 井天军, 杨明皓, 等. 基于自适应记忆长度最小二乘参数估计的实时相位跟踪方法[J]. 电网技术, 2013, 37(6): 1753-1758.

[35] 李冬辉, 梁宁一. 带有源滤波功能的 PWM 整流器预测直接功率控制研究[J]. 电力系统保护与控制, 2003, 41(24): 82-87.

[36] 许津铭, 谢少军, 张斌锋. 分布式发电系统中 LCL 滤波并网逆变器电流控制研究综述[J]. 中国电机工程学报, 2015, 35(16): 4153-4166.

[37] 孙栩, 孔力. 带有源滤波功能的新型高压直流输电系统的研究[J]. 高压电器. 2008, 44(1): 1-3, 7.

[38] 周献飞, 杨仁刚, 孙钦斐. 基于广义二阶积分的新型单相逆变并网系统锁相环[J]. 沈阳农业大学学报, 2013, 44(4): 305-309.

[39] 邢丽娟, 孔祥新, 张越杰, 等. 基于 DSP 技术的软件锁相环设计[J]. 电子技术, 2014, 43(12): 63-65.

[40] 黄颖姝, 陈永强, 俞博, 等. 基于非线性 PI 控制器的三相锁相环实现[J]. 电气传动, 2014, 44(12): 62-66.

[41] 钟诚. 分布式发电系统中双向逆变器控制关键技术研究[D]. 北京: 中国农业大学, 2013.

[42] 吴复立. 风险备用——含可再生能源电力系统可靠性的新度量方法[R]//中国高等学校电力系统及其自动化专业第 24 届学术年会专题报告. 北京, 2008.

[43] 窦振海. 微电网潜在调节能力评估及微网群能量调度方法研究[D]. 北京: 中国农业大学, 2014.

[44] 罗希. 微电网及微网群能量优化调度方法研究与软件开发[D]. 北京: 中国农业大学, 2015.

[45] Pavan Kumar Y V, Bhimasingu R. Renewable energy based microgrid system sizing and energy management for green buildings[J]. Journal of Modern Power System and Clean Energy, 2015, 3(1): 1-13.

[46] Hatziargy N, Asano H, Iravani R, et al. Microgrids[J]. IEEE Power and Energy Magazine, 2007, 5(4): 78-94.

[47] Li Y, Nejabatkhah F. Overview of control, integration and energy management of microgrids[J]. Journal of Modern Power System and Clean Energy, 2014, 2(3): 212-222.

[48] 张晓雪, 牛焕娜, 赵静翔, 等. 考虑微电网供电潜力的配电网孤岛划分[J]. 电力自动化设备, 2016, 36(11): 51-58.

[49] 孙秋野，滕菲，张化光．能源互联网及其关键控制问题[J]．自动化学报，2017，43(2)：176-194.

[50] 徐意婷，艾芊．含微电网的主动配电网协调优化调度方法[J]．电力自动化设备，2016，36(11)：18-26.

[51] Kargarian A, Falahati B, Fu Y, et al. Multiobjective optimal power flow algorithm to enhance multi-microgrids performance incorporating IPFC[C]. IEEE Power and Energy Society General Meeting, San Diego, 2012.

[52] Manjarres P, Malik O. Frequency regulation by fuzzy and binary control in a hybrid islanded microgrid [J]. Journal of Modern Power System and Clean Energy, 2015, 3(3): 429-439.

[53] Maknouninejad A, Qu Z, Enslin J, et al. Clustering and cooperative control of distributed generators for maintaining microgrid unified voltage profile and complex power control[C]. IEEE PES Transmission and Distribution Conference and Exposition (T&D), Orlando, 2012.

[54] Sujil A, Agarwal S K, Kumar R. Centralized multi-agent implementation for securing critical loads in PV based microgrid[J]. Journal of Modern Power System and Clean Energy, 2014, 2(1): 77-86.

[55] Madureira A G, Lopes J A P. Coordinated voltage support in distribution networks with distributed generation and microgrids[J]. IET Renewable Power Generation, 2009, 3(4): 439-454.

[56] Schwaegerl C, Tao L, Mancarella P, et a1. A multi-objective optimization approach for easement of technical commercial and environmental performance of microgrids[J]. European Transactions on Electrical Power, 2011, 21: 1269-1288.

[57] 熊雄．微网群协调控制及功率优化策略研究[D]．北京：中国农业大学，2017.

[58] 裴玮，杜妍，李洪涛，等．应对微电网群大规模接入的互联和互动新方案及关键技术[J]．高电压技术，2015，41(10)：3193-3203.

[59] 支娜，肖曦，田培根，等．微电网群控制技术研究现状与展望[J]．电力自动化设备，2016，36(4)：107-115.

[60] 陈中，胡吕龙，丁楠．基于改进熵的风光储互补并网系统优化运行[J]．电力系统保护与控制，2013，41(21)：86-91.

[61] 曹一家，王光增，曹丽华，等．基于潮流熵的复杂电网自组织临界态判断模型[J]．电力系统自动化，2011，35(7)：1-6.

[62] 张利彪，周春光，马铭，等．基于粒子群算法求解的多目标优化问题[J]．计算机学报，2004，42(7)：1286-1291.

[63] 侯云鹤，鲁丽娟，熊信艮，等．改进粒子群算法及其在电力系统经济负荷分配中的应用[J]．电力系统自动化，2004，24(7)：95-100.

[64] 刘千杰，刘云，吉小鹏，等．西藏阿里地区光储型微电网示范工程与应用[J]．供用电，2015(1)：44-49.

[65] 青海玉树 2MW 水光互补微网发电示范项目并网[OL]. http://guangfu.bjx.com.cn/news/20120106/335060. shtml[2012-1-6].

[66] 分布发电/储能及微电网接入控制项目落户河北承德围场[OL]. http://news.bjx.com.cn/html/20110504/ 280904.shtml[2011-5-4].
[67] 陈超. 光伏并网发电技术在新能源示范城市中的研究与应用[D]. 北京: 北京建筑大学, 2014.
[68] 张宇. 我国建成首个海岛智能微电网[N]. 中国能源报, 2011-01-17.
[69] 鹿西岛并网型微网示范工程成功送电投入试运行[J]. 华东电力, 2014,(1): 173.
[70] 金成生, 刘稳坚, 邱尚. 微电网技术在上海迪士尼 110kV 智慧变电站中的应用[J]. 华东电力, 2014, 42(5): 1027-1030.
[71] 北京延庆新能源产业基地智能微电网项目[OL]. http://chuneng.bjx.com.cn/news/20160415/725420.shtml[2016-4-15].
[72] 郭力, 王成山, 杨其国, 等. 江苏大丰风柴储海水淡化独立微电网系统[J]. 供用电, 2015,(1): 22-27.
[73] 徐瑞哲. 厉害了!临港新城明年迎来第 5 所大学, 千亩校区就是一座大实验室[OL]. http://www.shobserver. com/news/detail? id=58018[2017-07-01].
[74] 王成山, 周越. 微电网示范工程综述[J]. 供用电, 2015,(1): 16-21.

第3章 泛 能 网

泛能网是以多能互补的分布式能源为切入点，以物联网和气、电、热等能源网络连接各类能源设施和产业为主体，以平台为依托进行全网综合能源协同优化的智慧能源系统。泛能网打破了传统能源竖井发展、孤岛运作模式，因地制宜地融合利用天然气、太阳能、地热能、生物质能等多种清洁低碳能源，以分布式能源为核心基础、集中式供能为补充，根据客户冷、热、电等能源需求进行荷-源-网-储动态优化匹配，同步提升清洁能源占比、能源综合利用效率、能源设施利用率，提高经济效益与节能减排社会效益。

泛能网与国家“互联网+”智慧能源的导向高度契合，是构建清洁、高效、经济、安全的现代能源体系行之有效的一种解决方案。

3.1 泛能网概述

3.1.1 泛能网发展背景

传统能源体系是围绕化石能源大规模开发利用而形成的，在过去几十年，较好地满足了社会持续增长的能源需求。但从目前来看，传统能源体系囿于供应主导、能源竖井、设施孤岛，存在能源结构不合理、消费模式粗放、能源利用效率不高、市场化资源配置能力不足等问题。国家推动能源革命，就是要打破传统能源发展模式，构建清洁、高效、经济、安全的现代能源体系。

现代能源体系以需求主导、多能融合、物联协同、开放共享、需供互动为主要特征，其本质是统筹优化资源配置，以更为清洁、高效、经济的方式满足终端用户的气、电、冷、热需求，实现能源、经济、环境的协调发展。与传统能源体系相比，现代能源体系在能源结构、供能方式、设施利用和市场关系等方面呈现新特点，如表 3.1 所示。

表 3.1 传统能源体系与现代能源体系的对比

维度	传统能源体系	现代能源体系
能源结构	煤炭占比大，天然气及可再生能源占比低(不足 20%)	能源结构多元化，可再生能源成为主要能源之一，天然气大规模利用
供能方式	用能模式粗放；供能方式以集中供能、独立供能为主，能源综合利用效率不足 40%	形成分布式与集中式协同发展格局，满足用户气、电、热、冷综合用能需求，能源综合利用效率大幅提升
设施利用	能源设施孤岛运行，设施利用效率低，普遍介于 18%～45%	能源设施实现互联互通、集约共享，辐射多用户，能源设施利用率提升 50%以上
市场关系	供给侧主导，关键产业环节垄断，市场化程度低，能源市场资源配置效率低	需求侧主导，需供互动、有序配置、节约高效

3.1.2 泛能网概念及特征

泛能网由我国新奥集团首先提出，是面向现代能源体系的一种智慧能源系统。泛能网从用户需求出发，以能量全价值链开发利用为核心，构建因地制宜、清洁能源优先、多能互补、用供能一体的能源设施，并依托泛能网络平台将能源设施互联互通，利用数字技术为能源生态各参与方提供智慧支持，为用户提供价值服务，实现信息引导能量有序流动，助推能源清洁、高效、经济、安全发展。泛能网结构示意图如图 3.1 所示。

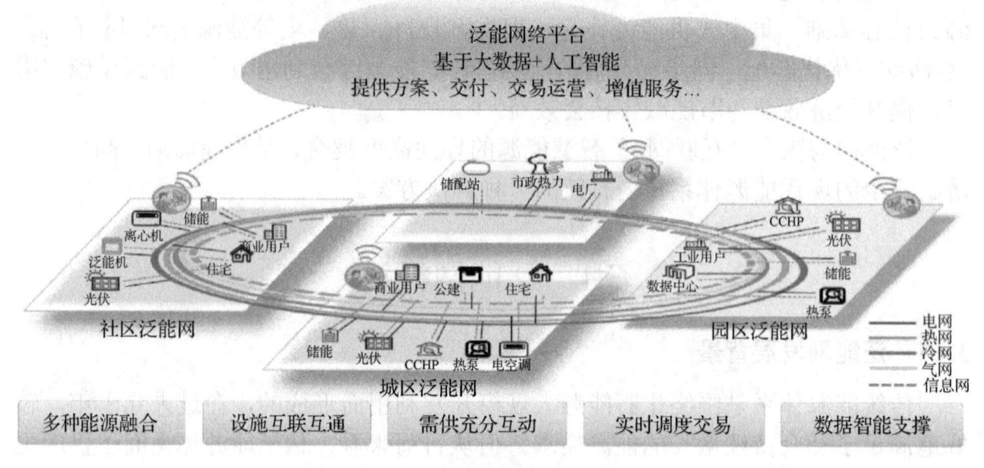

图 3.1 泛能网结构示意图

泛能网以用户需求为牵引，具有多种能源融合、设施互联互通、供需高效互动、实时调度交易、数据智能支撑等五大特征。

1) 多种能源融合

泛能网打破能源竖井式管理，因地制宜，按照不同的资源条件和用户用能特点，融合利用太阳能、地热能、生物质能等可再生能源及天然气，以分布式能源为核心，实现能源高效转化、梯级利用、最优配比，气、电、冷、热一体化供应，提高能源利用效率，促进形成能源最优生态。

2) 设施互联互通

从规划、建设和运营等环节，推动能源基础设施的共建共享；在设备层、信息层和控制层，实现电、气、热等系统的互联互通，支持能源设施协同共享，提升能源设施利用效率，节约通道管廊和建设运维成本。

3) 供需高效互动

以用户侧的用能需求为引导，实现供能侧的高效动态优化匹配；同时，在用户侧安装储电、储气、储热等系统，提升用户侧电、气、热等负荷的柔性，实现以需定供、以供应需，供需双方高效互动，提升用户体验。

4)实时调度交易

建立综合能源交易市场，以市场化方式，实现多种主体间、多种能源的高效便捷交易；完善形成包括长期交易、日前市场和实时交易的能源交易产品体系，丰富能源产品及服务种类；建立综合能源调度平台，实现气、电、热网的实时优化调度，支撑能源市场构建。

5)数据智能支撑

把握数字能源时代的发展趋势，以大数据、人工智能为支撑，实现物与物、物与人、人与人间的智慧交互，开展全域综合能源交易运营，统筹优化荷-源-网-储，多方共赢。

3.1.3 泛能网的演进

泛能网的理念从2008年被提出到现在，历经了多年的理念完善、技术创新、模式探索及产业实践，其发展共经历了三个阶段。

第一阶段：2008～2013年，泛能规划引导下的“单站模式”阶段。

分布式能源具有清洁高效、安全性好、削峰填谷等优势，发展分布式能源是我国推进能源体系优化的重要途径之一。泛能站是多种资源融合、多种技术集成、多品类能源输出的高效智能化分布式能源系统。它以天然气及可再生能源为一次能源，集成应用多种能源存储、转化技术，借助泛能能效平台开展精益运营，实现多能融合、梯级利用、高效匹配，能源综合利用效率可以超过80%。泛能站主要为数据中心、医院、交通枢纽、城市综合体等公共建筑以及医药、食品等工业企业提供多品类能源，较传统模式节能减排更显著、经济性更好。随着长沙黄花国际机场、株洲神农城、盐城亭湖区人民医院等项目建成投运，分布式能源的价值快速显现。

第二阶段：2014～2016年，以泛能微网为标志的“互补模式”阶段。

传统分布式能源主要采用能源系统向单一用户供能的“单站模式”，囿于建筑固有用能属性，能源设施利用率存在“天花板”，项目经济性难以充分释放。投资商主要从项目经济性出发，重点发展冷热电匹配好的数据中心、交通枢纽等优质业态，难以解决区域能源整体优化问题。2015～2016年，国家提出发展“互联网+”及“互联网+”智慧能源，推动了泛能网发展从“单站模式”到“互补模式”的升级，其关键载体是泛能微网。

泛能微网打破了建筑与能源设施的一对一隶属关系，进行需供重构：立足园区、城市区块，以多用户用能负荷为牵引，构建辐射多用户的泛能站；将区域内产、储、用等多种能源设施互联互通、集约共享，降低能源设施投资规模；综合考量不同负荷要求及不同技术特点，依托平台进行需供间的动态优化匹配，提高高效能源设施利用率，降低能源成本，满足经济、节能、绿能等个性化客户需求，带动区域能源整体升级。伴随廊坊城区某区块、廊坊生态城泛能微网等一批项目的落地，泛能微网在降投资、提效率、减排放等方面的综合价值得到政府及产业界的广泛认可，已经步入全国规模推广阶段。

第三阶段：2017 以来的“平台模式”阶段。

2017 年以来，物联网、大数据、云计算、人工智能等技术迅猛发展，同众多产业加速融合，能源产业是重点发展领域之一。随着数字能源时代的来临，泛能网的内涵、模式、技术进一步扩展升级，步入“平台模式”新阶段：构建泛能网络平台，连接广域的荷-源-网-储各类能源设施，聚合能源用户及投资、服务、设备、能源生产、能源输配、能源销售等多元产业主体，依托大数据及人工智能提供数字化解决方案，支持智慧化交易运营，涵盖区域综合能源交易运营、智慧燃气、智慧电力等多元服务。通过数据智能，优化广域资源配置，促进产品服务的需供高效互动，构建多元开放、多能源智能调配、互联网能源共享的新生态，最大化提升系统效率。

目前，泛能网以中国经验为依托，正在积极拓展“一带一路”市场，带动能源变革、建设生态文明、促进智慧发展的价值将在更大范围内持续释放。

3.1.4 泛能网发展的价值和意义

1. 泛能网发展的价值

产业实践证明，泛能网能够有效实现多能互补、荷-源-网-储协同、需供智慧互动，以最具效率的方式释放广域能源资源的价值。泛能网较传统模式具有多方面的差异化价值：

(1) 优化能源结构，清洁能源占比至少超过 50%。

(2) 促进高效用供能，能源综合利用效率超过 80%。

(3) 设施充分利用，可提升能源设施利用率 50%以上，降低能源设施总体建设规模 30%以上，帮助投资商降低投资规模、提高收益水平，帮助能源用户节流。

(4) 助推环境保护，较传统模式减少 CO_2 排放超过 45%，降低 SO_2、NO_x、烟尘等主要大气污染物超过 30%。

2. 泛能网发展的意义

总体来看，泛能网可以同步实现能源的清洁、高效、经济、安全，其意义主要体现在以下三个方面：

(1) 泛能网为建设现代能源体系探索出了一条切实可行的途径。泛能网同能源革命的宏观要求、建设现代能源体系的宏观导向高度契合，同多能互补集成优化、“互联网+”智慧能源等政策要求高度匹配，并通过广泛、长期的产业实践，形成了切实可行的技术与模式组合，带动能源规划升级、能源物理设施优化、综合能源网络发展、物联网与能源网融合，通过体系性、根本性升级，同步实现了能源的清洁、经济、高效、安全，对现代能源体系的有效落地具有重大引领带动作用。

(2)泛能网带动了分布式能源产业的升级发展。传统分布式能源主要采用“单站模式”，囿于项目经济性，产业规模及节能减排作用释放受到制约。泛能网将分布式能源纳入整个能源网络，其发展升级为“互补模式”，依托多用户的用能互补、分布式能源优先利用，实现设施利用率大幅提升，极大激发了产业内生发展动力，有力推动了分布式能源产业规模发展，为先进技术的价值释放打开了新空间。

(3)泛能网实现了能源网同物联网的有机融合。泛能网利用能源作为基础生产要素的属性，将能源技术同现代ICT技术深度融合，构建能源物联网，实现能源产业全要素的价值汇聚和智慧运营，带动智能制造、智慧交通、智慧物流、智能家居等行业发展，推动社会迈进万物互联新时代。

3.1.5 泛能网与微电网、微能网的对比

微电网是由分布式电源、储能和负荷构成的，以供应电力为主的独立可控系统，采用大量先进的现代电力技术且可实现局部地区的电力电量自平衡。微电网主要服务于可再生能源的开发利用，保障分布式电源的有效运行，使其相对于电网成为可控负荷，减少光伏、风电等可再生能源电源波动对电网的影响，保证电网与微电网安全稳定运行。

微能网是以电能为中心，灵活整合分布式能源形成的多种能源协调供应的园区型能源网。微能网不局限于电力，就地取材，多能互补，实现多种能源在需求侧的融合利用，冷、热、电协同供应。

泛能网的根本目的在于充分释放多能融合、多设施协同、需供智慧互动的价值，融合了租赁经济、共享经济、平台经济的商业逻辑。

就泛能网与微电网、微能网的关系来看，泛能网是跨区域的智慧能源网络，覆盖多种类别的产能、储能、用能设施、微电网、微能网、泛能微网等区域能源系统以及公网系统，并进行统筹优化。泛能网在覆盖范围、网络内部结构、微源组成、系统容量等方面涵盖更广，价值挖掘更充分，在调结构、提效率、促经济等方面的综合效用更显著。

具体来说，在核心功能方面，微电网、微能网主要满足于局部地区的用电/

用能需求，泛能网则满足于广域多品类能源需求，并提供众多衍生服务。从能源品种来看，微电网主要供应电力，微能网供应冷、热、电等多品类能源，泛能网则强调多种能源融合互补、高效转化、综合利用、需供同步优化。从应用场景来看，微电网可以促进分布式电源的消纳，减少对大电网的冲击，提升供电可靠性；微能网能实现清洁电源的就地消纳，多种能源同步供应；泛能网更注重全局和整体优化，覆盖广域的工业、商业、居民用户，通过多种能源之间的转换和多种能源设施的物联协同，提升能源系统效率。就能源利用而言，微电网、微能网和泛能网都是以实现更加清洁、高效、灵活的用能为目标，是现代能源体系的重要组成部分。就资产所有权而言，微电网和微能网的资产所有权通常唯一，可以使用直接控制的手段优化运行；泛能网则涉及多个产权及运营主体，需要综合协调控制与市场驱动的方式优化运行。微电网、微能网、泛能网的特征比较见表 3.2。

表 3.2　微电网、微能网和泛能网的特征比较

概念	核心功能	能源品种	应用场景	典型案例
微电网	满足局部地区用电需求	电	园区、偏远农村、海岛等	玉树水光互补微电网、北京延庆智能微电网
微能网	满足局部地区用能需求	冷、热、电	园区、偏远农村	“六位一体”微能网
泛能网	满足广域能源需求及衍生需求	气、电、冷、热等	园区、城区、城市	新奥廊坊生态城、青岛中德生态园

3.2　泛能网关键技术

随着信息技术的高速发展，研究发现，对信息的控制和使用可以促使能量传递和转化更加高效地进行，信息与能量的相互作用能够明显提高系统运行效率。深入探索和理解信息与能量之间的关系意义重大。

对于单纯的没有信息调控的热力学系统，其内部的有序化是由单一的热力学负熵流引起的，而信息流对系统内部有序化程度的影响，在传统热力学理论中并没有给出答案。研究表明，信息反馈控制对系统的熵变有重要影响。在相关研究中，首先通过测量装置建立控制系统与被控系统之间的关联，此过程中得到的被控系统状态信息量可以用两者之间的互信息来描述，在接下来的反馈控制过程中，控制系统利用得到的测量信息进行相应的反馈控制，整个过程可以降低系统的熵增。具体到现在的宏观能源系统，可以将系统分为四个环节，分别是能源生产、能源储运、能源回收和能源应用，考虑到各环节的相互关联关系，可以利用互信息来度量各环节的关联程度，得到的系统间关联情况进行相应反馈控制，借此使系统更加有序化，提高能源系统能效。

对于一个耗散系统，无论是稳定的生物体还是复杂的能源系统，进出的能量都是平衡的。对于此类系统，可以认为消耗的不是能量，而是系统的有序程度，即系统熵变。需要的熵变多则代表需要更多的高品位能量，熵变少则可降低对高品位能量的需求。在热力学中，系统熵变可以分成熵流和熵产两部分：熵流贡献部分，是外界和研究系统之间的物质和能量交换引起的系统熵的变化；熵产贡献部分是内部的非平衡过程引起的，如系统内部的化学反应、传热等非可逆过程。在反馈体系中，具有控制系统作用的内部信息可以引起熵产的减少，其实质是内部反馈信息使得过程更接近可逆、更为有序，一般认为这是一种负熵。如果将不加反馈的系统当成参考态，在反馈体系下，熵产由两部分组成：参考熵产和信息反馈系统引起的熵减。如果信息毫无作用，则熵减为 0，系统退回参考状态；当信息为干扰信息时，将导致熵增加，反馈后的系统必然会产生更多的熵，效果尚不如参考系统；只有当信息为有用信息，使得体系更为有序时，才可以认为是负熵产，最终降低系统的熵增。

对于耗散系统中反馈信息的作用机理，在微观上，无论是通过麦克斯韦妖还是希拉德热机，微观的信息与能量作用已经研究得非常深入，而宏观论证没有直接证明。统计力学原理构建了微观与宏观的桥梁，而对于一个平衡态系统，其熵可以认为是系统态数的函数。信息的作用是消除系统的不确信性，当系统加入信息反馈后，删除了一些可能的态。当其态数发生改变时，必然会导致系统熵的变化。在这个过程中，内能并没改变。然而，熵的减少导致系统自由能增加，这就意味着系统的做功能量提高。信息是物质与能量有序的量度，对于一个热力学系统，信息的交互或流动意味着系统的物质与能量的交互，同时对系统的有序程度产生影响，即信息调控对于能源系统的能效最终会产生重要影响。从热力学角度来看，信息作用对处于动态能流环境下的开放系统的影响，可以用信息熵减来表示开放系统物质与能量交互产生的有序化作用。

信息与能量的这种关系，指导着泛能网的基础网络动力学和热力学特性研究，以及多输入、多输出系统的稳定性控制研究；网络化的系统能效提升机理所涉及的新分析方法的提出，促进了复杂性系统科学理论的发展，特别是促进信息和能量关系的科学研究，并进一步指导泛能网技术体系的建设，在一些泛能网项目实践中产生了巨大价值[1]。

泛能网通过能源技术、控制及云计算技术形成纵向荷、源、网、储多环节协同及横向风、光、水、天然气、地热等多能源互补的多维能量和信息耦合系统。泛能网实现了能量输入和输出的跨时空实时协同，达到了多能源的梯级按需匹配、能源资源的全价高效利用和经济价值最大化，实现了系统全生命周期能源利用的最优化。

泛能网的技术体系可以从系统维度划分为能源物理设施类技术、系统集成优化类技术、精益交易运营类技术三类。

3.2.1　能源物理设施类技术

能源物理设施位于泛能网底层，相关技术主要包括燃气冷热电三联供技术、分布式光伏发电技术、热泵技术、储能技术等。

1. 燃气冷热电三联供技术

在热电联产系统的基础上演化而来的冷热电三联供技术，发展于 20 世纪 80 年代，已成为一种比较成熟的能源供应方式。据美国 1995 年对商用楼宇终端的用能统计显示：采暖和热水用能占 29%，制冷空调用能占 18%。较之热电联产系统只能解决建筑采暖和热水用能(占终端用能的 29%)及电力供应，冷热电三联供系统可以提供采暖、热水、制冷用能(占终端用能的 47%)及电力供应，冷热电三联供系统已被视为 21 世纪最具经济潜力的组合方式[2]。

1)燃气冷热电三联供原理

燃气冷热电三联供(combined cooling，heating and power，CCHP)，属于分布式能源系统，是指以天然气为主要燃料带动燃气轮机或内燃机等燃气发电设备运行，产生的电力满足用户电力需求，排出的废热通过余热锅炉或者余热吸收式空调机组等余热回收利用设备向用户供热、供冷[3-5]。这是一种建立在能量的梯级利用基础上，将制冷、供热及发电过程一体化的多联产总能系统，目的在于提高能源利用效率和能源供应的稳定可靠性、减少碳化物及其他有害气体排放。冷热电三联供系统不仅提高了能源利用率，减少了污染排放，更可同大机组、大电网充分协同，在提高电力系统可靠性、优化能源结构方面发挥着重要作用[6]。

2)燃气冷热电三联供系统

燃气冷热电三联供系统有多种系统配置可以选择。按照原动机的不同，该系统可以分为燃气轮机系统、燃气内燃机系统、微燃机系统和泛能机。根据余热利用设备和调峰设备的不同，该系统还可进一步细分。

燃气轮机系统可以根据余热设备(余热锅炉、余热吸收式空调机组、燃气-水换热器)的不同而进行划分。

(1)燃气轮机+烟气型(补燃)吸收式空调机组+调峰设备(电制冷+燃气锅炉)。

该系统工艺流程图如图 3.2 所示。

系统中的余热直燃机采用余热型吸收式空调机组，根据系统实际工况确定是否需要补燃。系统的工作原理为：一定压力的燃气进入燃气轮机燃烧，发电后排出 450～600℃的高温烟气，夏季工况时余热型吸收式空调机组利用高温烟气的余热进行吸收式制冷，当余热制冷不足以满足用户需求时，可以采用带补燃型的吸收式空调机组，仍不能满足时，启动电制冷设备；冬季工况时余热型吸收式空调机组利用高温烟气的余热进行换热，当余热制热不足以满足用户需求时，可以采用带补燃型的吸收式空调机组，仍不能满足时，启动燃气锅炉，又或可直接采用燃气锅炉。

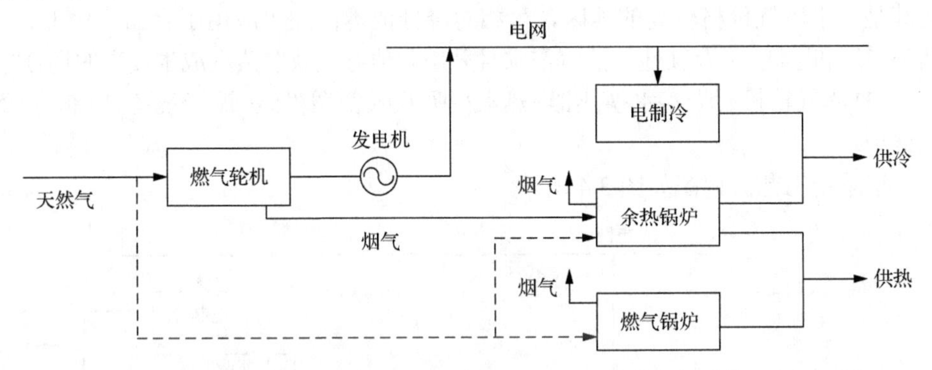

图 3.2　燃气轮机+烟气型(补燃)吸收式空调机组+调峰设备的联供工艺流程图

该系统主要应用于冷、热负荷非常稳定的场所，不仅可以保证机组的满负荷运行时间，又可将余热充分利用，如数据中心、计算机房等有大功率用电设备、常年需要冷负荷的场所[7]。

(2) 燃气轮机+烟气余热(补燃)锅炉+蒸汽吸收式空调机组+调峰设备(电制冷+燃气锅炉)。

该系统工艺流程图如图 3.3 所示。

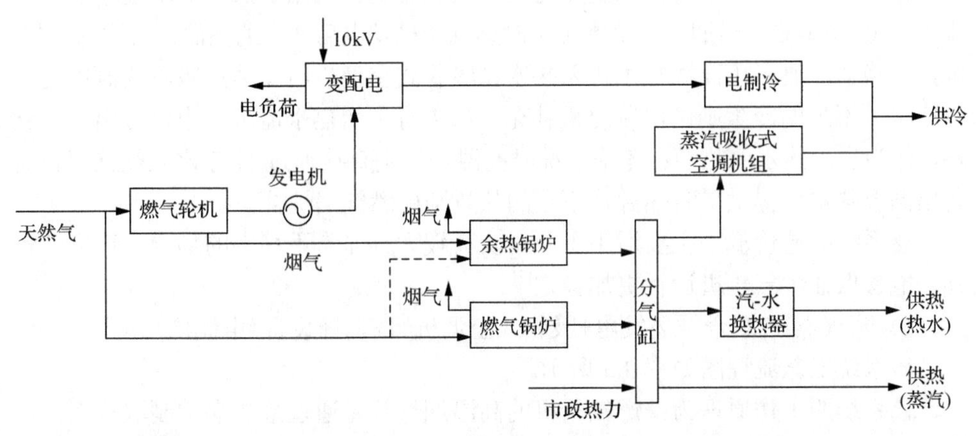

图 3.3　燃气轮机+烟气余热(补燃)锅炉+蒸汽吸收式空调机组+调峰设备的联供工艺流程图

该系统的工作原理为：燃气轮机的高温烟气经余热锅炉生产出一定压力的饱和蒸汽，夏季工况时蒸汽进入蒸汽型吸收式空调机组制冷，供用户冷冻水，不足的冷量则通过调峰设备进行补充（调峰设备可以是电制冷机、水地源热泵或直燃机）；冬季工况时将蒸汽通过汽水换热器，进行二次交换后，交换成与用户末端散热装置匹配的热水供给用户，不足的热量由燃气锅炉或者市政热力进行补充。

该系统工艺流程比较复杂，主要应用于对蒸汽和冷负荷同时有需求的场合，尤其是对于燃气价格较高的地区，可相对降低成本；还可应用于食品、化工、医药类工厂和医院，以及其他有蒸汽需求且采用其他方式获取蒸汽成本较高的场合[6]。

(3) 燃气轮机+烟气-水换热器+热水型吸收式空调机组+调峰设备（电制冷+燃气锅炉）。

该系统工艺流程图如图 3.4 所示。

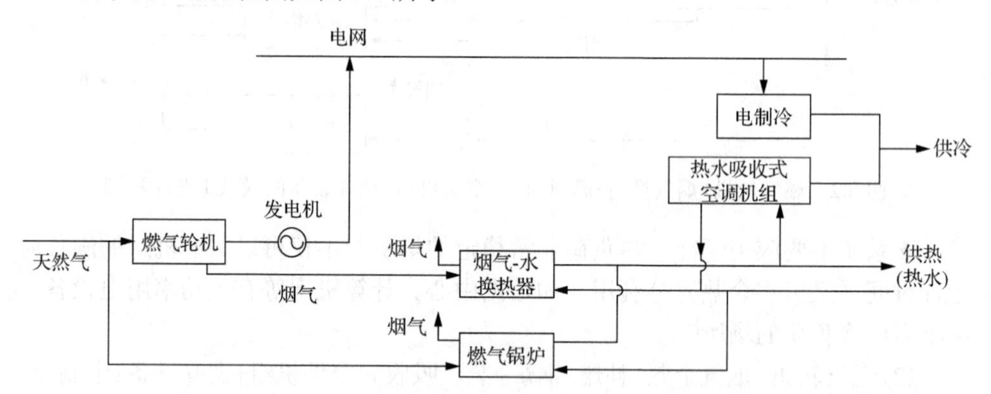

图 3.4　燃气轮机+烟气-水换热器+热水型吸收式空调机组+调峰设备的联供工艺流程图

该系统的工作原理为：一定压力的燃气经燃气轮机燃烧后，驱动透平发电和排出 450～600℃高温烟气，夏季工况时燃气轮机发电后产生的高温烟气进入烟气-水热交换器，制备出高温热水进入热水型吸收式空调机组，通过吸收式制冷提供冷冻水，不足的冷量则由电制冷机补充。如果有生活热水需求，也可分出一个支路，作为生活热水的热源；冬季工况时高温烟气则直接通过烟气-水热交换器，制备出高温热水，提供采暖热源，不足的热量则由燃气锅炉补充。

该系统的造价低，主要适用于热水负荷较大且非常不稳定的场合，适应性较强，能够保证燃气轮机运行更加稳定[7]。

(4) 蒸汽-燃气联合循环发电+吸收式空调机组+调峰设备（电制冷）。

该系统工艺流程图如图 3.5 所示。

该系统的工作原理为：燃气轮机的高温烟气首先通过余热锅炉制取蒸汽，蒸汽推动汽轮机（抽凝机或背压机）发电后，排出蒸汽，经分汽缸汇集后，分别送往吸收式空调机组和汽水换热装置，供冷、提供热水或直接送往用汽点。

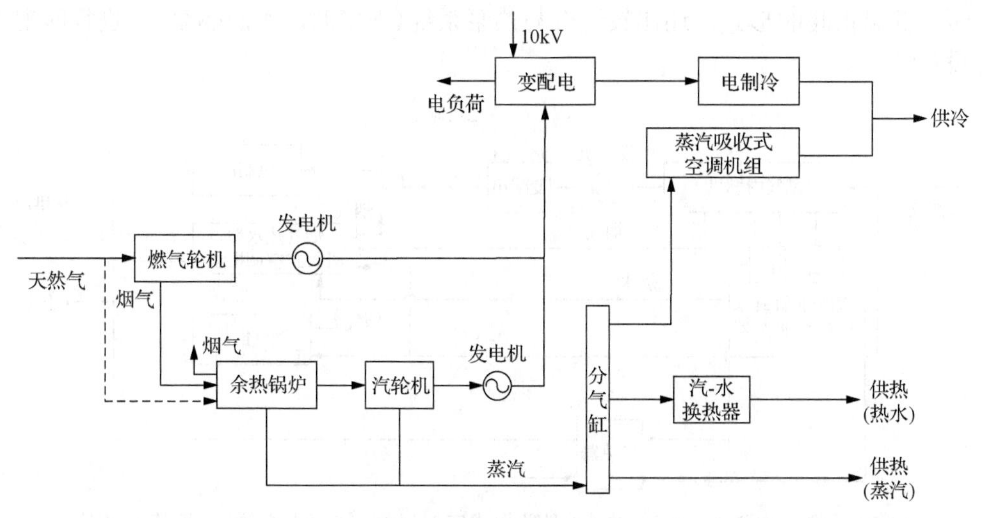

图 3.5 蒸汽-燃气联合循环发电+吸收式空调机组+调峰设备的联供工艺流程图

该系统采用燃气轮机和蒸汽轮机联合循环发电，大大提高了系统发电效率，但造价相对单循环发电系统要高，主要适用于对用电和蒸汽需求高的场合，尤其是对机房用地要求较高，适合于工业开发区、产业园或大城市的区域热电中心等[7]。

3)燃气内燃机系统

该系统具有高温烟气、缸套冷却水、润滑油冷却水三种余热形式。根据余热设备(余热锅炉、吸收式空调机组、热交换器(燃气-水型、水-水型))的不同对系统进行划分。

(1)燃气内燃机+烟气(热水)型吸收式空调机组+缸套水换热器+调峰设备(电制冷+燃气锅炉)。

该系统工艺流程图如图 3.6 所示。该系统的工作原理为：燃气内燃发电机在生产电力的同时，产生了 400～550℃的高温烟气和 80～110℃的缸套冷却水、40～65℃的润滑油冷却水。夏季工况时高温烟气和高温缸套水进入吸收式空调机组，向系统提供冷冻水，不足的冷量由电制冷补充；冬季工况时高温烟气进入余热空调机组，制备供热热水。高温缸套冷却水和润滑油冷却水通过换热器交换出采暖热水或洗浴热水，不足的热量可以通过补燃提供，仍然不足时，启动燃气锅炉。

该系统中高温缸套水和润滑油冷却水占的比例较大，其品质远低于高温烟气。高温缸套水适用性较广，可用于散热器供热、制备生活热水。但润滑油冷却水受其温度的制约，只能适用于生活热水、泳池加热等场合，用于有大量生活热水负荷需求的建筑物比较适合，用于采暖只能适用于末端采用风机盘管、地板采暖等低温供暖的形式，还比较适合与热泵系统(土壤源、水源热泵等)进行匹配设计[6]。

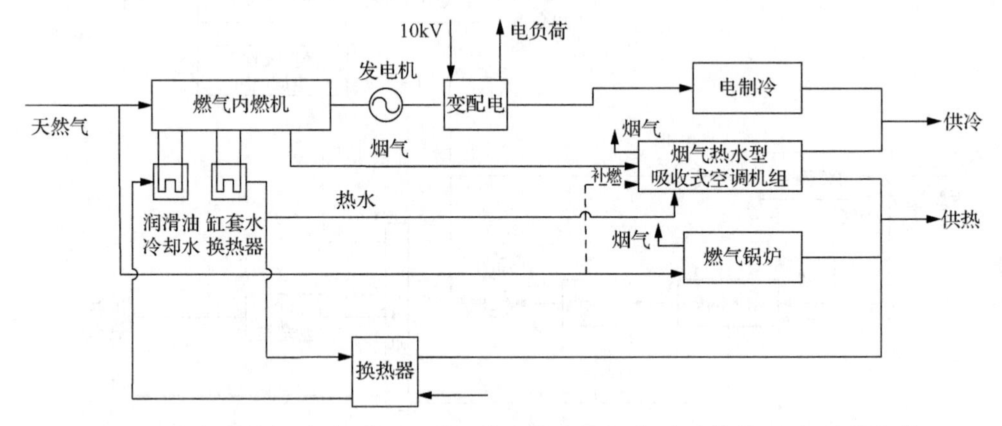

图 3.6 燃气内燃机+烟气(热水)型吸收式空调机组+缸套水换热器+调峰设备的联供工艺流程图

(2)燃气内燃机+烟气余热锅炉+蒸汽吸收式空调机组+缸套水换热器+调峰设备(电制冷+燃气锅炉)。

该系统工艺流程图如图 3.7 所示。

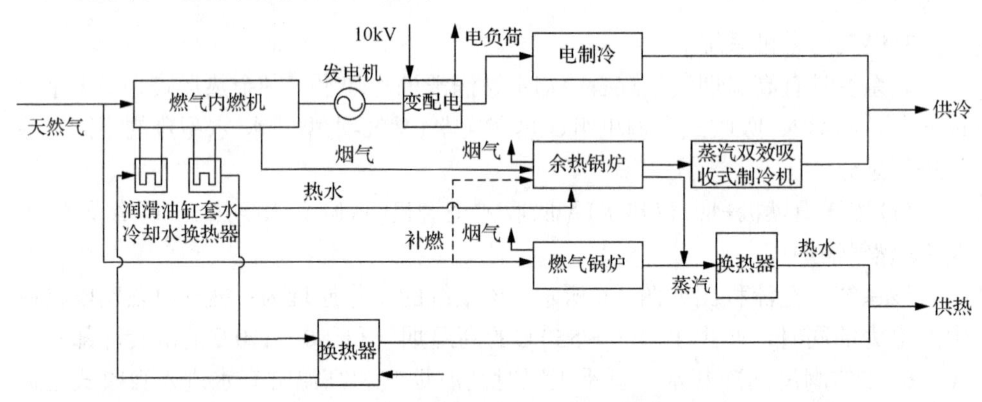

图 3.7 燃气内燃机+烟气余热锅炉+蒸汽吸收式空调机组+缸套水换热器+调峰设备的联供工艺流程图

该系统的工作原理为：燃气内燃发电机生产电量的同时，产生的高温烟气进入余热锅炉，余热锅炉制备出蒸汽后，夏季工况时通过蒸汽双效吸收式空调机组向系统提供冷冻水，不足的冷量由电制冷进行补充，同时通过汽水换热器提供生活热水；冬季工况时则由余热锅炉制备出蒸汽后，直接通往用汽点，或通过热交换器制备出采暖热水和生活热水，不足的热量由燃气锅炉补充。

该系统余热利用的形式是通过余热锅炉后间接进行制冷，故系统适用于同时有蒸汽需求和制冷需求的场合[7]。

(3)燃气内燃机+烟气-水换热器+缸套水换热器+热水型吸收式空调机组+调峰设备(电制冷+燃气锅炉)。

该系统工艺流程图如图 3.8 所示。

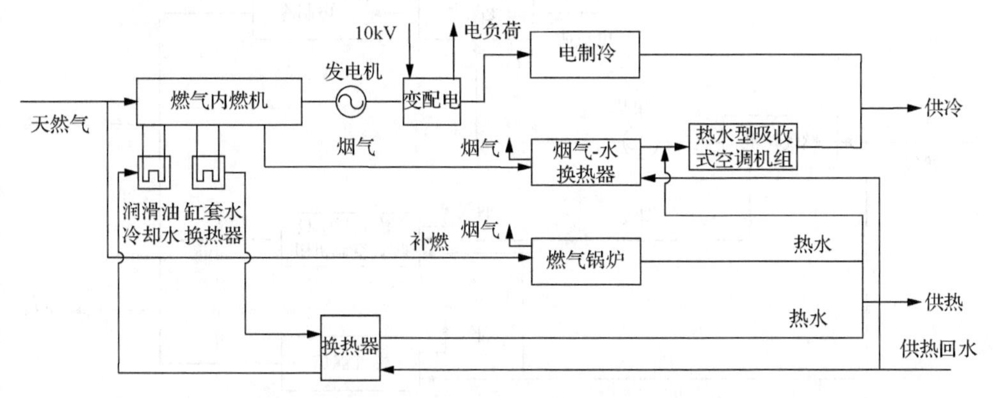

图 3.8 燃气内燃机+烟气-水换热器+缸套水换热器+热水型吸收式空调机组+调峰设备的联供工艺流程图

该系统的工作原理为：冬季工况时，燃气内燃发电机发电的同时产生的高温烟气，通过烟气-水热交换器交换出高温热水，与高温缸套水和润滑油冷却水通过热交换器制备的热水一起供给热用户，不足的热量通过燃气锅炉补充；夏季工况时，燃气内燃发电机发电产生的烟气余热通过烟气-水热交换器交换出高温热水，与高温缸套水制备的热水一起进入热水型吸收式空调机组，通过吸收式制冷，向用户提供冷冻水，不足的冷量由电制冷机补充。

该系统主要适合用于电价较高且热水负荷较低(或没有)的建筑物，如商场、交通枢纽等[7]。

4)微燃机系统

该系统的余热形式与燃气轮机相同，只有高温烟气。但是，由于微燃机内部设有回热器，其排烟温度与燃气轮机相比较低。工程中，可以根据余热设备的不同对系统进行划分。

(1)微燃机+烟气(补燃)型吸收式空调机组+调峰设备(电制冷+燃气锅炉)。

该系统工艺流程图如图 3.9 所示。

该系统的工作原理为：一定压力的燃气在燃烧室燃烧后，驱动透平发电和排出 450～600℃高温烟气，高温烟气通过回热器将压缩空气进行预热，此时烟气的温度降至 200～300℃，然后进入烟气(补燃)型吸收式空调机组，夏季工况制备冷冻水供给用户，不足的冷量根据不同的控制策略，既可以通过补燃增加冷量，也可采用电制冷增加冷量，最终满足用户供冷需求；冬季工况制备采暖热水，制热量不能满足用户需求时，可以通过补燃增加供热量，仍不能满足时则启动燃气锅炉补足热量。

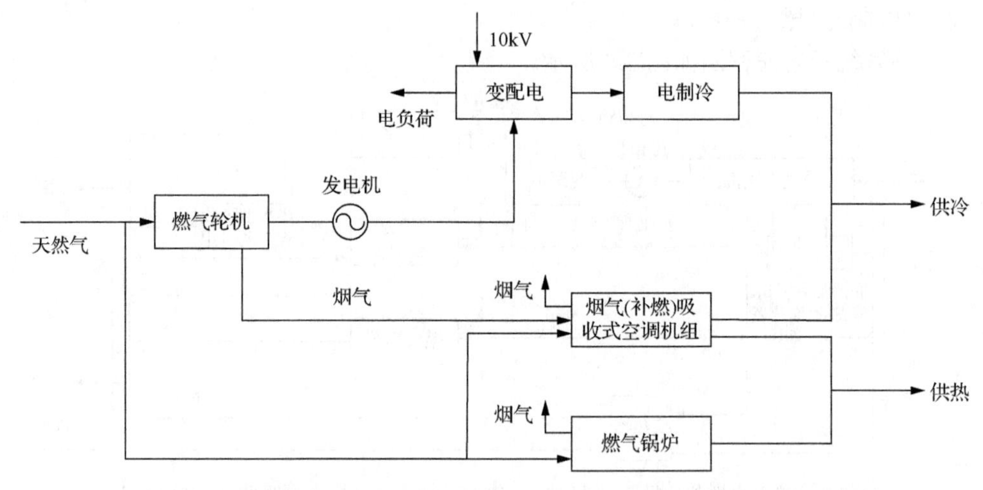

图 3.9　微燃机+烟气(补燃)型吸收式空调机组+调峰设备的联供工艺流程图

该系统主要适用建筑面积较小、建筑功能比较单一的场合，如写字楼、办公楼等[7,8]。

(2)微燃机+烟气-水换热器+热水吸收式空调机组+调峰设备(电制冷+燃气锅炉)。

该系统工艺流程图如图 3.10 所示。该系统的工作原理为：一定压力的燃气燃烧后，驱动透平发电和排出 450～600℃高温烟气，高温烟气经微燃机内部回热器后，温度降至 200～300℃，然后进入烟气-水热交换器，制备出高温热水；冬季工况时，高温热水直接用于供热，不足的热量由燃气锅炉补足；夏季工况时，高温热水进入热水型吸收式空调机组，向系统提供冷冻水，不足的冷量由电制冷机补充。

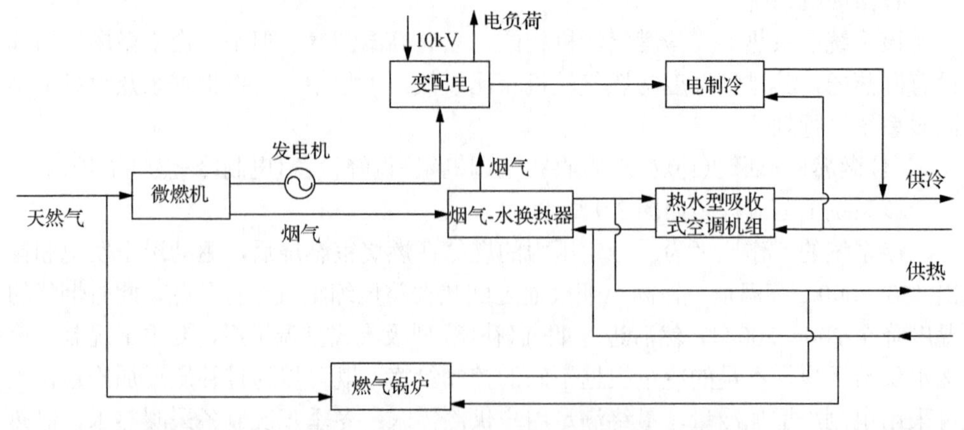

图 3.10　燃气内燃机+烟气-水换热器+热水吸收式空调机组+调峰设备的联供工艺流程图

该系统主要适用于建筑面积较小、建筑功能比较单一的场合，如写字楼、办公楼等[7,8]。但在制备生活热水方面更加灵活，可自由调配热水用于吸收式制冷和生活热水的比例。尤其是制冷高峰与生活热水高峰往往不在同一时段出现，当生活热水负荷需求不太高且波动较大时，系统均可稳定运行，同时也可避免燃气锅炉随着负荷的波动频繁启动。

5) 泛能机

泛能机是泛能网底层先进的小型能源装备之一。作为泛能网能源层的基础支撑之一，泛能机是一种多种能源输入与多种能源输出，具备智能选择能源种类、自动高效能源转换功能的能源利用设备。泛能机可以实现不同能源之间的转化和匹配，根据负载的变化调节能源输出的种类与大小，实现能源的高效综合利用。

根据应用场景不同，分为家庭泛能机和商用泛能机。家庭泛能机是连接社区泛能网和外部能源网的能源路由器，可接入天然气、外网电力、光伏、光热等能源种类。商用泛能机是针对小型工商业用户用能特点开发的泛能机，可以接入天然气、可再生能源、市政热力及外网电力等多种能源种类。

2. 分布式光伏发电技术

光伏发电技术的详尽内容可参见 4.2.1 节电源侧技术中太阳能发电技术的相关内容。在泛能网实践过程中，分布式光伏发电技术是主要应用形态。

1) 分布式光伏发电系统的构成和发电流程

太阳能光伏组件分布在近用户侧的厂区屋顶或闲置用地，根据组件分布情况以及各区域组件的出力情况，将整个光伏电站分为若干个子系统。每个子系统相对独立，分别由光伏组件、并网逆变器等组成。太阳能通过各子系统光伏组件转化为直流电，直流侧与逆变器连接，将直流电能转化为交流电后接入厂区变电所配电室[9,10]。

2) 主要设备

(1) 光伏组件。

光伏组件为室外安装发电设备，是光伏电站的核心设备。要求具有非常好的耐候性，能在室外严酷的环境下长期稳定可靠地运行，同时具有较高的转换效率。太阳能电池组件性能参数对比如表 3.3 所示。

光伏组件为多晶硅组件，峰值功率均为 275Wp，C、D 两款组件为单晶硅组件。由表中参数对比可以看出，同等峰值功率的光伏组件，各项差异不大。从单位面积功率方面考虑，C＞D＞B＞A。从功率输出质保方面考虑，多晶硅组件的首年质量优于单晶硅组件，除了 D 组件的质保明显高于其他型号组件外，其他组件的输出功率质保基本相当。

表 3.3　太阳能电池组件性能参数对比

组件种类	单位	A	B	C	D
太阳能电池片	—	多晶硅	多晶硅	单晶硅	单晶硅
峰值功率	Wp	270	270	285	285
开路电压	V	39.1	38.38	39.3	39.26
短路电流	A	9.15	9.29	9.45	9.333
峰值电压	V	32.0	31.34	31.8	32.36
峰值电流	A	8.61	8.77	8.97	8.805
外形(长×宽)	mm	1650×992	1650×991	1650×990	1650×991
重量	kg	19.0	18	18.6	20.1
峰值功率温度系数	%/℃	–0.40	–0.41	–0.39	–0.41
开路电压温度系数	%/℃	–0.30	–0.33	–0.29	–0.33
短路电流温度系数	%/℃	0.06	0.058	0.05	0.059
组件转换效率	%	16.80	16.82	17.45	17.43
温度范围	℃	–40～+85	–40～+85	–40～+85	–40～+85
首年功率输出质保	%	97.5	97.5	97	97

(2)并网逆变器。

在光伏并网系统中，逆变控制部分担负着系统的DC/AC转换，并准确控制转换电压、频率、相位、谐波含量等重要指标，且具有最大功率跟踪功能，是把光伏方阵连接到系统的部分。最大功率跟踪器(MPPT)是一种电子设备，无论负载阻抗变化还是由温度或太阳辐射引起的工作条件的变化，都能保证光伏方阵工作在输出功率最佳状态，实现方阵的最佳工作效率。

3. 热泵技术

1)热泵原理

热泵是基于逆卡诺循环，从低位热源中吸取热量，并将热量传递给高位热源的一种节能装置。热泵系统主要由压缩机、蒸发器、冷凝器和节流装置组成，其系统结构如图3.11所示。工质经蒸发器吸热蒸发后，在压缩机中进行压缩转化为高温高压气体，然后经冷凝器冷凝为高温高压的液体，液体工质进入节流阀进行绝热节流降压后，转化为低温低压液体，然后进入蒸发器吸热蒸发，从而完成一次制热循环。

2)热泵分类

根据低温热源种类的不同，可将热泵分为空气源热泵、水源(江、河、湖泊水，污水，地下水)热泵、土壤源热泵。

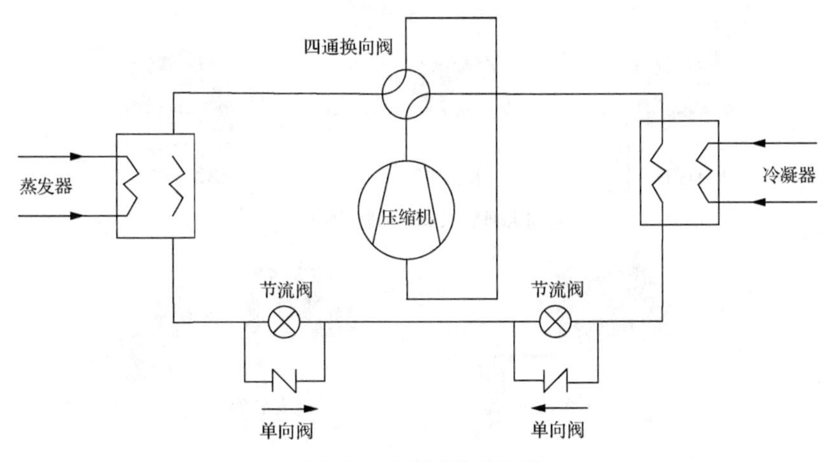

图 3.11　热泵系统的组成

(1) 空气源热泵。

空气源热泵利用空气中的热量作为低温热源，具有占地小、机组投资少、不受地形条件限制等优点，具有低温工况时机组稳定性差、存在结霜问题和效率低等缺点。

(2) 水源(江、河、湖泊水，污水，地下水)热泵。

水源热泵利用地球水(江、河、湖泊水，污水，地下水)所储藏的太阳能资源作为冷、热源，具有水热容量大、全年温度稳定、传热性能好等特性，制冷和供热效率高于空气源热泵，只从水中取热或者向水中放热，不消耗水量，不需要设置冷却塔。地表水对水源存在温度污染，对生态环境有潜在威胁，地下水的利用存在同层回灌的技术难题。

(3) 土壤源热泵。

土壤源热泵利用土壤中的热量作为低温热源。地源热泵主要由室外地能换热系统、地源热泵机组和室内采暖和空调系统组成。循环系统主要是外地能换热系统与地源热泵之间的水循环、地源热泵机组的制冷剂循环和地源热泵与室内采暖和空调系统的水循环。

室外地能换热系统包括土壤埋盘管、地下水系统和地表水系统。它适用于有可埋盘管位置，地质结构满足打井、埋管等技术要求的场合，只从土壤中取热或向土壤中放热，不消耗地下水。地源热泵的适用需要考虑冬夏季负荷的匹配，以免导致土壤冷热失衡，影响机组使用年限[11,12]。如果夏季冷负荷高于冬季热负荷，可采用利用土壤源热泵与冷却塔技术相结合达到冬夏冷热负荷的平衡。如果夏季冷负荷低于冬季热负荷，可与锅炉等设备相结合来达到冬夏冷热负荷的平衡。地源热泵系统图如图 3.12 所示。

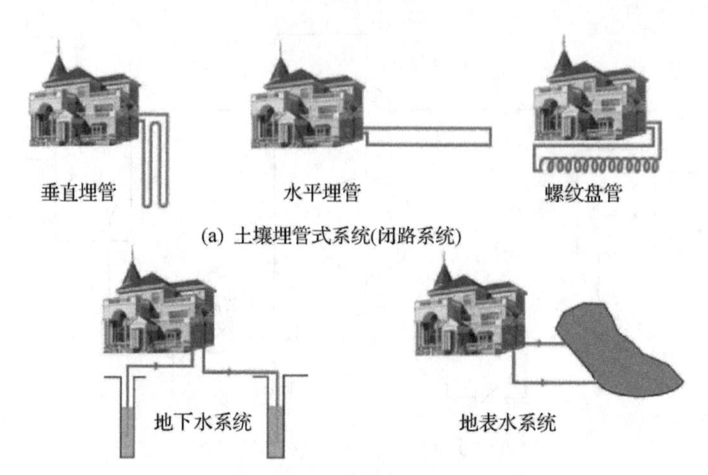

图 3.12　地源热泵系统图

地源热泵的特点如下。

(1) 可再生能源利用形式：地表浅层收集了约 50%的太阳能量，利用地表浅层的可再生能源，符合可持续发展的战略要求。

(2) 高效节能：制热系数高达 3.5～4.5。可比锅炉节省 70%以上的能源和 40%～60%运行费用，制冷时要比多联机节能 30%左右。

(3) 美观：地源热泵把换热器埋于地下，保持建筑物外观的完美。

(4) 保护环境：不抽取地下水，没有地下水位下降、地面沉降和开凿灌井等问题。

(5) 多功能、系统控制和管理方便。

(6) 寿命长：普通空调寿命一般在 15 年左右，而地源热泵的地下换热器由于采用高强度惰性材料，埋地寿命至少 20 年。

(7) 占地面积大，打井位置受地质条件影响，且成本较高。

(8) 有导致土壤冷热不平衡的风险，地埋管由于不可抗力因素损坏后极难修复[13]。

3) 热泵技术特点

不同的热泵具有不同的适用条件及个性特点，但均属于清洁可再生能源，具有一机多用和节能环保的特点。

4. 储能技术

储能技术及储能系统在智能电网和微电网中应用，分别参见 4.2.4 节及 2.2.3 节储能技术相关的具体论述。本节主要针对泛能网中常见的分布式储能方式进行简要介绍。

目前，分布式储能技术主要包括飞轮储能、超级电容储能和几类电池储能。

铅酸电池储能：其工作原理是放电时正极的二氧化铅与硫酸反应生成硫酸铅和水，负极的铅与硫酸反应生成硫酸铅；充电时，正极的硫酸铅转化为二氧化铅，负极的硫酸铅转化为铅。

锂电池储能：其工作原理是在充电时锂原子变成锂离子，通过电解质向碳极迁移，在碳极与外部电子结合后作为锂原子储存；放电时整个过程逆转。

液流电池储能：其工作原理是液流电池内的正、负极电解液由离子交换膜隔开，电池工作时，电解液中的活性物质离子在惰性电极表面发生价态的变化，进而完成充放电。

钠硫电池储能：钠硫电池放电时钠离子通过电解质，而电子通过外部电路流动产生电压；充电时整个过程逆转，多硫化钠释放正钠离子，反向通过电解质重新结合为钠。

飞轮储能：将能量以飞轮的转动动能的形式存储起来，充电时飞轮由电机带动飞速旋转，放电时相同的电机作为发电机由旋转的飞轮带动产生电能。

超级电容储能：超级电容是基于多孔碳电极/电解液界面的双电层电容，或者基于金属氧化物或导电聚合物表面快速、可逆的法拉第反应产生的准电容来实现能量的储存。

不同类型的分布式储能技术特性不同，在额定功率、持续放电时间、效率及寿命等技术方面有不同的特点。表 3.4 列出了几种分布式储能技术的性能比较。

表 3.4 几种分布式储能技术性能

储能类型	输出功率	持续放电时间	循环寿命/次	技术成熟度
铅酸电池	数千瓦至兆瓦	分钟至小时	1500	商用
锂离子电池	数千瓦至兆瓦	分钟至小时	3000	示范工程
全钒液流电池	数百千瓦	小时级	13000	示范工程
钠硫电池	十几兆瓦	小时级	6000	商用
飞轮储能	数十千瓦至数百千瓦	分钟级	100000	示范工程
超级电容储能	数十千瓦至百千瓦	秒级	50000	示范工程

5. 蓄冷、蓄热技术

1) 蓄冷技术

蓄冷技术通过制冷机组制冷并储存在蓄冷设施内，利用物质的显热或潜热特性将冷量释放出来，满足建筑物空调或生产工艺用冷的需求，同时实现用电负荷的“移峰填谷”。

一方面，该技术可以改善电厂发电机组运行状况，减少对矿物材料的消耗和运行费用高、效率低的调峰电站的投入。在核电带基本符合的电网里，可稳定其负荷水平，多使用清洁的核电，减少烟尘和CO_2的排放，从而减少环境污染，全面改善能源使用状况和利用率[14]。另一方面，该技术可以减小用户制冷系统设备的容量，减少对设备的初投资，减少制冷剂消耗量、泄漏量及其对环境的污染[15]。此外，该技术还可以作为应急冷源的备用，如应用于数据中心。

2）蓄热技术

目前的蓄热技术主要包含水蓄热（热水箱）、相变材料蓄热和高温蓄热等。应用时需要对当地的电价进行调研，利用峰谷电价以降低能源成本，减少设备装机[16-19]。水蓄热采暖系统，一般分全负荷蓄热和部分负荷蓄热两大类。蓄热系统可以采取蓄热、释热供热、蓄热加释热供热等多种方式的组合。全负荷蓄热就是总热负荷全部由蓄热装置提供，仅靠蓄热水箱向用户供热。部分负荷蓄热是指设计总热负荷的30%～70%由蓄热装置提供，蓄热装置和电锅炉联合运行[19]。

3.2.2 系统集成优化类技术

泛能网项目规划设计解决系统的静态配置问题，是决定泛能网能否达到预期性能的关键环节。规划设计环节应用泛能网技术进行多能融合能源系统的顶层设计，主要目的是实现系统能效、经济性、环境友好性等多目标的系统全生命周期最优化。

1. 泛能网关键技术指标

泛能网的关键技术指标包括泛能网系统能源综合利用效率、泛能网系统一次能源消费总量、泛能网系统运营成本、泛能网系统污染物排放总量及泛能网系统能源设施投资总额等。

（1）泛能网系统能源综合利用效率η_{UEI}为

$$\eta_{\mathrm{UEI}}=\frac{\sum_{j=0}^{n}Q_j}{\sum_{i=0}^{m}Q_i}\times\eta_{\mathrm{t}}\times\eta_{\mathrm{s}}\times\eta_{\mathrm{u}} \tag{3.1}$$

式中，Q_j为第j种输出的能源数量，包括热量、电量和冷量；Q_i为第i种输入的一次能源数量；η_{t}为能源传输环节的效率；η_{s}为能源储存环节的效率；η_{u}为能源使用环节的效率。

该指标表征了泛能网系统从一次能源输入量到终端用户用能量之间的效率，包括了能源的转化、传输、储存及使用环节的效率。由于泛能网是多种技术集成的系统，在计算输入能源总量时需要用等价法折算至一次能源消费量才能准确反映泛能网系统的性能。其中典型的是热泵类、电压缩制冷技术，如果不将输入的电能等价折算为一次能源，就会出现效率大于100%的情况。此外，虽然泛能网在系统能效的计算上主要参考热效率而不是烟效率，但它很注重热效率与烟效率的兼顾。例如，对于燃气冷热电三联供系统，其产出的电力、蒸汽属于高品质能源，采暖用热和空调用冷是低品质能源，实现了高品高用、低品低用，相对于纯锅炉供暖系统15%～25%及纯发电系统30%～40%的烟效率，该系统的烟效率可达55%～65%，综合热效率可达70%～85%，兼顾了能量的数量及品质。

(2)泛能网系统一次能源消费总量Q_{total}为

$$Q_{\text{total}} = \frac{\sum_{i=0}^{m}\sum_{j=0}^{n}\left(\frac{Q_{ij}}{\eta_{ij}}\right)}{\eta_{\text{t}} \times \eta_{\text{s}} \times \eta_{\text{u}}} \tag{3.2}$$

式中，Q_{ij}为由第i种输入能源转换的第j种输出的能源数量，包括热量、电量和冷量；η_{ij}为第i种输入能源到第j种输出能源的转换效率。

(3)泛能网系统能源运营成本C_{total}为

$$C_{\text{total}} = \frac{\sum_{i=0}^{m}\left(\sum_{j=0}^{n}\left(\frac{Q_{ij}}{\eta_{ij}}\right)\right) \times C_i}{\eta_{\text{t}} \times \eta_{\text{s}} \times \eta_{\text{u}}} \tag{3.3}$$

式中，Q_{ij}为由第i种输入能源转换的第j种输出的能源数量，包括热量、电量和冷量；η_{ij}为第i种输入能源到第j种输出能源的转换效率；C_i为第i种输入的能源价格。

(4)泛能网系统污染物排放总量E_{total}为

$$E_{\text{total}} = \sum_{i=0}^{m}\sum_{j=0}^{n}(Q_i \times e_{ij}) \tag{3.4}$$

式中，Q_i为第i种输入的能源数量；e_{ij}为第j种输入的能源在转化过程中产生第i种污染物的排放因子。

泛能网系统能源设施投资总额为

$$C'_{\text{total}} = \sum_{i=0}^{n} C'_i \tag{3.5}$$

式中，C'_{total} 为系统能源运行总成本；C'_i 为第 i 种能源设施投资(各类能源设备、管网、储能等)。

从上述分析可以得出，泛能网顶层设计目标可表达为以下数学模型进行求解：

$$\max\{\eta_{\text{UEI}}\}\cap\min\{Q_{\text{total}}\}\cap\min\{C_{\text{total}}\}\cap\min\{E_{\text{total}}\}\cap\min\{C'_{\text{total}}\} \tag{3.6}$$

2. 泛能网系统集成优化关键技术

由式(3.6)可知，泛能网系统配置的最优解的求解方向是效率最高、能耗最小、排放最小、投资及运行费用最低，这也是泛能网技术创新的主要方向。就其实现来看涵盖两大途径：一是采用先进的单项能源技术，包括更高的转换效率、更低的投资及排放；二是进行系统集成优化，主要支撑技术包括泛能规划、负荷预测、量化筛选、需供重构等。

1)泛能规划

能源规划作为顶层设计，对能源体系的影响至关重要。泛能规划同城市规划深度融合，在深度洞悉能源、资源禀赋状况的前提下，采用负荷预测、资源评估、二相性等技术，实现荷-源-网-储整体优化布局，更好地统筹区域电力、热力、燃气、可再生能源、分布式能源等专项规划，引导优化调整产业规划、城市控规及指标体系，实现社会、经济、环境同能源的协调发展。

2)负荷预测

任何形式的能源系统，均需要以用户的负荷为牵引进行系统设计。用户的负荷特性决定了能源系统的整体配置规模，进而决定了能源设施投资规模。泛能负荷预测从两个方面进行用户侧负荷的优化：一方面充分考虑不同的能源用户在用能的时间、空间、品质上的互补；另一方面结合技术路线配置的负荷迭代预测，以此达到降低峰值负荷及能源设施投资规模的效果。

通过泛能负荷预测优化，能够在满足用户能源需求的前提下降低能源设施投资规模、提升能源设施利用率、降低能源全生命周期成本。式(3.7)表示的是能源设施利用率，负荷优化降低了装机规模 W，提高了年累计供能量 Q_{a}，实现上述效果。

$$\eta=\frac{Q_{\text{a}}}{WT_0}\times 100\% \tag{3.7}$$

式中，η 为设施利用率；Q_{a} 为单台机组年累计供能量(kW·h)；W 为单台机组单一某种能源装机容量(kW)；T_0 为全年计划开启时间(h)。

3)量化筛选

泛能网的典型特征是多种能源融合、多种技术集成，在满足固定终端负荷需求的情况下，不同技术路线的转换效率、设施投资、排放强度、运行费用均不同。量化筛选技术是选择合理技术组合并对规模进行最优配比的科学手段。量化筛选技术示意图如图 3.13 所示。

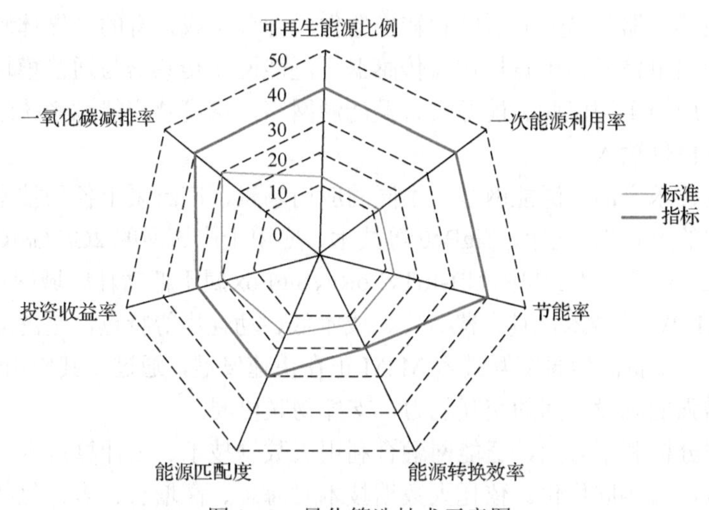

图 3.13　量化筛选技术示意图

量化筛选技术将所有可选技术在全生命周期内从转换效率、投资、排放、运行几个维度进行排序。根据不同用户的负荷特性，选择排序靠前的技术并对其规模进行递进的配比。考虑到可再生能源技术同时受到可利用资源量的约束，在集成可再生能源技术的系统中要预先对可再生能源可用资源量进行评估。

4）需供重构技术

在传统能源系统中，一对一独立供能是一种常见形式，能源设施与能源用户之间是绑定关系。由于冷、热负荷受气候因素影响，在初寒、末寒、初夏、秋末期间能源系统的供应能力闲置。需供重构技术打破能源设施与能源用户之间的绑定关系，将能源设施的使用权和所有权分离，重新配置需供对应关系，实现设施集约共享。通过需供重构技术，优先充分利用高效、低排放、产能成本更低的能源设施，替代低效、高排放、产能成本高的能源设施供能，通过提升高效用设施利用率，降低能源运营成本，提高能源利用效率，减少污染物排放。

5）现代信息技术

泛能网是广域协同的能源物联网，从数据采集、传输、分析、应用方面深度融合了物联网、大数据、云计算、人工智能等现代 ICT，用数据智能支撑能源网络的智慧运行。

在数据采集技术方面，泛能网主要通过射频识别（radio frequency indentification，RFID）技术与传感技术获取能源设备的信息、运行状态、机组损耗以及能源网络的节点状态等信息。射频识别是通过无线电信号识别特定目标并读写相关数据的无线通信技术。将射频卡嵌入能源设备，即可实现能源设备信息的自动识别和数据捕获，整个识别工作无须人工干预，可实现能源设备、备品备件的快速接入、统一管理。传感器是将外界信息按一定规律转换成可用信号(通常是电信号)的装置。它由敏感元器件(感知元件)和转换器件两部分组成，有的半导体敏感元器件可以直接输出电信号，可直接作为传感器。泛能网将传感器与通信模块、显示模块等整合，应用于用能侧、能源设备及能源网络，深度感应能源系统运行状况，为控制优化提供输入。

在通信技术方面，泛能网基于不同的应用场景，广泛采用各种技术，包括应用于局域网的 Wi-Fi、蓝牙、ZigBee 等技术，应用于广域网的 2G/3G/4G、NB-IoT 及 LoRa、SigFox 等技术。其中，NB-IoT、LoRa、SigFox 属于低功耗广域网(low-power wide-area，LPWA)技术，具有覆盖广、成本低、功耗小等特点，是泛能网的重要技术。同时，设备间信息交互技术 M2M 正在快速发展，通过将其应用于泛能网，将进一步增强能源设备间的交互能力，支撑物联协同。

在数据分析利用方面，泛能网融合利用大数据技术、云计算技术、机器学习技术实现端、云协同优化。依托大数据技术对海量、高增长、多样化数据的高效处理能力，以及云计算技术超大规模、高可靠性、高可扩展性、廉价等特点，进行数据的实时、高效、安全、低成本存储和处理，满足泛能网运营需求。泛能网依托分布在站、网、云各级的人工智能实现网络的精益运转，利用机器学习技术升级泛能产业实践积累的模型、算法和工具，形成人工智能，并持续迭代进化，将极大促进泛能网的智慧汇集与智慧升级，最大化释放泛能网的价值。

3.2.3　精益交易运营类技术

泛能网深度融合能源技术与信息技术，高效实现多种能源生产、转化、储运、应用、回收、交易，是兼具信息互联网及产业物联网特性的能源系统。其运营目标是以满足客户用能需求为前提，充分整合各种资源，实现经济、节能、绿色、安全的多维目标。

泛能网的运营以泛能网络平台为智慧中枢，以泛能能效系统和泛能网运营调度交易系统为基础支撑，实现数据汇聚、分级联动、协同优化，最大化释放能源全价开发、设施协同共享的价值。

1. 泛能能效系统

泛能能效系统是支撑泛能站精益运营的信息系统，涵盖实时监控、智慧管理、优化控制以及辅助决策等功能，支持多能源的综合运营优化和用能侧能效优化，实现系统安全、高效运行。泛能能效系统架构示意图如图 3.14 所示。

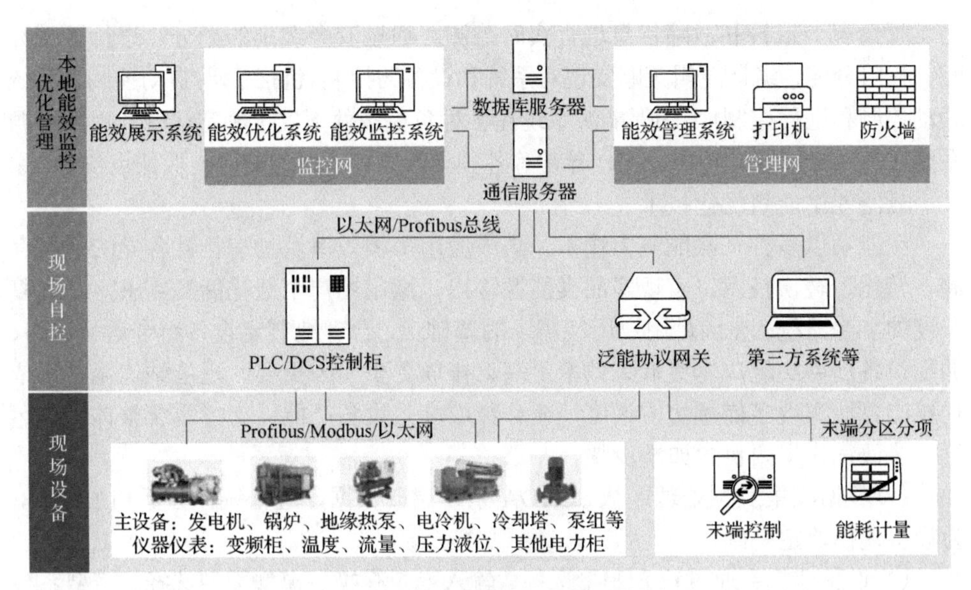

图 3.14 泛能能效系统架构示意图

泛能能效系统分为三层网络结构：现场设备层、现场自控层、本地能效监控优化管理层。其中，现场设备层通过传感器、仪器仪表等实时感知主设备(包括发电机、电冷机、锅炉、地缘热泵、溴冷机等)、辅助设备(泵组、冷却塔等)、电气设备(变频柜、低压柜等)、末端设备等运行工况；现场自控层由PLC/DCS控制柜、电力综合自动化系统、泛能协议网关等组成；本地能效监控优化管理层主要是软硬件系统，硬件包括服务器、客户端、打印机、防火墙、交换机等，软件系统包括监控子系统、能效管理子系统、运营分析子系统、运维及工作管理子系统、能效优化子系统等。现场设备层通过现场总线技术将设备的数据信息上传给自控层，并接收来自自控层的各类控制指令；自控层主要通过工业TCP/IP协议与应用层进行数据交互。

1)站级负荷预测技术

负荷预测主要用于制订排产计划、储能优化控制和支持能效优化策略。支持泛能站的负荷预测技术针对用户侧未来24～48h电、冷、热负荷进行预测，并对光伏、风电等发电出力进行预测，预测频度可支持各类产能设备最小控制周期调节。基于数据中心、写字楼、医院、城市综合体、酒店、工业企业等多元用户的不同用能特性，在用能侧能效优化的基础上，进行用能数据、天气大数据等的分析挖掘，借助与泛能站特点相适应的模型和算法实现精准预测。

2)泛能站监控技术

根据泛能站工艺设计和自控系统设计，将泛能站供能侧自控设备、建筑用能智能表计等监控点以现场总线的方式进行连接，通过工艺组态对工艺系统和设备的运行情况、报警和故障信息进行实时监测。通过安全级别的划分，进行区域分配、权限分配、编制逻辑策略实现对系统和设备的控制(包括手动/自动控制、系统联动控制和远程控制)，确保能源系统在各种负荷条件下安全稳定运行，保障能源系统在故障、报警、预警、操作异常等各种异常条件下快速响应，保证设备安全。

3) 泛能站能效优化技术

泛能站以多种一次能源为输入，集成应用多种效率及动态特性各异的能源存储、转化、转换技术，实现多品类能源输出，满足用户个性化能源需求，是高复杂度的能源系统。在满足用户用能需求的基础上，合理地制定设备组合运行策略、调配设备出力实现成本更低、效率更高、排放更少尤为重要。泛能站优化技术依托核心算法实现多能源协同调度，充分释放高效设备产能，支撑系统整体优化运行。能效优化主要包含如下步骤。

(1) 数据收集及预处理：从 SCADA 系统调取数据，进行统计分析和预处理，为设备建模奠定基础。

(2) 设备建模：通过输入变量选择、输入变量变换、模型类型选择、模型系数辨识、模型校验等完成设备建模。

(3) 离线优化配置：对优化模式、优化类型、优化参数等进行精确设计，完成离线优化配置。

(4) 仿真：按现场实际设备、管网构成组态，通过接口连接过程仿真系统对配置好的优化方案进行仿真验证。

(5) 在线优化运行：离线配置好的优化方案，经过仿真验证后可在线试运行、运行，并持续优化。

能效优化技术依托用能侧能效优化、运行策略优化、设备运行状态优化等实现系统高效可靠运行、运营成本降低、设备使用寿命延长、用户舒适度提升，在不同的泛能项目上可降低能源运营成本 10%以上。

2. 泛能网运营调度交易系统

泛能网运营调度交易系统是泛能微网对内优化自治、对外能源互动的载体，实现多主体、多设施、多能源的联调联控，需供动态匹配。平台集成先进的计量与数据采集系统，对下层的泛能站和用能侧进行负荷预测、实时监视控制、实时平衡控制、多能源综合管理，实现网内能源设施统筹优化匹配，并支持多对多泛能交易和智慧用能，提高清洁能源利用率，提升系统能效，满足用户安全可靠、清洁低碳、经济高效的用能需求。

1) 建模技术

泛能微网将气、电、冷、热多种能源统一在共同平台上进行运行调度，具有复杂的耦合关系，必须对各类能源设备和网络进行统一建模方可深入分析能源网络中关键设备与节点的能源供需量变化，助力能源系统产能分配、调度和多类型储能系统运行的辅助决策。

泛能微网建模采用机理与统计建模相结合的混合建模技术，并在运行过程中结合实际负荷需求，配合优化算法实现在线优化调整，不断修正统计模型的计算精度，支撑网络整体优化运行。

2) 负荷牵引曲线技术

泛能微网实现能源的优化调度，首要问题是确定能源调度的约束和限制，即能源网络中各关键节点的未来能源需量变化，并以此牵引能源系统产能分配、调度计划、储能决策。其实现方式是负荷预测技术和能源网络模拟仿真技术的融合。首先，根据历史能源数据，结合天气预报信息，形成各主体产能预测和负荷预测，作为引导曲线，辅助用户做交易决策；结合各终端用户的负荷预测，通过仿真计算负荷传导，清楚地掌握管网中各关键节点的运行状态，更好地支持优化调度系统分配各类型储能及供能设备的出力，保证泛能网安全可靠运行，满足各终端用户能源需求。随着数据量的积累，引导曲线可通过自学习功能及大数据挖掘技术不断修正预测精度。

3) 泛能智能计量技术

泛能智能计量技术包括电力计量、冷热计量及燃气计量等，可实现对不同品类、不同品质能源的精准计量，为网络运营调度、交易提供实时、准确、一致的能源数据。泛能智能计量系统示意图如图 3.15 所示。

4) 泛能网络管理技术

泛能网络管理技术集成了 SCADA、GIS、能效、需求响应和分布式发电、冷/热网络拓扑模型、网络自愈恢复、网络拓扑校验等技术，支持站级、网级、用能末端调度，支撑多能源一体化网络管理，既可实现配电网运营分析、计划和优化，以最高效、最优化的方式执行所有配电网调度管理任务，又可以通过冷/热网络拓扑模型，实时分析区域内压力、流量、温度、比摩阻和冷/热负荷等数据，对热力、水力运行工况进行分析诊断，为网络优化运行提供了依据。

5) 多维寻优动态匹配技术

多维寻优动态匹配技术以经济、节能、绿色、安全等多要素协同作为优化目标，根据负荷预测和能源交易结果，依托多维变量组合寻优算法，综合考虑各种能源设施的能源成本、设备转化效率、用能特征、绿能比例、能源品质、区域内供能距离等因素，实现需供智能化动态匹配，得到不同负荷条件下各能源设备的出力分配，满足不同负荷的安全等级、绿能比例、价格、能效等要求。

多维寻优动态匹配技术可支持经济模式、节能模式、绿能模式、复合模式四种优化调度方式，分别实现经济性最优、能源消耗量最小、能源碳排放量最小以及用户个性化组合需求。

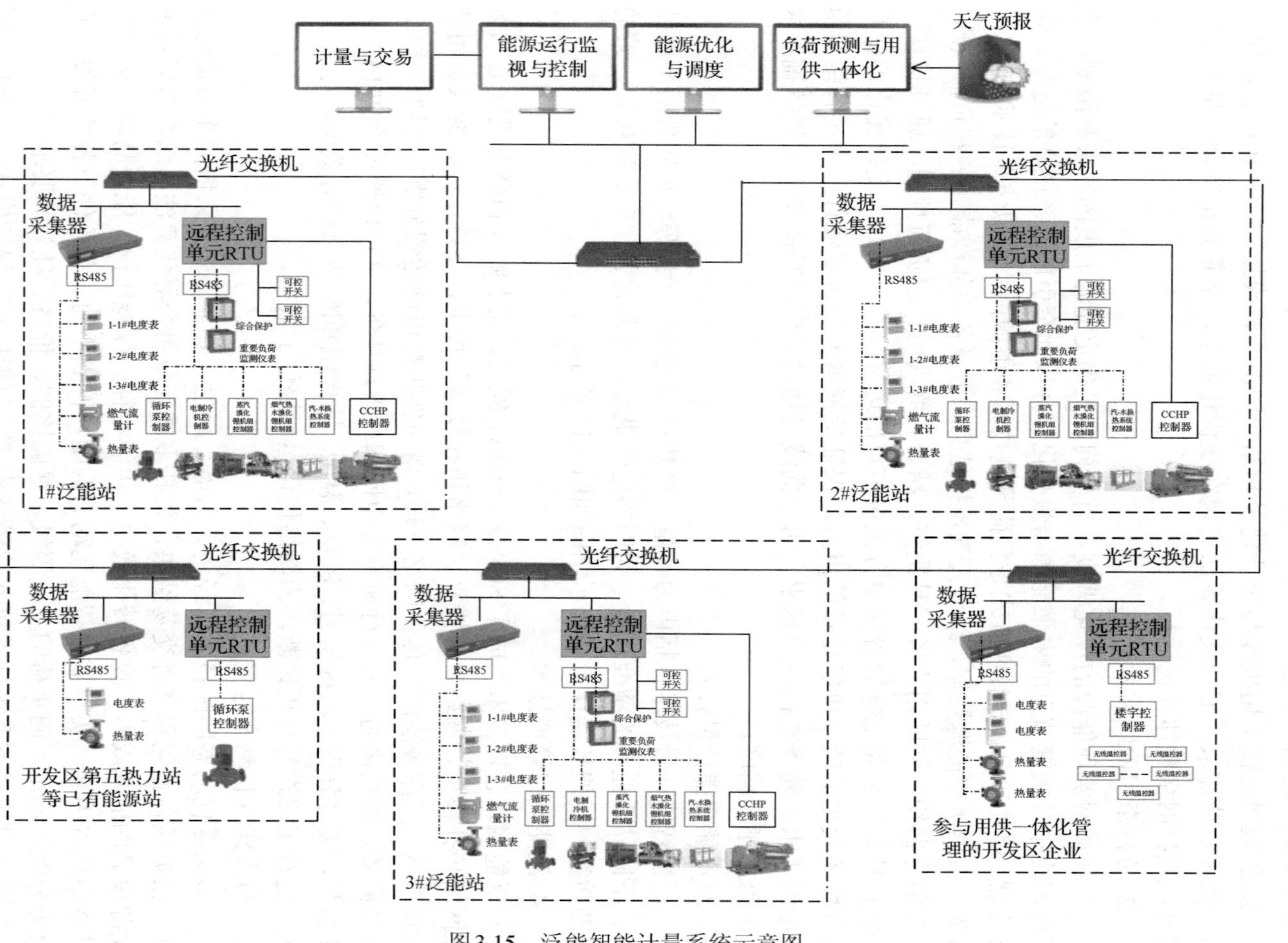

图3.15　泛能智能计量系统示意图

6) 泛能微网能源交易技术

泛能微网内的能源交易主要指气、电、冷、热等多种能源的多对多交易。泛能微网能源交易技术可支持不同客户根据市场需求对不同品类、不同品质能源进行各种时间尺度的自由定价，可自动生成基于最小定价周期的灵活价格曲线，提供辅助决策和购售计划等，实现用户自动下单，并支持日、月、年的协议定价、竞价交易、挂牌交易等多种模式，实现网内能源的灵活交易结算。

7) 泛能微网运营调度交易系统在廊坊生态城应用案例

项目背景：廊坊生态城总面积约 3km^2，包括办公、酒店、工厂、数据中心等多种业态，可容纳办公人口 5000 人。廊坊生态城项目遵循国家“互联网+”智慧能源发展导向，进行原有分散式能源系统的改造升级，融合分布式光伏、地源热泵、CCHP、风电、储能等构建泛能微网，实现荷-源-网-储整体优化配置，并部署泛能微网运营调度交易系统进行多能源统筹优化调度，促进能源清洁、低碳、高效、智慧发展。

该系统的主要功能有：

(1) 多能源管理。系统集成了 SCADA、GIS、能效、需求响应和分布式发电、实时网络监控、自愈恢复、网络拓扑校验、负荷预测、节能降损等技术，可以实时监控网络损耗，进行在线分析，根据需求变化实时进行电网/热网/冷网运行优化，有效降低网损，还可自动识别输配网络运行缺陷与安全隐患，实现全网安全、稳定、高效运行。

(2) 网络优化调度。系统可实现三层优化、调度、控制，包括网级优化调度、站级优化调度及用能末端优化控制，其中网级优化调度最为关键。根据网络需求，依托多维寻优动态匹配技术提供经济、绿能、节能、复合等多种运行模式，实现供需的动态最优匹配。智能调度界面如图 3.16 所示。

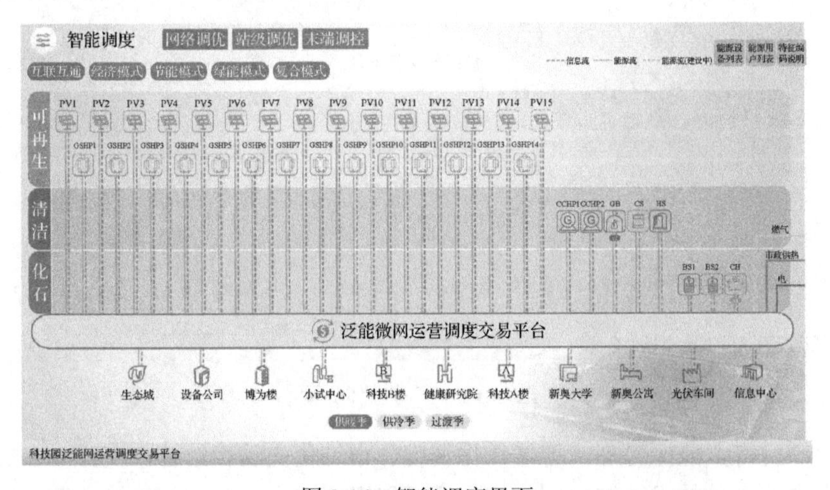

图 3.16 智能调度界面

(3)综合能源交易。系统支持多主体、多能源、多对多自由开放的交易，通过能源商品标准化，依托市场化交易机制，充分释放多品类能源的时空价值，实现多能协同、梯级利用，促进可再生能源的充分消纳。交易系统总览画面及交易主体界面如图3.17和图3.18所示。

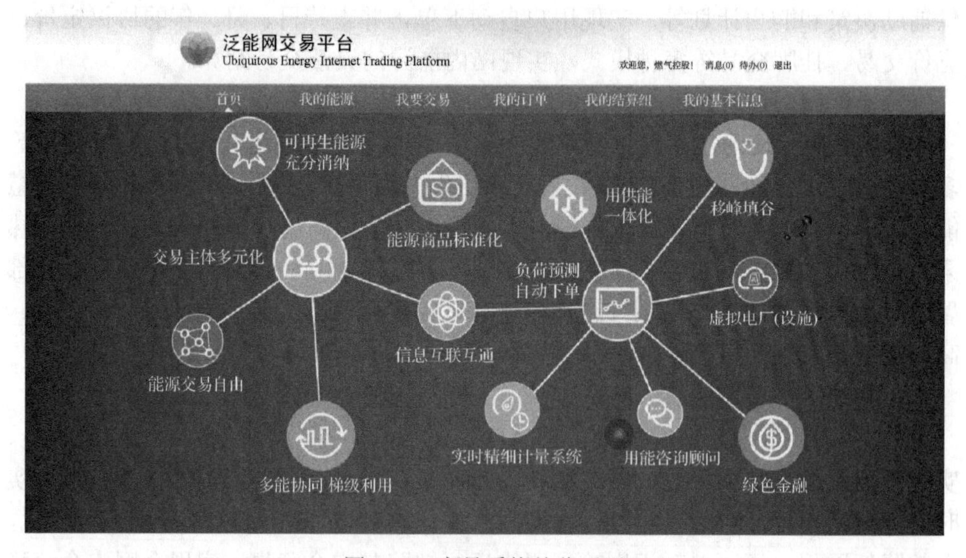

图3.17 交易系统总览画面

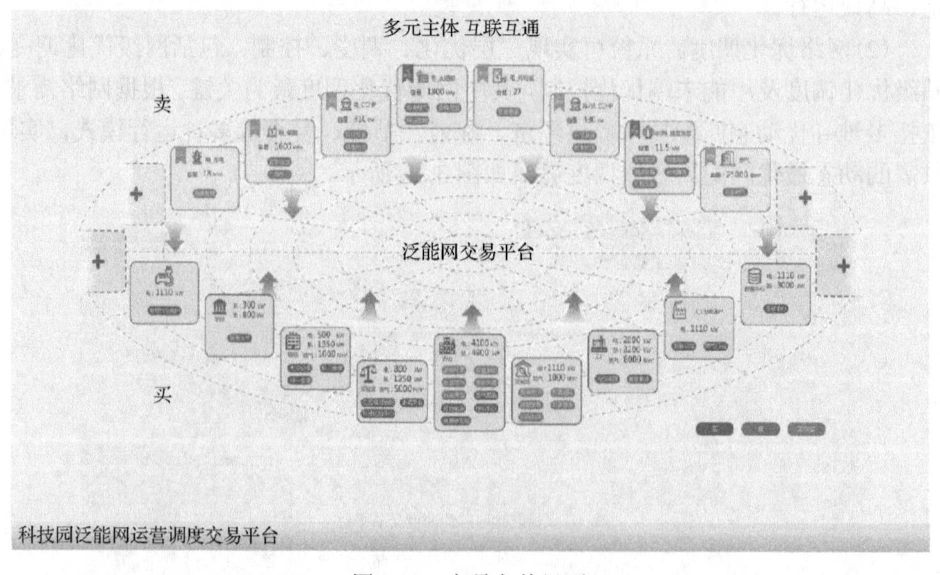

图3.18 交易主体界面

该项目将多能源管理、智能优化调度、市场化交易相结合，支撑多品类能源高效融合、多种技术动态协同，实现了泛能微网安全、高效、经济运营，为多能互补集成优化工程的落地提供了较好的示范带动作用。

3. 泛能网络平台

泛能网络平台是支撑泛能网实现全域资源优化配置的智慧中枢。以构建契合现代能源体系的新型标准体系为牵引，通过技术开放、经验共享、极致体验聚合生态圈伙伴连接各类能源设施，形成海量数据积累，并通过大数据、人工智能支撑数字化解决方案、综合能源交易运营、物资采购、高端运维等多元应用，为伙伴赋能，创造多维价值。主要技术包括以下几种。

1）基于大数据的高端运维技术

基于平台汇聚的海量数据，可以支撑可靠性维修（reliability centered maintenance，RCM）、根本原因分析（root cause analysis，RCA）、备品备件库存优化（spare parts storage optimization，SPSO）等技术应用。

RCM 是以可靠性为中心的维修，是目前国际上通用的、用以确定资产预防性维修需求、优化维修策略的一种系统工程方法，主要包括纠正性维修、预防性维修、预测性维修和维修预防。其中，预测性维修技术是以大数据为依托的高端维修技术，基于对设备实际状况的周期性监控，利用运转设备的实际数据、维修历史、使用者记录及过程性能资料，预计使用寿命，预测维修的必要性和时点，据此制订维修计划，使所有维修活动都以“需要”为基础进行安排，以减少对生产的影响，促进较高的设备利用率和可靠性，延长设备寿命。

RCA 是一项结构化、系统化的问题分析技术，基于大数据分析探寻事故发生的根本原因和潜在原因，采取有效的纠正和预防手段，变“处理事故+处罚责任人”为“主动性维护和预防”，从而杜绝问题发生。采用 RCA 技术可以有效地规避事故的发生，提升系统运行的安全可靠性，降低系统综合运行成本。

SPSO 是以网络平台和大数据为依托的备品备件仓储优化技术。基于多主体连接和网络的信息透明，实现备品备件在多项目间集约共享，降低仓储规模；利用大数据对备品备件的最优规模进行预测，实现精益采购、精益库存；利用平台算法进行备品备件在经济半径内的及时调度，降低系统综合维护成本，提高精益运营水平。

2）能源交易技术

泛能网能源交易技术服务于气、电、冷、热等多能源在多主体间的市场化便捷交易，以降低用户总能源账单为目标，以部署在云端的 SaaS 服务为依托，包括负荷预测、价格预测、竞价策略等多项技术。

负荷预测技术是能源交易技术的基础支撑。泛能网能源用户众多，数据量大，需要实时对海量数据分析处理，传统负荷预测系统无法满足需求，通过物联网技术远程采集客户用能信息，运用大数据技术和人工智能进行精准负荷预测，支撑科学的产、储、购、售、用能计划是大势所趋。泛能网负荷预测技术动态采集多方面数据，分析能耗数据的时域和频域特性，基于模型算法描绘客户“用能画像”，并根据大数据不断修正负荷预测精度，可实现冷、热小时级负荷预测及电力年、月、日、小时及15min级高精度预测，有力支持能源套餐设计、购售策略制定、电力电量平衡等。企业负荷预测示意图如图3.19所示。

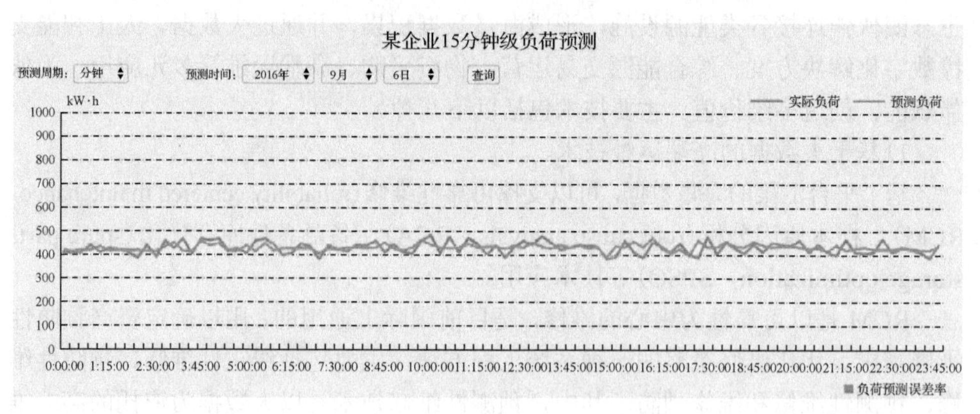

图3.19　负荷预测示意图

3）远程集中监控技术

依托SCADA、用能末端管理系统，通过智能监控方式，对网络内各智能设备进行数据采集、控制，实现对整个系统运行状态的远程监控，做到本地无人值守/少人值守。同时，为家庭、工业、商业、办公等用户提供设备运行效率和能源使用的关键数据，进行末端用能优化控制，帮助客户合理使用能源，提升用能体验。能源系统远程集中监控总览图如图3.20所示。

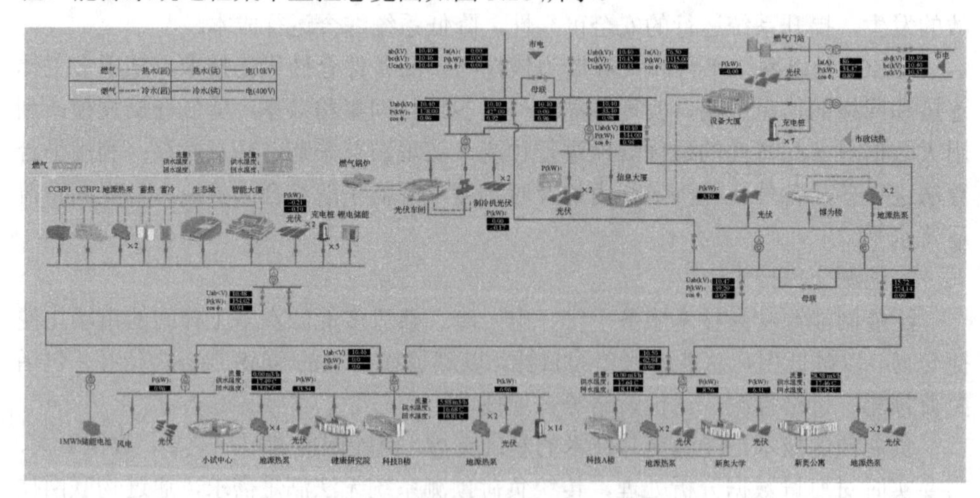

图3.20　能源系统远程集中监控总览图

3.2.4 契合现代能源体系的新型标准体系

现代能源体系构建、能源数字化转型是根本性变革，要求思维方式、发展模式、设计理念、交易运营方式的系统性转变，这一过程中标准的牵引作用至关重要。但现行标准主要基于传统能源体系形成，在规划标准上仅有能源分项规划，缺乏多能融合的顶层设计；在设计标准上局限于单体形态，缺乏系统统筹；在接入及平台标准上仅针对单一能源或设施，难以满足多能源、多设施的开放接入和协同运行。

为引导现代能源体系落地，需要政府主导、产业协同，重构标准体系。在能源物理层，构建物接入标准，统一度量衡，实现多能源设施的标准化信息接入；在能源信息层，构建多能源一体化CIM标准，统一接口，打通泛能网物理世界与数字世界交互渠道，保障气、电、热(冷)三网智能协同优化；在平台应用层，以泛能规划、设计、运营、交易标准打破能源竖井和设施孤岛，改变需供关系，统一多能源综合交易规则。通过标准的建立和引导，结合技术、模式、体制集成创新，推动现代能源体系实效落地。

3.3 泛能网工程实践

近年来，以新奥集团为引领，在河北廊坊、山东青岛、广东肇庆、浙江温州等多个城市开展了泛能网相关工程应用，并取得较好的实践效果。在具体工程实践过程中，面向存量改造、新建、由点及面逐步扩展等不同类型的园区/城区均形成了落地模式。

3.3.1 存量改造区域-泛能融合迭代模式

存量改造区域主要是通过优化基础设施、设施互联互通，推动区域能源系统升级。其中廊坊城区某区块泛能网项目和廊坊生态城泛能网项目具有一定代表性。

1. 廊坊城区某区块泛能微网项目

1)项目背景

河北省廊坊市地处京津冀经济圈腹地，面积6429km^2，有1300多家企业，年均增速40%以上，环境治理需求极其迫切；具有工业、商业、住宅等多种业态，负荷互补性好，存在大量新增能源需求。项目所在区块位于廊坊市核心商业区，覆盖商场、学校、酒店、办公楼等多业态建筑，建筑面积约40万m^2，覆盖人口近6万人。以前，区块内大多数用户以自建供能设施独立供能为主，能源设施利用率平均为30%左右，最低仅有18%，存在巨大挖潜空间。同时，部分用户采用燃煤锅炉供暖，需解决燃煤锅炉退出后的能源供应问题。若直接采用燃气锅炉替代，则需承担新增投资及较高用能成本，政府财政也面临较大的补贴压力，因此迫切需要找到同时满足经济与清洁的创新能源解决方案。该区块泛能微网示意图如图 3.21 所示。

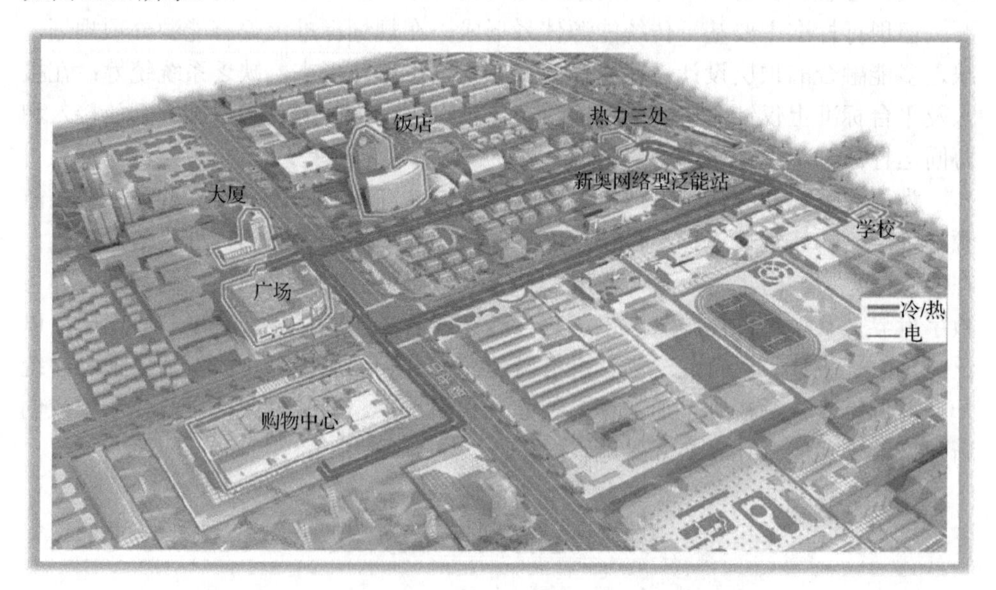

图 3.21　廊坊城区某区块泛能微网示意图

2) 解决方案

采用能源互联网发展理念和泛能融合替代模式，在对区域供能能力及用能需求系统调研的基础上，打破主体边界，遵循“存量挖潜、增量提效、互联互通、兼顾延展”的设计理念，深度挖掘既有燃气锅炉、电制冷、蓄冷储热等清洁能源设施可利用空间，新建网络型泛能站，新建/改造管网对供用能设施进行互联互通，向多用户供能。部署泛能网运营调度交易平台实现智能控制、调度及交易，并为后续周边用户的入网预留接口，从而形成具有共享经济特征的能源新生态。

3) 项目效果

与传统模式相比，该项目能源设施利用率提升 50%以上，能源系统投资降低 30%以上，能源费用降低 14%，经济效益显著；同时，能源综合利用效率超过 80%，CO_2 及主要大气污染物减排超过 50%，节能减排的社会效益也比较明显。

2. 廊坊生态城泛能微网项目

1) 项目背景

生态城位于河北省廊坊市国家经济技术开发区，占地约 3km^2，园区内包括办公、试验、工业、教育、数据中心等多种业态共 36 个用供能主体，总建筑面积

22万m^2，办公人口5000余人。以前，园区电力主要由市电、光伏、天然气分布式能源供应，冷、热主要由地源热泵、电制冷、燃气锅炉及市政蒸汽满足。由于主要采用独立供能方式，变压器负载率仅为14%，基本容量电费占比大，平均电价较高，7处光伏发电总装机1.8MW，存在部分弃光现象，地源热泵产能也有较大冗余，存在重构能源系统的较大潜力。

2)解决方案

遵循能源互联网发展导向，根本性升级原有系统，构建泛能微网。在能源设施层，对园区荷-源-网-储进行优化设计，将原来的多路电力进线改为两路，对电网进行放射性组网，构建三个既可独立运行又可协同互济的微电网，有效提高了电力安全可靠性；新增400kW光伏发电装置，进一步提高可再生能源占比；新增1200kW储电装置，平抑可再生能源间歇性、波动性，提高消纳能力；建设多处电动汽车充电桩，增加负荷多样性。通过基础设施的优化，为网络价值的释放奠定基础。

在智慧运营层，划小用能单元，设置先进的计量监测系统，细化到楼层，为能源数据获取和系统控制奠定基础；部署自主开发的泛能网运营调度交易平台，依托精准度高达95%的负荷牵引曲线，进行网级、站级、用能侧优化调度，实现用、供能动态匹配，可支持经济、节能、绿能、复合四个模式，最大化释放高效用设施价值，满足用户个性化需求；依托园区配网仿真系统形成控制策略，进行系统调度，支撑可再生能源的充分利用，保障系统安全、高效运行；依托平台开展多对多能源交易，支持多种交易方式，具备用户自动下单、精益用供能计划等高端功能，充分释放不同品类能源的商品价值，满足用户多元需求，并为虚拟电厂、绿色金融等模式奠定基础。

3)项目效果

生态城泛能微网实现了可再生能源与清洁化石能源的高效融合利用，园区全年清洁能源占比达60%以上，年能源费用降低600多万元，综合能源利用效率超过80%，年减排CO_2及各种大气污染物超2000t，同步释放经济与节能环保社会效益。此外，园区能源系统可实现孤岛运行，安全保障度显著提升。由于多维创新及显著成效，该项目成功入选国家首批多能互补集成优化示范工程，并形成较好的示范带动作用。

3.3.2 新建区域-泛能规划牵引的网络迭代模式

新建区域主要以泛能规划为牵引，带动区域能源系统的优化布局和多能源融合发展。青岛某生态园项目具有一定代表性。

1. 项目背景

山东青岛某生态园规划面积11.59km^2，定位为“世界级高端生态园区及宜居新城”，规划有工业、商业、居民等多种业态，旨在为中德两国在经济、高端产业、生态、可持续性城市规划方面提供合作平台，具有国际化示范意义，存在生态、低碳发展的诉求。这要求园区必须改变传统“分项规划、以供为主”的能源发展模式，多能源统筹规划，构建智慧能源网络，实现定位及发展目标。青岛某生态园泛能网示意图如图 3.22 所示。

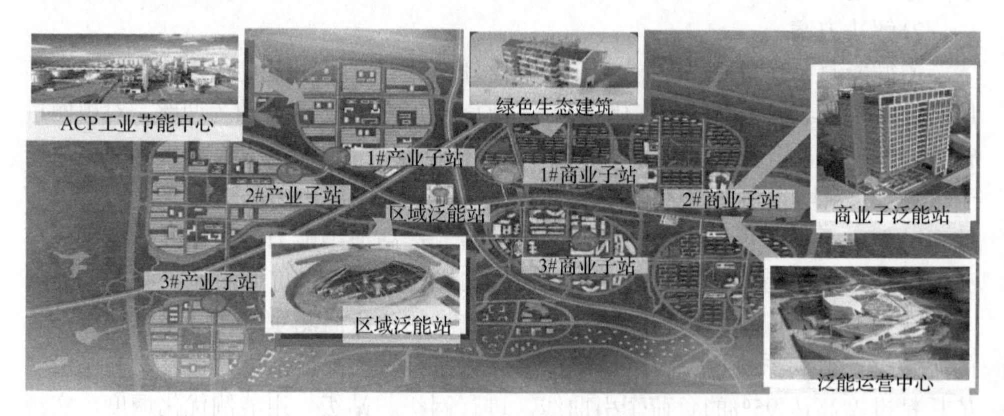

图 3.22　青岛某生态园泛能网示意图

2. 解决方案

发展绿色建筑，并匹配园区近、中、远期负荷增长，基于场景分析迭代新增规模适宜的泛能站，互联互通、协同供能，实现高效用能，能源设施利用率持续提升，系统投资规模降低。

采用“泛能规划牵引的网络迭代”模式，超越传统分项规划模式，泛能规划同城市规划深度融合，在深度洞悉能源、资源禀赋状况的前提下，实现荷-源-网-储整体优化布局，为负荷互补奠定基础，以此更好地统筹区域电力、热力、燃气、可再生能源、分布式能源等专项规划，引导优化调整产业规划、城市控规及指标体系，实现社会、经济、环境同能源的协调发展。以泛能规划为牵引，一是优化需求侧，融合仿生通风、建筑本体节能等技术发展绿色建筑，降低能耗；二是多能融合、多技术集成，充分利用当地太阳能、地热能、生物质能及余能，结合分布式能源和储能等技术，支撑能源清洁低碳、高效转化；三是匹配园区近、中、远期负荷增长，基于场景分析迭代建设规模适宜的泛能站，将各类能源设施互联互通、协同供能，构建园区泛能网，利用泛能网运营调度交易平台智慧匹配，降低投资和用能成本，释放经济性。

目前两个泛能站已建成投运并联通，中期匹配园区新增用户，充分利用已有设施，并迭代发展规模适宜的泛能站，远期将实现整个园区用供能设施联通，依托平台进行整体优化匹配，支撑园区泛能网高效运行。

3. 建设成效

项目全部建成后，清洁能源利用率和能源综合利用率将达到80%以上，可再生能源利用率达到20%以上、单位GDP能耗0.23tce/万元，碳排放强度220t CO_2/百万美元，各项指标均达全球领先水平，与德国、日本相当。该项目已被国家评为首批“多能互补集成优化示范项目”、“新能源微电网示范项目”，园区获批“首批国家新能源示范产业园区”，示范效应正在持续显现。

3.3.3 泛能站由点及面逐步扩展模式

泛能站由点及面逐步扩展模式的设计理念不但满足现有能源需求，还为未来能源需求的扩展留有接口。上海某云计算中心泛能微网项目具有一定代表性。

1. 项目背景

上海某云计算中心位于上海青浦经济技术开发区，建筑面积57552m^2，由4栋数据中心楼、1栋业务楼和1座35kV变电站等主要建筑组成，全部建成后可容纳10万台服务器。建成后的数据中心将成为辐射全国的云计算基地，也是亚太地区最先进的云计算和云存储基础设施服务平台之一。作为数据中心，首先对能源系统的安全可靠性提出极高要求，电力供应不容间断，供冷温度确保稳定；数据中心运营成本近75%来自能源消耗，降低能源成本是另一重要诉求。此外，项目还存在发展绿色数据中心的高端需求。上海某云计算中心项目示意图如图3.23所示。

图3.23 上海某云计算中心项目示意图

2. 解决方案

围绕数据中心的能源需求，采用如下指导思想创新能源解决方案：一是以核电安全理念加泛能网技术实现高安全可靠性；二是以多能融合、梯级利用提高电源使用效率(power usage effectiveness，PUE)，减少排放；三是以负荷互补加设施协同的网络模式提升项目经济性。以此为指引，融合天然气分布式能源、水蓄冷等多种技术构建泛能站，以更经济的方式为数据中心供电、供冷，实现能源梯级利用，并为后续扩展预留接口；以核电安全理念进行热力、电力及控制系统融合设计，采用人机物一体化系统建立"三道防线"，基于系统不同功能定位，找准高重要度设备，采用差异化运行管理策略和模式，确保系统高可靠、高安全、高经济性。目前该项目已投入运营，随着周边总部基地等用户接入，泛能站由点到面逐步扩展，网络价值将持续释放。

3. 建设成效

该项目是我国第一个投入商业运营的本质绿色型数据中心项目。与传统模式相比，项目实现了多个方面的突破：一是使数据中心安全可靠性提升两个数量级，失冷事故概率从 10^{-3} 降到 10^{-5}；二是 PUE 由 1.37 降低到 1.2；三是能源综合利用效率超过 80%，节省标煤 3470t/a，CO_2 减排约 48%，SO_2 减排 466t/a，NO_x 减排约 79t/a。该项目的多维创新和突出效果得到广泛认可，获得 2016 年度中国分布式能源创新奖，2017 年获得工信部及美国绿色网格(The Green Grid，TGG)组织联合授予的 5A 数据中心绿色等级认证，将为数据中心的绿色发展、升级发展提供有力的引领示范作用。

3.3.4 类泛能项目

除新奥集团所建设泛能项目外，还有部分多能互补集成优化项目也符合泛能网的理念。其中，陕西富平综合能源项目具有一定代表性。

1. 项目背景

富平县位于陕西省渭南市，总面积 1242km^2，全县总人口 82 万，是陕西人口第一大县。富平综合能源项目坚持"节约、集约、清洁、环保"的理念，是国内一流综合能源供应示范项目。该项目总装机容量 2×35 万 kW 超临界热电联产机组，采取国内首创的"四塔合一"设计(脱硫装置、除湿装置、低位排烟塔集中布置在间接空冷塔内)烟尘、二氧化硫、氮氧化物排放低于燃气发电排放限值，实现超低排放。

2. 解决方案

通过合理布线、优化管道设计、智能监控，实现"电、汽、冷、热"等能源产品的输送和智能调配。最大限度利用当地的能源资源禀赋，将分散式、局域式的各种能源资源组合起来，实现一体化的能源解决方案。

园区的能源供给将以富平超低排放燃煤电厂为核心能源动力站，水源来自附近的贺兰水库(当地优质水源)，利用电厂余热技术进行水产品开发，可提供普通工业用水和高品质的生活用水。广泛开发利用太阳能和风能，以楼宇分布式光伏、太阳能热水以及热泵系统做补充。形成多源互补的一体化、集约化、智能化能源清洁化供应系统。园区同步建设主管廊与支管廊相结合的园区综合管廊系统，通过合理布线、优化管道设计、智能监控，实现“电、汽、冷、热”等能源产品的输送和智能调配。此外，充分利用能源互联网和大数据技术建设智能化的园区能源输配系统，在向终端客户提供热、电、冷、汽等能源产品的同时，向用户提供用能和信息服务。最大限度利用当地的能源资源禀赋，将分散式、局域式的各种能源资源组合起来，实现一体化的能源解决方案。

供电：供电能力满足高新区 13.88 万 kW 用电负荷需求。

供汽：实现 150t/h 的供汽能力。

供冷：建设连个集中制冷站，承担 150MW 的冷负荷。

供热：满足高新区最大热负荷 268MW，采暖面积约 400 万 m^2 的需求。

供水：建自来水厂。

3. 建设成效

该项目建成后将推动清洁电力、蒸汽、热力和冷气对传统能源产品的全面代替，达到园区内部用能零排放，实现园区插入式消费，使能源得到综合利用，有效降低城市热岛效应，减少二氧化碳排放，改善周边地区空气质量，进一步提升富平高新区投资优势，推动富平高新区快速发展，从根本上转变了央企支持地方的方式，由临时“输血式”帮扶转变为长远“造血式”的发展。在煤炭行业产能过剩、盲目去煤化的背景下，“富平模式”立足国情，实现以煤炭为基础的能源开发梯级综合利用，实现综合能源利用率由传统煤电模式的不足 40%提升到 70%，污染物排放和二氧化碳近零排放，是能源供应和能源产业的创新模式。“富平模式”实现了能源的一体化、集约化、智能化供应，同时为传统能源企业的转型与发展开创了一种新的商业模式，为践行能源革命和电力体制改革提供了新的视角和思路。

3.4 泛能网商业模式

3.4.1 泛能网商业场景

泛能网商业模式是立足数字能源时代、基于新型能源形态的平台化商业模式，以泛能网络平台为依托，物联接入荷、源、网、储等各类能源设施，聚合能源用户及投资、服务、设备、能源生产、输配、销售等多元产业主体，连接政府及能源交易中心、碳交易中心、金融机构等各类机构，由平台运营商向生态圈伙伴赋能，提供数字化解决方案、综合能源交易运营、物资采购及各类增值服务，促进基础设施升级、设施协同共享、主体自主便捷交易、气电热协同优化，打造开放、透明、共创、共享的能源新生态。

主要利益相关方包括以下几种。

(1)能源用户：工业用户、商业用户、居民用户。

(2)投资商：能源系统项目的出资人及所有者。

(3)设备供应商：产、储、用能设备及物联、网络等设备提供者。

(4)服务商：包括能源系统咨询、设计、基础运营、运维等服务商。

(5)能源生产者：包括天然气等一次能源及冷、热、电等二次能源生产者。

(6)能源输配企业：包括气、电、热等公网及配网、微网运营企业。

(7)能源销售商：销售气、电、冷、热等的企业。

(8)政府：主要指开展能源规划、能源监管等工作的政府部门。

泛能网业务将线下能源系统建设运营、能源服务与平台化业务相结合，以泛能网络平台为中枢，连主体、聚数据、生智慧、赋能力，服务广大能源用户及生态圈伙伴，涵盖数字化能源解决方案、综合能源交易运营、智慧运维等多个典型场景。伴随市场需求变化和技术进步，产品服务及商业模式都在快速迭代进化中。

3.4.2　数字化能源解决方案模式

平台运营商以泛能网络平台为依托，聚合生态伙伴经验及智慧，通过技术开放、经验共享、标准统一、资源连接，为能源用户、能源设施投资商、服务商、设备商等众多生态伙伴提供能源解决方案赋能。

投资商利用平台获取投资机会，依托智慧工具进行高质量决策，并快速匹配高性价比的服务商、设备商落地项目。规划设计院利用平台提供的智慧工具及案例库，快速形成高质量的解决方案，开展数字化规划设计。设备商按照标准提供设备，降低市场开发费用，促进产品创新。建设商依托平台获取商机，实现工程在线化、可视化，保证质量、进度和安全。各生态圈伙伴在平台连接和智慧赋能下高效协同运转，个性化解决方案充分满足用户安全、经济、高效、清洁、便捷的能源需求。

3.4.3　综合能源交易运营模式

伴随众多的分布式能源项目、多能互补项目、微电网及泛能微网等项目发展，加之能源体制的快速市场化，将形成区域气、电、热（冷）综合能源及广域电、气多对多交易运营场景。

平台运营商依托平台提供的负荷预测、价格预测、优化调度等智慧工具，助力区域综合能源运营商实现多能源荷-源-网-储协同运营，支撑城市燃气运营商开展管网精益运营，助力配电网运营商实现优化调度。同时，借助智慧工具及平台连接为能源供应方与用户提供能源交易服务，实现能源精益购售和多对多灵活便捷交易。通过信息流引导能量流和价值流，优化整体资源配置效率，降低综合成本，实现多赢。

3.4.4 智慧运维模式

平台运营商依托平台的智慧运维模块，聚合生态伙伴，通过线上与线下相结合，为用户及设施所有者提供多种形式的智慧运维服务。以能源数据的分析挖掘为基础，开展能源监测、能源管理、能效诊断、能效优化；聚合生态伙伴，为客户提供节能服务、电能服务；利用智慧工具，支撑能源系统的精益运行维护，实现少人值守、无人值守，支撑设备的精益维护检修。多措并举，释放节能、减排、降本、提效的综合价值。

3.5 展 望

未来，伴随供给侧结构性改革的深化实施，我国经济转方式、调结构的力度将进一步加大，建设生态文明、深化节约环保作为基本国策将长期深入开展，宏观因素将推动能源体系加速向清洁、高效、经济、安全转型。

就能源产业自身来看，以市场化为导向的能源体制改革将加速推进，尤其是电力体制改革全国落地，现货市场发展带来新场景，油气体制改革将逐步推开，促进产业链上、中、下游全面市场化。分布式发电市场化交易试点的开展及多能互补集成优化项目的推广将促进能源形态和交易机制的深刻转变、体制的全面放开，为泛能网发展提供越来越有利的外部条件。同时，伴随物联网、大数据、人工智能等技术的迅猛发展，数字化转型成为趋势，国家力推互联网、大数据、人工智能与实体经济深度融合，大力发展工业互联网，能源产业作为基础性产业将率先落地，技术进步及政策推动将为泛能网的迭代升级增添新动力。

展望未来，在多重因素推动下，泛能网技术将不断迭代升级，模式将不断进化，应用场景向多维扩展，泛能产业加速形成，竞争力、生命力将持续显现。泛能网的全国推广及“一带一路”拓展，将对能源体系转型、数字能源发展发挥越来越显著的推动作用，并带动制造、交通、物流、家居等产业向智慧化方向发展，用能源互联促进万物互联。

3.6 本章小结

本章重点介绍了泛能网产生的背景及概念，阐述了泛能网从单站模式、互补模式到平台模式的演进过程，总结了其对优化能源结构、提升系统效率、促进经济用能、减少污染排放、带动能源转型等方面的意义和价值。在此基础上，系统阐述了由能源物理设施类、系统集成优化类和精益交易运营类技术组成的泛能网技术体系，介绍了面向存量改造、新建、增存混合等不同园区/城区的泛能网产业实践，围绕解决方案、交易运营等商业场景描绘了平台商业模式，并从能源体系变革、数字能源发展的高度展望了泛能网的未来发展。

参考文献

[1] 甘中学, 朱晓军, 王成, 等. 泛能网-信息与能量耦合的能源互联网[J]. 中国工程科学, 2015, 17(9): 98-104.

[2] 李刚, 刘蓉, 刘燕. 北京市冷热电三联供燃气气源比较[J]. 北京建筑工程学院学报, 2010, 12(4): 29-33.

[3] 刘小军, 李进, 曲勇, 等. 冷热电三联供(CCHP)分布式能源系统建模综述[J]. 电网与清洁能源, 2012, 12(7): 63-68.

[4] 殷平. 冷热电三联供系统研究(1): 分布式能源还是冷热电三联供[J]. 暖通空调, 2013, 43(4): 10-17.

[5] 黄保民, 朱建章. 北京南站冷热电三联供系统探讨[J]. 暖通空调, 2010, 40(5): 15-19.

[6] 靳军. 燃气冷热电三联供系统节能性与经济性分析[J]. 能源化工, 2017, 38(1): 79-84.

[7] 林世平, 李先瑞, 陈斌, 等. 燃气冷热电分布式能源技术应用手册[M]. 北京: 中国电力出版社, 2015.

[8] 孟金英, 李惟毅, 任慧琴, 等. 微燃机冷热电三联供系统运行策略优化分析[J]. 化工进展, 2015, 34(3): 638-646.

[9] 陈炜, 艾欣, 吴涛. 光伏并网发电系统对电网的影响研究综述[J]. 电力自动化设备, 2013, 33(2): 26-32, 39.

[10] 叶楠, 何旭, 晏寒婷, 等. 光伏电站并网对配电网线路保护的影响分析[J]. 机电工程技术, 2017, 46(7): 89-93.

[11] 王颖, 张凯. 地源热泵埋管与土壤多年累积传热效应探讨[J]. 低碳技术, 2017, (6): 83-84.

[12] 杨泽, 于慧明, 都基众. 地下水地源热泵系统运行对热泵场地地温场的影响研究[J]. 地质评论, 2017, 63(S1): 366.

[13] 杨爱明, 杨水, 向青青. 地源热泵系统各参数换热性能敏感性分析[J]. 山西建筑, 2017, 43(5): 156-157.

[14] 汪向磊, 王文梅, 曹和平, 等. 蓄冷技术现状及研究进展[J]. 山西化工, 2016, (1): 34-40.
[15] 李金峰, 周丽. 蓄冷技术的发展及应用研究[J]. 科技创业月刊, 2016, (16): 129-131.
[16] 朱传辉, 李保国. 相变蓄热材料应用于太阳能采暖的研究[J]. 中国材料进展, 2017, 3(3): 339-341.
[17] 张开黎, 于立强. 太阳能利用中的蓄热技术[J]. 建筑热能通风空调, 2000, (2): 22-26.
[18] 韩瑞端, 王沣浩, 郝吉波. 高温蓄热技术的研究现状及展望[J]. 建筑节能, 2011, 247(39): 32-38.
[19] 王凯, 田昊明, 贾静. 采用蓄热技术扩大供热机组调峰裕度的研究[J].节能技术, 2012, 7(4): 236-240.

第 4 章 智 能 电 网

4.1 智能电网概述

4.1.1 智能电网发展背景

进入 21 世纪，信息技术和互联网技术在电力系统中得到了快速发展和应用。与此同时，发达国家的可再生能源和分布式电源的快速发展及并网，电网与用户间双向互动能力及要求的不断提高，以及电力供应商业模式和技术手段的不断创新，都将重点聚焦于配电和用户环节，推动一系列相关的技术研究和工程实践，并逐步形成了“智能电网”的理念和实践[1]。

欧美国家最早提出智能电网的相关概念，主要通过电网基础设施改造、新技术应用和商业模式创新，开展和推进智能电网的规划和建设，进而应对经济、环境、能源、技术和市场的挑战。在推动智能电网的发展方面，主要考虑并采取了以下五项措施：

(1) 政策和立法驱动。可比较性和可盈利性的电力市场规划、多样化选择的电力价格和电力接入，可促进智能电网综合效益的全面实现。

(2) 提高经济竞争力。开拓创新业务及商业模式；加快技术区域化；缓解劳动力老龄化造成的技术资源流失。

(3) 保障能源安全性。减少停电时间和停电频率，提高电力系统的可靠性；降低劳动成本；提高电网效率，降低发电要求，延迟资本支出；全面实现国家的总体能源安全目标。

(4) 满足用户需求。满足电力用户对可持续能源的需求；满足用户对不间断供电的需求；保证用户用电控制权。

(5) 实现可持续发展。在电网的发展过程中，逐步增加可再生能源和分布式发电的比例，实现国民经济低碳和可持续发展。

可以说，智能电网是电力工业的又一次技术革命，是应对全球能源、环境、气候、经济和可持续发展挑战的有效解决方案。随着社会经济的快速发展和科学技术的突飞猛进，电力工业在发展过程中，通过智能电网技术将有助于：①减小全球气候变化影响，减少环境污染和温室效应；②拉动国民经济和内需；③提供新能源和可再生能源的可持续发展路径；④推动电力和能源技术创新与技术转型。

4.1.2 智能电网概念及特征

1. 智能电网的概念

目前，建设智能电网的必要性已经在全世界范围内广泛接受。但是由于各国国情及发展状况不同，对智能电网的概念及特征的理解也不尽相同，还没有一个统一的定义。

欧洲电力工业联盟从“什么是智能电网”到“智能电网到底能够做什么”的角度，给智能电网进行定义：通过采用创新性的产品和服务，应用智能检测、控制、通信和自愈技术，有效整合发电方、用户或者同时具有发电和用电特性成员的行为和行动，以期保证电力供应的持续、经济和安全[1]。

美国能源部对智能电网的理解和定义是：Grid2030 计划构想一个全自动输配电网络，该网络能够监测和控制每个用户和节点，确保信息和电力在从发电厂到电器用品之间的所有环节中双向流动[2]。

美国电力科学研究院对智能电网的定义是：一个由众多自动化的输电和配电系统构成的电力系统，以协调、有效和可靠的方式实现所有的电网运作，具有自愈功能；快速响应电力市场和企业业务需求；具有智能化的通信架构，实现实时、安全和灵活的信息流，为用户提供可靠、经济的电力服务[3]。

中国企业和专家学者就智能电网的概念和范畴也进行了广泛及深入的探讨。国家电网公司提出了坚强智能电网的概念，即以特高压电网为骨干网架、各级电网协调发展的坚强网架为基础，以通信信息平台为支撑，具有信息化、自动化、互动性特征，包含电力系统的发电、输电、变电、配电、用电和调度各个环节，覆盖所有电压等级，实现“电力流、信息流、业务流”高度一体化融合的现代电网。

清华大学学者提出了多指标自趋优智能电网的概念，即智能电网的关键特征是多目标自趋优，即电网的自动调节、智能决策和坚强可靠、经济高效、清洁环保、透明开放、友好互动等多指标集合；其最终目标是将整个电力系统控制的如同一台智能广域机器人，具有类似于人类的智能，能够闭环控制和自动运行。

2015 年 7 月，国家有关部门发布的《关于促进智能电网发展的指导意见》中提到：智能电网是在传统电力系统基础上，通过集成新能源、新材料、新设备和先进传感技术、信息技术、控制技术、储能技术等新技术，形成的新一代电力系统，具有高度信息化、自动化、互动化等特征，可以更好地实现电网安全、可靠、经济、高效运行[4]。

本著作团队认为，智能电网是传统电力系统与先进传感技术、现代信息技术的深度融合，是具备电源、电网和用户间信息双向流动、高度感知及灵活互动的新一代电力系统，是建立集中分散协同、多种能源融合、供需双向互动、高效灵活配置的现代能源供应体系的重要基础，有利于促进可再生能源的安全消纳，提升能源的大范围优化配置能力。

2. 智能电网的特征

智能电网有以下共同的主要特征。

1) 自愈性

自愈性是指利用信息技术、电力电子技术等实现完全自动地对电网潮流、节点电压等的监视和控制，并通过自分析、自诊断等方法及时发现和采用自动调节电网运行的手段排除故障隐患或外界干扰，以保证电网安全运行，减少事故的发生。通过安全评估和分析判断，电网具备强大的预警控制、自动故障诊断、故障隔离及自主恢复能力，可减少停电时间，降低经济损失[5]。

2) 兼容性

兼容性主要包括两方面的内涵，一是支持分布式能源和可再生资源的正确接入，完善和提高需求侧管理功能，实现与用户的高效互动；二是能够兼容各种一次设备和二次设备，具有可扩展性。传统电力网络主要是面向远端集中式发电，智能电网通过在电源互联领域引入类似于计算机领域的“即插即用”技术，可以容纳包含集中式发电在内的多种不同类型的发电，包括储能装置等；同时能够使需求侧管理的功能更加完善和提高，实现与用户的交互和高效互动[6]。

3) 互动性

互动性主要包括两方面的内容：一是电网与电力用户进行实时信息交流互动，增加用户选择性，满足用户用电需求，有利于电力用户提出用电建议；二是实现对用户供电的远程监控。电网运行中与用户进行交互，将其视为电力系统的完整组成部分之一，可以促使电力用户发挥积极作用，选择最合适自己的供电方案和电价，实现电力运行和环境保护等多方面的收益。

4) 高效性

高效性主要包括三方面的内容：一是支持电力市场和交易，实现资源的合理配置，降低电网损耗，提高能源利用率，降低运营成本；二是有效地进行节能调度和资源优化配置，平衡峰谷电价，为电力用户提供清洁、稳定的电能；三是通过引入最先进的信息技术和监控技术，优化设备和资源的使用效益，提高单个资产的利用效率，从整体上实现网络运行和扩容的优化，降低运行维护成本和投资成本。

5) 集成性

集成性主要包括三方面的内容，一是集成各级电力网络系统及相关数据库，统筹电力系统的发电、输电、变电、配电、用电、调度等各个环节，提高系统智能化水平和可靠性水平；二是采用统一的平台和模型，实现包括监视、控制、维护、能量管理、配电管理、市场运营、企业资源计划系统等和其他各类信息系统之间的综合集成和共享；三是实现标准化、规范化和精细化的管理[6]。

智能电网与传统电网在自愈性、高效性、兼容性、互动性和集成性方面具有较大差异。具体对比结果如表 4.1 所示。

表 4.1 智能电网与传统电网的特征对比

特征	传统电网	智能电网
自愈性	重点关注故障发生时设备或电网资产的保护	对电网进行实时在线的安全评估和分析判断，具备强大的预警控制、自动故障诊断、故障隔离和自主恢复的能力，减少停电时间、降低经济损失
高效性	电力零售市场有限，电力资产不能充分利用和科学管理	支持电力市场和交易，实现资源的合理配置，降低电网损耗，提高能源利用率、降低运营成本；有效地进行节能调度和资源优化配置，平衡峰谷电价，提供电力用户清洁、稳定的电能
兼容性	集中发电指导，分布式发电和储能装置安装有限	支持分布式能源和可再生资源的正确接入，完善和提高需求侧管理的功能，实现与用户的高效互动；能够兼容各种一次设备和二次设备，具有可扩展性
互动性	用户与电力系统之间没有互动或互动较少	与电力用户进行及时沟通和信息交流互动，增加用户选择性，满足用户用电需求，有利于电力用户提出用电建议；实现对用户供电的远程监控
集成性	数据缺乏共享，各系统之间大部分独立	集成电力网络系统及相关数据库，集成电力系统的发电、输电、变电、配电、用电、调度等各个环节，提高系统智能化水平和可靠性水平

4.1.3 智能电网发展的意义

智能电网的建设价值是多方面的，其核心价值归结为更可靠、更经济、更高效、更安全。下面将分别从电力用户、发电企业、电网企业、国家和社会等层面，分析建设智能电网的重要意义和价值[7]。

1. 电力用户

1) 提高供电可靠性和电能质量

建设智能电网后，电网的可靠性和电能质量将会显著提高。通过基础设施更新和老化基础设施替换，提高自动化程度，可以很快地确定问题点并加以解决。电能来源不再只是集中式的发电厂，而是多种不同的电能源形式，防止电能源的中断。智能电网的建设不仅能够降低未来停电事故发生率，还能加快电网恢复。通过现场控制设备的实时反馈，全面了解电网运行信息，及时高效地进行修复和调整。智能化电网稳定性分析软件，能够搜寻级联停电的预警信息，做出调整。

2) 增加选择性

智能电网不仅意味着全新的、更加先进的传输线路、电力设备和变电站，而且在家庭和办公区采用全新的电力仪表和监测通信设备。根据电力仪表和监测通信设备，电力用户可以实时了解电能的使用情况，做出选择或设定偏好，有效节省电能使用和开支，帮助电力公司平衡用电峰谷差。

3) 节省能源开支

智能电网允许电力用户自主发电，如小规模风力、光伏、生物质能源和无碳氢燃料电池等，提高电力安全可靠性，改善大气环境和空气质量；能够提高终端能源利用效率，节约电量消费。

2. 发电企业

智能电网的建设可以吸纳更多可再生资源，提高电网管理高比例间歇性可再生能源发电的能力。风能、太阳能等清洁能源发电具有波动性和间歇性的特点，其可控性、可预测性均低于常规火力发电，大规模接入电力系统将给系统调峰、并网控制、运行调度等带来巨大挑战。

智能电网通过集成先进的信息化、自动化及储能技术，能够对间歇性可再生能源的发电峰谷即刻反应和统筹安排，有效解决电网安全稳定运行技术问题，提升电网接纳高比例可再生能源的能力。

3. 电网企业

1) 提高电网安全性

智能电网使电网更加安全，主要包括如下三个方面：

(1) 可以在事故发生前提前预警调度员，使得相关调整措施可以快速及时地展开，避免级联导致大面积停电事故的发生。

(2) 可以快速恢复，并更好地分析事故产生的原因，快速应对恶意袭击电网的行为。

(3) 拥有强大的计算能力和增强的带宽，使用更加先进的网络保护和加密软件，进而阻止对发电和输电系统的网络攻击。

2) 降低电力企业运行成本

智能电网技术可以削减电网高峰负荷，从而大幅度降低电网建设成本。与此同时，还可以有效降低系统的输电损耗。

4. 国家和社会

1) 提高能源利用率

智能电网采用数字技术来减少能源浪费，提高可靠性，进而形成高效的电能分配系统。全网安装网络智能仪表，分布在网格中的仪表和控制元件不断地反馈信息，使得调度员可以随时了解全网的运行状态。

随着智能电网的鲁棒性不断提高，新加入的智能设备可以充分利用其可交互性。传输线路上的能量损耗要远大于电力生产和发送过程中产生的能量损耗。通过更好地定位、调控发输配电各个环节，可以有效地减少传输中的能量损耗。

2) 保障能源安全

建设智能电网，将为集中与分散并存的清洁能源发展提供更好的平台，促进清洁能源发展，进而有效增加我国能源供应总量。智能电网还可促进电动汽车的规模化快速发展，优化我国能源消费结构，以电代油，减少对石油的依赖，保障国家能源安全。

智能电网具有灵活高效的自动控制运行能力、大容量远距离跨区输电能力和源网荷的友好互动能力，是实现我国能源结构调整和清洁化转型的有效技术路径和必然选择。

3) 促进节能减排

当前全球应对气候变化的形势严峻，我国经济社会发展既面临巨大的节能减排压力，又面临低碳经济和绿色经济发展的重大机遇。建设智能电网，可以提升电网适应不同类型清洁能源发展的能力，促进清洁能源开发，为清洁能源的广泛高效开发提供平台；能够使电能在终端用户得到更加高效合理的利用，引领能源消费理念和方式的转变，从而适应低碳经济的发展要求；加强用户与电网之间的信息集成共享，电动汽车接入、双向电能交换等应用将进一步改善电网运营方式和用户电能的利用模式，推动低碳经济和节能环保的发展。

4) 促进技术进步、装备升级

智能电网将融合网络通信、传感器、电力电子等高新技术，对于推动通信、能源、新材料等高科技产业，推动新技术革命具有显著效果。一方面，推动电力和其他产业结构调整，促进电力装备的升级改造；另一方面，为国内电动汽车和智能家电等相关行业提供公平竞争平台，促进新兴产业的发展。智能电网将产生更大的社会效益，加速新技术应用、创造智能电网相关的新产业和新岗位。

科技创新已经成为经济发展的新引擎，发展智能电网，有利于落实国家创新驱动发展战略，提升电网的科技和装备水平，培育电力行业民族品牌，推动电力装备“走出去”。

4.1.4 智能电网的建设思路

未来二十年，智能电网建设将进入新阶段，将力求构建一种既能更科学、更安全地满足用户能源需求，又能保证电网和环境可持续发展的供电方式。未来的智能电网，不仅要形成统一的标准平台，提高经济效益，推动能源安全技术发展；还要重点提供环境问题解决方案，推动控制全球气候变化。由于各国和各地区的具体情况不同，其智能电网建设的动因和重点也存在差异。以下重点介绍美国、欧洲和中国的智能电网建设思路。

1. 美国

美国的智能电网计划称为统一智能电网(unified national smart grid)，是指将基于分散的智能电网结合成为全国性的网络体系。该体系就是以美国的可再生能源为基础，实现美国发电、输电、配电和用电体系的优化管理，主要包括通过统一智能电网实现美国电网的智能化，解决分布式能源体系的需要，以长短途、高低压的智能网络连接客户电源，营建新的输电电网，实现可再生能源的优化输配和平衡，提高电网的可靠性和清洁性，最终实现美国电网整体的电力优化调度、监测、控制和管理，同时解决太阳能、氢能、水电能和车辆电能存储以及电池系统向电网回售富裕电能等[8]。

美国能源部于 2000 年 7 月对美国到 2030 年的电网建设做出了远景规划。将美国智能电网发展大致分为三个阶段：第 1 阶段是 2009 年，各州政府计划并着手发展智能电网；第 2 阶段是 2010～2020 年，家电设备能通过有线或无线方式远距离操作；第 3 阶段是 2030 年，各种电气设备都能自行控制负荷量。

美国电力科学研究院于 2002 年发起了知识型电网研究，并于 2004 年发布了针对电网智能化的知识型电网体系，为通信和计算机技术在智能电网中的应用提出了一系列标准和技术指引。

美国智能电网发展的重点主要包括：在配电侧和用电侧研发可再生能源和分布式电源并网技术，推动可再生能源发展；发展智能电表，使消费者可以根据自身需要在不同价格时段使用电力；关注电网基础架构的升级更新，强调智能电网的稳定性，同时最大限度地利用信息技术，实现系统智能对人力智能的替代。

美国能源部和电网智能化联盟主导的 GridWise 项目、美国电力科学研究院发起的 Intelligrid 项目，都是最具代表性的美国智能电网实施项目。美国已将新能源作为智能电网建设的重要组成部分，并且规划和设计了一个具有自动监控功能的联网系统，能够识别各个相互联系的部分，尤其是可以传递各部分对用电决策的影响(包括经济的、环境的和可靠性的影响)。这一思路利用了多种已经使用的纵向系统解决方案，同时横向部署，将这些系统整合为一个实时和自动化的“神经网络”，不仅有利于环境保护，而且可以最大限度地提高输电可靠性[9]。

2. 欧洲

欧洲智能电网计划又称超级智能电网(super smart grid)，主要基于分布式能源系统和可再生能源的大规模集成利用，将广域电力输送网络与智能电网结合形成广域智能网络。欧盟提出了发展跨越欧盟、北非、中东等国家和地区的超级智能电网。通过超级智能电网计划，充分利用潜力巨大的北非沙漠太阳能和风能等可再生能源，完善未来的欧洲能源系统，满足风能、太阳能和生物质能等可再生能源快速发展的需要。

欧洲各国智能电网建设的侧重点，是将可再生能源发电并入电网。欧洲主要国家在现有电网的基础上进行分布式电网的研究和建设，纷纷加快智能电网基础设施建设。欧盟委员会于 2005 年正式发起智能电网欧洲技术论坛。2006 年，该论坛提出了智能电网的远景目标，之后又制定了战略研究议程。据国际能源署预测，到 2030 年，整个欧洲需要为电网升级改造投入约 5000 亿欧元，其中智能电网的比例最大。欧洲智能电网技术平台，通过建立相应的组织机构来保证活动的组织、研究和推进。当时，英国、德国、法国、比利时、荷兰、卢森堡、丹麦、瑞典、爱尔兰等欧洲九国，希望制定 5 年发展规划，在未来 10 年内建立一套横贯欧洲大陆的高压直流电网，并在法国、西班牙、德国和英国完成先进计量基础设施(advanced metering infrastructure，AMI)的部署；到 2020 年，可再生能源在欧盟能源供应系统中的总体比例将达到 20%。

3. 中国

随着中国经济和社会的高速发展，电力需求日益增长，电网建设规模日趋扩大，电网负荷变动剧烈，区域负荷发展不平衡，在电网建设过程中必须进行前瞻性的探索研究，深化成熟技术应用，推广高新技术，如广域相量测量、数字化变电站、配电自动化、柔性交流输电系统(flexible AC transmission systems，FACTS)技术等；在用户侧积极推广和应用 AMI/AMR(automatic meter reading)，实施分时电价、峰谷电价；在远距离和大容量电力传输方面，扩大特高压电网。

中国的智能电网可行的建设思路如下。

1)全面提升电源侧智能化水平，建立健全网-源协调发展和运营机制

(1)提升电源侧的可观性和可控性，实现电源与电网信息的高效互通。

(2)建设新能源发电功率预测系统，加强新能源与传统电源、电网、负荷统筹规划。

(3)优化电源结构，引导电源主动参与辅助服务。

2)全面提升输电系统的智能化水平，保障电网安全稳定高效运行

(1)推广大容量远距离输电技术，建设智能变电站。

(2)研究部署大电网状态评价、预警和自适应决策控制系统，提升电网的可控性和可观性。

(3)推广全寿命周期管理，提升电网设备运行管理水平和利用效率。

3)整合智能电网数据资源，构建安全高效的信息通信支撑平台

(1)推广智能电表应用，电动汽车、电采暖等电能替代工程。

(2)推广以动态电价为基础的需求侧响应机制。

(3)为用户提供多元化服务，满足新型负荷接入，全面支撑智能建筑、智能园区、智能家居建设。

4) 推动智能电网与互联网融合发展，实现能量流、信息流和业务流融合，实现商业模式创新

(1) 利用信息系统、计算资源的高效率和低成本来提高物理系统的运行效率，产生“以软代硬”效益。电网信息物理融合过程示意图如图 4.1 所示。

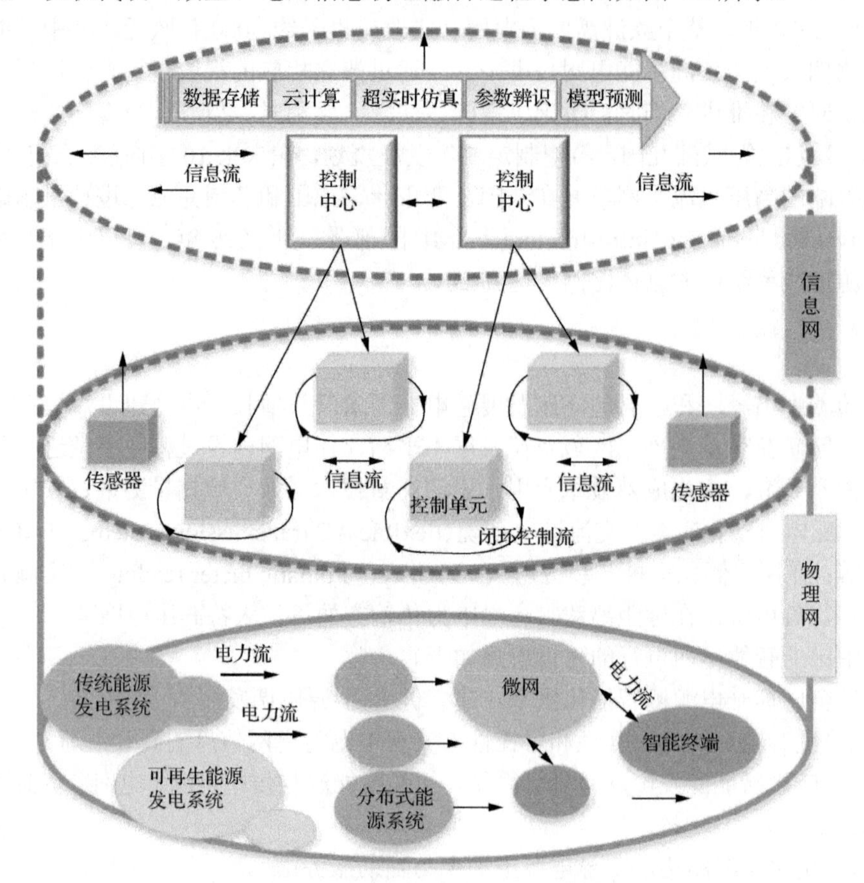

图 4.1　电网信息物理融合过程示意图

(2) 建立实时反映电力成本和供需关系的交互媒介，作为“市场配置”效益的基础。

(3) 通过将网-源-荷视为系统的整体进行总体效率优化和运行控制，实现供应与需求的有效匹配，提高能源利用效率。

5) 全面开展智能电网关键技术研发与装备研制，以技术创新推动智能电网持续发展，实现国际引领

中国的智能电网可以从以下四个方面进行重点创新。

(1) 发电侧：可再生能源发电预测技术、大规模可再生能源并网运行控制技术、高性能大容量、储能技术(超导储能、压缩空气储能等)。

(2)输电侧：特高压交直流输电技术、柔性直流输电技术、交直流大电网智能调度、经济运行与安全防御技术。

(3)用电侧：需求侧响应、高级量测技术、分布式储能技术、直流配电网技术、电动汽车无线充电技术。

(4)信息技术：大数据、云计算、物联网、移动互联网。

4.1.5　智能电网的建设过程

1. 美国智能电网的建设过程

美国、欧盟等主要发达国家和地区都高度重视智能电网顶层技术路线的设计与制定。美国是从经济和能源的角度，将智能电网定位为利用数字技术提高大规模电力系统的可靠性、安全性和有效性。电力系统包括大型发电厂、输配电系统、电力用户，以及不断增加的分布式发电系统和储能设备[10]。

2001 年，美国电力科学研究院首次提出智能电网的概念。2003 年，美国正式启动智能电网的研究与建设。2005 年，英特尔创建了基于英特尔电脑技术的住宅能源管理系统，致力于加快包括智能电网在内的集成与协同，利用互联网对住宅的电能进行监控和调节。2006 年，美国 IBM 公司联合全球性电力专业研究机构和电力企业，合作开发并提出了“智能电网”解决方案。

2008 年 4 月，美国西部位于科罗拉多州的波尔得成为全美第一个智能电网城市。与此同时，美国还有 10 多个州也在推进智能电网发展计划。2008 年 9 月，Google 与通用电气共同开发清洁能源业务，为美国打造国家智能电网。2008 年 10 月，美国成立了专门的智能电网工作组，工作组和美国国家标准与技术研究院(National Institute of Standards and Technology，NIST)及电力研究协会(Electric Power Research Institute，EPRI)合作制定智能电网标准，并致力于研究适应最新智能电网技术的智能电网家电。2009 年 1 月，美国宣布铺设或更新 3000mile (1mile=1.609344km)输电线路，为 4000 万美国家庭安装智能电表，将启动“智能电网”工程作为其经济复兴的核心引擎。2009 年 2 月，美国宣布拨出 45 亿美元专款用于支持智能电网发展。2009 年 4 月，NIST 在美国能源部的协助下，启动了制定智能电网相关标准的程序，美国能源部宣布政府将投资 34 亿美元用于资助智能电网技术开发。

2009 年 5 月，美国能源部颁布了包括控制系统互操作性、安全使用智能电网、建筑自动化、发电和配电、信息安全和家庭网络等涉及智能电网的 16 项标准。2009 年 6 月，IEEE 致力于制定一套有关电力工程、信息技术、互通协议等智能电网的标准和互通原则。2009 年 8 月，美国提出建设一个可实现电力在距离约 4500km 的东西两岸传输的智能电网。

2009 年 11 月，中美签署“中美清洁/智能电网系统研究与示范合作协议”，合作包括对中美现有的和未来的电网模拟，满足大规模发电需求的可再生能源技术设计，以及最终实现使现有能源输配送系统节能 30%以上等。2009 年 12 月，美国 ADI 公司推出的高精度电能计量可用于提高商业、工业及住宅智能电表的精度和性能[11]。

2010 年以后的美国智能电网建设过程路线如图 4.2 所示。由图 4.2 可以看出，美国的智能电网技术路线包含了清洁能源传输和电网可靠性、智能配电网发展、储能装置、光纤通信安全性、审批-遗址和分析、设施安全和能源恢复、接入可再生能源、高温超导送电等 8 个方面。图中，2015 年之前接入可再生能源以降低 10%的高峰负荷、研发兆瓦级的电池用于负荷管理、智能信息化住宅等目标已经实现；而高温超导送电在 2011 年之后没有得到美国能源部的进一步投资。美国智能电网长期建设发展中，在清洁能源传输和电网可靠性方面，安装了至少 850 个同步测量单元，利用新工具、算法解决系统扰动的智能、实时检测，防止发生大面积停电事故；在智能配电网方面，推进配电自动化和需求侧响应研究成果的应用；建设了一条能够动态优化网络操作和电源，以及降低 15%高峰负荷的示范线路。

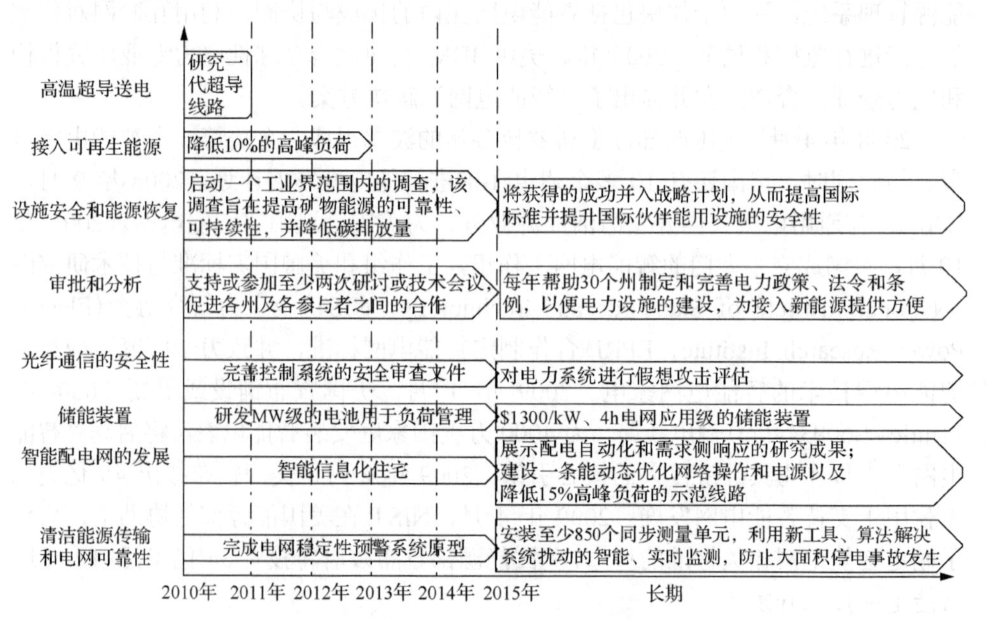

图 4.2　美国智能电网建设过程路线图

2. 欧盟智能电网的建设过程

欧盟智能电网的建设，以英国、法国、德国等国家为主要代表，其他国家起辅助作用。这些国家都是在充分考虑本国实际情况的基础上，积极按照欧盟委员会的统筹和部署开展智能电网相关工作。2010年，以英国、法国、德国为代表的欧洲国家正式拟定了联手打造可再生能源的超级电网计划：预计在此后的未来10年内，建立一套横贯欧洲大陆的电网，发挥不同电源间的互补优势，加强欧洲大陆的电力供给。

英国政府于2010年初发布了《智能电网：机遇》报告，出台了详细的智能电网建设计划，并于2009年10月和2010年11月分别为智能电表技术投入600万英镑的科研资金。此外，英国煤气与电力市场办公室计划提供5亿英镑，协助相关机构开展智能电网试点工作。

法国智能电网工作的重点是更好地消纳清洁能源。法国政府通过征收二氧化碳排放税以及承诺投入4亿欧元资金用于研发清洁能源汽车等来促进智能电网的建设。此外，法国电网公司和阿海珐旗下的输配电公司T&D合作发展智能电网。法国配电公司ERDF还逐步把居民目前使用的普通电表全部更换成智能电表。

德国工业界也同步发起了“能源互联网”源互联行动计划，该计划的重心是将能源系统各部分进行智能联网。针对信息化能源(E-Energy)促进计划项目，德国启动了不同类型的示范工程，对智能电网的不同层面分别进行展示和研究。截至2012年，为了推进智能电网项目，德国经济和技术部投入了4000万欧元，环保部投入了2000万欧元，产业界也在示范项目范围内投入8000万欧元，用以研究和测试基于ICT的先进能源系统[11]。

总之，欧盟的智能电网建设过程可以用图4.3所示的路线图进行展示。由图4.3可以看出，欧盟的智能电网技术路线共包括优化电网基础设施、接入可再生能源、主动配电网络、新市场新用户和新电能效率、信息与通信技术、优化电网的运行和使用六个方面。其中，除优化电网的运行和使用、信息和通信技术外，其他方面的建设均持续到2020年之后，并在2020年实现其20-20-20目标，即提高20%的可再生能源接入、降低20%的CO_2排放量、提高20%的电网效率。

3. 中国智能电网的建设过程

根据相关规划，分三个阶段分别从发电、输电、变电、配电、用电和调度环节开展我国的智能电网建设[12]。

1)发电环节

通过深入研究各类电源的运行控制特性和加快新能源发电及其并网运行控制技术研究，引导电源集约化发展，协调推进了“煤电+水电+核电+可再生能源”基地的开发；开展发电机组深度调峰技术和大容量储能技术的研究，加快抽水蓄能电站建设，进一步提升蓄能机组调节速度和能力；实施节能发电调度，优化电源、电网结构，促进大规模风电、光伏等新能源的科学合理利用。

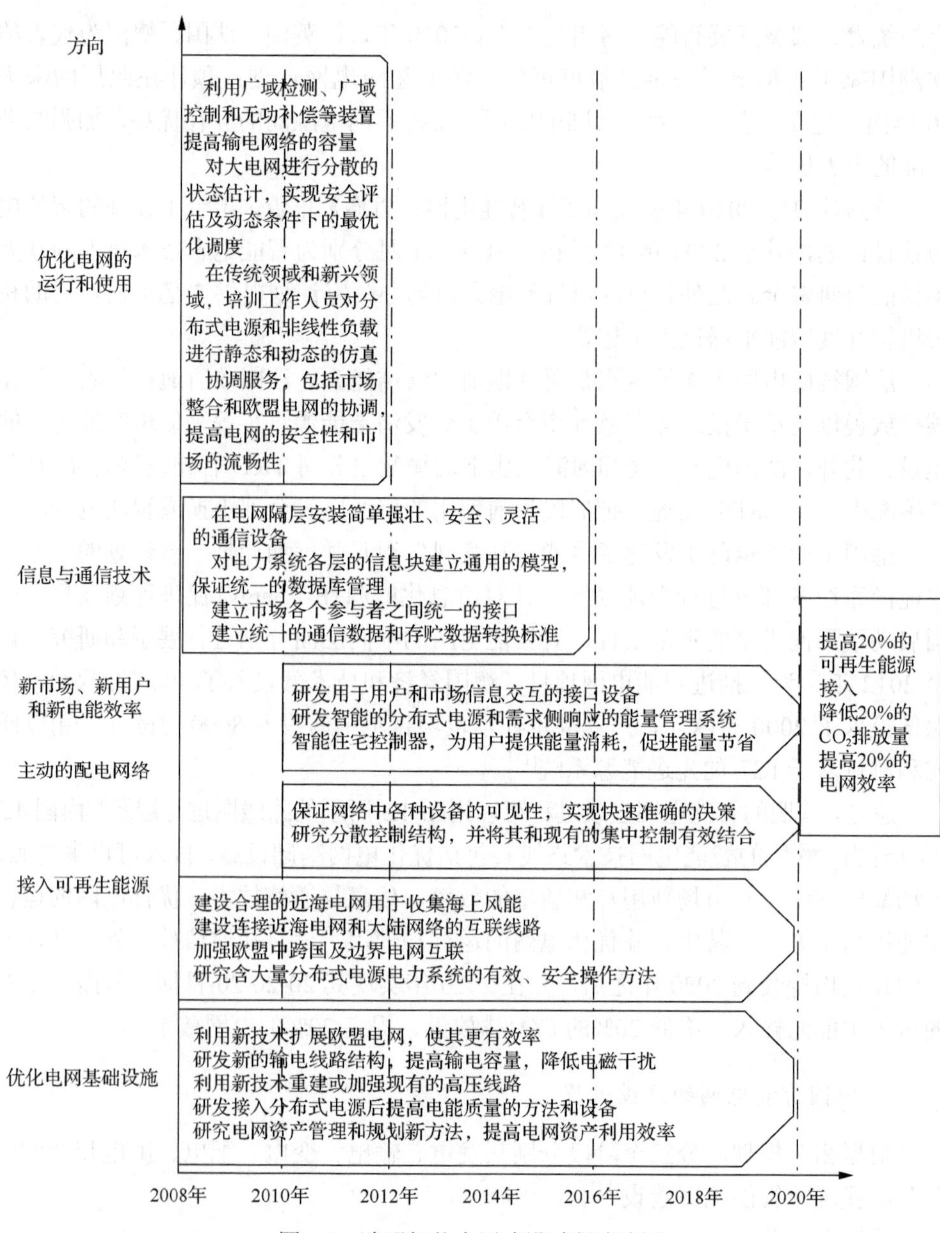

图 4.3　欧盟智能电网建设过程路线图

2)输电环节

集成应用新技术、新材料、新工艺，实现勘测数字化、设计模块化、运行状态化、信息标准化、应用网络化和输电线路状态评估的智能化；加强了线路状态检修、全寿命周期管理和智能防灾等技术研究应用；加强了柔性交流输电技术研究，全面实施输电线路状态检修和全寿命周期管理；灵活交流输电技术装备逐步达到国际领先水平。

3)变电环节

研究各类电源规范接纳技术，制定了智能变电站和智能装备的技术标准及规范，使设备信息运行维护策略与电力调度全面互动；枢纽及中心变电站全面建成或改造成为智能变电站；构建就地、区域、广域综合测控保护体系，实现电网运行数据的全面采集和实时共享；完善智能设备的自诊断和状态预警能力，完善设备检修模式支撑电网实时控制、智能调节和各类高级应用，保障各级电网安全稳定运行。

4)配电环节

扩充生产管理信息系统中配电模块管理功能，强化配电网基础信息管理；构建智能电网配电环节技术架构体系；开展关键技术研究并全面推广应用。建成高效、灵活、合理的配电网络，具备灵活重构、潮流优化能力和可再生能源接纳能力；实现集中/分散储能装置及分布式电源的兼容接入与统一控制；完成实用型配电自动化和配网调控一体化智能技术支持系统的全面建设，使得主要技术装备达到国际领先水平。

5)用电环节

构建智能用电体系架构，建立相应标准规范，构建智能营销组织模式、标准化业务体系和智能化双向互动用户管理与服务体系；广泛推动智能电能表应用，建设高级计量管理体系，在全国范围推广应用智能电能表；推动智能用电技术研发和广泛应用，推动智能楼宇、智能家电、智能交通等领域技术创新，改变终端用户用能模式，提高电能在终端能源消费比例；开展电动汽车充放电站关键技术研究并全面推广应用。

6)调度环节

大力推动调度技术进步，统一开发、建设具有自主知识产权的智能调度技术支持系统；注重提高实用化水平，夯实厂站自动化、调度自动化、电力通信网络等三大基础，实现运行信息全景化、数据传输网络化、安全评估动态化、调度决策精细化、运行控制自动化、网厂协调最优化，形成一体化的智能调度体系。

我国建设智能电网的技术研发、设备研制、试点验证、标准完善和推广应用等工作也贯穿始终。

4.1.6 信息革命与智能电网

智能电网建设将开启电网技术的一次重大革新，而信息化则是这次革新中不可或缺的重要内容和变革手段，信息化与电力工业的深度融合也将随着智能电网的建设体现得更加充分。

我国的智能电网高度重视通信和信息平台的建设，其发展目标是建成具有国际领先水平的第一个绿色、环保电力通信网，建设智能信息平台为整体技术路线，加强发电、输电、变电、配电、用电和调度六个环节信息化的协同推进和安全高效融合；开展电力通信、信息采集、传输等多方面技术攻关；自主开展电力通信信息骨干网建设；建立和完善统一时钟、统一授时的同步网；推进电力网、电力通信与信息网、电信网和有线电视网的四网合一。

1. 智能电网信息化定位

智能电网是具有信息化、数字化、自动化、互动化特征的统一的电力系统，其中信息化作为“四化”突破口的重要性凸显。电网企业信息化建设起步较早，在生产调度自动化的基础上，各专业应用逐渐发展起来，形成了由信息网络、基础软硬件、应用系统、数据资源、集成平台、信息安全、IT 管理与服务等方面组成的信息化体系。目前，电网企业信息化已经进入建设与应用并行推进的阶段。在基础设施方面，光纤主干通信网络铺设完成，为设备间实现基于数字通信的交互提供了信息通道。在人才培养方面，电网企业的调度中心、信息主管部门通过多年的调度自动化、管理信息化的建设培养了一大批熟悉电力生产业务和 IT 技术的人才队伍。当前的电力企业信息化应用正在从专业化应用向企业信息一体化应用方向转变，在这个过程中，电网业务数字化的程度已经有大幅度提高。当前电网信息化建设历程是智能电网建设的必经之路，电网企业信息化的成果给未来智能电网的建设奠定了良好的基础[13]。

在智能电网建设框架下，信息化建设将随着电网应用需求的提升而面临新的发展要求。

1)信息化向业务价值链各环节的渗透

目前，电网企业信息化建设主要关注营销收费、企业资源管理以及办公自动化等领域，而在调度管理、电网优化、生产管理、需求侧管理方面的应用水平则普遍滞后。智能电网的建设将覆盖电源、输配电、售电和用电管理的各个环节，信息化也将成为各业务环节实现智能化的手段，信息化部门需要为更多新的业务需求提供支撑和服务，如提供基于智能设备的应用功能、为设备安全交互提供可监测的数字宽带网络等。信息化部门也需要更加深入业务，紧跟智能电网建设带来的业务变革。

2)管理信息化与自动化将结合紧密

在建设智能电网的环境下，调度自动化与管理信息化的结合将更加紧密。由于大批的智能设备、仪器仪表、传感器等将被置入各级电网以及终端用户侧，届时将有大量的设备状态数据、生产实时数据、负荷数据在各类设备之间、系统之间传递，企业的生产管理和经营决策都需要依赖这些数据来完成，管理决策信息也需要有效地反馈到电网运行中，并进行调节。信息化部门将需要提供自动化与管理信息化交互的平台，为更多实时数据的安全传输、科学管理和分析应用提供环境和工具。

3)面向服务的信息一体化架构将成为发展方向

目前，电力信息化建设正在从专业级应用向企业级应用转变，信息集成建设成为当前电力企业解决信息孤岛、实现信息资源共享的重要手段。智能电网建设将加快企业信息一体化的进程。

智能电网的基础是电网业务的全数字化，信息资源能够得到充分共享和应用，实现业务的协同化运作，因此信息一体化架构将成为智能电网下的电网企业信息化架构。由于未来会有各种类型的智能设备在不同时期进入网络环境，并且基于智能电网的环境会有各种应用需求产生，因此需要企业的信息集成平台是一个面向服务的、能够提供标准化接口的平台，兼容分散式和集中式的信息系统。

4)技术引领与业务驱动并重，信息化与业务创新深度融合

智能电网的建设将会促使电网企业进行大量的业务创新和管理创新。信息技术的发展将带动业务与管理创新能力的提升，促使企业研发更多新的应用和面向用户的增值服务；同时，管理能力的创新也将对信息技术提出更高的要求。两者互相促进，形成良性发展螺旋式上升的状态。

在这样的环境下，信息化将不仅仅扮演业务支撑的角色，更需要完全参与到企业业务创新的过程中，通过引进新的信息技术，不断地挖掘智能电网的应用价值。

2. 智能电网信息化体系

实际上，智能电网的信息化体系是从信息化架构层级、电网产业链、业务类型三个不同的维度，对建设体系进行划分和组合。在智能电网架构下，无论电能流的方向还是企业业务链的递进方向，每个环节都伴随有大量的数据生成、数据采集、数据处理，供分析应用，并最终以不同的形态展示在用户面前。信息化的理念和技术将在这些环节实现智能化目标的过程中充分发挥作用[14]。

在这样的体系结构下，信息化建设将主要包含以下内容。

1)稳健的通信网络设施和高性能的数据处理设备

智能电网的运行依赖大量数据采集、传输、计算分析，稳健的通信网络是智能电网的基础。智能电力设备将通过通信网络进行数据通信和互动，实施自动故障识别、对已经发生的扰动做出响应等。基于通信网络设施，大量的数据在各设备、系统之间进行传输和计算，对数据的处理能力和计算效率提出了更高的要求，分布式计算技术和网格计算服务器的应用将应运而生。

2)集成的电网实时监控信息与管理信息

电网运行数据和设备运行状态数据的采集、分析为整个电网运行控制和管理

决策提供支持。目前，电网企业信息化比较领先的企业已经通过生产实时数据平台等技术手段实现了电网实时信息与管理信息的单向交互，为进一步科学管理电网运行提供了支撑。业务管理人员通过对设备状态数据的分析，能够对设备资产实施全生命周期跟踪管理，对设备进行有效评估和风险控制，最大限度提高设备的使用效率，实现电网的经济运行。

3)基于企业服务总线的信息化集成平台

智能电网强调需要建立高速的信息通道，使数据在业务流引擎的驱动下，在电网设备运行、电网调度以及各业务系统间有序流动，包括电网实时运行数据、电网拓扑结构数据、计量数据、用户数据以及外部应用系统数据，从而实现信息集成，形成跨部门、跨系统、跨应用的业务协同环境。电网企业可以通过建立企业服务总线，集成分散式和集中式的应用系统。同时，为了不同系统和不同主体能够相互识别与交换信息、协调运行，接口协议和通用信息模型等标准规范必不可少。当然，要达到系统之间的无缝衔接，还必须界定各个系统的软、硬件组成，明确它们相互之间的接口。

4)新一代电网的业务功能开发和应用创新

智能电网业务功能的开发与应用创新是智能电网价值的根本体现。智能电网的功能开发可以覆盖电网企业业务流、电能流的各个环节。从目前的研究进展和发展趋势来看，与智能电网相关的业务需求基本有电网的优化、系统模拟和仿真、设备资产的全生命周期管理、设备状态的检测与远程诊断、电力交易撮合、营销与配电一体化管理、需求侧管理、智能家电应用解决方案、企业生产经营绩效分析等。智能电网的业务功能将随着业务的发展和需求的增长不断地丰富完善。

5)纵深的信息安全防御体系

坚强是智能电网的基础，坚强不仅要求骨干网架的安全稳定、抗攻击性强，而且对智能电网运行所依赖的整个信息环境的安全有严格的要求，建立一套覆盖物理层到应用层的纵深信息安全防御体系是对坚强智能电网的基础支撑。

4.2　智能电网关键技术

智能电网作为下一代电力系统的发展方向，涵盖的技术范围非常广泛。广义的智能电网相关技术包括一切可能在下一代电网中得到应用的技术。因篇幅所限，本书仅从电源侧、电网侧、用户侧和储能方面讨论智能电网的关键技术。

4.2.1　电源侧技术

本节所涉及的电源侧关键技术，是指除常规化石能源发电技术以外的清洁能源发电技术，主要包括风力发电技术、太阳能发电技术、清洁煤发电技术、燃气轮机发电技术、燃料电池发电技术、潮汐能发电技术、生物质能发电技术，以及近年来新出现的页岩气和小堆核电技术等八种类型。

1. 风力发电技术

1) 风电发电的概念及意义

风能是地球表面空气流动所产生的动能。由于地面各处受太阳照射后气温变化不同和空气中水蒸气的含量不同，各地气压并不完全相同，会导致空气由高压地区向低压地区流动，这就形成了风，风力发电是把风的动能转为电能。随着地球常规资源的日益匮乏，全球倡导节约资源，一种环保清洁的可再生能源——风能，在这个能源短缺的时代扮演了重要的角色。

2) 风电发展阶段

中国的风能具有储量大和分布广的特征，仅陆地风能储量就高达2.53亿kW，深度开发潜力巨大。我国的风电发展开发始于20世纪50年代末，经过半个多世纪的发展取得了显著成就。进入21世纪以来，我国进一步提出建设节约型和环保型社会的总目标，为风电行业的发展奠定了良好的政策基础。就我国的风电装机容量而言，2008年突破10GW；2015年新增30.5GW，总容量达到145.1GW，连续6年位居全球新增容量首位；2016年新增23.4GW，总容量达到169GW。按照能源发展规划，2020年，我国的可再生能源在能源总量中的占比将提高到15%以上。由此可见，风电已经成为我国能源发展战略的重要组成部分。

我国的风电发展历程可以划分为五个阶段[15]。

(1) 初始研究阶段。该阶段始于20世纪50年代，是我国风力发电技术研究的探索阶段。受到经济和技术的限制，该阶段所研发的风机机组没有实现并网的目标，但为后来的风电研发提供了宝贵的经验。

(2) 离网式风电发展阶段。该阶段始于20世纪60年代，主要是从离网式小风机的研发推广开始的。在国家相关部门的支持下，该阶段实现了小型风电机组的研发、应用和推广，解决了农村无电地区的电力供应问题，对保证偏远地区的居民基本生活用电起到了重要作用。

(3) 风电并网试点和示范阶段。该阶段始于20世纪80年代，我国在离网式风电发展阶段研发小型风电机组的经验上，开始了对大型风电技术的开发和利用。1977年，首次研制成功单机容量为18kW的FD 13-18中型风力发电机，并在浙江嵊泗岛茶园子镇上实施并网安装。1986年，山东省荣成市马兰风力发电厂的建成，意味着我国商业风力发电厂开始进入运营。1989年，我国开始建设100kW以上的风力发电厂；1994年，新疆达坂城风电总装机容量达10.1MW，成为我国第一个装机容量达万千瓦级的风电厂，其最大单机容量为500kW。1996年，国家计划委员会推出的“乘风计划”“双加工程”“国债风电项目”，使我国风电事业正式进入大规模发展阶段。

(4) 规模化发展阶段。从 20 世纪 90 年代开始，为了促进风电并网的发展，我国政府推出了一系列的风电发展支持政策，风力发电技术不断提升，风电装机容量和并网容量不断提高。2011 年，我国风电装机容量达 62364.3MW，风电累计并网量达 47.8GW，形成了我国自主创新的风电机组研发技术，提升了我国在国际风电技术市场上的竞争力。

(5) 集约化发展阶段。经过规模化发展阶段的积累，我国风力发电已经步入集约化发展阶段，并开始向国际化方向发展，该阶段风力发电的主要特征为风电装机容量增长迅速，相关的风电装备制造业开始涌现，国家出台了一系列促进风电产业发展的相关政策。

3) 风电机组的组成及分类

风力发电机组(简称风电机组)是将风能转化为电能的工具，主要由风力机和发电机两部分组成，通常由风轮、叶片、传动(高速齿轮机电机)、能量转换、控制保护系统、塔架、变压器等组成。

根据风机类型的不同，风电机组主要有如下几种分类方式：①按照风机旋转主轴的方向(即主轴与地面的相对位置)分类，可分为水平轴式风机和垂直轴式风机；②按照桨叶接受风能的功率调节方式，可分为定桨距(失速型)机组和变桨距机组；③按照叶轮转速是否恒定，可分为恒速型和变速型；④按照功率传递的机械连接方式的不同，可分为有齿轮箱型风机和无齿轮箱的直驱型风机。

根据发电机类型的不同，风电机组可分为异步发电机型和同步发电机型两大类。其中，异步发电机型又可根据转子结构的不同，分为笼型和双馈异步发电机；同步发电机型又可按其产生旋转磁场的磁极类型，分为电励磁同步发电机和永磁同步发电机两类。

此外，风电机组还可以根据风机的额定功率进行划分，如微型机(10kW 以下)、小型机(10～100kW)、中型机(100～1000kW)和大型机(1000kW 以上)四类。其中的大型机通常又称为兆瓦级风电机组。

实现恒速或变速风力发电系统有多种方案，采用何种类型的发电机主要取决于风电系统的具体形式[16]。

传统恒速/变速风电系统包括以下几种。

(1) 基于笼型异步发电机(squirrel cage induction generator，SCIG)的恒速风电系统，采用多级齿轮箱驱动的 SCIG，发电机定子侧通过变压器直接接入电网，在风电发展初期得到了广泛应用。该系统结构如图 4.4 所示。SCIG 是传统风电系统广泛采用的发电机[17]。SCIG 采用定桨距失速或主动失速桨叶，在高于同步转速附近做恒速运行。并网运行时，SCIG 需要从电网吸收无功功率以产生旋转磁场，但这会降低电网功率因数，影响电压的稳定性，因此一般需配备并联补偿电容器组以补偿无功。

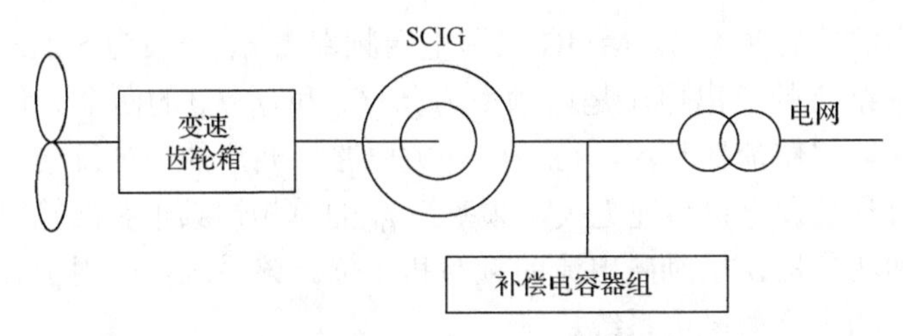

图 4.4　基于 SCIG 的恒速风电系统结构图

(2)基于绕线式异步发电机(wound rotor induction generator，WRIG)的受限变速风电系统，采用转子电阻可变的 WRIG[18]，定子侧直接接入电网，而转子绕组通过变流器件或普通异步发电机通过滑环外接可变电阻来调整转子回路电阻，从而调节发电机的转差率，实现有限变速运行。基于 WRIG 的受限变速风电系统结构如图 4.5 所示，该系统在风电系统中有所应用，但目前逐渐被鼠笼型+变频器等发电方式所淘汰。

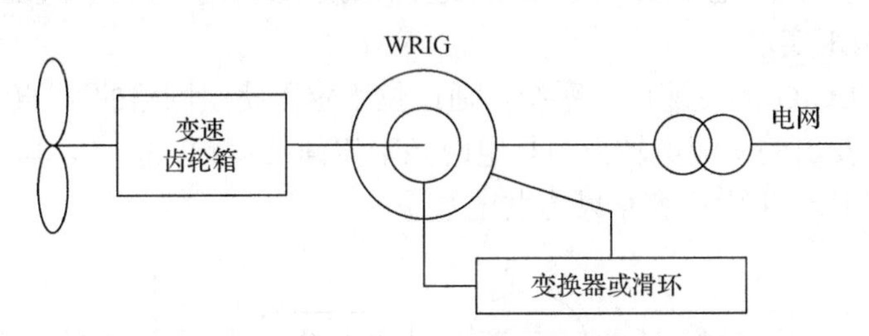

图 4.5　基于 WRIG 的受限变速风电系统结构图

(3)基于电磁转差离合器-笼型异步发电机(electromagnetic slip clutch-SCIG，ESC-SCIG)的变速风电系统，其结构如图 4.6 所示[19]。ESC 也称滑差电机，它的基本部件是电枢与磁极，这两者之间无机械联系，各自可以自由旋转。ESC 被加在齿轮箱与 SCIG 之间，通过调节励磁电流来改变输出转矩，使主从动轴间产生转速差，从而保持发电机的转速不变。该系统可应用于小功率风电系统，但因损耗大、效率低，现已很少使用。

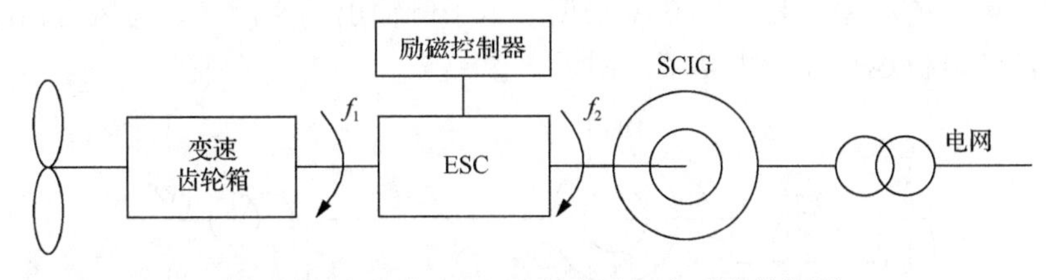

图 4.6　基于 ESC-SCIG 的变速风电系统结构图

(4)基于磁场调制发电机(magnet modulated generator，MMG)的变速风电系统，由 MMG 和功率转换电路等组成[20]，其结构如图 4.7 所示，其中磁场调制发电机具有较高的旋转频率 f_r。MMG 采用电网频率为 f_m（一般为 50Hz）的低频交流电励磁。电枢绕组的输出电压是由频率为（f_r+f_m）和（f_r-f_m）的两个分量组成的调幅波。经过并联桥式整流器整流，可控硅开关电路将波形的一半反向，再通过滤波器滤波，即得到与发电机转速无关、频率为 f_m 的单相恒频正弦波输出。系统输出电压的频率和相位取决于励磁电流的频率和相位。该系统可应用于容量为数十千瓦到数百千瓦的中小型风电系统。

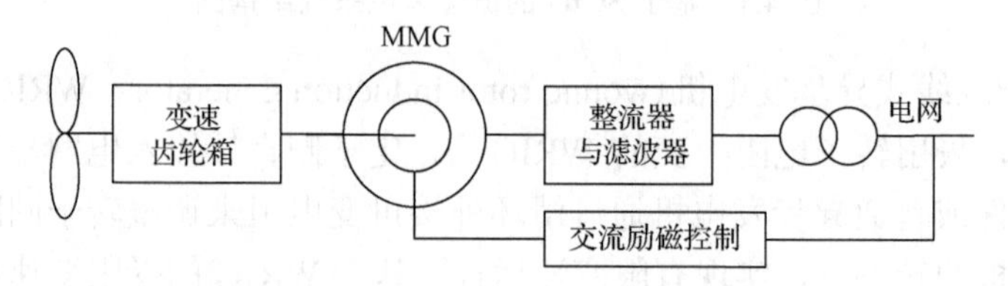

图 4.7　基于 MMG 的变速风电系统结构图

现代变速恒频风电系统一般采用变速恒频技术，该技术可通过变流装置或改造发电机结构来实现。

（1）基于 SCIG 的变速风电系统，通过位于定子绕组回路的交-直-交全额变频器，将 SCIG 发出的交流电转换为与电网频率相同的恒频电能[21]，其结构如图 4.8 所示。该系统适合于中小容量风力发电系统。

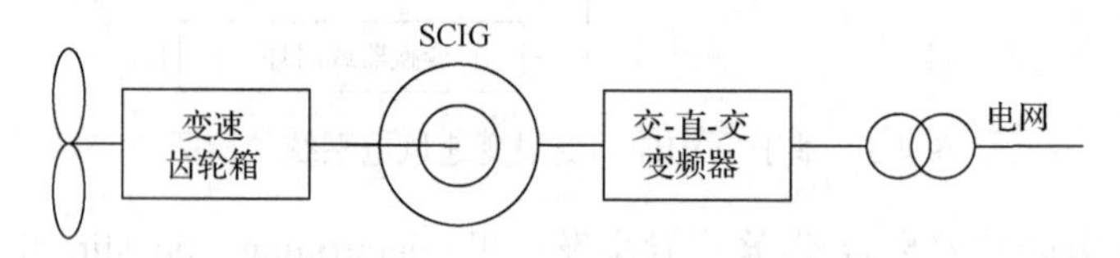

图 4.8　基于 SCIG 的变速风电系统结构图

（2）基于双馈式异步发电机（doubly fed induction generator，DFIG）的变速风电系统，其结构如图 4.9 所示[22]。其中风力机采用变桨距调节，双馈发电机的转子采用绕线式结构，定子侧直接接电网，转子侧通过双向变频器连接到电网，可对转子进行交流励磁；通过控制转差频率，可实现发电机的双馈调速。该系统通过调节转子电流的频率、相位和功率来调节定子侧输出功率，使之与风力输出功率相匹配，使风机运行在最大功率点附近。

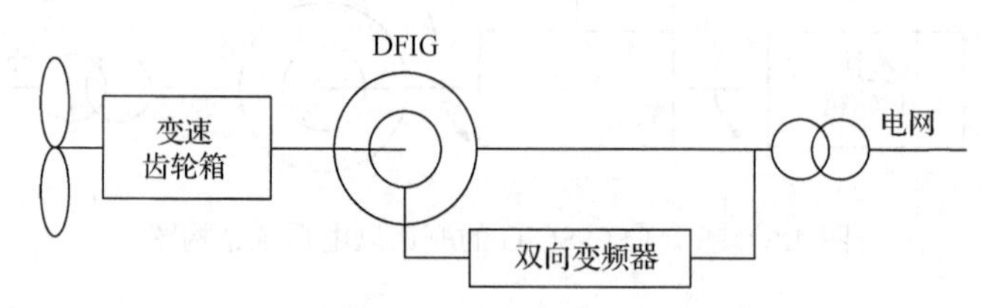

图 4.9　基于 DFIG 的变速风电系统结构图

(3) 基于直驱式电励磁同步发电机(electrically excited synchronous generator，EESG)的风电系统，其结构如图4.10所示[23]。由于风力机的转速较慢，而发电机的转速较快，两者之间一般需通过变速齿轮箱连接。但是，齿轮箱易磨损，油路易老化。直驱式风电系统省去了齿轮箱，两者的转子同轴直接相连，简化了传动链，提高了效率和可靠性，降低了维护量和噪声。异步发电机(induction generator，IG)会产生滞后的功率因数且需要进行补偿，而同步发电机(synchronous generator，SG)可以控制励磁来调节其功率因数为1；IG要通过增加转差率才能提高转矩，而SG只要加大功角就能增大转矩，调速范围更宽，承受转矩扰动能力更强，响应更快。因此，SG正逐步取代IG。直驱式SG可分为电励磁SG和永磁SG两大类。变换器与发电机定子相连，定子侧的绕组结构和IG类似，一般采用转子侧直流励磁方式。电压源型逆变器的直流侧提供转子的励磁电流，通过控制转子侧变频器可以调节励磁电流的大小。通过控制定子侧变频器，可控制电压的幅值和频率，使得发电机在较宽转速范围内运行。目前，该系统以制造商Enercon的产品为代表，单机容量达4.5MW。

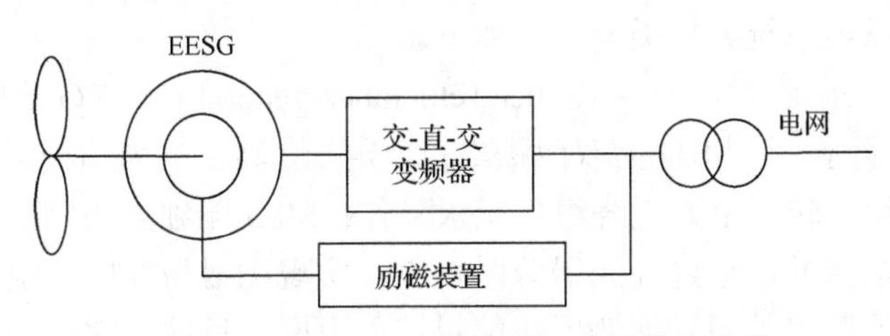

图4.10 基于EESG的变速风电系统结构图

(4) 基于直驱式永磁同步发电机(permanent magnet synchronous generator，PMSG)的风电系统，其结构与图4.10类似[24]。电机转子为永磁式结构，无需外部励磁电源，转子与风力机直接耦合相连，无需齿轮箱；定子通过变频器与电网相连，变频器将频率变化的电能转变为与电网同频的交流电。PMSG可分为径向式、轴向式和横向式三种励磁类型。该系统是目前性能最优、可靠性和性价比最高的风力发电方式，GE、Harakosan、Enercon、WinWind等多家公司已生产容量大于2MW的该类产品。

(5) 基于半直驱PMSG的风电系统。直驱式PMSG风电系统采用低速多极发电机，体积大、成本高。半直驱PMSG综合了DFIG和直驱PMSG系统的优点，它在风力机和PMSG之间增加了单级齿轮箱。该系统的结构与图4.10类似，采用PMSG作为发电机[25]，但适当增加了发电机的级数；定子通过变频器并网，使系统效率提高。目前，Multibrid和WinWind等公司已生产这种类型的机组。

(6) 基于永磁无刷直流发电机(permanent magnet brushless DC generator，PMBDCG)的风电系统，其结构如图4.11所示[26]。直流发电机(DC generator，DCG)

的电压波形平稳，但换向装置易损、故障率高、寿命短，且风力发电机安装在高塔架上，维修不便。因此，DCG 在风电系统中很少使用。PMSG 采用永磁体励磁，无须外加励磁装置和换向装置，效率高、寿命长，但励磁不能调节，输出电压波动较大。PMBDCG 采用永磁体转子励磁和外电枢式结构。该结构将永磁同步发电机与二极管全桥整流电路合为一体，其电枢绕组是直流单波绕组，采用二极管整流的电子换向器来取代电刷换向装置，并将二极管与电枢绕组两者合为一体。该系统只适合用于小型风电系统，实际使用不多。

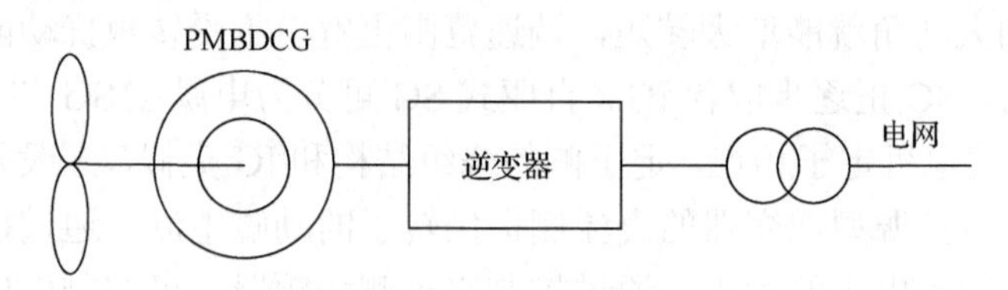

图 4.11　基于 PMBDCG 的变速风电系统结构图

近年来，一些具有商业化潜力的新型风力发电机及其风力发电系统不断涌现。新型变速恒频风电系统典型类型介绍如下。

(1) 基于开关磁阻发电机（switched reluctance generator，SRG）的风电系统，其结构如图 4.12 所示[27]。SRG 为双凸极电机，定子、转子均为凸极齿槽结构，定子上设有集中绕组，转子上既无绕组也无永磁体；SRG 无独立的励磁绕组，与集中嵌放的定子电枢合并，通过控制器分时控制，实现励磁与发电。定子接驱动器将电能输出到直流侧，再通过逆变器将能量馈入电网。目前，它还没得到广泛的应用，但发展潜力较大。

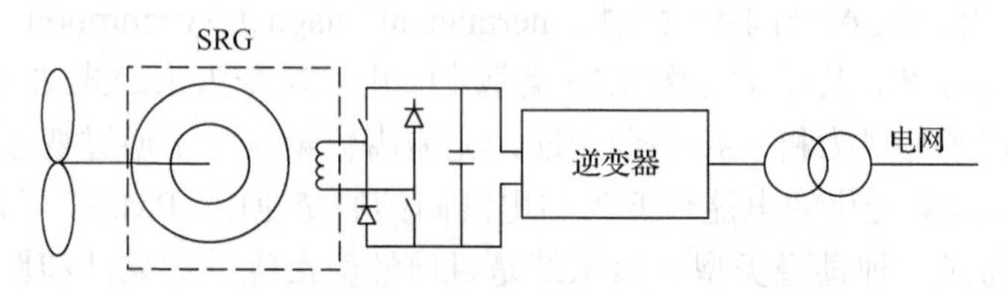

图 4.12　基于 SRG 的变速风电系统结构图

(2) 基于无刷双馈感应发电机（brushless doubly fed induction generator，BDFIG）的风电系统，其结构如图 4.13[28]所示。BDFIG 省去了电刷和滑环，定子有两套极数不同的绕组，其中功率绕组直接接电网，控制绕组则通过双向功率变换器接电网。其转子采用笼型或磁阻式结构，无需电刷和滑环，转子极数应为定子两个绕组极对数之和。定子的功率绕组和控制绕组的作用分别相当于 DFIG 的定子绕组和转子绕组，通过功率变换器改变输入到控制绕组的电流频率，可使发电机的输出频率保持恒定。目前，该系统仍处于实验研究阶段，尚未全面进入工程实用，但它将会广泛应用于中大容量的风电系统中。

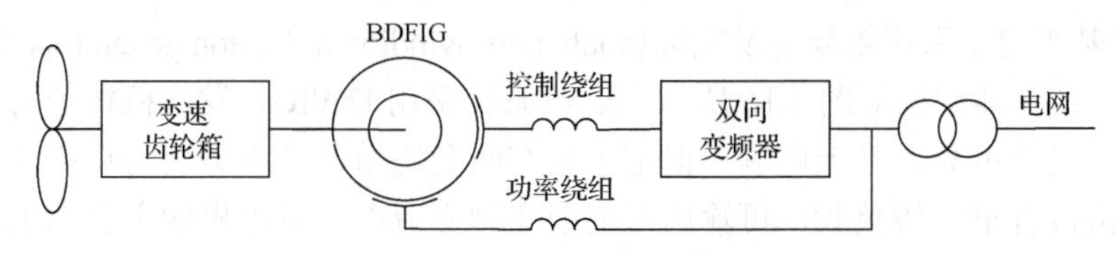

图 4.13 基于 BDFIG 的变速风电系统结构图

(3)基于爪极式发电机(claw pole generator，CPG)的风电系统，其结构如图 4.14 所示[29]。CPG 与一般同步电机的区别仅在于励磁系统部分。爪极发电机的磁路系统是一种并联磁路结构，所有各对极的磁势均来自一套共同的励磁绕组。系统通过变频器把爪极发电机发出的高频交流电转变为工频交流电，从而实现变速恒频控制。该系统适用于千瓦级的风力发电装置，但实际应用并不多。

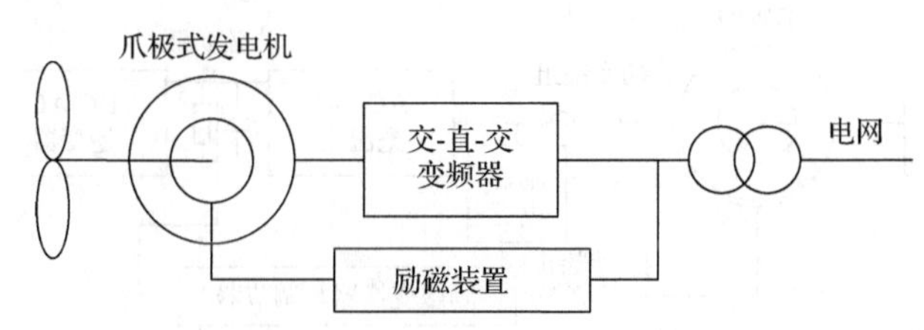

图 4.14 基于 CPG 的变速风电系统结构图

(4)基于高压发电机(high voltage generator，HVG)的风电系统，其电气连接如图 4.15 所示[30]。一般发电机电压等级为 690V 或 960V，兆瓦级风力发电机的电流很大，电线安装和运行成本很高。随着高压直流远程输电技术以及海上、沙漠、大草原等风电场并网技术的发展，风力发电机需与高压直流输电网直接并网。选择高压直流输电方式的原因是高压能减小输线电缆的截面积，降低成本，而直流能使交流需要的 3 根输电线减少为 2 根。HVG 的定子绕组采用高压电缆绕制，其输出电压可达 10～40kV，高压发电机的输出端经过整流装置变换为高压直流电输出，并接到直流母线上实现并网，再将直流电经逆变器转换为交流电，输送到地方电网。目前，ABB 等公司已生产了 3～5MW 高压 SG，其输出电压为 1.2～3.0kV。

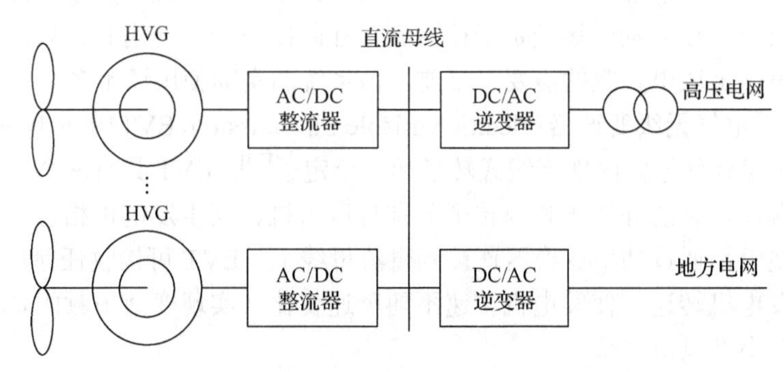

图 4.15 基于 HVG 的风电场电气连接图

(5)基于定子双绕组异步发电机(dual-stator winding induction generator，DWIG)的风电系统，其结构如图 4.16 所示[31]。该系统采用 DWIG，发电机转子为普通笼型结构，坚固可靠，且无电刷，但定子具有两套绕组，其中一套为功率绕组，输出端通常接有整流桥负载，可输出直流或变频交流电，发电机的主要输出功率由这套绕组承担；另一套为控制绕组，接有静止的励磁调节器，由变换器提供所需的无功电流，采用一定的控制策略，可调节电机的磁场，实现变速运行。它与 BDFIG 的主要区别在于：BDFIG 的两套定子绕组极数不同，而 DWIG 的两套定子绕组的极数相同，它们的工作原理不同。由于两套绕组的极对数相同，其工作频率相同，无电气连接，仅有磁场耦合。目前，该系统尚未成熟，可应用于中小功率和转速变化不大的风电系统。

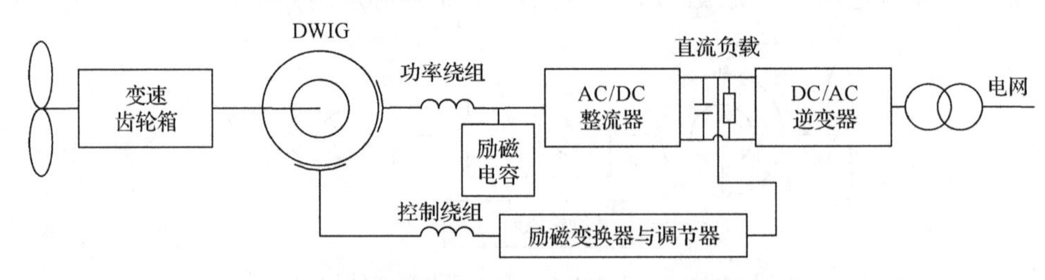

图 4.16　基于 DWIG 的变速风电系统结构图

(6)基于横向磁通永磁发电机(transverse flux permanent magnet generator，TFPMG)的风电系统。TFPMG 是一种新型 PMSG，它与常规发电机的不同之处体现在磁通回路[32]。常规发电机的磁路方向一般沿转子的半径方向，而磁通发电机在横向的磁路方向为转子的轴向方向。该系统可应用于容量小于 30kW 的小型风电机，但还不是很成熟。

(7)基于双凸极永磁发电机(doubly salient permanent magnet generator，DSPMG)的风电系统。DSPMG 是一种将 SRG 的简单结构与高性能永磁材料相结合的新型发电机[33]。这种发电机的定子和转子均为凸极齿槽结构，定子齿上安放集中式绕组，绕组端部短、用料量少、损耗小。永磁体被置于定子轭部，具有独特的聚磁效应，使激励磁场受定子极弧面尺寸限制较少。使用时，只需增加凸极数量，就可满足风电直驱的需要。目前，该系统的实际使用还不多。

(8)基于电气无级变速器(electric variable transmission，EVT)的风电系统。EVT 具有外部永磁体转子、内部绕线式转子和一个定子[34]。EVT 具有两个机械端口和两个电气端口，它的外转子和内转子分别与风力机、同步发电机相连，定子绕组和内转子绕组都通过功率变换器连接到直流母线上。EVT 可接收任何风速输入，无级调节发电机转速，使发电机转速不随风速变化，实现变速恒频的功能。该系统可应用于小型风电系统。

(9)基于全永磁悬浮发电机(all permanent magnetic suspension generator，APMSG)的风电系统。APMSG 由原动力传送装置、磁力传动调速装置、磁轮和永磁发电机等组成。该系统应用于开发广大地区的低风速资源。

4)风力发电的运行方式

目前常见的风力发电机组的容量从几千瓦到几千千瓦不等。不同容量的风力发电机组适合不同的运行方式，如表 4.2 所示。

表 4.2 风力发电机组的运行方式

风力机组容量/kW	主要运行方式
1000kW 以上	并网运行
几十千瓦～几百千瓦	互补运行
10kW 以下	独立运行

大型风电场与电力系统的并网方式主要有交流直接接入、交-交变频接入、直流接入三种方式。交流直接接入方式中，升压变压器可安装在大型发电机内部，发电机的输出直接升压后通过一定的连接方式组成内部网络，功率统一流入功率收集点，再经过传输线路直接连接至电网中；交-交变频接入方式中，发电机发出的功率直接通过内部网络汇集到功率收集点，然后通过交-交变频器、升压变压器连接到电网中；在直流接入方式中，风电场汇集的交流功率被转化为直流经过远距离输送后再变为交流接入电网。

不并网时，可与光伏发电或柴油发电联合运行形成互补运行，风电机组为主，柴油发电机为辅，柴油发电机填补功率缺额，也起稳定电压的作用。可调负荷与主负荷并联，起调频作用。如条件允许，可配备合适大小的储能单元以提高供电可靠性[35]。

独立运行则主要采用直流发电机系统并配合蓄电池储能装置。

2. 太阳能发电技术

1)太阳能发电的重要意义

太阳能具有分布广泛、清洁、安全等特点，这些特点使其成为新能源发电的发展方向之一。中国太阳能资源非常丰富，理论储量达每年 17000×10^8t 标准煤。太阳能资源开发利用的潜力非常广阔。在中国广阔的土地上，大多数地区年平均日辐射量在 4kW·h/m^2 以上，西藏日辐射量最高达 7kW·h/m^2。年日照时数大于 2000h。与同纬度的其他国家相比，与美国相近，比欧洲、日本优越得多，因而有巨大的开发潜能。由于我国是一个能源消耗大国，并且人口分布极不均匀，因此发展太阳能光伏发电系统对于我国的可持续发展、保持能源供给的独立性和安全性，以及分散人口地区居民用电具有重要意义。科学合理地利用太阳能，在节能环保方面也有重大的意义。

2) 太阳能发电方式

目前，常用的太阳能发电技术通常有两种方式：一种是光伏发电，另一种是聚光太阳能热发电。

(1) 光伏发电技术。

光伏发电技术是利用半导体界面的光生伏特效应而将光能直接转变为电能的一种技术。随着半导体元器件价格下降和新型光电材料的发展，光伏发电技术已日渐成熟和完善且发电效率不断提高。

太阳能发电系统可以被划分为小型分布式光伏发电系统和大型集中并网型光伏发电系统两类。小型分布式光伏发电系统是指在用户现场或靠近用电现场配置较小的光伏发电供电系统，以满足特定用户的需求，支持现存配电网的经济运行，或者同时满足这两方面的要求。这种发电系统具有投资小、建设快、占地面积小、政策支持力度大等优点，已经成为我国配电侧光伏发电的主流。大型集中并网型光伏发电系统一般都是国家级电站，主要特点是将所发电能直接输送到大电网，然后由大电网统一调配并向用户供电。由于大型集中并网型光伏发电系统投资大、建设周期长、占地面积大，目前还没有得到太大发展。

光伏发电系统还可根据运行方式分为并网型和离网型两种类型。离网型光伏发电系统主要用于解决偏远地区的用电，以及路灯、扬水站等孤立设备的供电问题。并网型光伏发电系统既可以为本地负荷就地提供电力，也可将多余电力通过并网方式输送给上级电力系统。并网型光伏发电系统根据其是否具有储能装置可分为不可调度式光伏发电系统和可调度式光伏发电系统两大类。不可调度式光伏发电系统的发电和负荷之间的不平衡量完全由主电网进行平衡；可调度式光伏发电系统则可以通过自身配置的储能元件对其进行控制，在太阳能发电较多时储能，在太阳能发电不足时释放电能。随着超级电容器、钠硫电池等储能技术的不断进步，可调度式光伏并网发电系统以及包含该类系统的微电网将逐渐成为今后发展的主流。

并网型太阳能光伏发电系统由光伏电池阵列、控制器、并网逆变器等组成，如图 4.17 所示。整个发电系统的工作流程为：光伏阵列将接收到的太阳能转换为直流电；然后通过并网逆变器实现功率转换，将直流电能转换为交流电能；再经滤波器滤波后输入公共电网。

光伏阵列由光伏电池组成。市场上主要的光伏电池类型有单晶硅光伏电池、多晶硅光伏电池、薄膜光伏电池等。目前，市场应用的主流为单晶硅电池。并网逆变器是实现电流功率转换的单元，是整个光伏系统的核心。逆变器主要由电力电子器件组成，通过脉宽调制(PWM)技术将光伏电池产生的直流电变为与电网同频同相的交流正弦波。

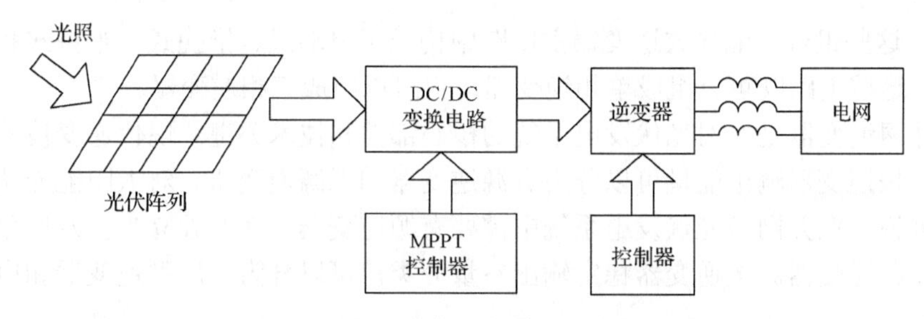

图 4.17　并网光伏发电系统组成原理图

控制器包括光伏电池最大功率点跟踪(max power point tracking，MPPT)控制器和逆变单元控制器两部分。其中，MPPT 控制器实现光伏电池最大功率输出的控制，逆变电路控制器实现并网电流与电压的采样和反馈，然后通过设定的控制算法产生控制脉冲来控制逆变器各开关管的通断，进而实现逆变器的交流输出。

为了实现对三相光伏并网逆变器的有效控制，必须选取一种有效的拓扑结构，并推导出其数学模型，然后利用控制理论的知识找到有效的控制方法，来得到理想的控制器模型。

典型的 DC/AC 逆变器主要由两大部分构成，即半导体功率集成器件和逆变电路。一个完整的逆变电路除主逆变电路外，还由控制电路、输入电路、输出电路、辅助电路和保护电路构成，如图 4.18 所示[36]。

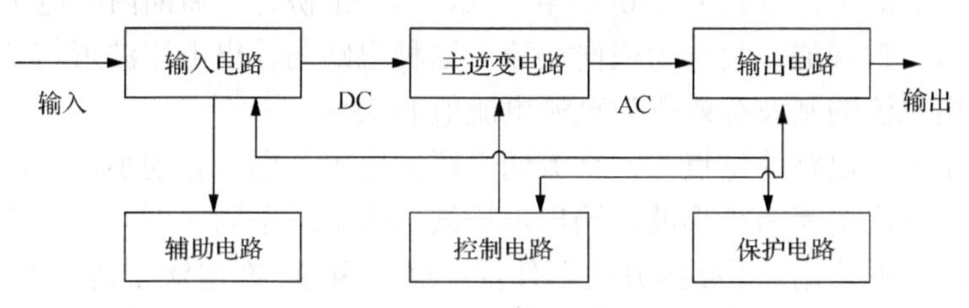

图 4.18　逆变系统基本结构图

图 4.18 中，输入电路为主逆变电路提供维持正常工作的直流电压；控制电路为主逆变电路提供一系列控制脉冲来控制逆变电路功率开关管的导通与关断，配合主电路完成逆变功能。在逆变系统中控制电路有着与主电路同等重要的作用；辅助电路将输入电压转换成适合控制电路工作的直流电压，包括多种检测电路；保护电路主要有输入输出的过压、欠压保护和过载保护，过流和短路保护以及过热保护等；输出电路对主电路输出的交流电的质量(包括波形、频率、电压、电路幅值相位等)进行修正、补偿、调理，使之满足用户要求。

主逆变电路是由半导体功率开关管组成的变换电路，可分为隔离式和非隔离式两大类。变频器、能量回馈等是非隔离式逆变电路；UPS、通信基础开关电源、逆变器等是隔离式逆变电路。无论是隔离式还是非隔离式主逆变电路，基本上都是由升压型(boost)电路和降压型(buck)电路两种电路的不同拓扑形式组合而成的[37]。这些组合在隔离式逆变器主电路中构成了单端式、推挽式、半桥式和全桥式等。这些电路既可以组成单相逆变器，也可以组成三相逆变器。

并网逆变器是并网光伏发电系统的核心部件和技术关键。现代逆变技术种类很多，按逆变器输出能量可以分为有源逆变器和无源逆变器。对太阳能光伏发电系统来说，在并网型光伏发电系统中需要有源逆变器，而在独立光伏发电系统中需要无源逆变器。按逆变器稳定输出参量分类，可以分为电压型逆变器和电流型逆变器。

电压型三相逆变电路[38]是一个三相六桥臂的桥式逆变电路。各相开始导电的角度差为 120°，同一相两桥臂导电的角度差为 180°，即上下桥臂轮流导电。在任意时刻，逆变电路三相中各一个桥臂导通，每次环流均是在同一相上下桥臂之间切换，故称为纵向换流。逆变器输出线电压的有效值一般为直流母线电压的 81.6%。为防止同一相上下桥臂开关器件直通，常采用“先断后通”的控制方法。

电压型逆变电路的特点为：直流侧为电压源或并联大电容，直流侧电压基本无脉动；输出电压为矩形波，输出电流因负载阻抗不同而不同；感性负载时需要提供无功，为了给从交流侧向直流侧反馈的无功提供通道，逆变桥各桥臂并联反馈二极管。

三相电流桥逆变电路的交流侧电容用于吸收换流时负载中存储的能量。三相电流型逆变器的工作方式为 120°导电方式，即每个桥臂一周期内导电 120°，上下桥臂组总有一臂导通，故称为横向换流。这种电路的输出电流波形与负载性质无关，其输出电流的基波有效值为直流电流值的 78%。

电流型逆变电路的特点为：直流侧串联大电感，电流脉动小，可近似看成直流电；交流输出电流为矩形波，输出电压波形因负载不同而不同；直流侧电感起缓冲无功能量的作用，不必给开关器件反并联二极管。在电流型桥式逆变电路中，采用半控型器件的应用较多，换流方式有负载换流、强迫换流等。

由于光伏电池输出功率的非线性，在光电转换过程存在最大输出功率工作点。为了能够最大限度地提高光伏电池的效率，必须使并网发电系统能够跟踪光伏电池的最大输出功率工作点，因此有了最大功率点跟踪(MPPT)技术。实现 MPPT 的控制策略为：实时检测光伏阵列的输出功率，然后通过改变当前的阻抗达到最大功率输出的目的。这样即使当环境出现变化时，系统仍然可以保持最佳的工作状态。比较常用的最大功率点跟踪算法有扰动观察法、增量电导法和模糊控制法等智能控制方法。

扰动观察法[39]的基本原理为：间隔一定的时间给电压施加一个改变量，即扰动量。随后观察这一改变所引起的功率变化，并视功率改变的具体情况确定下一次的控制信号。这种控制算法具有结构简单、硬件实现简易的优点。因此，在对控制精度要求不高的场合是一种较常用的 MPPT 算法。然而，这种算法也有其不足，即其动态响应速度较慢，稳态时存在小幅振荡的情况。由于电压的改变量通常较小，在外界调节变化不是很迅速的情况下，控制效果还可以，而当外界条件变化很快时，动态响应速度就显得太慢了。另外，一旦达到稳态，由于电压扰动的存在，光伏阵列的实际工作点会在最大功率点附近摆动，出现小幅振荡的情况。虽然增加扰动可以提高该控制方法的响应速度，但是同时也增加了稳态时振荡的幅度。所以这种控制算法存在一定的无功损耗，且有可能引起控制信号的误判，导致跟踪失败。

增量电导法[40]也是MPPT控制常用的一种算法。其物理意义是：当输出电导的变化量等于输出电导的负值时，光伏阵列工作在最大功率点。增量电导法就是根据最大功率点的这一特性而提出的，通过比较光伏阵列的电导增量与瞬时电导进而确定控制信号。这种控制算法同样需要对光伏阵列的电压和电流进行采样。该方法的优点为：控制精度比较高，响应速度也比较快，适合大气候条件变化较快的场合；缺点为：对硬件的要求，尤其是对传感器精度的要求比较高，系统各个部分对响应速度要求都比较快，整个系统的造价会比较高。

模糊控制法[41]是根据辐照度的不确定性与光伏阵列温度的变化、负载情况的变化以及光伏阵列输出特性的非线性特征而提出的。模糊控制对这种非线性、多变量、数学模型未知的系统具有独特的优势，它可以利用经验知识，将其用语言控制规则来表示，进而实现对系统的控制。模糊控制响应速度较快，但是由于其自寻优特性，系统的工作点仍会在最大功率点附近振荡。

(2)聚光太阳能热发电技术(光热发电技术)。

聚光太阳能发电，准确地说应该是“聚光太阳能热发电”，是指使用某种辐射能汇聚装置，聚焦太阳的辐射能，加热工质，通过工质输送热能，以此加热产生高温蒸汽推动汽轮机带动发电机发电。其基本工作原理是：聚光太阳能发电使用抛物面反射镜将光线聚集到充有工质(如合成油或熔盐等)的吸热管上；将加热到约400℃的工质输送到热交换器里，热量在此加热循环水，产生水蒸气；水蒸气推动涡轮，进而带动发电机运转发电。抛物面反射镜的类型有槽形、蝶形、菲涅尔棱镜形三种。目前，槽形抛物面反射镜的应用技术最为成熟。

聚光太阳能发电与太阳能光伏发电的不同之处在于：太阳能电池使用太阳电池板，利用光伏效应，将太阳辐射能直接变成电能，可以在阴天操作；聚光太阳能发电一般只能够在阳光充足、天气晴朗的地方进行。然而，即使在没有太阳的夜晚，现在采用足够大的熔融盐储罐存储热量的方法，也能解决全天候的供电问题。

我国已应用此技术建成了多处光热电站，尤其在西北地区。美国也建造了极具规模的聚光太阳能发电站。根据IEA下属的SolarPACES、欧洲太阳能热发电协会和绿色和平组织的预测，聚光太阳能发电到2030年在全球能源供应份额中将占3%～3.6%，到2050年将占8%～11.8%。这意味着，到2050年聚光太阳能发电的装机容量将达到 830GW，每年新增 41GW；在未来 5～10 年，累计年增长率将达到 17%～27%。

3) 太阳能发电的应用领域

(1) 用户太阳能电源有：小型电源 10～100W 不等，用于偏远无电地区，如高原、海岛、牧区、边防哨所等军民生活用电；3～5kW 家庭屋顶并网发电系统；光伏水泵，解决无电地区的深水井饮用、灌溉问题；太阳能净水器，解决无电地区的饮水、净化水质问题。

(2) 光伏电站，如 10kW～50MW 独立光伏电站、风光(柴)互补电站、各种大型停车场充电站等。

(3) 家庭灯具电源，如庭院灯、路灯、野营灯、垂钓灯、黑光灯、节能灯、投射灯等。

(4) 交通领域，如航标灯、交通/铁路信号灯、交通警示/标志灯、高空障碍灯、高速公路/铁路无线电话亭、无人值守道班供电等。

(5) 通信领域，如太阳能无人值守微波中继站、光缆维护站、广播/通信电源系统；农村载波电话光伏系统、小型通信机、士兵全球定位系统(global positioning system，GPS)供电等。

(6) 石油、海洋、气象领域，如石油钻井平台生活及应急电源、海洋检测设备、气象/水文观测设备等。

(7) 建筑领域。将太阳能发电与建筑材料相结合，使得大型建筑实现电力自给，是未来发展方向。

3. 清洁煤发电技术

火力发电(尤指煤炭燃烧发电)一直是世界上最重要的电力来源。20 世纪 90 年代，世界总发电量中煤电比例一直保持在 63%左右。考虑到我国煤炭资源丰富的实际情况，即便在大力发展可再生能源的背景下，我国发电量构成中火电仍近 70%。在这种情况下，为了达到节能减排的目标，大力发展清洁煤发电技术，尽量降低煤炭燃烧造成的污染，减少温室气体排放已经成为一种趋势。根据煤燃烧过程来分析，清洁煤炭技术可分为煤燃烧前过程、使煤更清洁燃烧过程和燃烧后清洁废气过程三类。下面就对两类有大规模应用潜力的清洁煤发电技术：整体煤气化联合循环(integrated gasification combined cycle，IGCC)机组和增压流化床燃烧联合循环(PFBC-CC)机组进行简单介绍。

1) 整体煤气化联合循环机组

IGCC 发电系统，是将煤气化技术和高效的联合循环相结合的先进动力系统。它由两大部分组成，即煤的气化与净化部分和燃气-蒸汽联合循环发电部分。第一部分主要设备有气化炉、空分设备、煤气净化设备(包括硫的回收装置)，第二部分主要设备有燃气轮机发电系统、余热锅炉、燃气轮机发电系统。典型 IGCC 发电系统简图如图 4.19 所示。

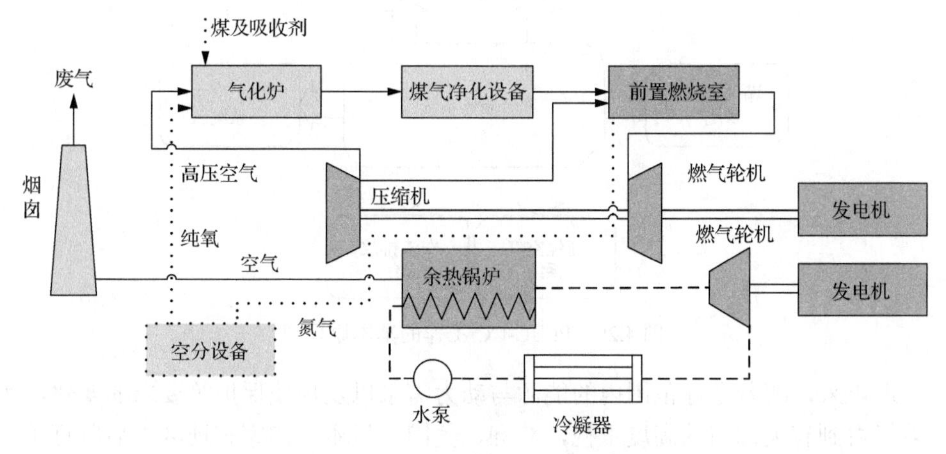

图 4.19　典型 IGCC 发电系统简图

IGCC 发电系统的工艺过程如下：煤经气化成为中低热值煤气，经过净化，除去煤气中硫化物、氮化物、粉尘等污染物，变为清洁气体燃料，然后送入燃气轮机的燃烧室燃烧，加热气体工质以驱动燃气透平做功，燃气轮机排气进入余热锅炉加热给水，产生过热蒸汽驱动蒸汽轮机做功。

2)增压流化床燃烧联合循环机组

流化床燃烧可以在常压下工作，也可以在增压下工作，后者称为增压流化床燃烧(pressurized fluidized bed combustion，PFBC)。PFBC 技术从原理上基本同常压流化床燃烧(atmospheric fluidized bed combustion，AFBC)大体一致。采用增压(6～20 个大气压)燃烧后，燃烧效率和脱硫效率得到进一步提高。燃烧室热负荷增大，改善了传热效率，锅炉容积紧凑。除可在流化床锅炉中产生蒸汽使汽轮机做功外，从 PFBC 燃烧室(也就是 PFBC 锅炉)出来的增压烟气，经过高温除尘后，可进入燃气轮机膨胀做功。通过燃气/蒸汽联合循环发电，发电效率得到提高，目前可比相同蒸汽参数的单蒸汽循环发电提高 3%～4%。因此，采用 PFBC-CC 发电能较大幅度地提高发电效率，并能减少燃煤对环境的污染。PFBC-CC 工作的基本原理如图 4.20 所示。

4. 燃气轮机发电技术

1)概念

燃气轮机由压气机、燃烧室和燃气透平等组成。燃气轮机发电机是以连续流动的气体为工质带动叶轮高速旋转，将燃料的能量转变为有用功的内燃式动力机械，是一种旋转叶轮式热力发动机。

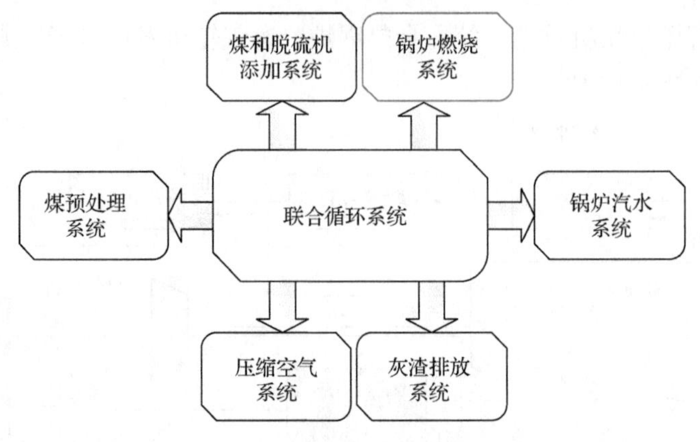

图 4.20　PFBC-CC 工作的基本原理图

近年来，随着全球范围内的能源与动力需求以及环境保护等要求的变化，燃气轮机得到有关部门的高度重视，欧洲、美国、日本等国家和地区先后制订了先进燃气轮机技术研究发展计划，以极大的热情推动了燃气轮机的发展。先进燃气轮机技术具有高效率、低噪声、低排放等一系列先进技术特点，是提供清洁、可靠、高质量发电及热电联供的最佳方式。

2) 世界燃气轮机技术的发展

早在 1939 年，瑞士 BBC 公司就制造了世界上第一台燃气轮机，经过多年的发展，目前燃气轮机已在电力、航空、航海及机械等各领域获得广泛应用。现代燃气轮机发电技术已进入高度发展阶段。随着高温材料、机械加工、精密铸造、高温零部件冷却和防腐保护，以及大型机械装备的装配试验研究等一系列重大技术的突破，燃气-蒸汽联合循环从热力学上可实现布雷顿循环和朗肯循环的联合，装置整体效率高达 55%～60%。现代燃气轮机更具有排放污染少，有利于环保的优点，在采用干低氮氧化物排放燃烧先进技术下，燃气轮机排气有害成分氮氧化物(NO_x)和碳氧化物(CO)的水平都能达到小于等于 15μL/L，远远优于常规火力发电排放指标。

燃气-蒸汽联合循环技术在当今电力技术中发展十分迅速。燃气-蒸汽联合循环技术发电的发电效率可以超过 50%(目前最先进的超超临界二次再热燃煤机组仅为 48%左右)，而且发出同样的电能有着更小的 CO_2、SO_2、NO_x 排放量，大大减少了对环境的污染。2016 年 6 月，GE 的 H 级燃气轮机联合循环机组发电效率高达 62.22%。未来美国将要实施新的发展计划，它以发展能源的综合利用技术为主，进一步提高效率，其中包括开发适应多元化燃料的整体煤气化燃气-蒸汽联合循环。同样，欧洲和日本也将开展相关发展计划[42]。

3) 中国燃气轮机技术的发展

我国从 20 世纪五六十年代开始引进燃气轮机发电机组，先后自行设计制造过多种机型，70 年代后期到 80 年代按国家川沪输气管线计划，曾投资建成南京某厂的燃气轮机制造车间和实验研究基地，自行设计 17.8MW 燃气轮机，又与美国企业合作生产燃气轮机，单机功率 40MW，效率 31.8%。除此之外，我国多家研究院所、高等院校开展燃气轮机的设计制造和实验研究工作，取得不少科研成果，形成我国燃气轮机开发基础。

但是，我国燃气轮机发展至今与国外发达国家相比还有很大差距，主要体现在制造技术、维护能力、发展应用水平上[43]。

4) 燃气轮机技术的发展趋势[44]

(1) 高温燃气轮机技术。

燃气初温决定了燃气轮机的效率和比功。计算和实践表明，燃气初温提高 100℃，可使燃机效率增加 2%～3%，进一步提高燃气初温将是未来燃气轮机发展的方向，这就需要发展以下技术：①高温材料技术；②蒸汽冷却技术；③热涂层技术；④陶瓷燃气轮机。

(2) 低污染燃烧技术。

对燃气轮机而言，降低环境污染是一个突出的问题，这就必然要求发展先进的低污染燃烧技术。

当前发展超低 NO_x 燃烧室技术都有如下几个特点：①分级燃烧；②贫油燃烧(或催化燃烧)，使反应区温度保持在较低水平；③燃料/空气混合均匀，无局部富油区；④与变几何燃烧室技术相结合。

由于低排放与高效率之间所存在矛盾，目前尚没有一种既能高效燃烧，又具有低排放特点的燃烧技术和燃烧室设计方案。正因为如此，世界各国才投入大量人力、财力，以期最终获得先进的低污染燃烧技术并将其应用于燃气轮机。

(3) 微型燃气轮机技术。

微型燃气轮机是一类新近发展起来的小型热力发动机，其单机功率范围为 25～300kW，基本技术特征是采用径流式叶轮机械(向心式透平和离心式压气机)以及回热循环。

微型燃气轮机可以与先进发电方式——燃料电池实现联合发电，例如，采用固体氧化物燃料电池与微型燃气轮机结合，其联合装置效率可达 60%以上，而 NO_x 排放低于 1ppm。此外，微型燃气轮机应用于混合动力汽车(为电动车提供动力以及为蓄电池补充电力)，已成为 21 世纪“混合动力汽车”的新模式。

(4) 燃气-蒸汽联合循环技术。

燃气轮机作为动力装置与其他类型的发动机相比具有许多优点，应用燃气轮机技术的联合循环由于综合考虑了能量的有效利用，在电力生产上更具优越性。预计联合循环技术将沿以下三个方面发展：①IGCC 技术；②蒸汽回注循环技术；③湿空气透平循环。

(5) 燃料电池-燃气轮机联合循环。

燃料电池是将燃料的化学能直接转化为电能的一种装置，同常规发电技术相比，其发电效率不受卡诺循环的限制，转换效率高达 60%以上。另外，燃料电池在高温和加压下运行，使得燃料电池-燃气轮机联合循环发电系统成为可能。目前正在研究和发展的燃料电池主要有碱性燃料电池、熔融碳酸盐燃料电池、固体氧化物燃料电池和质子交换膜燃料电池，由于电解质材料各不相同，其性能各异，只有高温燃料电池，如熔融碳酸盐燃料电池和固体氧化物燃料电池可以与燃气轮机组成联合循环发电系统，但固体氧化物燃料电池与微型燃气轮机组成的系统具有更优良的性能。

(6) 超微型燃气轮机技术。

超微型燃气轮机是微型制造技术中最富挑战性和革命性的目标，它借助由芯片技术发展起来的硅材料电子蚀刻技术，在硅基材料上通过蚀刻加工来制造超微型燃气轮机的各个部件。

5. 燃料电池发电技术

燃料电池是一种等温并直接将储存在燃料和氧化剂中的化学能高效、环境友好地转换为电能的发电装置，具有组件性好、环保性能好、效率高、部分负荷时性能优异、功率范围广、响应速度快、燃料多样化、维修性好等特点。燃料电池作为氢能直接转换为电能的洁净发电装置，将成为替代现有矿物燃料发电设备和石化燃料动力设备的最佳选择，不仅可为现代交通工具提供理想的动力源，也可作为分散的小型发电装置，为用电设备提供电能。

1) 燃料电池的工作原理[45]

燃料电池的工作原理如图 4.21 所示。它的工作方式与常规的化学电源不同，

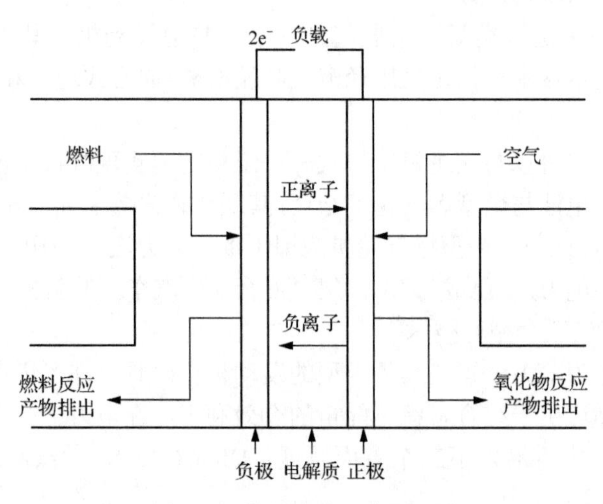

图 4.21　燃料电池工作原理图

燃料和氧化剂由电池外的辅助系统提供，在运行过程中，为保持电池连续工作，除需匀速地供应氢气和氧气外，还需连续、匀速地从阳极排出电池反应生成的水，以维持电解液浓度的恒定，排出电池反应的废热以维持电池工作温度的恒定。

2) 燃料电池发电系统

燃料电池发电系统的结构如图 4.22 所示。该系统由三部分组成：预处理装置、燃料电池堆和并网逆变装置(PCU)。

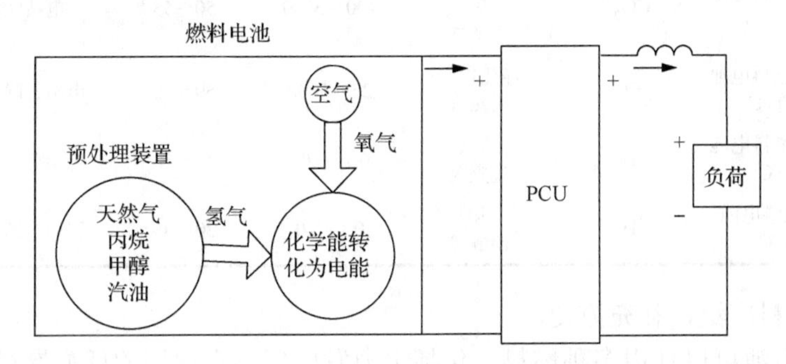

图 4.22 燃料电池发电系统

3) 燃料电池的特点

燃料电池发电，具有常规火电厂和化学电源没有的优点。其主要特点如下：

(1) 环境友好，污染小，噪声低。

当燃料电池以富氢气体为燃料时，其 CO_2 的排放量比热机过程减少 40%以上；若以纯氢气为燃料，其化学反应产物仅为水，从根本上消除 CO、NO_x、SO_x、粉尘等大气污染物的排放，可实现零排放。与传统的火力发电相比，燃料电池发电能够显著减少大气污染排放。同时，因其自身不需要用水冷却循环，还避免了传统发电带来的废热污染。

燃料电池发电时的噪声也很小。燃料电池按电化学反应原理工作，其运动部件少，工作噪声低。试验表明，一个 40kW 的 PAFC 电站，与其相距 4.6m 的噪声水平仅为60dB，而4.5MW 和 11MW 的大功率 PAFC 电站的噪声水平也不高于 55dB。

(2) 能量转换效率高。

火电厂或者原子能发电都是把化学能或原子核能转换为热能，再由热能转换为电能。燃料电池则不然，它是直接把化学能转换为电能，不经过热机过程，不受卡诺热机循环的限制，因而具有很高的转换效率。

理论上，燃料电池的能量转换效率可高达 85%～90%。实际电池在工作时，由于受各种极化条件的限制和制约，目前的各类燃料电池的能量转换效率在 30%～65%。若能实现热电联供，则整个系统的燃料总利用率可以达到 80%以上。表 4.3 列出了几种常用的燃料电池的应用参数。

表 4.3　燃料电池应用参数

电池类型工作温度/℃	导电离子	所用燃料	功率/kW	燃料效率/%	应用领域
碱性燃料电池 50～20℃	OH^-	纯氢气	20～100	50～65	航天、空间站等
磷酸燃料电池 100～200℃	H^+	重整气	200～10000	40～45	现场集成能量系统
熔融碳酸盐燃料电池 650～700℃	CO_3^{2-}	净化煤气 天然气 重整气	100～5000	50～55	电站区域性供电
固体氧化物燃料电池 800～1000℃	O^{2-}	净化煤气 天然气	25～5000	50～60	电站、联合循环发电
质子交换膜燃料电池 25～100℃	H^+	氢气 重整氢	0.1～200	40～50	电动车、潜艇、电源
直接醇类燃料电池 25～150℃	H^+	甲醇 乙醇等	0.1～10	30～45	移动电源、微型电源

(3) 燃料广泛，补充方便。

燃料电池可以使用多种燃料，包括火力发电厂不宜使用的低质燃料。燃料来源不仅可以是可燃气体，还可以是燃料油和煤。

(4) 易于建设。

燃料电池具有组装式结构，不需要很多辅机和设施；电池的输出功率由单电池性能、电池面积和单电池数目决定，因而燃料电池电站的设计和制造也是相当方便的。

(5) 可靠性高。

碱性燃料电池和磷酸燃料电池的运行状态均证明，燃料电池运行高度可靠，可作为空间电源、各种应急电源和不间断电源使用。

(6) 积木性强。

由于燃料电池由基本电池组成，可以用积木式的方法组成各种不同规格、功率的电池，并可按需要装配在海岛、边疆、沙漠等地区，构成独立的分布式电源。

6. 潮汐能发电技术

潮汐能的主要利用方式是潮汐发电。潮汐发电与普通水力发电原理类似，通过出水库，在涨潮时将海水储存在水库内，以势能的形式保存，然后在落潮时放出海水，利用高、低潮位之间的落差推动水轮机旋转，带动发电机发电。其差别在于海水与河水不同，蓄积的海水落差不大，但流量较大，并且呈间歇性，因而潮汐发电的水轮机具有低水头、大流量的特点[46]。

潮汐能电站按其开发方式不同分为如下三种类型。

1) 单库单向式

涨潮时打开水库闸门，海水进入水库，平潮时关闸；落潮后，当外海与水库有一定水位差时打开闸门，驱动水轮发电机组发电。海水仅在落潮时单方向通过水轮发电机组发电。该类型电站的优点是设备简单，投资较少；缺点是潮汐能利用率低，发电有间断。

2) 单库双向式

向水轮机引水的管道有两套，可独立控制，在涨潮和落潮时，海水分别从各自的引水管道进入水轮机发电。单库双向式潮汐能发电站不管是在涨潮时还是在落潮时均可发电，其优点是潮汐能利用率高，缺点是投资较大。

3) 双库单向式

需要两个水力相连的水库，涨潮时，海水进入高水库；落潮时，水由低水库排入大海，利用两水库间的水位差，使水轮发电机组连续单向旋转发电。该类型电站的优点是可实现连续发电；缺点是投资大，需要两个水库，工作水头有所降低。

据《2016—2020年中国海洋能行业投资分析及前景预测报告》，我国有近200个海湾、河口适于开发潮汐能，可开发潮汐能总发电量达600亿kW·h，装机总量可达20GW(国外潮汐能新技术)。东南沿海有很多能量密度较高、平均超差达4～5m、最大超差7～8m，自然条件极为优越的坝址。我国潮汐能开发已有60多年的历史，目前潮汐电站总装机容量已有一万多千瓦。

7. 生物质能发电技术[47]

1) 生物质的基本概念

生物质是一种通过大气、水、大地以及阳光的有机协作所产生的可持续性资源。生物质如果没有通过能源或物质方式被利用，将被微生物分解成水、CO_2及热能散发掉。生物质能是以生物质为载体的能量，即通过植物光合作用把太阳能以化学能形式在生物质中存储的一种能量形式。碳水化合物是光能储藏库，生物质是光能循环转化的载体，生物质能是唯一可再生的碳源，它可以被转化成许多固态、液态和气态燃料或其他形式的能源，称为生物质能源。煤炭、石油和天然气等传统能源也均是生物质在地质作用影响下转化而成的。

2) 生物质能的特点

生物质能作为优质的可再生能源，与传统的化石能源相比具有很多优点，这也是生物质能越来越被人们重视的原因。生物质能的特点如下：

(1) 在燃烧过程中环境污染小。生物质能在燃烧过程中排放的CO_2可被等量生长的植物光合作用吸收，实现CO_2零排放，这对减少大气中的CO_2含量以及降低温室效应极为有利。生物质能含硫量很少，在利用过程中，相比化石能源能够减少对环境的危害。

(2) 含量巨大且属可再生能源。只要有阳光存在，绿色植物的光合作用就不会停止，生物质能源就不会枯竭。大力提倡植树、种草等活动，不但植物会源源不断地供给生物质能原材料，而且能改善生态环境。

(3) 具有普遍性、易取性的特点。生物质能存在于世界上所有国家和地区，而且廉价、易取，生产过程十分简单。

(4) 生物质能可储存和运输。在可再生能源中，生物质能是唯一可以储存与运输的能源，对其加工转换与连续使用提供方便。

(5) 生物质能挥发组分高，碳活性高，易燃。在 400℃左右的温度下，生物质能源大部分挥发组分释出，将其转化为气体燃料比较容易实现。

3) 生物质能的开发与利用

生物质能发电主要利用农业、林业和工业废弃物甚至城市垃圾为原料，采取直接燃烧或气化等方式发电。近年来，国内外能源、电力供求日趋紧张，作为可再生能源的生物质能资源的开发利用受到极大关注，生物质能发电行业应运而生。

生物质能源的开发利用早已引起世界各国政府和科学家的关注，许多国家都制定了专门的研发计划和相关政策。国外对生物质能源的开发主要利用沼气技术、生物质热裂解气化技术、生物质液体燃料技术等。

4) 生物质能的利用转化方式

生物质转化的关键目的是提高其作为燃料相对较差的特性。生物质的利用转化方式有热化学法、生物化学法、提取法三种，如图 4.23 所示。

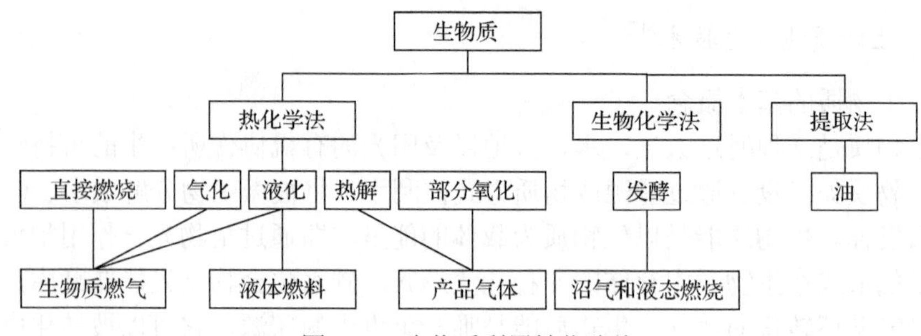

图 4.23 生物质利用转化路线

热化学法是指高温下将生物质转化为其他形式能量的转化技术，主要包括四种方式：直接燃烧(直接将生物质完全燃烧放出热量)、气化(在体介质氧气、空气或蒸汽参与的情况下对生物质进行部分氧化而转化成气体燃料的过程)、热解(在没有气体介质氧气、空气或蒸汽参与的情况下，单纯利用热使生物质中的有机物质等发生热分解从而脱除挥发性物质，常温下为液态或气态，并形成固态的半焦或焦炭的过程)、直接液化(在高温高压和催化剂作用下从生物质中提取液化石油等)。生物化学法是指生物质在生物的发酵作用下产生沼气、酒精等能源产品。提取法是利用生物质提取生物油。

5) 生物质能的发电方式

生物质能发电技术是利用生物质燃烧或生物质转化为可燃气体燃烧发电的技术，它主要包括直燃发电、气化发电和生物质与煤混合燃烧发电三种方式。

(1)生物质直燃发电。

生物质直燃发电是目前应用最为广泛且技术最为成熟的一种发电方式，是指在特定的生物质蒸汽锅炉中通入足够的氧气使生物质原料氧化燃烧，产生蒸汽，进而驱动蒸汽轮机，带动发电机发电的过程。这种发电方式适合生物质资源比较集中的区域，如谷米加工厂、木料加工厂等附近，因为只要工厂正常生产，谷壳、锯屑和柴枝等就可源源不断地供应，从而为生物质直燃发电提供充足的物料保障。

生物质直接燃烧的方式有锅炉燃烧、炉灶燃烧、固体燃料燃烧和垃圾燃烧。生物质原料运送到电厂，经预处理(破碎、分选)后存放至原料存储仓库，仓库至少要存放满足5天所需的发电原料；原料由吊车送入生物质锅炉，在锅炉中将产生的热能传递给液态工质，使之转化为蒸汽的动能，为汽轮机发电机组提供发电原动力。生物质燃烧后产生的残余灰渣滑落到除灰装置中，经输灰机输送到灰坑中进行处理，而烟气经过处理系统后可通过烟囱排入大气。

生物质直接燃烧的过程可以分为三个阶段，即预热起燃阶段、挥发分燃烧阶段和炭燃烧阶段。直接燃烧发电的过程是在生物质燃烧之前经过预处理的过程。这个过程包括分选、混合、成型、干燥。经过预处理的生物质与过量空气在锅炉中燃烧，产生的热烟气和锅炉的热交换部件换热，产生出的高温高压蒸汽在汽轮机和发电机中发出电能。

(2)生物质气化发电。

生物质气化发电是生物质能最有效最洁净的利用方法之一。其基本原理是，把生物质原料(废木料、秸秆和稻草等)气化后，产生可燃气体(CO、H_2和CH_4等)，经过除焦净化后燃烧，推动内燃机或燃气轮机发电设备进行发电。其主要优点是，既能解决生物质难于燃用而且分布分散的缺点，又可充分发挥燃气发电技术设备紧凑而且污染少的特点。

生物质气化发电的过程有三个：一是生物质气化过程，把固体生物质转化为气体燃料；二是气体净化过程，气化出来的燃气都含有一定的杂质，包括灰分、焦炭和焦油等，需经过净化系统把杂质除去，以保证燃气发电设备的正常运行；三是应用燃气内燃机或燃气轮机进行发电过程。

各类型生物质气化发电系统的特点如表4.4所示。

表4.4 各类型生物质气化发电系统的特点

规模	气化设备	发电过程	发电效率	主要用途
小型系统功率 小于200kW	固定床 流化床	内燃机 微型燃气轮机	<20%	农村用电
中型系统功率 500～3000kW	常压流化床	内燃机	20%～25%	中小企业用电
大型系统功率 大于5000kW	常压、高压流化床、 双流化床	内燃机+蒸汽轮机 燃气轮机+蒸汽轮机	>25%	大中企业自备电站、 小型上网电站

以生物质循环流化床气化发电装置为例，该系统主要由进料机构、燃气发生装置、燃气净化装置、燃气发电机组、控制装置及废水处理设备六部分组成。

①进料机构。进料机构采用螺旋加料器，动力设备是电磁调速电机。螺旋加料器既便于连续均匀进料，又能有效地将气化炉同外部隔绝密封起来，使气化所需空气只由进风机控制进入，气化炉电磁调速电机则可任意调节生物质进料量。

②燃气发生装置。气化装置可采用循环流化床气化炉或其他可连续运行的气化炉，它主要由进风机、气化炉和排渣螺旋构成。生物质在气化炉中经高温热解气化生成可燃气体，气化后剩余的灰分则由排渣螺旋及时排出炉外。

③燃气净化装置。燃气需经净化处理后才能用于发电，燃气净化包括除尘、除灰和除焦油等过程。为了保证净化效果，该装置可采用多级除尘技术，如惯性除尘器、旋风分离器、文氏管除尘器、电除尘等。经过多级除尘，燃气中的固体颗粒和微细粉尘基本被清洗干净，除尘效果较为彻底。燃气中的焦油采用吸附和水洗的办法进行清除，主要设备是两个串联起来的喷淋洗气塔。

④燃气发电装置。可采用燃气发电机组或燃气轮机。由于目前国内燃气内燃机的最大功率只有 500kW，故大于 500kW 发电机系统可由多台 500kW 的发电机并联组成。燃气轮机必须根据燃气的要求进行相应改造。

⑤控制装置。它由电控柜、热电偶、温度显示表、压力表、风量控制阀构成，在用户需要时可增加相应的电脑监控系统。

⑥废水处理设备。采用过滤吸附、生物处理或化学、电凝聚等办法处理废水，处理后的废水可循环使用。

(3) 生物质混燃发电。

生物质混燃发电是指在传统的燃煤发电锅炉中将生物质和煤以一定的比例进行混合燃烧发电的过程。主要有两种方式：一种是将生物质原料直接送入燃煤锅炉，参与发电；另一种是先将生物质原料在气化炉中气化成可燃气体，再通入燃煤锅炉，与煤共燃进行发电。

由于生物质具有体积大、能量密度低的特点，其运输过程中随着距离的增加，也使 CO_2 排放量上升，不适合集中型、大容量生物质发电机组。对于分散的小型发电站，又产生了投资高、经济效益差等问题。因此，将生物质原料与矿物燃料进行混合，在大型燃煤电厂中联合燃烧成为一种新的概念。它不仅降低了设备投资费用，也使矿物燃料和生物质进行优化混合燃烧成为可能。

(4) 生物质能电池。

生物质能另外一种有效的利用方法，是将生物质发酵产物作为燃料电池的燃料。这种电池装置与传统热力机相比，具有不受卡诺循环效应限制、能源转换效率高、噪声小、环境友好等优点。

生物质能电池的工作过程相当于电解水的逆反应过程，电极是燃料和氧化剂向电、水和能量转化的场所，燃料(以氢气为主)在阳极上放出电子，电子经外电路传到阴极并与氧化剂结合，通过两极之间电解质的离子导体，使得燃料和氧化剂分别在两个电极/电解质界面上进行的化学反应构成回路，产生电流。

8. 页岩气和核电小堆技术

1)页岩气和核电小堆的基本概念

页岩气是指赋存于富有机质泥页岩及其夹层中，以吸附和游离状态为主要存在方式的非常规天然气，成分以甲烷(CH_4)为主，是一种清洁、高效的能源资源和化工原料。页岩气和常规天然气都是天然气，主要成分均为甲烷，但常规天然气的具体成分相对复杂，甲烷所占比例约65%，其他成分为乙烷、丙烷和丁烷；而页岩气中甲烷所占比例一般能达到 70%甚至更高(我国四川盆地南部页岩气田的甲烷体积分数约86.9%)其余成分主要是氮气，并含有少量乙烷、丙烷、二氧化碳。

在分布式能源大发展的时代已经来临的背景下，各种能源利用方式都有朝着“小”的方向发展的趋势——体积小、排放少、价格低、贴近消费终端。核电当然也不例外，核电小堆就是尝试之一。核电小堆凭借初始投资小、建造周期短、移动性强、可以有效解决大电网难以延伸区域供电等问题的优势得到世界各国，尤其是发展中国家的关注。因为核电小堆利用范围、方式等不同于大型商业压水堆的特点，所以发展核电小堆被业内认为是再造一个新的核工业。

核电小堆是指发电功率在30万kW以下的机组。其中，按照技术路线的不同，核电小堆大致可分为压水堆、高温气冷堆、液态金属冷却快中子反应堆和熔盐反应堆四大类。

2)页岩气产业的国内外现状

页岩气的勘探开发虽然经历了90多年，但对页岩气的深入研究直到2000年后才开始受到广泛关注。据统计，全球页岩气资源主要分布在北美、拉丁美洲、中东及北非、中国与中亚、太平洋地区，其资源量和所占百分比如图4.24所示。

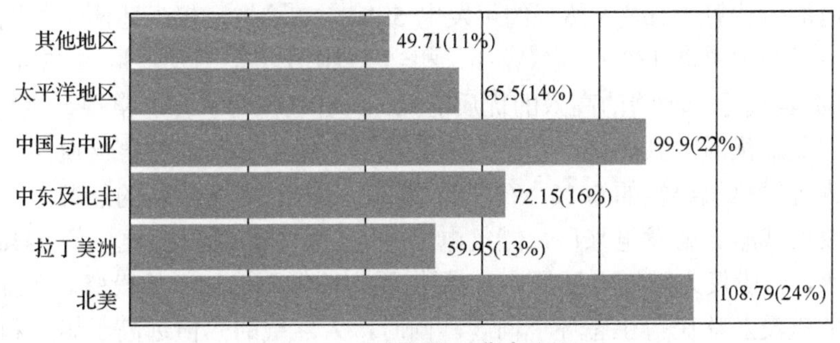

图4.24 全球页岩气资源分布

美国是世界上最早发现、研究、勘探和开发页岩气的国家，至今已有 90 多年的历史。2005 年，美国共产出页岩气 $194\times10^8m^3$，而到了 2010 年已达到 $1378\times10^8m^3$，占美国全年天然气产量的 23%，这一数据还将继续增长。除美国以外，加拿大是另一个对页岩气进行规模性开发的国家。根据美国能源信息署 2011 年的估算，加拿大非常规天然气储量十分惊人，达到 388 万亿 m^3，居全球第七。与美国相比，虽然加拿大的页岩气商业开采还处于起步阶段，但页岩气已成为加拿大重要的替代能源，并且实现了商业性开发。

亚洲多个国家开展了页岩气资源调查和先导性实验，但是尚未开始大规模商业性开采。中国正在大力开展页岩气方面的研究，并取得了巨大成效。2009 年，国土资源部在重庆市綦江区启动了中国首个页岩气资源勘查项目。2010 年，成立了国家能源页岩气研发(实验)中心。2011 年，国家有关部门编制了中国页岩气“十二五”勘探开发规划；同时，页岩气被国务院批准为第 172 个独立矿种。2018 年 3 月，我国首个大型页岩气田—涪陵页岩气田已如期建成，其年产能达到 100 亿 m^3，相当于建成一个千万吨级的大油田。这标志着我国页岩气加速迈进大规模商业化发展阶段，对促进能源结构调整、缓解我国中东部地区天然气市场供应压力、加快节能减排和大气污染防治具有重要意义。

3)页岩气发电优势

我国的页岩气发电优势表现在如下方面。

(1)我国页岩气储量丰富。页岩地层在各地质历史时期均发育很好，能够解决天然气供需不匹配的矛盾。据国际能源署 2009 年预计，在全球约 $456\times10^{12}m^3$ 页岩气资源量中，我国和中亚地区约为 $100\times10^{12}m^3$。2011 年 4 月，美国能源信息署对世界 32 个国家的 48 个含页岩气盆地进行了资源评估，结果显示，我国四川和塔里木两个盆地的技术可采储量高达 $36\times10^{12}m^3$，约是美国的 1.5 倍，是我国常规天然气可采资源量的 1.6 倍。按中国截至 2011 年的天然气消费量计算，如果完全开采，25 万亿立方米页岩气可供中国使用近 200 年。以 2011 年国内气电机组的发电能效计算，$1m^3$ 天然气约可发电 5kW·h。这样，仅上述两个盆地的页岩气，就可以产生电能 180×10^{12}kW·h，相当于 2010 年全国发电量的 43 倍。

(2)页岩气是一种清洁高效的优质能源。页岩气作为一种非常规天然气，比常规天然气更加优质，其燃烧产物不含二氧化硫、粉尘和其他有害物质，二氧化碳排放量为等量热值煤炭的 56%、石油的 70%，是一种非常清洁的能源，符合我国可持续发展战略。就发电来讲，燃气电厂占地面积小，为燃煤电厂的 54%左右；耗水量小，一般仅为燃煤电厂的 1/3；不需要为环保而追加新的投资，不会带来森林植被的淹没及移民等生态环境问题。同时，天然气的热值远高于煤炭和石油，其热效率可达 70%以上，不仅高于煤炭的 40%～60%，而且高于石油的 65%左右。中国电力工业发展中，降低燃煤发电的比例是节能减排和保护生态环境的必由之路。

(3)有利于电网安全经济运行。目前我国电网调峰能力不足，这是亟待解决的问题。燃气电厂调峰性能好、运行灵活、启停方便、负荷调节迅速、调节范围大，宜建在负荷中心附近，能有效提高电网质量，有利于电网更加安全经济运行。

(4)页岩气发电能优化我国的能源消费结构。能源消费结构是否合理是衡量一个国家和地区经济发展状况的重要指标，同时也是评判一个国家经济发展是否具有可持续性的重要指标。

当前，我国煤炭资源丰富，贫石油，缺天然气，以煤炭消费为主的能源结构短时间内不能发生根本性变化。2012 年中国、美国、加拿大和日本能源消费结构如表 4.5 所示，和美国、加拿大、日本等发达国家相比，我国的煤炭和天然气消费比例差异大[48]。

表 4.5　各国能源消费结构　(单位：%)

能源种类	中国	美国	加拿大	日本
煤炭	68.5	19.8	6.7	26
石油	17.7	37.1	31.7	45.6
天然气	4.7	29.6	27.6	22

4)页岩气发电的瓶颈

页岩气发电瓶颈主要表现在如下方面。

(1)页岩气开发难度大。我国页岩气普遍埋藏较深，地表条件复杂，开发难度大，加之技术不成熟，从国外引进的技术在实际应用中常常不尽如人意。由于页岩气在我国发展起步较慢，技术相对落后，要把页岩气开采出来，还面临着成套技术不成熟、管网及相关基础设施尚不配套等一系列难题。这将制约页岩气的规模化开采。

(2)燃气电厂难以选址。为了满足不断增长的调峰需求，燃气电厂选址一般不能远离负荷中心，且应该考虑燃气运输成本。当前厂址资源日趋缺乏，东南沿海地区特别是上海、浙江、江苏、广东及京津地区电厂选址更加困难。

(3)页岩气不能大量存储。随着页岩气开采技术的发展和进步，可以预见，未来页岩气的产量必将随之大幅度增加，这也带来一个相应的问题，那就是页岩气如何大量存储和运输。当页岩气产量到达一定量级时，当前的存储技术不能满足页岩气的大量存储要求，这就要求寻找另一出路。

(4)上网电价缺乏竞争力。在电力市场中，上网电价的波动，既会影响发电企业、电网公司的现有利益，同时对未来电源发展有着重要的导向作用。通过表 4.6 可以看出，与燃煤发电和水力发电的上网电价相比，燃气发电竞争力较弱，这是因为我国目前的天然气发电产业发展尚不成熟，天然气价格总体偏高，直接导致气电价格偏高。与光伏发电相比，虽然气电上网电价低，但是从历年的电价趋势可以看出，随着技术的进步加之政府的扶持和多项补贴政策，光伏发电成本逐年降低，现已接近 1 元/(kW·h)，而且未来还将继续降低；反观燃气发电，上网电价总体呈小幅上涨态势，未来趋势不容乐观。

表 4.6　各种发电形式上网电价对比　（单位：元/(kW·h)）

发电形式	2008 年	2009 年	2010 年	2011 年	2012 年	2016 年
水电	0.45	0.45	0.45	0.45	0.33	0.30
火电	0.220	0.240	0.240	0.255	0.255	0.38
光伏	4.00	4.00	4.00	1.15	1.00	0.88
气电	0.54	0.54	0.54	0.58	0.58	0.69

5) 小堆核电的发展

目前我国已有多个省份在与企业合作进行小堆项目开发。因为各个省份地理环境条件的不同，发展小堆的初衷也不一样。沿海省份发展小堆主要是用于海水淡化；东北地区发展小堆是基于小堆高安全性和热电联供能力；中部省份则是为了优化能源结构，而小堆的选址、经济投入等方面显然要比大型商业压水堆容易接受。除了这些现有的小堆合作计划，在大电网无法深入的地区，发展小堆也很有前景。有专家表示，小堆在大电网无法覆盖的地区具有发展优势，如具有开发价值的海岛、海上钻井平台、电网工程难度较大的无电区等。而一些小堆项目的设计者则认为未来小堆利用的空间会很广阔，如进入社区的分布式发电、与可再生能源组合利用并进行调峰等。

4.2.2　电网侧技术

1. 高温超导输电技术

从 20 世纪 90 年代开始，美国、日本和丹麦等国都相继开展高温超导电缆的研究，并进行示范性试验。美国能源部提出了“美国电网 2030 计划”。在该计划中，超导电力技术是极其重要的组成部分，计划建造的骨干网络和区域互联电网将采用超导技术[46]。

日本各大电力公司(如东京电力、九州电力)及东芝、日立等公司都投资超导电力技术的研究开发，日本政府批准了 Super ACE 计划以促进超导电力技术的产业化。欧洲一些大的公司如 ABB、西门子、NEXAN 等也积极投资于这方面的研究，以争取未来的市场。

欧洲也批准相应的发展超导电力技术及相关超导材料技术的计划，如超导电力连接计划、欧洲超导技术公司合作计划等。

1998 年，中国科学院电工研究所与西北有色金属研究院和北京有色金属研究总院合作，成功研制了长 1m、1000A 的高温超导直流输电电缆模型，2000 年又完成长 6m、2000A 高温超导直流输电电缆的研制和试验。“十五”期间，在国家 863 计划的支持下，中国科学院电工研究所于 2003 年研制出长 10m、10.5kV/1.5kA 三相交流高温超导输电电缆。在此基础上，2004 年中国科学院电工研究所与甘肃长通电缆公司等合作研制成功长 75m、10.5kV/1.5kA 三相交流高温超导电缆，并安装在甘肃长通电缆公司为车间供电运行。表 4.7 给出各种超导电力设备对电网的作用和影响[49,50]。

表 4.7 各种超导电力设备对电网的作用和影响

应用	特点	对未来电网的作用和影响
超导限流器	正常时阻抗很小，故障时呈现一个大阻抗，集检测、触发和限流于一体，反应和恢复速度快，对电网无副作用	大幅度降低短路电流 提高电网稳定性 改善供电可靠性 保护电气设备 降低建设成本和改造费用
超导电缆	功率输送密度高 损耗小、体积小、质量轻 单位长度电抗值小 液氮冷却	实现大容量高密度输电 符合环保和节能发展要求 减少城市用地 缩短电气距离 有助于改善电网结构
超导变压器	极限单机容量高 损耗小、体积小、质量轻、液氮冷却	减少占地 符合环保和节能发展要求
超导储能系统	反应速度快、转换效率高、可短时间向电网提供大功率支撑	快速进行功率补偿 改善大电网稳定性 改善电能品质 改善供电可靠性
超导电动机	极限单机容量高 损耗小、体积小、质量轻	减小损耗 减小占地
超导发电机	极限单机容量高 损耗小、体积小、质量轻 大型超导发电机的同步电抗小 过载能力强	减小占地 减小损耗 提高电网稳定性 超导同步调相机可用于无功功率补偿 超导风力发电机在大容量海上风力发电中比较有优势

2. 电力电子技术

智能电网是一个互动系统，对于系统变化、用户需求和环境变更的要求，电网要有最佳的反应和适应能力，而电力电子技术是使电网迅速反应并采取相应措施的有力手段。当前，我国电网中的先进电力电子技术通过多种形式的自主创新，已在高压直流输电(high voltage DC，HVDC)、柔性交流输电系统(flexible AC transmission system，FACTS)等相关产业中形成培育点，在提高电网输配电能力、改善电网电能质量、降低故障损失及缩短故障后恢复时间方面取得了一些成果。未来智能电网的建设发展，势必对先进电力电子技术的进一步发展提出新的需求。

未来 10 年，先进电力电子技术的技术发展路线[50]如表 4.8 所示。

表 4.8　未来 10 年先进电力电子技术的技术发展路线

电力电子技术	2020 年	2030 年
直流输电技术	实现直流联网及特高压直流输电核心装置的自主知识产权；柔性直流输电系统的技术成熟并在全国范围内推广应用，新型直流输电进入试验阶段	建立基于智能电网的直流输电体系，在直流输电技术领域发挥引领作用
灵活交流输电技术	完成新型 FACTS 装置在智能电网中的广泛应用；实现 FACTS 技术本身及其应用的智能化升级	电力电子技术及其产品实现模块化、单元化、智能化，建立完整的系统理论体系
电能质量技术	解决智能配电网的关键技术问题，实现新型配电网的智能化；实现定制电力产品的规范引导和约束机制，实现标准化；全国范围内推广使用定制电力园区	完全标准化的定制电力产品和电能质量分级体系；大规模实现定制电力技术
能量转换技术	实现大规模储能系统的快速可调能源转换；实现千兆瓦级风电场高效可靠地并网运行及核心装置标准化生产	形成标准化、可配置的通用能源转化模块；在系统中推广应用大规模风电接入技术

先进电力电子技术智能化是建设智能电网的关键，也是今后世界各国电力系统电力电子技术发展的方向。从我国电网的基本情况考虑，各种基于电力电子器件的系统控制器将得到更广泛的应用，HVDC 技术和 FACTS 技术的日趋成熟，能在不增加输电走廊的前提下充分利用现有输电线路，提高传输容量和稳定性。

1) FACTS 技术

FACTS 技术是指以电力电子设备为基础，结合现代控制技术来实现对原有交流输电系统参数及网络结构的快速灵活控制，从而达到大幅提高线路输送能力和增强系统稳定性、可靠性的目的。随着电力电子器件的发展，FACTS 技术已从原有的基于半控器件的静止无功补偿器(static var compen-sator，SVC)、可控串补(thyristor controlled series compensator，TCSC)技术发展到现在的基于可关断器件的静止同步补偿器(static synchronous compensator，STATCOM)、统一潮流控制器(unified power flow controller，UPFC)等技术。

我国能源的资源与需求呈逆向分布，客观上需要实现能源的大范围转移，这就需要大幅提高线路的输送能力；同时需要解决由此带来的潮流调控、系统振荡、电压不稳定等问题。而 FACTS 技术以其快速的控制调节能力及其与现有系统良好的兼容能力，为其在我国的研究和应用提供了广阔的空间。

2) HVDC 技术

超高压直流输电技术在远距离大容量输电、异步联网、海底电缆送电等方面具有优势，因而得到了广泛应用。而特高压直流输电更可以有效节省输电走廊，降低系统损耗，提高送电经济性，它为我国解决能源分布不均、优化资源配置提供了有效途径。超大容量直流输电的成功条件之一是受端有强大的交流系统，提供足够的短路电流(换相电流)，而受端负荷过大将直接影响直流系统的稳定，受端系统接受能力的研究是今后的重要课题。

3)柔性直流技术

20世纪90年代发展起来的柔性直流输电技术以电压源换流器(voltage source converter，VSC)和可关断电力电子器件绝缘栅双极晶体管(insulate-gate bipolar transistor，IGBT)为核心，是新一代更为灵活、环保的直流输电技术，其固有的技术优势将在降低城市配电网短路电流、解决可再生能源并网难题、海岛供电及向能源紧缺和特殊地区的供电等领域发挥积极作用。

柔性直流输电系统的换流器采用自换相方式，可四象限运行且有功、无功功率独立控制；有利于构成既能方便控制潮流又有较高可靠性的并联多端直流输电系统；用于联网时不增加系统的短路容量；各换流站可相互独立控制，换流站之间无须通信。这些独特的技术优势使其在分布式发电接入、孤立负荷和偏远地区供电、城市电网连接等领域都可发挥积极作用。近年来，我国电力需求和装机增长十分迅速，因而各区域电网间互联的需求日益增强。电网间互联的优点在于电能的互济和动态有功功率的支援，但同时会造成电网动态稳定下降及短路电流超标等问题，动态稳定问题是我国近年来各大电网普遍出现的新问题，是电力系统安全稳定的瓶颈，而短路电流超标随着城市负荷的增长已成为特大型城市电网的特殊问题。柔性直流输电系统在解决大区域电网与周边弱电网互联、非同步电网互联等问题方面有着其特殊的优势，可以在很大程度上解决目前区域互联面临的种种问题，符合智能化电网的发展要求。

基于我国直流输电的发展水平和规划，充分考虑我国智能电网建设的要求，我国未来直流输电技术的研究重点包括：①±1000kV直流工程关键技术研究；②智能化直流输电系统研究；③三级直流输电技术研究；④多端直流输电系统研究；⑤高压大容量柔性直流输电技术研究；⑥大规模分布式电源系统采用柔性直流接入系统技术研究；⑦电容换相换流器关键技术研究[51]。

3. 先进传感技术

传感技术是智能电网中非常重要的一环，通过先进的传感技术可以获得准确的数据信息以用于智能电网的各个方面。通过海量传感器的监控信息反馈，电网可以根据不同情况做出快速反应，提供给用户更为全面的信息和服务。

无线传感器网络是指一种由感知区域内的大量传感器节点组成多跳网络，通过无线自组网的方式把各个节点的传感数据送达最终任务用户的网络形式，如图4.25所示。其系统构架包括散落在感知区域内的大量无线传感器节点，收集传输过来的数据并进行初步处理的汇集节点，用于处理后的数据批量传输的信道(网络或卫星通信)及最终使用者的任务用户。其中，最基本的单元就是位于感知区域中的大量传感节点。这些无线传感节点从功能上来看基本都包含简易的计算功能(微处理器)、单一的传感功能(传感器及相关外围电路)、能量供应单元(多采用绿色能源)、无线通信单元(无线电收发信机)等。

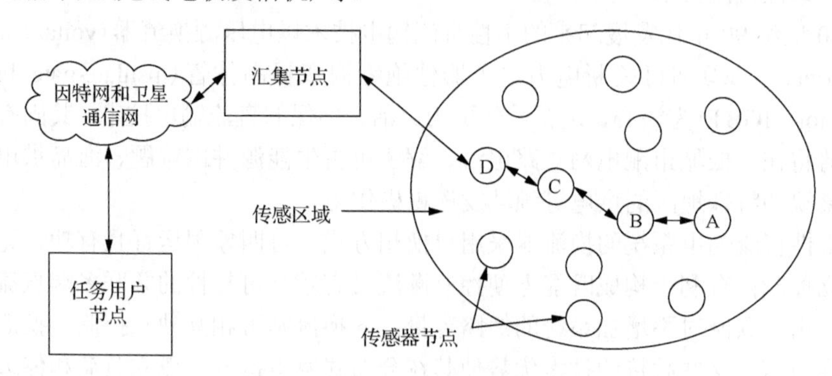

图 4.25　无线传感器网络结构简图

近年来，得益于微机电系统(micro-electro-mechanism system，MWMS)、片上系统(system on chip，SOC)、无线通信和低功耗嵌入式技术的飞速发展，无线传感网络的应用面越来越广，从最开始的军事、工程等大型项目，已经逐渐走向普通人民的一般生活，如医疗卫生、环境及农业、智能家居建筑等。目前，由于新型电网结构——智能电网对传感与通信技术的极大需求，越来越多的人开始从事将无线传感网络用于智能电网的研究[52]。

无线传感网络在电网侧的应用主要是对输电线路状态的监控。考虑到智能电网对电网安全和自我恢复方面的需求，为使输电网络自身可根据环境变化预测事故并在事故发生后即时进行响应，必须对线路中包括线路温度、断路器、电能和各种参数进行监视。再把这些传感器(包括继电保护、广域量测系统、导线连接传感器、绝缘污染漏电流传感器、电子仪用变压器等高级传感器，也包括温度、湿度、风力等环境传感器)连接到一个安全的通信网上去，完成对整个线路各种参数的实时监控。

光纤传感技术是传感器家族的新成员。在这一技术中，光纤既是测量信号载体，也可以是传感媒介。与传统的传感技术相比，具有抗电磁干扰、抗辐射性能好、绝缘、耐高温、耐腐蚀等众多优异性能，能够对温度、振动、电流、应变等多种参量实现在线测量。同时借助光纤的低传输损耗和宽的频带范围特性，光纤传感技术可以实现大的监测覆盖范围和高效的信息传输性能，迎合了智能电网对先进传感技术的需要，是非常有前景的传感技术[53]。

1) 全光纤电流互感器

全光纤电流互感器是基于法拉第磁光效应，即处于磁场中的光纤会使在光纤中传播的偏振光发生偏振面的旋转。载流导线在周围空间产生磁场，导致线偏振光通过置放在磁场中的法拉第磁光材料时会发生偏转。

如图4.26所示，由光源发出的光经过一个耦合器后由光纤偏振器起偏，经偏振光平分为两份，分别沿保偏光纤的X轴和Y轴传输，经相位调制器和闭环控制电路产生相位偏置、调制信号和反馈信号，利用$\lambda/4$波片进行线偏振光与圆偏振光的相互转化。载流导线周围产生的磁场使传感光纤中正交的两束圆偏振光产生相位差，该相位差与导线中磁场强度(电流强度)成正比，通过测量干涉光强可以检测出相位差，从而得到被测电流值。

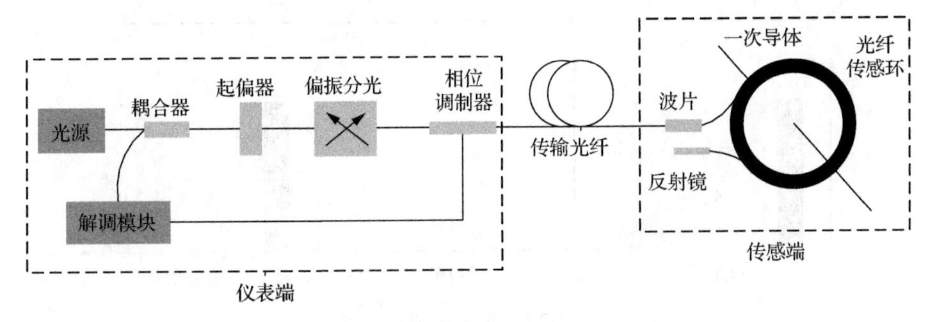

图4.26 全光纤电流互感器原理图

2) 光纤荧光温度传感器

荧光式测温方法是在光纤末端加入荧光物质，经过一定波长的光激励后，荧光物质受激辐射出荧光能量，且荧光的强度和辐射光的能量成正比，根据荧光的强度可以检测温度。而激励撤销后，荧光余晖的持续性取决于荧光物质特性、环境温度等因素，这种受激发荧光通常是按指数方式衰减的，衰减的时间常数称为荧光寿命或荧光余晖时间。由于在不同的环境温度下荧光余晖衰减也不同，因此通过测量荧光余晖寿命的长短来检测环境温度。

3) 光纤光栅传感技术

光纤光栅是利用光纤材料的光敏特性，结合相位掩模和紫外激光曝光技术沿纤芯轴向形成的一种折射率周期性分布的结构光纤光栅，示意图如图4.27所示。

当外界的温度或应变发生变化时，会引起光纤光栅的有效折射率和光栅周期发生改变，从而使得光纤光栅波长发生偏移，通过高分辨率的波长检测装置检测这个偏移量，就可得知外界被测量的变化信息。

4) 光纤分布式传感技术

当光波在光纤中传播时，光波在介质内部出现各种散射，如图4.28所示。光强出现变化的是瑞利散射，频率出现变化的是拉曼和布里渊散射。检测由光纤沿线各点产生的后向散射，通过这些后向散射光与被测量(如温度、应力、振动等)的关系，可以实现光纤传感特有的分布式传感。

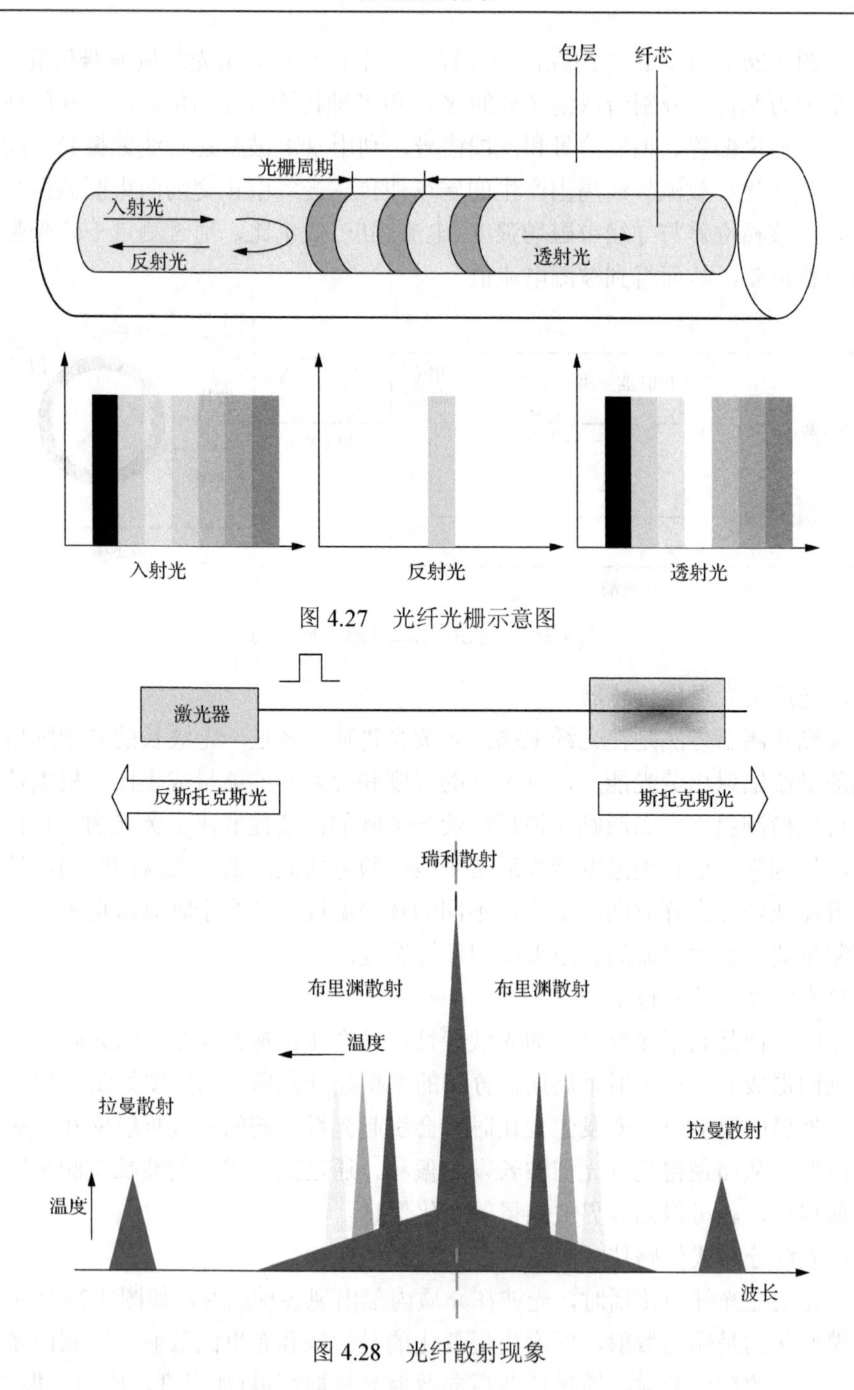

图 4.27　光纤光栅示意图

图 4.28　光纤散射现象

拉曼散射是光量子和介质分子相碰撞时产生的非弹性碰撞过程，而非弹性碰撞伴随着能量的转换。注入光纤的激光光子与光纤的二氧化硅分子的非弹性碰撞会产生一个长波长的斯托克斯光子和短波长的反斯托克斯光子，众多分子与光子的这种碰撞结果就产生了斯托克斯和反斯托克斯散射光。同时，反斯托克斯散射光强对温度很敏感且与温度呈线性关系，利用斯托克斯和反斯托克斯散射光强的比值可以精确推算光纤的温度场分布。实测斯托克斯与反斯托克斯光之比可计算出热力学温度。测量光纤中的反斯托克斯拉曼反射信号可以实现分布式温度传感。

介质密度起伏通过压力变化引起的非弹性散射，称为布里渊散射。光纤中的布里渊散射是由入射光与光纤自身的声子相互作用产生的，入射光与光纤自身的声子相互作用而引起的介质能级间距变化的差异很小，因此布里渊谱线的分布距瑞利散射谱线很近而且较窄。和拉曼散射强度仅与温度有关不同，布里渊散射光的频移量与环境温度和应力呈线性关系，因此具有更多潜在的应用领域，已成为国际上最活跃的热点课题之一。

4. 广域测量系统

智能电网要想实现对系统状态的实时动态监控以及基于此的应用功能，离不开广域测量系统(wide-area measurement system，WAMS)的帮助。基于相量测量单元(phasor measurement unit，PMU)和现代通信技术的WAMS实现了对发电机功角和母线电压相量的实时测量，将电力系统的稳态水平监测提高到动态水平监测。

WAMS在一定程度上缓解了目前对大规模互联电力系统进行动态分析与控制的困难[54]。WAMS可以在同一参考时间框架下捕捉到大规模互联电力系统各地点的实时稳态/动态信息，这些信息在电力系统稳态及动态分析与控制的许多领域(如潮流计算、状态估计、暂态稳定分析、电压稳定分析、频率稳定分析、低频振荡分析、全局反馈控制等)都可能有用，给大规模互联电力系统的运行和控制提供了新的视角。WAMS可看作仅针对稳态过程的传统的监控与数据采集(supervisory control and data acquisition，SCADA)系统的进一步延伸，其外部基本单元为基于全球定位系统(global positioning systems，GPS)的同步相量测量单元(phasor measurement unit，PMU)和连接各PMU的实时通信网络，其核心是一个中心数据站及基于其上的分析与应用。

1)电力系统稳态分析

智能电网可以根据WAMS提供的信息对相关风险进行分析评估，并采取智能决策规避风险的发生。

(1)电压稳定。

利用WAMS的量测数据，计算单电源功率传输等值系统参数及负荷裕度指标，可克服基于参数辨识的指标不能对联络节点进行电压稳定评估的缺陷。

(2)频率稳定。

频率是电能质量的重要指标，也是反映电力系统有功功率供需平衡的重要参量。电力系统中大型发电机运行中突然故障停机时，突发的有功功率缺额会引起系统频率的波动。电力系统的频率变化具有时空分布的特性，随着越来越多的大容量发电机组(1000MW 火电机组或核电机组)投入运行，电力系统中发生大的功率脱落事件的风险也在增大。频率动态过程的时空分布特性是一个非常复杂的问题，观测手段的不足是重要的制约因素之一。而 WAMS 可以实现对全系统动态信息的同步量测，为研究电力系统真实的频率动态过程及其时空分布特性提供了观测手段，对防范频率失稳、改善低频减载控制等均具有重要意义。

2)低频振荡分析及抑制

对于低频振荡问题，除了准确的分析，还需要进行有效抑制。采用电力系统稳定器(power system stabilizer，PSS)是目前抑制低频振荡最普遍的办法。PSS 受限于本地信息，对区域间的低频振荡不能发挥有效的抑制作用。采用 WAMS 信号的广域阻尼控制器的出现为抑制区间振荡提供了有力的工具。

3)故障定位与诊断

故障的快速准确定位和诊断是智能电网实现自愈的基础，也是防止大停电、保证系统可靠性的前提。

基于 PMU 的量测数据，故障定位将变得更加精确容易。传统的单端测距法无法克服过渡电阻对其测距精度的影响。在系统正常运行情况下，形成网络关联系数矩阵，故障发生后，根据网络关联系数矩阵，用变步长搜索技术定位故障线路和确定故障位置的方法仅需要配置有限的 PMU，不受故障类型和过渡电阻的影响。

随着电力系统构造的日益复杂，三端或多端线路在未来电网中必将更加普遍，将 N 端线路的故障测距问题转化为 T 型线路的故障测距问题，在 PMU 帮助下由离参考端最远的母线推算离参考端最近的 T 节点电压、电流，在该 T 节点和参考端之间利用双端测距算法求出故障距离，克服了以往方法在各 T 节点附近有测距死区的缺点。

4.2.3　用户侧技术

智能电网的用户侧承担着 80%以上电能的传输、分配、控制与保护任务，并最终在终端用电设备上做功完成。智能电网用户侧涉及的关键技术众多，是计算机应用技术、现代通信技术、高级测量技术、控制理论和图形可视化技术等多学科交叉融合的技术集群。

1. 信息通信技术

智能电网的关键技术涉及诸多领域，其中 ICT 是核心技术之一，是实现“智能”的基础，贯穿六大应用环节(发电、线路、变电、配电、用户服务、调度)。智能电网的“智能”体现在可观测、可控制、分布式智能、高级分析、自适应、自愈等方面，各方面的实现都依赖 ICT。

1)信息流层次模型

智能电网信息流的层次模型包括4个层次，即电网设备层、通信网架层、数据存储管理层、数据应用层。各个层次组成的信息支撑体系是智能电网信息运转的有效载体，是智能电网坚实的信息传输基础。信息支撑体系通过对电网基础信息分层分级的集成与整合，达到信息的纵向贯通和横向集成，为智能电网提供可靠信息支撑。信息流的层次模型如图4.29所示[55]。

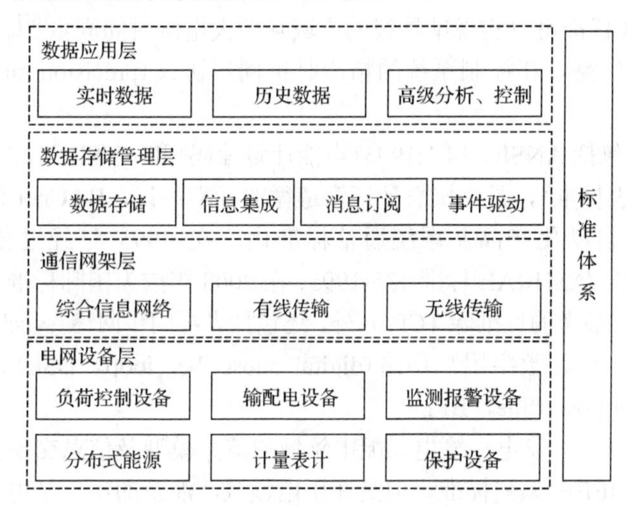

图4.29 信息流的层次模型

电网设备层包括电网的各类需要信息传输和交换的元件及设备。通信网架层利用通信网络将电网设备层的各类型设备连接成一个整体，其中网络方式较传统的其他方式具有连接简单、易维护等特点，在有线网络不易部署的地方可以采用无线方式或公网方式，辅以合适的网络安全策略。

数据存储管理层提供数据的存储以及跨分区、跨系统的整合、集成、访问功能。智能电网的信息量将远大于现有电网，数据的有效存储是需要深入研究的一个问题。同时在已有信息化基础上，完善异构系统之间的信息集成。信息的访问可以采用事件驱动或者消息总线的模式，避免数据的大量检索。

基于上述基础数据应用层可实现智能电网的高级分析、控制等功能。标准体系贯穿信息流层次模型的各层级，保障设备的即插即用、信息的有效交换和传输内容的无歧义理解，降低信息交换成本。

2)标准体系

智能电网设备类型众多，系统类型复杂，跨地域广阔，要保证各部分之间协调、有效、即插即用，取决于完善的信息及通信标准体系。该标准体系[56-59]涉及发电、输电、配电、用电以及信息安全等环节，除IEC 61850、IEC 61970/61968、IEEE 802等标准外，还包括IEC 61400-25、ANSIC 12、BACnet、IEC 62351。IEC

61400-2 标准除包含 IEC 61850 协议的基本内容外，还定义了用于监视和控制风力发电机组的通信规范。

IEC 62351 标准是国际电工委员会第 57 技术委员会第 15 工作组专门负责为 IECTC 57 制定的相关通信协议建立的安全规范[59]，其目的是通过数据加密和数字签名技术对实体进行身份认证来防止信道窃听、重放攻击和篡改，确保系统对保护和控制动作进行响应的正确性。

IEEE 1588 标准可以实现纳秒级的广域互联大电网时间同步[61]。IEEE 1588 标准又称为网络化测量和控制系统的精确时钟同步协议(precision time protocol，PTP)。

ANSIC12 包括 ANSIC 14.1:1995(电能计量编码)和 ANSIC 12.20:1997(0.2 级和 0.5 级电能表标准)，是美国表计厂商遵循的标准协议，BACnet 的目标是将不同厂商的建筑自动化产品及系统通信标准化，在 1995 年经过公开讨论成为 ANSI(美国标准)/ASHRAE 标准 135-1995；在 2003 年成为国际标准 ISO 16484-5。

通信领域可参考的标准除 TCP/IP 外，还包括光纤同步网络(synchronous optical network，SONET)、数字用户环路(digital subscriber loop，DSL)、宽带电力线(broadband over powerline，BPL)。

从目前情况看，发电、输电、配电领域的信息模型及信息交换标准已经比较完善，可遵循 IEEE 系列标准。但是在用电领域，涉及的不仅是电力企业，还包括家电企业、建筑自动化企业。从目前国内情况看，还未见统一的厂商联盟规范或指定相关标准，该领域是智能电网信息及通信标准体系需加强的环节。

3) 信息网络

目前存在的各种信息通信技术都能用于支撑智能电网。具体可以分为有线和无线通信技术。有线通信可以是光纤通信、电力线通信 PLC(包括工频通信、窄带和宽带电力载波通信)、电缆通信等。光纤通信包括架空/直埋/管道/隧道普通光缆、光纤复合架空地线(optical fiber composite overhead ground wires，OPGW)、全介质自承式光缆(all dielectric self-supporting optical fiber cable，ADSS)、光纤复合相线(optical fiber composite phase conductor，OPPC)等技术。无线通信可以是无线个人局域网(WPAN)(IEEE 802.15)、无线局域网(WLAN)(IEEE 802.11)、无线城域网(WMAN)(IEEE 802.16)、无线广域网(WWAN)(IEEE 802.20)、3G/B3G 通信、卫星通信、微波通信、快速移动通信。

4) 安全防护

智能电网较传统电网将更多地依赖信息交换，电网跨地域广阔，设备元件众多，任意节点都可能引发信息安全问题，导致电网发生故障，因此智能电网信息安全防护内涵很广，影响重大。智能电网信息系统的安全防护应该是一个系统化的体系，该体系的主要内容包括如下方面。

(1)脆弱性和风险评估。

对信息系统的脆弱性和风险定期进行评估，指定包括改进措施的一系列指导原则。据统计约有超过90%的信息系统入侵是通过已知的系统漏洞和操作系统、服务器、网络设备错误配置实现的。

(2)应对威胁的能力。

对电网安全构成威胁的行为，如信息系统攻击发生时，相应的应对和报警机制随之启动。极端情况下，电网信息系统遭受大规模攻击，导致电网发生故障时，电网公司与其他机构，包括政府机构的联动响应。

(3)重要系统的可靠性。

我国《电网和电厂计算机监控系统及调度数据网络安全防护的规定》中指出，重要系统包括电力数据采集与监控系统、能量管理系统、变电站自动化系统、配电自动化系统、微机继电保护和安全自动装置、广域相量测量系统、负荷控制系统、实时电力市场的辅助控制系统、各级电力调度专用广域数据网络和各计算机监控系统内部的本地局域网络等。必须防范对上述电网计算机监控系统及调度数据网络的攻击侵害及由此引起的电力系统事故，抵御病毒、黑客等通过各种形式对系统发起的恶意破坏和攻击，防止通过外部边界发起的攻击和侵入，尤其是防止由攻击导致的一次系统的控制事故。

(4)敏感信息的安全。

对敏感信息从内部和外部都杜绝被窃取，如电网的发电、输电、配电等环节的重要数据。防止未授权用户访问系统或非法获取电网运行和调度敏感信息以及各种破坏性行为，保障电网调度数据信息的安全性、完整性。重点关注电力市场系统、电网调度信息披露的数据安全问题，防止非法访问和盗用，主要通过具有认证、加密功能的安全网关来实现；确保信息不受破坏和丢失，则通过系统冗余备份来实现。

关于信息系统的安全防护，需要特别关注的是无线网络的安全防护问题。无线网络具有接入灵活、方便的特点，在配网和用电侧具有广泛应用的可能，如IEEE802.11b 标准用途相当广泛，已经成为用于共享无线局域网(WLAN)技术的行业标准。因此在电网使用无线通信时必须对其安全机制进行改进，否则将带来安全隐患。

5)智能电网信息及通信体系架构

从发电、输电、配电的通信方式发展看，信息网络传输的是保护、控制、测量数据等综合信息，智能电网的电力通信网络将发展综合信息网络。

从信息利用角度看，智能电网的监控从传统电网的基于局部信息向基于全局信息转变，分散在各类信息系统的数据等将通过综合数据平台的方式进行集成，方便不同业务关注人员对各类数据进行应用，实现智能电网的高级分析应用功能。因此本书提出的智能电网信息及通信体系的架构如图4.30所示。

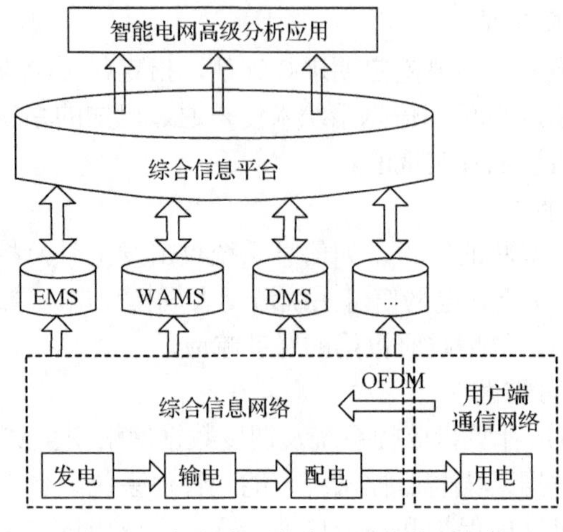

图 4.30　智能电网信息及通信体系架构

2. 先进量测体系

智能电网的特征之一是与用户良好的交互，自动抄表(AMR)或者自动测量体系(advanced metering infrastructure，AMI)等智能表计及用户侧信息网关成为智能电网的重要领域之一。目前大多数 AMR 及 AMI 的解决方案中采用 GPRS、RF 等无线技术作为通信手段。

AMI 是智能电网的核心构成,它负责在端系统和智能电表之间双向数据通信。AMI 有 3 个主要组件，即家庭区域网络(home area network，HAN)、邻区域网络(neighborhood area network，NAN)和广域网(wide area network，WAN)。HAN 被当作消费者，并且该网络与智能电表互联，因此智能电表就是 HAN 的接口，用于在双向通信模式下连接 HAN 和 AMI。邻区域网络负责在智能电表和智能收集器之间的通信。NAN 可覆盖几百上千个节点，这些节点包括智能电表和智能收集器。最后，WAN 主要负责 NAN 回程网络和端系统的连接。

不同通信渠道可以被 AMI 的不同组件使用。例如，NAN 可能使用无线或者有线网络用于各个节点的互联。WAN 还使用长距离高带宽技术用于 NAN 和端系统间的联系。当然也可以使用蜂窝通信和其他的专用网络用与他们之间的通信。但是一般来说，设备提供商使用现存的第三方的通信网络，以此来达到 NAN 和数据终端处理系统间的联系。

1) AMI 组成

AMI 有四个主要的组成部分，即智能电表、智能数据集中器、通信网络和数据处理中心。智能电表通过各种媒介(即有线或者无线网络)和数据集中器进行双向通信，智能数据集中器和数据处理中心通过公有网络进行双向通信。数据集中器安装在塔竿上、变电站里和其他一些设施上。它连接了局域网和广域网，是智能电表和数据处理中心的数据中转站。智能数据集中器可以通过LAN手机智能电表的数据提供给数据中心，还能中继数据处理中心给电表和用户发送命令和信息。图4.31为AMI的模拟架构图。

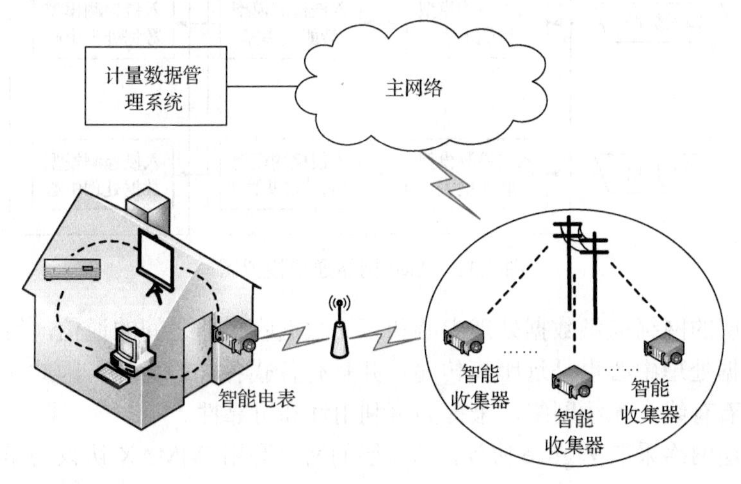

图4.31 AMI的模拟架构图

数据处理中心通过WAN接收智能数据收集器传送过来的数据，并发送数据到智能电表。处理中心计算机安装了软件系统来处理接收的数据，发送配置参数。系统将数据存入数据库，也能够给其他系统使用，供电商和消费者可通过数据处理中心提供web服务器访问数据。

智能电表是智能电网的智能终端，它已经不是传统意义上的电能表，除具备基本用电量的计量功能外，为了适应智能电网，还具有双向多种费率计量功能、用户端控制功能、多种数据传输模式的双向数据通信功能、防窃电功能等智能化的功能，代表未来节能型智能电网用户智能化终端的发展方向。

2) AMI通信网络

AMI采用固定的双向通信网络，使用分级的通信架构。图4.32为AMI网络通信模拟图。如图4.32所示，整个AMI有三个层次的通信。

第一层的网络和第二层的网络，通常对通信的速度要求不高，因而它最主要的考虑是以最低成本连接到用户。网络的构建主要依赖智能电表提供的通信接口，目前使用较多的是宽带电力线通信(Broad power line，BPL)、全球互通微波访问(worldwide interoperability for microwave access，WiMAX)、电力线载波(power line carrier，PLC)。ZigBee是一种低速短距离传输的无线网络协议，底层是采用IEEE 802.15.4标准规范的媒体访问层与物理层。ZigBee的特点是低速、低耗电、低成本，支持大量网络节点和多种网络拓扑，低复杂度、快速、可靠且安全。

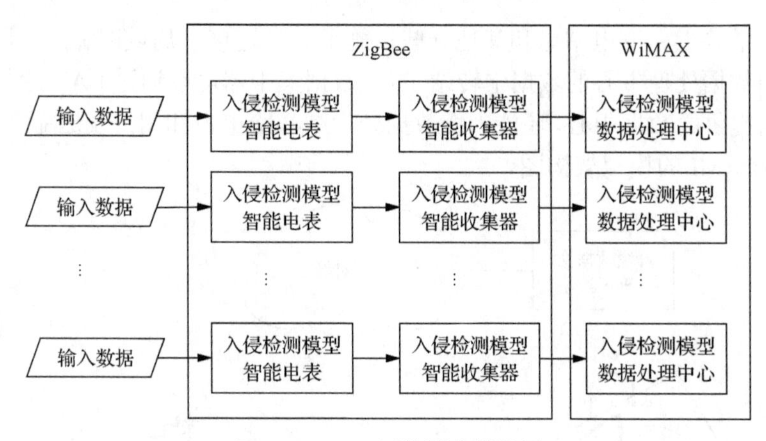

图 4.32　AMI 网络通信模拟图

第三层的网络提供数据处理中心和智能数据收集器之间的通信。智能数据收集器和数据处理中心也是远距离传输，并且有各式各样的元件，因此在这些元件之间夹杂着有线和无线网络，来提高可利用性和可靠性。

前两层网络采取 Zigbee 协议，第二层的网络利用 WiMAX 协议与第三层网络进行通信。

3. 需求响应技术

1) 需求响应概述

需求响应(demand response，DR)是指需求侧或终端消费者通过对基于市场的价格信号、激励，或者来自系统运营者的直接指令产生响应改变其短期电力消费方式和长期电力消费模式的行为。需求侧响应可以有效地减缓高峰负荷时用于供电和备用的发电投资和运行成本的增长，同时可以相应地减少输配电的投资和损耗，还有助于电力用户更多地参与电力市场，积极地促进整个电力系统的节能减排。将需求侧响应资源与供应侧资源在各类市场和综合资源规划中平等甚至优先对待，起到提升社会整体资源的利用效率、提高社会整体福利的重要作用。

美国能源部将需求响应定义为：终端用户改变其正常的消费模式，以响应电价的实时变化，或用户为响应高电价或系统可靠性受到威胁时的经济激励而做出的电力消费形式的变化。需求响应是针对如何发挥需求侧在竞争性电力市场中的作用以提高系统可靠性及市场运行效率而提出的概念。因此，从广义上来讲，需求响应可以解释为：电力用户根据市场的价格信号或激励机制做出响应，并改变固有电力消费模式的市场参与行为，以促进电力资源优化配置，降低市场运行的风险，提高电力系统和电力市场的稳定性。需求响应不仅作为一种高效负荷管理工具确保电力系统在尖峰时刻运行的可靠性，而且提供高质量的服务，有助于电网更好地消纳间歇性新能源发电。

2) 需求响应分类

北美电力可靠性委员会(North American Electric Reliability Council，NERC)和北美能源标准委员会(NAESB)将需求响应分为两种类型：可调度资源和用户可选择可控资源。美国联邦能源调解委员会(Federal Energy Regulatory Commission，FERC)将需求响应也分为两类：基于价格的需求响应(price-based demand response，PDR)项目和基于激励的需求响应(incentive-based demand response，IDR)项目。在已研究分类的基础上，将需求响应分类进行归纳，如图 4.33 所示[62]。

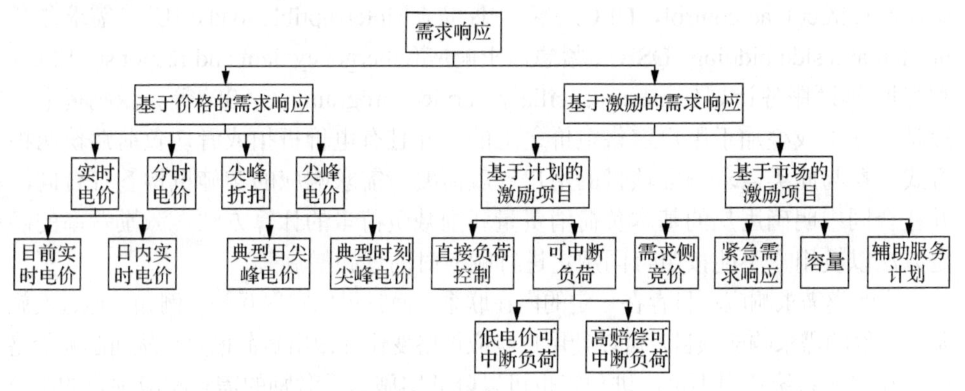

图 4.33 需求响应的分类

(1) 基于价格的需求响应。

终端消费者直接面对多种价格信号并自主做出用电量、用电时间和用电方式的安排和调整。根据国际电价分类电价包括分时电价(time-of-use pricing，TOU)、尖峰电价(critical peak pricing，CPP)、实时电价(real-time Pricing，RTP)等。电力市场的电价波动与电力生产的成本变化相一致，是一种时变的费率。PDR 侧重于用户的主动参与，其响应行为来自用户内部的经济决策过程和负荷的调整。用户通过内部的经济决策过程，将用电时段调整到低电价时段，并在高电价时段减少用电，来实现减少电费支出的目的。参与此类需求响应项目的用户可以与需求响应实施机构签订相关的定价合同，但用户在进行负荷调整时是完全自愿的。目前，在美国主要有以下三种零售电价的执行方式：

①强制电价(mandatory-service pricing)。强制用户执行某种电价，如强制大用户执行 TOU。

②默认电价(default-service pricing)。设定一种电价作为用户的默认电价，如果用户不接受，可以选择其他电价。

③可选择电价(optional-service pricing)。提供用户一个电价选择表，用户根据自身情况可以选择其中的一种。

(2) 基于激励的需求响应。

直接采用赔偿或折扣方式来激励和引导用户参与系统所需要的各种负荷削减

项目，如商用的暖通空调(heating，ventilation and air conditioner，HVAC)、家用空调、加热器等设备，通过直接负荷控制、可中断负荷控制和容量/辅助服务计划等措施，转移用电时间和用电负荷满足系统需要。现有的IDR包括基于计划的和基于市场的激励型需求响应项目。对供电公司、负荷服务实体和系统运营机构而言，IDR为管理其成本和供电可靠性提供了灵活可控的资源。

IDR是指需求响应实施机构通过制定确定性的或者随时间变化的政策，来激励用户在系统可靠性受到影响或者电价较高时及时响应并削减负荷，包括直接负荷控制(direct load control，DLC)、可中断负荷(interruptible load，IL)、需求侧竞价(demand side bidding，DSB)、紧急需求响应(emergency dem and response，EDR)和容量/辅助服务计划(capacity/ancillary service program，CASP)等。激励费率一般是独立于或叠加于用户零售电价之上的，并且有电价折扣或者切负荷赔偿两种方式。参与此类需求响应项目的用户一般需要与需求响应的实施机构签订合同，并在合同中明确用户的基本负荷消费量和削减负荷量的计算方法、激励费率的确定方法以及用户不能按照合同规定进行响应时的惩罚措施等。

这两类需求响应项目存在一定的内在联系，而且可以实现互补。例如，通过实施基于电价的需求响应项目，可以使用户响应价格变化并做出负荷调整，从而削减价格高峰和缓解系统备用不足，进一步也可以降低实施基于激励的需求响应项目的必要性。因此，需求响应实施机构在制定各类需求响应项目时，需要考虑各个子类的互补性，如美国加利福尼亚州PG&E公司就规定参与了CPP的用户不能再参与IL等基于激励的需求响应项目。由于需求响应和能效都可以实现削峰、减缓需求增长速度和节省用户电费支出，因此可以将这两种资源统称为需求资源(demand resources)。

图4.34说明了在各个时间尺度上能效和各类需求响应项目与电力系统规划及运行的关系[62]。可以看出，从年度系统规划到实时市场调度，需求响应可在不同时间尺度上灵活部署，并参与协调市场定价与系统调度管理。

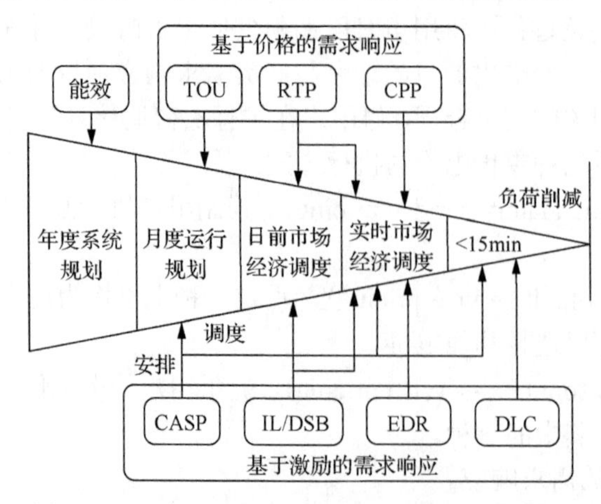

图4.34　需求响应在电力系统规划和运行中的作用

4.2.4 储能技术

储能技术及储能系统应用于电网中，可以延缓电网升级、减少输电阻塞、提供辅助服务、提高供电可靠性，从而带来相应的经济和社会效益，同时在峰谷电价机制下，储能系统可以通过低储高发实现套利。主要储能技术的优缺点及应用领域如表 4.9 所示[63]。

表 4.9 主要储能技术的优缺点与应用领域

储能技术	优点	缺点	应用领域
抽水蓄能	大容量、寿命长 运行费用低	选址受限	调峰填谷、调频调相、事故备用黑启动
压缩空气储能	容量功率范围灵活、寿命长	选址受限、化石燃料	调峰填谷、UPS、黑启动、 分布式电网微网
飞轮储能	高速、快速响应	自放电率高、 用于短期储能	调峰调频、桥接电力、 电能质量保证，UPS
铅酸电池	成本低廉、安全 稳定性好	回收处理、 循环次数较少	备用电源、UPS 电能质量、调频等
锂离子电池	能量密度高、高效率、无污染	成本比较高	备用电源、UPS 等中小容量应用场合
钠硫电池	结构紧凑、容量大、效率高	运行维护费用高	平滑负荷、稳定功率等中小容量应用
全钒液流电池	充放电次数多、容量大、寿命长	能量密度较低	调峰调频、可靠性，能量调节等
超级电容器	寿命长、效率高、充放电速度快	能量密度较低、 成本高	大功率负载平衡、电能质量、脉冲功率

通过机械储能、电磁储能、电化学储能和相变储能四类储能类型，分析储能技术研究与应用。储能技术研究及应用现状见表 4.10[64]。

表 4.10 储能技术研究及应用现状

储能类型		典型功率	输出持续时间	应用方向
机械储能	抽水蓄能	100～2000MW	4～10h	日负荷调节，频率控制和系统备用
	微型压缩空气储能系统	100～300MW	6～20h	调峰发电厂、系统备用电源
	飞轮储能	10～50MW	1～4h	调峰
电磁储能	超导电磁储能系统	10kW～1MW	15s～15min	UPS，电能质量调节， 输配电系统稳定性
	电容器 超级电容器	1～100kW	1s～1min	电能质量调节，输电系统稳定性 （与 FACTS 结合）
电化学 储能	铅酸电池	1～50kW	1min～3h	电能控制机、可靠性，频率控制， 备用电源，黑启动，UPS
	先进电池技术，如 NaS、 VRLA、Li 等	千瓦级至兆瓦级	几分钟至 几小时	各种应用
	液流电池，如 ZnBr、NaBr 等	100～100MW	1～20h	电能质量、可靠性等，备用电源、 削峰、能量管理、再生能源集成

1. 机械储能

常见的机械储能包括抽水蓄能、压缩空气储能、飞轮储能等。

1) 抽水蓄能

抽水蓄能电站投入运行时必须配备上、下游两个水库(上、下池)，负荷低谷时段抽水蓄能设备工作在电动机状态，将下游水库的水抽到上游水库保存，负荷高峰时抽水蓄能设备工作于发电机的状态，利用储存在上游水库中的水发电。按上水库有无天然径流汇入分为纯抽水、混合抽水和调水式抽水蓄能电站，建站地点力求水头高、发电库容大、渗漏小、压力输水管道短、距离负荷中心近。

抽水蓄能电站可以按照一定容量建造，储存能量的释放时间可以从几小时到几天，综合效率在 70%～85%。抽水蓄能是在电力系统中应用最为广泛的一种储能技术，其主要应用领域包括调峰填谷、调频、调相、紧急事故备用、黑启动和提供系统的备用容量，还可以提高系统中火电站和核电站的运行效率。

目前，抽水蓄能电站的设计规划已形成规范。今后的重点将立足于提高机电设备可靠性和自动化水平、建立统一调度机制以推广集中监控和无人化管理、结合各国国情开展海水和地下式抽水蓄能电站关键技术的研究。

2) 压缩空气储能

压缩空气储能(compressed air energy storage，CAES)电站是一种调峰用燃气轮机发电厂，主要利用电网负荷低谷时的剩余电力压缩空气，并将其储藏在典型压力 7.5MPa 的高压密封设施内，在用电高峰释放出来驱动燃气轮机发电。消耗等量燃料，压缩空气储能电站的输出功率是常规燃气轮机电站的 3 倍，同时可以降低投资费用、减少排放。CAES 电站建设投资和发电成本均低于抽水蓄能电站，但其能量密度低，并受岩层等地质条件的限制。CAES 储气站漏气开裂可能性极小，安全系数高，寿命长，可以冷启动、黑启动，响应速度快，主要用于峰谷电能回收调节、平衡负荷、频率调制、分布式储能和发电系统备用。

目前，地下储气站采用报废矿井、沉降在海底的储气罐、山洞、过期油气井和新建储气井等多种模式，其中最理想的是水封恒压储气站，能保持输出恒压气体，从而保障燃气轮机稳定运行。100MW 级燃气轮机技术成熟，利用渠氏超导热管技术可使系统换能效率达到 90%。大容量化和复合发电化将进一步降低成本。随着分布式能量系统的发展以及减小储气站容积和提高储气压力至 10～14MPa 的需要，8～12MW 微型压缩空气储能系统(micro-CAES)已成为人们关注的热点。

3) 飞轮储能

飞轮储能系统由高速飞轮、轴承支撑系统、电动机/发电机、功率变换器、电子控制系统和真空泵、紧急备用轴承等附加设备组成。谷值负荷时，飞轮储能系统由工频电网提供电能，带动飞轮高速旋转，以动能的形式储存能量，完成电能-机械能的转换过程；出现峰值负荷时，高速旋转的飞轮作为原动机拖动电机发电，经功率变换器输出电流和电压，完成机械能-电能转换的释放能量过程。飞轮储能功率密度大于5kW/kg，能量密度超过20W·h/kg，效率在90%以上，循环使用寿命长达20a，工作温区为–40～50℃，无噪声，无污染，维护简单，可连续工作，积木式组合后可以实现兆瓦级，输出持续时间为数分钟或数小时，主要用于不间断电源(uninterrupted power supply，UPS)/应急电源(emergency power system，EPS)、电网调峰和频率控制。

近年来，人们对飞轮转子设计、轴承支撑系统和电能转换系统进行了深入研究，高强度碳素纤维和玻璃纤维材料、大功率电力电子变流技术、电磁和超导磁悬浮轴承技术极大地促进了储能飞轮的发展。随着磁浮轴承的应用、飞轮的大型化以及高速旋转化和轴承载荷密度的进一步提高，飞轮储能的应用将更加广泛。

2. 电化学储能

电化学储能的特点是功率和能量可根据不同应用需求灵活配置，响应速度快，不受地理资源等外部条件限制，适合大规模应用和批量化生产，但目前还存在使用寿命短、成本高等问题。常见的电化学储能有锂离子电池、液流电池、钠硫电池、铅酸电池等。

电池储能系统主要是利用电池正负极的氧化还原反应进行充放电，表4.11、表4.12分别显示了一些种类电池的基本特性和由它们构成的储能系统目前已达到的性能指标[63]。

表4.11 电力储能系统可利用的主要电池

电池种类	单体标称电压/V	反应式	研发机构
铅酸	2.0	负极：$Pb+SO_4^{2-} \rightleftharpoons PbSO_4+2e^-$ 正极：$PbO_2+4H^++SO_4^{2-}+2e^- \rightleftharpoons PbSO_4+2H_2O$	主要电池厂家
镍镉	1.0～1.3	负极：$Cd_2+2e^-+2OH^- \rightleftharpoons Cd(OH)_2$ 正极：$2NiOOH+2H_2O+2e^- \rightleftharpoons 2Ni(OH)_2+2OH^-$	主要电池厂家
镍氢	1.0～1.3	负极：$H_2O+e^- \rightleftharpoons 1/2H_2+OH^-$ 正极：$Ni(OH)_2+OH^--e^- \rightleftharpoons NiOOH+H_2O$	主要电池厂家
锂离子	3.7	负极：$6C+xLi^++xe^- \rightleftharpoons Li_xC_6$ 正极：$LiCoO_2 \rightleftharpoons Li_{1-x}CoO_2+xLi^++xe^-$	主要电池厂家
钠硫	2.08	负极：$2Na \rightleftharpoons 2Na^++2e^-$ 正极：$xS+2e^- \rightleftharpoons xS^{2-}$	东京电力公司、NGK、上海电力公司
全钒液流	1.4	负极：$V_3^++e^- \rightleftharpoons V_2^+$ 正极：$V_5^++e^- \rightleftharpoons V_4^+$	VRB、V-FuelPty、住友电工、关西电力公司、中国电力科学研究院

表 4.12　部分电池储能系统的性能比较

电池种类	功率上限	比容量 /(W·h/kg)	比功率 /(W/kg)	循环寿命 /次	充放电效率 /%	自放电效率 /(%/月)
铅酸	数十兆瓦	35～50	75～300	500～1500	0～80	2～5
镍镉	几十兆瓦	75	150～300	2500	0～70	5～20
锂离子	几十兆瓦	150～200	200～315	1000～10000	0～95	0～1
钠硫	十几兆瓦	150～240	90～230	600000	0～90	—
全钒液流	数百千瓦	80～130	50～140	13000	0～80	—

铅酸电池在高温下寿命缩短，与镍镉电池类似，具有较低的比能量和比功率，但价格便宜，构造成本低，可靠性好，技术成熟，已广泛应用于电力系统，目前储能容量已达 20MW。铅酸电池在电力系统正常运行时为断路器提供合闸电源，在发电厂、变电所供电中断时发挥独立电源的作用，为继保装置、拖动电机、通信、事故照明提供动力。然而，其循环寿命较短，且在制造过程中存在一定的环境污染。

镍镉等电池效率高、循环寿命长，但随着充放电次数的增加容量将会减少，荷电保持能力仍有待提高，且因存在重金属污染，已被欧盟组织限用。锂离子电池比能量和比功率高、自放电小、环境友好，但由于工艺和环境温度差异等因素的影响，系统指标往往达不到单体水平。大容量集成的技术难度和生产维护成本使得这些电池在相当长的时间内很难在电力系统中规模化应用。

钠硫和液流电池则被视为新兴、高效且具广阔发展前景的大容量电力储能电池。钠硫电池储能密度为 $140kW \cdot h/m^3$，体积减小到普通铅酸蓄电池的 1/5，系统效率可达 80%，单体寿命已达 15a，且循环寿命超过 6000 次，便于模块化制造、运输和安装，建设周期短，可根据用途和建设规模分期安装，适用于城市变电站和特殊负荷。液流电池已有钒-溴、全钒、多硫化钠/溴等多个体系，高性能离子交换膜的出现促进了其发展。液流电池电化学极化小，能够 100%深度放电，储存寿命长，额定功率和容量相互独立，可以通过增加电解液的量或提高电解质的浓度达到增加电池容量的目的，并可根据设置场所的情况自由设计储藏形式及随意选择形状。目前，钠硫和液流电池均已实现商业化运作，兆瓦级钠硫和 100kW 级液流电池储能系统已步入试验示范阶段。随着容量和规模的扩大、集成技术的日益成熟，储能系统成本将进一步降低，经过安全性和可靠性的长期测试，有望在提高风能/太阳能可再生能源系统的稳定性、平滑用户侧负荷及紧急供电等方面发挥重要作用。

3. 电磁储能

电磁储能包括超导电磁储能、超级电容器等。电磁储能能够长时间、无损耗地储存能量，储能密度高，响应时间为毫秒级，转换效率大于95%，无限次循环充放电，但其成本高昂。

1)超导电磁储能

超导电磁储能系统(superconducting electromagnetic energy storage，SMES)利用超导体制成的线圈储存磁场能量，功率输送时无需能源形式的转换，具有响应速度快(毫秒级)，转换效率高(≥96%)、比容量(1～10W·h/kg)和比功率(10^4～10^5kW/kg)大等优点，可以实现与电力系统的实时大容量能量交换和功率补偿。SMES在技术方面相对简单，没有旋转机械部件和动密封问题。目前，世界上1～5MJ/MW低温SMES装置已形成产品，100MJ SMES已投入高压输电网中实际运行，5GW·h SMES已通过可行性分析和技术论证。SMES可以充分满足输配电网电压支撑、功率补偿、频率调节、提高系统稳定性和功率输送能力的要求。

SMES的发展重点在于基于高温超导涂层导体研发适于液氮温区运行的兆焦级系统，解决高场磁体绕组力学支撑问题，并与柔性输电技术相结合，进一步降低投资和运行成本，结合实际系统探讨分布式SMES及其有效控制和保护策略。

2)超级电容器

超级电容器根据电化学双电层理论研制而成，可提供强大的脉冲功率，充电时处于理想极化状态的电极表面，电荷将吸引周围电解质溶液中的异性离子，使其附于电极表面，形成双电荷层，构成双电层电容。由于电荷层间距非常小(一般0.5mm以下)，加之采用特殊电极结构，电极表面积成万倍增加，从而产生极大的电容量。但由于电介质耐压低，存在漏电流，储能量和保持时间受到限制，必须串联使用，以增加充放电控制回路和系统体积。

超级电容器在国际上的发展历经三代，已形成电容量0.5～1000F、工作电压12～400V、最大放电电流400～2000A系列产品，储能系统最大储能量达到30MJ。目前，基于活性炭双层电极与锂离子插入式电极的第四代超级电容器正在开发中。

4. 相变储能

相变储能是利用某些物质在其物相变化过程中，可以与外界进行能量交换，能达到能量交换与能量控制的目的。相变储能是提高能源利用效率和保护环境的重要技术，常用于缓解能量供求双方在时间、强度及地点上不匹配的有效方式，在可再生能源的利用、电力系统的移峰填谷、废热和余热的回收利用，以及工业与民用建筑和空调的节能等领域具有广泛的应用前景，目前已成为世界范围内的研究热点。相变储能技术主要分为相变蓄热技术和相变蓄冷技术。

1)相变蓄热技术

相变蓄热技术是为了解决在许多能源利用系统中存在的不协调的供能和耗能之间的关系、不合理的能量利用及大量白白浪费的能量。相变蓄热技术吸收与释放来储存和释放能量是利用相变材料(phase change materials，PCM)发生相变时进行的能量转化方式。因此，能量供求双方在时间、地点、强度上的不匹配可以得到有效缓解，能源被合理应用，环境污染得到有效改善，并且广义热能系统可以得到优化运行。相变蓄热技术在各个领域都有广泛的应用，它不仅能二次利用工业废热及余热，减少环境污染，还可以实现节能减排，替代使用不可再生能源。

2) 相变蓄冷技术

相变蓄冷技术是利用相变材料在其本身发生相变的过程中，通过吸收并在必要时向环境放出冷量，从而实现电网负荷被平衡、环境温度被控制和节能等目的。它在制冷低温、暖通空调、建筑节能、热能回收、太阳能利用、航空航天等领域都有广泛的应用前景。相变蓄冷技术主要分为三种：冰蓄冷技术、气体水合物蓄冷技术、潜热型功能热流体蓄冷技术[65]。

(1) 冰蓄冷技术。冰具有大蓄能密度，因此冰蓄冷所需的蓄冷槽体积比水蓄冷小得多，由此造成冰蓄冷槽易于布置在建筑物内或周围。冰蓄冷的主要缺点是：冰具有很低的相变温度，且蓄冰时存在较大的过冷度导致能耗增加，且制冷机组的能效比 COP 降低。

(2) 气体水合物蓄冷技术。该技术是利用气体水合物可以在水的正常冰点以下及冰点以上结晶固化的特点形成的特殊蓄冷技术。用制冷剂气体水合物作为蓄冷的高温相变材料，可以克服冰、水、共晶盐等蓄冷介质的弱点。早期被研究的气体水合物蓄冷对大气臭氧层有破坏作用，国内外随后对一些替代制冷剂气体水合物进行了研究，并已经得到了具有较好蓄冷特性的制冷剂气体水合物。

(3) 潜热型功能热流体蓄冷技术。潜热型功能热流体是一种固液多相流体，其主要成分是特制的相变材料微粒和单相传热流体，是通过两种成分相互混合而成的。混合成的流体状态分为相变乳状液和微胶囊乳状液两种。潜热型功能热流体蓄冷技术的特点是：潜热型功能热流体具有比较大的蓄冷密度、广泛的材料来源及低廉的价格，其中为蓄释冷过程中的强化传热创造条件，其相变前后都能保持流动状态。

总体而言，储能技术在我国的发展还不成熟，储能技术的战略性地位及其前沿科学的属性决定了储能技术研发过程的长期性和持续性。

4.2.5　智能电网关键技术发展趋势分析

任何一次新兴的科技浪潮都将伴随着战略规划及关键技术的完善。就我国智能电网关键技术的发展而言，大体可将其概括为两个方面：①分布自治与全局优化相结合的协调控制技术；②功率能量灵活可调的全局优化能量管理技术。智能电网关键技术具体可以分为广域态势感知(wide-area situational awareness，WASA)、物联网、信息物理系统(CPS)、智能信息处理技术、电力电子技术、储能、智能一次设备、能量管理系统。本书将智能电网关键技术的发展概括为可再生能源时空互补性、直流电网技术、超导与新材料技术应用三个方面。

1. 可再生能源时空互补性

智能电网主要是可再生能源与信息的融合，即通过可再生能源发电及电网和信息的融合、通过热转化及热力网方式与信息的融合、通过转化成氢、合成燃料等与电网、热力网及信息的融合，通过市场与信息融合。可再生能源输出功率受气候影响，随机性强，具有间歇性和波动性。而电力系统是一个复杂的动态过程，需维持供电和用电的实时平衡，保证系统的安全稳定性这就需要智能电网提供有效的时空互补，促进电源与用户信息的双向互动。

目前，我国智能电网发展面临的挑战之一是如何实现有功功率实时平衡，挑战之二是如何改善发电资源和负荷地理分布不均衡的问题。因此，构建广域电网仍将是我国智能电网发展的必然趋势。合理利用广域可再生能源时空互补性可以实现能源网跨地理区域资源优化配置，同时有助于改善电网有功功率的瞬态平衡问题，提高电网运行经济性和稳定性。

2. 直流电网技术

电网运行模式将逐步向直流转变。因为直流输电网不存在交流输电网的稳定性问题，适合构建超大规模电力网络，特别适合间歇性、不稳定性电源的规模化接入，电网的运行与电源动态特性无关，可更加方便接入不同类型的电源。直流输电距离远，单位输送功率造价低，网络损耗相对小，另一极发生故障时可单极运行，对环境无电磁干扰，控制灵活等。

未来柔性直流技术的主要发展方向为高压大容量柔性直流、直流电网及架空线柔性直流输电技术等。未来柔性直流的容量水平提升，将主要集中于研制更高电压等级交联聚乙烯(cross-linked polyethylene，XLPE)直流电缆、新型SiC大容量电力电子器件，以及应用新的换流器系统拓扑等方面。直流电网及架空线柔性直流技术还需重点研发新的换流器拓扑结构及研制直流断路器以解决直流线路故障隔离问题，同时直流电网还需要研发直流变压器以解决不同电压等级直流电网连接问题[66]。

3. 超导与新材料技术

电气设备是智能电网的重要组成部分，而材料是构造电气设备的物质基础，电气设备的功能特点在某种程度上是由材料的性质决定的。因此，采用新材料提升电气设备的性能对于智能电网的发展非常重要。

绿色环保的新型材料在电网中应用能够有效降低电力建设对环境的破坏；新型半导体材料能够提升电力电子器件的性能，推动电力电子技术的进步与发展；新型节能材料应用于输变电工程能够有效降低能量传输损耗并能产生长远的经济效益；新型能源材料能够促进电网用大容量储能技术的发展；新型智能材料在电网中的应用能够提高电网的传感检测水平；新型电工绝缘材料能够为保证电网的安全性提供必要的支撑。

4.3 智能电网工程实践

智能电网是当今世界电力系统发展变革的新动向，也是一项庞大的系统工程。其实质是为了适应经济迅猛发展、新能源广泛应用及对电网运行可靠性不断提高等方面的要求，应用先进的电网自动控制、智能仪表、变电站自动化、灵活交流输电、可视化辅助决策等技术及先进的信息技术构建的智能化电力网络，是电网管理和技术发展的大转型。目前，智能电网已成为全球电力行业应对各自挑战，实现可持续发展的共同选择[67]。

4.3.1 国外典型工程实践

目前，美国、加拿大、澳大利亚及欧洲各国都相继开展了智能电网相关研究，其中美国和欧洲最具代表性。对美国来说，复杂大电网的安全稳定控制，即所谓的“自愈”能力，是其智能电网发展的最初驱动力，虽然困难重重但至今仍然是最重要的研究课题；对欧洲而言，严格控制温室气体排放则是其智能电网发展的推动力，与此同时分布式能源和可再生能源的广泛接入也获得了更多支持，并带动了整个电力行业发展模式的巨大转变。

1. 美国

智能“自愈”电网的概念较早发源于美国电力基础设施战略防护系统(strategic power infrastructure defense system，SPID)。该系统采用三层多智能体(multi-agent)结构：底层为反应层(包括发电、保护)；中层为协作层(包括事件/警报过滤、模型更新、故障隔离、频率稳定、命令翻译)；高层为认知层(事件预测、脆弱性评估、隐藏故障监视、网络重构、恢复、规划、通信)[68]。SPID 的结构如图 4.35 所示。

SPID 的主要功能有脆弱性评估(电力和通信系统的快速在线评估)、故障分析(隐藏故障监视)、自愈战略(自适应卸负荷、发电、解列和保护)信息和传感(卫星、因特网、通信系统监视和控制)等，用以防护来自自然灾害、人为错误、电力市场竞争、信息和通信系统故障、蓄意破坏等对电力设施的威胁。

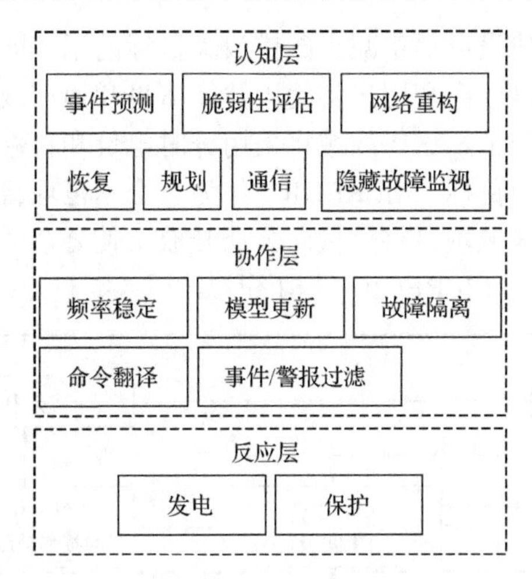

图 4.35 SPID 结构图

SPID 是美国就电力、电信、金融、交通等对国民经济影响巨大的复杂系统所开展的政府-工业-大学协同研究项目(government industry cosponsorship of university research，GICUR)之一。整个项目将分阶段于 2025 年完成，最终达到具有承受、应对各种意外及快速恢复的自愈能力[69]。

SPID 的多智能体结构具备如下特性：

(1)分布性。Agent 计算分布在配电网络的各个节点上，每个 Agent 节点能够根据本地的子策略进行数据分析，对无法判断的数据交由协调和评价系统来处理，提高了自愈的实时性和有效性。

(2)协作性。多个 Agent 协调工作，因此自愈系统模型具有很好的协调和反应能力。

(3)独立性。每个 Agent 都是一个相对独立的程序，以相对独立的方式运行、终止、重启。只要遵循一致的通信协议和接口，它们都可以用不同的语言进行开发，也可以独立进行测试。

(4)扩充性。可根据系统需要动态进行配置。例如，对某个节点增加某种新的监控功能，只需要该节点增加相应的功能模块，并不影响其他 Agent 的正常工作。

(5)容错性。如果某个 Agent 运行发生故障，那么仅与该 Agent 有关的自愈功能失效，其他的 Agent 运行不受影响，而且可以调整自身的控制策略，来弥补该 Agent 的失效区域。与此同时，管理协调 Agent 会对系统做出相应的处理，使错误限制在最小的范围内。

2. 德国

最小排放区域项目(minimum emission region project，MEREGIO)是德国 E-Energy 的六大项目之一，也是德国政府从 28 个申报项目中挑选出来的。其目的是在德国西南部地区建设以尽量减少碳排放为目标的示范区域。为了达到这一目的，这一区域的能量供应商和用户将使用智能信息和通信设备以便提高能源使用和传输效率。在此基础上，这一区域将采用分时电价和税率，以降低能源消耗，达到可持续能源供应的目标。MEREGIO 作为一个示范项目，还担负着向公众宣传的责任。最小排放区域项目将尽量向公众开放，使公众认识到这一项目在节能方面的效果。图 4.36 是 MEREGIO 结构图[70]。

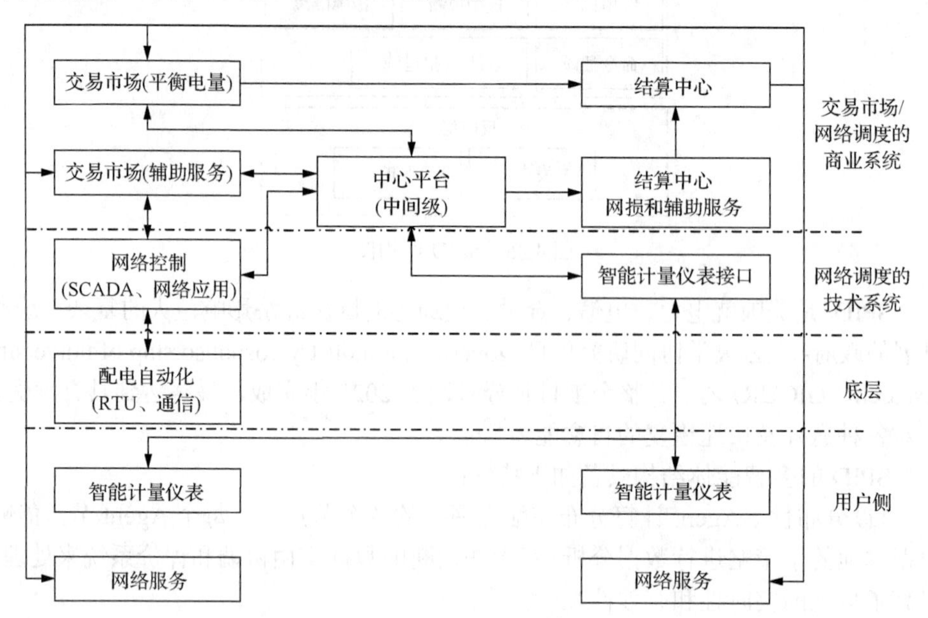

图 4.36　MEREGIO 结构图

MEREGIO 项目在 800 户家庭、150 个发电装置和 50 个储能装置处安装具备双向通信设施的智能量测装置。在此基础上，用户可以接收实时的电价信息，用于指导他们对可再生能源的消费。所用的电价信息是调度中心根据网络容量阻塞情况和可再生能源发电情况制定的。MEREGIO 项目还致力于提高网络容量，并通过引入基于网络模型的市场机制对电力系统辅助服务进行管理，以尽量降低网络损耗。

该项目主要包括以下内容：

(1) 研发一套能够包括自动计量、远程控制、分布式发电、通信基础设施和网络控制与计费的信息通信系统，并将其应用至德国卡尔斯鲁厄地区的配电网。

(2) 辅助服务市场机制，具体包括辅助服务评估算法和电价制定策略。

(3) 网络控制功能，包括基于传统量测和智能量测的中低压网络状态估计；配电网传输瓶颈检测算法；以降低网损为目标的优化算法；网络操作优化算法；节点发电和负荷预测算法；根据可再生能源接入优化旋转备用等。

(4) 配电自动化功能，用于校验状态估计精确度和中低压网络潮流信息的提供。

(5) 智能家庭，根据实时电价信息优化用户的能源消耗。

4.3.2 国内典型工程实践

2007 年，某电力企业正式启动了智能电网可行性研究项目并规划了“三步走”战略，该项目的启动标志着中国开始进入智能电网领域[51]。

2009 年，某电力企业投巨资启动智能电网建设计划，并确定了智能电网六大投资领域：发电领域投资重点是风电、光伏并网以及储能项目；输电领域投资重点是安全监控；变电领域投资重点是智能化变电站；配电领域投资重点是储能技术、电动汽车充电和配电自动化；用电领域投资重点是智能电表和用电信息采集系统；调度领域投资重点是一体化智能调度体系。

2009 年 10 月，在发电环节，分别建设风光储联合示范工程、常规电源网厂协调试点工程。在输电、变电和配电环节，分别建设输电线路状态监测中心试点工程、智能变电站试点工程和配电自动化试点工程。在用电环节，分别建设用电信息采集系统试点工程和电动汽车充放电站试点工程。在调度环节，建设智能电网调度技术支持系统试点工程[71]。

2009 年 8 月，江西、福建、重庆启动技术支持研究项目。

2009 年 9 月，华中地区华中智能电网调度技术支持系统工程软件及系统集成工作正式启动。

1) 储能示范工程

目前，我国各类型电池储能均有示范应用，表 4.13 列出了我国主要的储能示范工程[72-77]。辽宁法库卧牛石风电场安装了全球最大的全钒液流电池储能系统。我国电解水制氢技术的基础较好，氢储能技术还处于研究阶段，具备初步实现商业化的条件，而日本和德国在氢燃料电池汽车领域已经进入商业化阶段[78]。

表 4.13　我国主要的储能示范工程

类型	储能设备安装地点	储能形式	储能功率/MW	储能容量/(MW·h)
风光储电站	河北省张北	锂电池储能(一期)	20.00	70.00
		锂电池储能(二期)	50.00	175.00
风储电站	辽宁法库卧牛石	全钒液流电池储能	5.00	10.00
	吉林白城洮南风电供热项目	储热电锅炉	18.00	—
光储电站	青海海北州百能公司	锌溴液流电池储能	0.05	0.1
	青海玉树杂多县	铅酸电池储能	3.00	12.00
	青海德令哈光热电站	熔盐蓄热储能	10.00	—
储能电站	福建湄洲岛	锂电池储能	2.00	4.00
	贵州毕节(在建)	压缩空气储能	1.50	—
	上海曹溪能源转换站综合展示基地	钠硫电池储能	0.10	0.80

储能技术在我国的发展还不成熟，其战略性地位及其前沿科学的属性决定了储能技术研发过程的长期性和持续性。储能本体技术既是实现储能创新突破的核心，又是制约储能系统大规模应用的瓶颈，需要研制长寿命、低成本、高安全的储能用电池，重点突破如何增强和提高储能期间的能量密度、功率密度、响应时间、储能效率等问题。储能技术的综合评价是实现市场化与规模化的必要条件，需要建立储能检测和评价体系。我国规划到 2030 年，建成和示范分布式储能电站集群、兆瓦级氢储能系统和吉瓦级化学储能系统[79]。

2)柔性直流输电工程

柔性直流输电是以电压源型换流器、可关断器件和脉宽调制技术为基础的新一代直流输电技术，被 CIGRE 和 IEEE 命名为电压源换流器型直流输电(voltage source converter based high voltage directcurrent，VSC-HVDC)。柔性直流输电技术非常适用于可再生能源并网、分布式发电并网、孤岛供电、城市电网供电和异步交流电网互联等领域。柔性直流技术以其有功和无功独立调节、无源供电能力及易于构建直流电网等特点，受到世界范围的广泛关注。

我国柔性直流输电技术的研究始于 2005 年。2011 年 6 月，我国首个柔性直流输电示范工程——上海南汇风电场并网工程投入运行。2014 年，舟山五端直流系统投入运行，它是目前世界上端数最多的柔性直流输电系统。2015 年，厦门±320kV 柔性直流工程投产，它是目前世界上首次采用真双极接线，且电压等级最高，输送容量最大的高压柔性直流输电系统。

表 4.14 列出了目前我国部分柔性直流输电示范工程。

表 4.14　我国部分柔性直流输电示范工程

工程名称	换流站容量/MW	直流电压/kV
上海南汇风电场柔性直流输电示范工程	20	±30
南澳三端柔性直流输电工程	200/100/50	±160
舟山五端柔性直流工程	400/300/100/100/100	±200
厦门双核高压直流工程	1000	±320

舟山 5 端直流工程旨在建设世界第一条多端柔性直流工程，同时满足下列多种功能：满足舟山地区负荷增长需求，提高供电可靠性，形成北部诸岛供电的第二电源；提供动态无功补偿能力，提高电网电能质量；解决可再生能源并网，提高系统调度运行灵活性。其工程基本参数如表 4.15 所示。

表 4.15　舟山多端柔性直流输电工程基本参数

参数	定海换流站	岱山换流站	衢山、泗礁、洋山换流站
容量/MV·A	450	350	120
额定有功功率/MW	400	300	100
直流电压/kV	±200	±200	±200

3) 配用电综合示范工程

为了全面展示和验证智能配用电技术，支撑我国“智慧城市”及“新能源示范城市”建设，我国建成了一批智能配用电综合示范工程。智能配用电工程是一项系统性工程，它不仅要求在配电理论上有所创新，技术上要先进、集成，更重要的是在工程中实践和证实。国内一些电力公司在智能配调、智能变电站、智能配电终端等方面率先展开了研究和工程实践[80]。

2014 年底，国家电网公司已建成上海世博园、中新天津生态城(一期)、扬州开发区、江西共青城等九个智能电网综合示范工程。图 4.37 是对智能配用电工程建设成果的展示，其中图 4.37(a) 是上海世博园智能电网综合示范工程[81]，图 4.37(b) 是中新天津生态城的概略图[82]。

(a) 上海世博会智能电网综合示范工程

(b) 中新天津生态城

图 4.37 智能配用电工程建设成果的展示图

(1) 中新天津生态城智能电网综合示范工程。

中新天津生态城智能电网综合示范工程是我国智能电网标志性的综合示范工程，总占地面积 34km^2，规划人口 35 万人。一期工程于 2011 年 9 月建成投运，包含 12 个子项，稳定运行 4 年，而且园区的电能质量、供电可靠性与安全性得到大幅提高，生态城供电可靠率可达 99.999%，电压合格率可达 100%，综合线损率降低 1.18%，能源供应更加可靠。生态城每年减少 1074t 燃油消耗，节约标煤 5930t，每年可减少 CO_2 排放 18488t，节能减排效果显著。中新天津生态城二期工程于 2014 年开始建设，旨在建成具备国际影响力的智能电网创新示范基地，全面展示“能源互联、信息互通”的核心特征。二期工程包含能源互联网优化配置网络和信息服务网络两大板块，共 6 个子项[83]。按照“6 大环节、12 个子项”的特点和要求，设计“6 个应用系统+信息交互总线”的总体架构。生态城智能配电系统总体方案架构如图 4.38 所示。

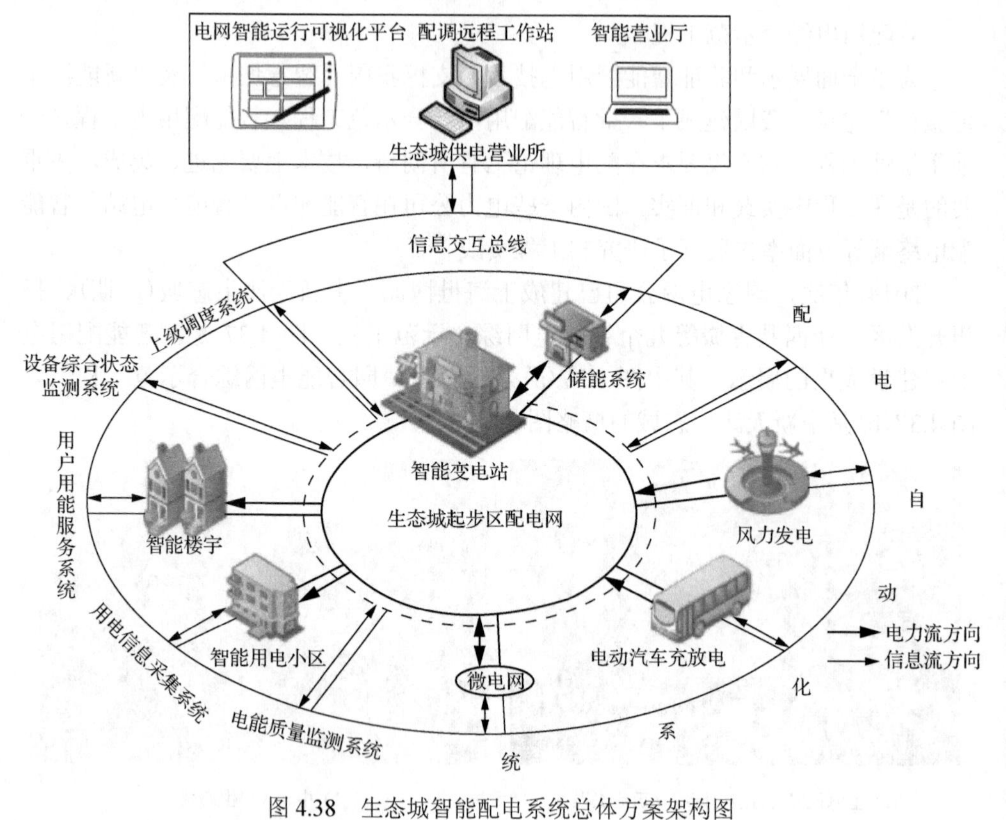

图 4.38　生态城智能配电系统总体方案架构图

(2) 四方华能智能装置技术及其产品[84]。

四方华能拥有丰富的配电自动化研发、设计、生产和工程实践经验，其发挥科技研发和试验优势，推出了基于 CSDA3000 的智能配调系统，以适应配电网智能化需要。

系统总体结构包括 CSDA3000-UIB 智能信息化平台、CSDA3000-SCADA 配电监控系统、CSDA3000-DMS 配电管理系统、CSDA3000-DPAS 配电应用分析系统四大部分。采用面向对象的、组件化的、分层分布式的一体化系统，集 SCADA/DMS/DPAS/UIB 为一体，全面遵循 IEC 61970/61968 标准，使系统具有更好的开放性，实现第三方应用模块即插即用。按照调配一体化设计，从结构上分为主站层、子站层、终端层，可以进行变电站状态监控、配电网的实时监控、运行规划、网络优化、故障检测隔离和恢复等功能，实现智能信息平台与调度自动化系统、过程管理系统(process management system，PMS)、负荷管理系统、电力营销系统接口等功能。

该项目涉及的主要关键技术包括：集成 1000M 多口工业以太网交换机；所有产品支持 IEEE 1588 对时；基于精确时钟的同步信息采集；支持 IEC 61850-9-2 标

准的信息传输；安全通信机制(硬件加密)；系统优化构成模式；同步校时、同步采样的电子式互感器。

4.4 智能电网商业模式

电网作为经济社会发展的重要基础设施，其功能、业务也在不断延伸。特别是在电力市场化改革下，需加快打造以智能电网为本体、以满足用户需求为目标的众多利益相关方合作共赢的服务平台，创新发展灵活多样的商业模式。充分考虑“互联网+”理念应用于智能电网发展和商业模式创新的巨大作用，鼓励将用户主导、线上线下结合、平台化思维、大数据等互联网理念与智能电网增值服务结合。依托示范工程开展可再生能源发电、光伏发电、电网大数据、电动汽车充放电服务、虚拟电厂、储能调峰调频等重点领域的商业模式创新。

4.4.1 大规模能源格局商业模式

1. 西电东送商业模式[85]

南方电网是我国典型的西电东送区域电网，对应的南方电力市场也是典型的西电东送电力市场，它是由南方 5 省(区)经济发展状况和能源资源状况的特点决定的。实践表明，南方电网大力推进国家西部大开发、西电东送战略，在区域内实现了资源的优化配置，是国内西电东送起步早、规模大、效益好、发展后劲强的区域电网，南方电力市场也因此取得了显著的社会效益和经济效益。

南方电力市场的西电东送双边交易模式包括：①市场起步阶段——双边谈判模式；②市场发展阶段——交易平台竞价模式；③市场成熟阶段——市场主导模式。

2. 区域电网电力外送商业模式[86]

随着电力工业市场化的不断深入，发电商、用户等市场主体必然以其效益最大化来实现电能生产、销售及购买，价格水平较低的电能必然存在较大的市场竞争力。各区域电网之间及区域内部的省级电网之间通过高电压等级输电线路实现互联。

区域电网电力外送模式，即经地区电网较低电压等级线路对邻近地区送电，应结合我国电力市场的具体情况，确定合适的交易模式，并体现市场公平性和经济价值。采用市场化交易的方式进行竞标，并与区域或省电力公司签订合同协议，从而实现较大范围内的资源优化配置。

4.4.2 分布式电源商业模式

随着分布式电源(distributed generation，DG)接入配电网，网络的运行和管理由被动变为主动，网络的成本和效益也发生了变化。DG 接入后，配电网内潮流变为双向流动，除配电公司外存在多个售电方，用户在消费的同时也向电网输送电力。DG 接入对配电网的利益分配也造成了深刻的影响。

当前国内的 DG 商业模式分为三种，分别为“上网电价”政策模式、“净电量结算”政策模式和“自消费”政策模式。

1. “上网电价”政策模式

“上网电价”政策模式是 2011 年以前欧洲各国普遍采用的政策。2000 年，德国率先实施“上网电价”法，该项政策的实施大大拉动了德国国内光伏市场需求，使德国连续多年光伏发电的安装量居世界第一。继德国之后，欧洲其他国家也都先后开始实施“上网电价”政策模式，这使得整个欧洲的光伏市场迅速上升。2007 年和 2008 年，欧洲的光伏市场都占到世界光伏市场的 80%[87]。

“上网电价”政策模式，是指 DG 发电量全部馈入低压公共配电网；配电公司对 DG 发电量以“上网电价”进行全额收购，同没有安装 DG 情况一样，用户的用电与电费结算由电表进行缴费。“上网电价”政策模式的设计原则和连接图如图 4.39 所示。图中，电表①用于计量 DG 馈入低压公共配电网的发电量；电表②用于计量用户的用电量。

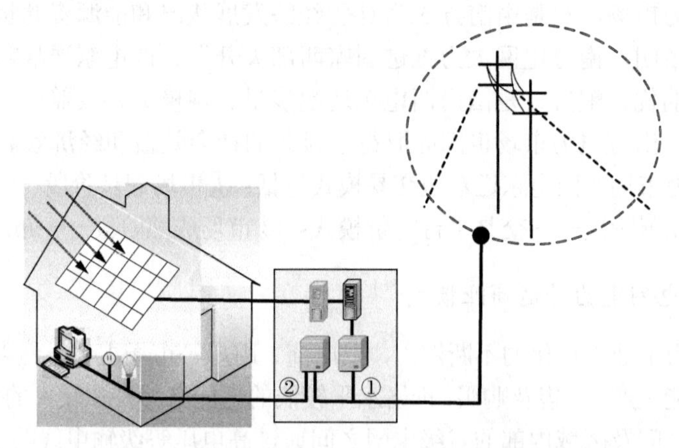

图 4.39 “上网电价”政策模式的设计原则和连接图

该政策模式的优势在于：①DG 的发电量能保证全额收购；②由于配电公司仍可对其发电量按原计划进行销售，其销售额没有受到损失；③所有发电量都是同电网公司进行交易，也没有损失国家税收；④无论自己建设还是开发商建设，都是同电网企业签订售购电合同(PPA)，收益透明，有保障，开发商容易介入。

该政策模式的劣势在于：①由于没有考虑 DG 的就地消纳，其能量传输对电网存在一定负担，且存在一定的网络损耗；②同大型光伏电站的商业模式一样，国家补贴脱硫标杆电价之上的差价，需要支付更多的资金；③无论大小客户，都要与电网企业签订 PPA，增加了交易成本；④安装客户种类繁多，有些无法提供发票给电网公司，给电网公司增添了负担。

2. “净电量结算”政策模式

“净电量结算”政策模式最初主要在美国执行，美国 50 个州中 42 个州用净电量结算，以鼓励分布式光伏发电和分布式风力发电。2010 年以后，欧洲各国的光伏电价已经低于电网的零售电价，很多国家也开始采用“净电量结算”政策模式。

“净电量结算”政策模式，是指用户使用一部分 DG 所发电量，另一部分 DG 所发电量进行上网。其中自用 DG 电量节省了向上级电网购电费用，而上网 DG 电量使电表反转，送入上级电网。

“净电量结算”政策模式的设计原则是全年的耗电量要大于光伏发电量。光伏并网点设在用户电表的负载侧，自消费的光伏电量不做计量，以省电方式直接享受电网的零售电价；光伏反送电量推着电表倒转，或双向计量。净电量结算，即用电电量和反送到电网的电量按照差值结算，结算周期为一年。“净电量结算”政策的设计原则和接线图如图 4.40 所示。其中，电表 1 计量光伏发电量，电表 2 显示电网用电量和光伏反送电量。

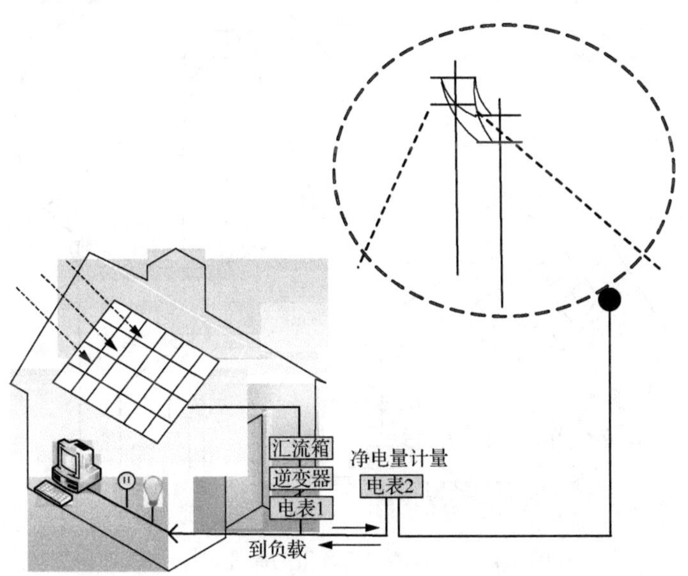

图 4.40　“净电量结算”政策的设计原则和接线图

优势在于：①由于 DG 上网电量只是推动电表倒转，过程简单；②如果光伏与电网零售电价平价，或已经低于电网电价，则国家不再给予补贴，节省国家资金；③减少了交易过程，税务问题较好解决。

劣势在于：①光伏每发 1kW·h 的电，电网就少卖 1kW·h 的电，降低了电网企业的销售额；②所有光伏电量都不经过交易，国家税收受损失；③电网计费电表必须设计成双向计量或允许倒转，失去了防偷电的功能(绝对值计量和防倒转可以防止偷电)。

3. “自消费”政策模式

2010 年以后，光伏成本大幅度下降，在欧洲光伏电价普遍降到 20 欧分/(kW·h)以下，而欧洲各国的电网零售电价普遍在 20～25 欧分/(kW·h)，光伏进入“平价上网”时代。于是，2011 年德国推出了“自消费”政策，鼓励光伏用户自发自用，2012 年，德国的光伏电价(13～19 欧分/(kW·h))已经大大低于电网的零售电价(25 欧分/(kW·h))，光伏用户通过“自发自用”光伏电量效益明显，自消费市场迅速扩大。据统计，2012 年德国光伏市场的 1/3 是“自消费”市场。

“自消费”政策模式，即为“自发自用、余电上网”。用户尽可能多地利用 DG 所发电量，当 DG 所发电量大于所需电量时，多余电量可以送入电网，按照上网电价进行结算。“自消费”政策的原理和接线图如图 4.41 所示。其中，电表 1 显示光伏发电量，电表 2 显示富余上网电量，电表 3 显示电网用电量。

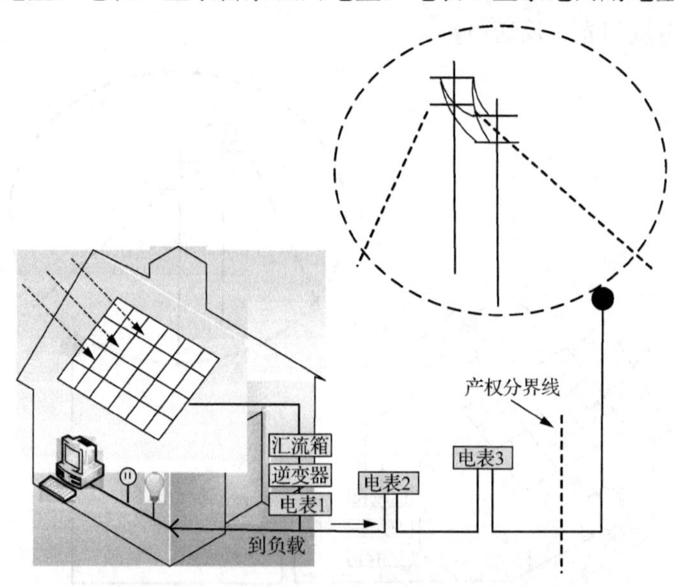

图 4.41 “自消费”政策的原理和接线图

“自消费”政策模式的原则是：光伏并网点设在用户电表的负载侧，需要增加一块光伏反送电量的计量电表(图 4.41 中电表 2)，或者将电网用电电表(图 4.41 中电表 3)设置成双向计量。自消费的光伏电量不做计量，以省电方式直接享受电网的零售电价；反送电量单独计量，并以公布的光伏上网电价进行结算。在这种情况下，光伏用户应尽可能全部将光伏电量用掉，否则反送到电网的电量的价值要小于自用光伏电量的价值。

优势在于：①DG 所发电量就地消纳，减少了网络传输带来的损耗；②操作简单易行，适合用户发展 DG 并自发自用；③光伏电量抵消电网电量，不做交易，国家也不用支付电价补贴，节省了国家资金。

劣势在于：①降低了电网企业的销售额；②自用光伏电量不经过交易，国家税收受损失；③增加了交易成本；④许多中小用户无法为电网企业开发票，反送电量在交易操作上需要解决工商和税务等问题；⑤反送电量同样需要将电网计费电表设计成双向计量或允许倒转，失去了防偷电的功能(绝对值计量和防倒转可以防止偷电)。

4.4.3 屋顶光伏商业模式

科学合理的屋顶光伏发电项目的运营模式，有助于调动用户侧对开发屋顶光伏电站的积极性，有助于加快我国屋顶光伏发电发展速度。通过研究相对成熟的大规模光伏电站的建设方式，总结经验，可以为探索适合屋顶光伏发电发展的运营模式提供参考。现阶段，国内外关于光伏电站的运营管理模式介绍如下[88,89]。

国外对于发展太阳能光伏电站的运营管理模式主要有两种：一种是由投资商开发运营光伏电站，通过卖电获取收益；另一种是投资商开发建设光伏电站，通过卖电站获取投资收益。

我国有丰富的太阳能资源可以利用，也有广阔的建筑屋顶面积可以用来建设屋顶光伏发电系统。但是，我国太阳能光伏发电比较滞后，尤其是光伏电站的建设和运营管理缺乏成熟的模式，国内的光伏市场化运作水平极低。当前，关于屋顶光伏发电项目运营模式的研究比较少，主要有合同能源管理模式、自主建设模式、政府组织建设模式、网络众筹募集方式。

1. 屋顶光伏合同能源管理模式

建设方在业主单位厂房屋顶投资建设分布式光伏发电系统，双方按照协议共享节能效益。业主只需转让其房屋屋顶使用权给建设方，并提供相应建设条件，以完成光伏电站建设，并按照国家电网规定在用户侧并网连接，所发电力由业主使用。建设方按照本协议约定，业主享受一定比例的优惠电价。对于屋顶产权和用电企业不是同一法人的，原则上电价让利给屋顶产权所有人。屋顶光伏的合同管理模式示意图如图 4.42 所示。

合同能源管理机制的实质是一种以减少的能源费用来支付节能项目全部成本的节能投资方式。合同能源管理模块要求：企业屋顶荷载和面积，满足建设条件；用于电负荷较大、价格高的大工业用户或工商业用户；企业可持续发展能力强。

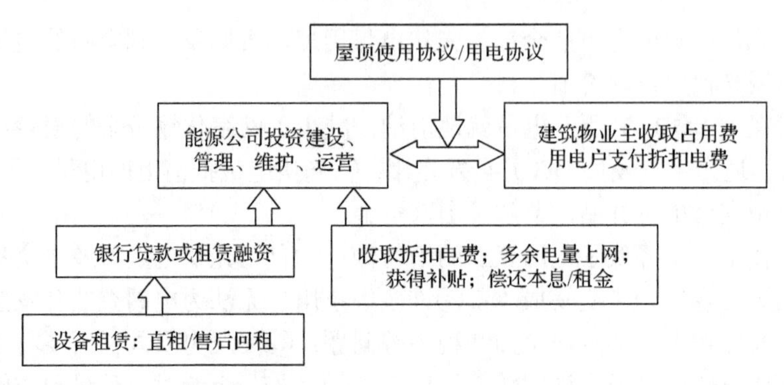

图 4.42　屋顶光伏的合同管理模式示意图

虽然我国部分省份为屋顶光伏发电系统的推广提出了多种运营模式供用户自主选择。但是，从屋顶光伏发电系统综合效益评价的角度，对不同运营模式进行评价分析，为用户做出合理选择提供依据的研究并不多，这也是我国屋顶光伏发电系统运营模式研究的不足。

2. 政府组织建设模式

2015年11月27日召开的中央扶贫开发工作会议吹响了脱贫攻坚战的冲锋号，会议确定了到2020年所有贫困地区和贫困人口迈入全面小康社会的目标，脱贫攻坚成为各级党委和政府义不容辞的责任与使命[90]。光伏项目具有经济收益安全稳定、节能减排效果明显、运营维护成本低廉等特点。政府组织的建设模式如图4.43所示，归纳总结为四个阶段：政府分配项目资金、政府选择光伏项目、政府选择光伏企业和各方践行契约精神。

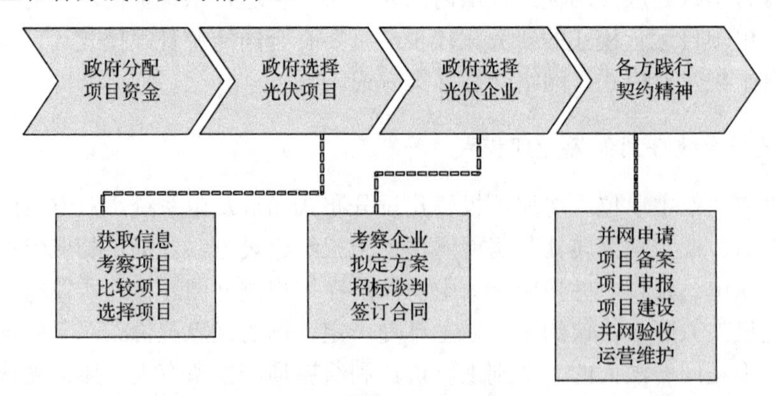

图 4.43　政府组织的建设模式

4.4.4　电网大数据商业模式

随着现代电力系统规模的不断增大、可再生能源发电渗透率的提高和电动汽车的发展等，能量和信息双向流通的智能电网应运而生。与此同时，智能电网与交通网、一次能源网络、天然气与石油输送网络、智能交通网络的深度融合和共同发展引发了数据的爆炸式增长。这些多来源、高维度、高度异构、非确定性的数据对传统的数据采集、存储、调用、处理和传输带来了一系列新的挑战，同时也象征着智能电网大数据时代的到来。

随着配电系统自动化、需求侧管理、地理信息系统(geographic information system，GIS)在电力系统的应用，分布式计算与管理等技术在过去10年的快速发展，电力公司年产生的数据量已达到300TB级别。在未来20年，随着分布式电源在电力系统中的广泛渗透以及家庭能源管理系统的发展，电力系统将逐步由强集中式管理向更分布式管理演变，所控制的对象由传统的发电机、变压器、输配电线路逐步延伸到家庭用电设备和用户用电行为，这些发展会极大增加传统电力公司的年数据量，可望达到800TB的量级[91]。

在智能电网系统中，大数据产生于整个系统的各个环节。例如，在用电侧，随着大量智能电表及智能终端的安装部署，电力公司和用户之间的交互行为迅猛增长，电力公司可以每隔一段时间获取用户的用电信息，从而收集比以往粒度更细的海量电力消费数据，构成智能电网中用户侧大数据。通过对数据进行分析可以更好地理解电力客户的用电行为、合理地设计电力需求响应系统和短期负荷预测系统等。

大数据是一个抽象概念，相对于以往的“海量数据”(massive data)和“超大规模数据”(very large data)概念，大数据有一个4V定义，即大数据需满足四个特点：体量大、多样性、速度快和价值大。大数据技术不仅是对数据的广泛收集，更重要的是要有从大量数据中提取知识的能力。大数据要解决的核心问题就是从搜集的海量数据中提取出有用的知识并用于解决具体问题[92]。

电网企业如何应用大数据，如何使之成为推动管理创新、商业模式创新与产业革命的内在动力，成为大数据应用中的关键问题。要实现电网大数据的商业模式创新，建立大数据的系统思维至关重要，表现为应用格局、应用主线与应用基础三个方面[93]，电网大数据商业模式创新思维流程如图4.44所示。

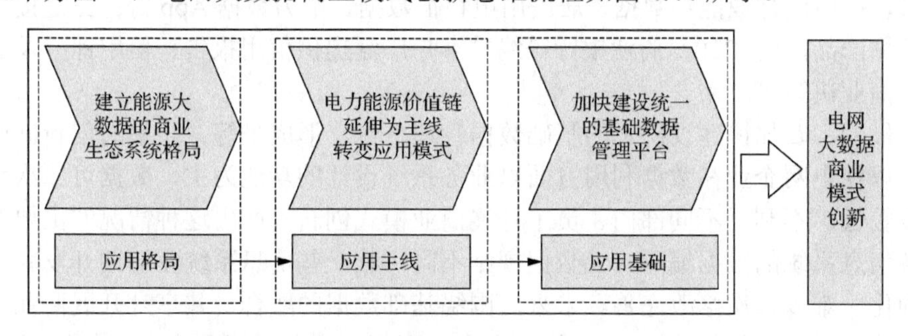

图4.44　电网大数据商业模式创新思维流程图

首先，要建立能源大数据的商业生态系统格局。这意味着电网企业开展大数据应用不能局限于本企业掌握的电力数据及相关客户数据、设备数据，而应从促进能源生产、供应、存储、消费的产业格局下发挥电网企业的数据资源优势。未来电网企业要将电力、燃气等能源领域数据及人口、地理、气象等其他领域数据进行综合采集、处理、分析与应用，发挥能源大数据“黏合剂”与“助推剂”作用，在产业层面探索建立具有“平台”特征的完整能源生态系统。“黏合剂”主要是指对其他企业的吸引力以及形成平台模式后的协同效应，“助推剂”主要是指对能源产业生产、消费革命以及企业发展转型的推动作用。对电网企业来说，在以能源大数据为基础的生态系统中占据主导地位具有十分重要的意义。一方面，电网企业的价值将不再局限于传输电力流的物理盈利模式，而是能够通过信息、知识、数据的汇集与分享创造价值，增强核心竞争力；另一方面，电网企业通过吸引社会资本及不同主体的参与，共建互利合作的商业环境，可提升企业的科技创新与可持续发展能力。

其次，要以电力能源价值链延伸为主线，转变应用模式。电网面向内部大数据分析、应用已具备成熟基础，在电力负荷预测、电网设备状态监测、配网故障抢修精益化管理等方面积累了大量经验。未来，电网企业对数据资产的应用重点将体现内部数据与外部数据的交叉应用，这也将进一步拓展企业商业空间，实现业务价值链向电网外部延伸。一方面，由发现电网运行规律转向提升用户价值。在电力供给、需求、客户负荷特征等数据分析的基础上，注重对用户的数据挖掘与价值发现。在需求侧管理、家庭能源管理、节能服务、智能家居、合同能源管理、95598 客户服务等业务中缩短与用户的距离，挖掘用户行为的特点，加强对用户需求与体验的引导与满足，不仅使公司具备应对电力市场化改革与数据化竞争的技术优势，还会为社会促进节能减排、实现“两个替代”等做出贡献。另一方面，由支撑内部管理转向提供外部服务，公司不仅能够通过数据分析提升运营管理效率，还可将数据资产作为一项产品或服务进行变现。一是借鉴大数据交易所的运营模式，将底层数据清洗、脱敏、建模，转化为可视化后的数据结果，使数据资产能够在隐私得到保护的前提下进行交易；二是对相关行业提供数据咨询服务，如用电行业能耗数据、居民用电特征数据、电力数据 App 等；三是提供征信数据产品，向 P2P、商业银行等终端客户广泛提供信用报告、信用评分及反欺诈、商业决策等产品。

最后，要加快建设统一的基础数据管理平台，形成平等、共享的创新创业氛围。以往电网企业在数据利用方面以业务系统设计的功能为主，数据可二次利用程度较低，不利于不同部门、员工开展商业模式创新。产生这种情况的主要原因是各信息系统的数据编码、元数据规则不同，且一些信息系统在初期开发就将功能固化，难以二次修改完善。未来，围绕基础数据的融合、共享是开展商业模式创新的重要前提与基础。一方面，建设统一的基础数据管理平台，以全面、准确、实时、高效为原则，整合现有信息系统，对数据资产中涉及敏感信息的经营管理与客户数据可采用清洗、脱敏、建模等技术手段[95]，保证处理后的数据能够被公司大多数部门与单位共享；另一方面，加快形成数据资产创新创业机制，鼓励各单位建立以产品需求、应用需求为导向的数据资产开发小组，提高数据资产的利用效率与质量。

电网企业要顺应大数据发展趋势，立足企业，服务社会，深化大数据商业模式创新，将能源大数据作为实现企业发展战略的催化剂，发挥对“全球能源互联网”建设、“两个替代”方面的助推作用，将数据资产作为推动传统产业转型升级、建设创新型社会的驱动因素，全面提升服务客户、服务社会的水平。

4.4.5 能效电厂商业模式

能效电厂(efficiency power plant，EPP)是一种虚拟的电厂，即通过实施节电技改工程，提高电能使用效率，减少用户的电力消耗需求，达到与建设电厂和相应的输配电系统同样的目的，促进节能减排工作开展。能效电厂属于电力需求侧管理(power demand side management)，简称 DSM 范畴，通过统筹考虑开源节流和增加供给，实现最低成本电力服务。能效电厂示意图如图 4.45 所示。

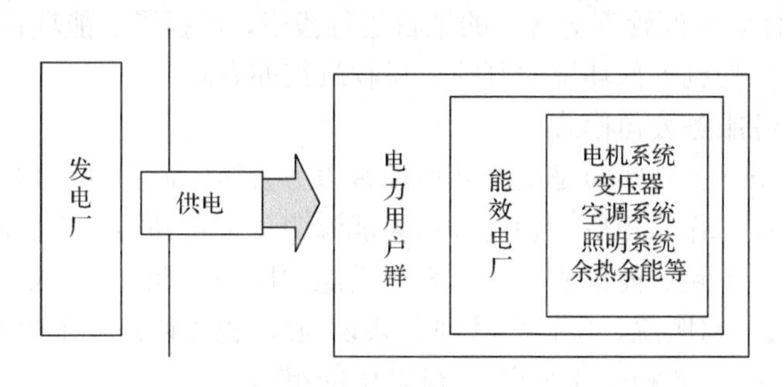

图 4.45 能效电厂示意图

目前国内能效电厂的商业模式主要分为四种：合同能源管理模式、超级能源服务公司模式、设备租赁模式、国际金融机构贷款模式[95]。我国能效电厂的运营模式如图 4.46 所示。

1)合同能源管理模式

合同能源管理实质上是一种以减少的能源费用来支付节能项目全部成本的节能投资方式。这样一种节能投资方式允许用户使用未来的节能收益为设备升级，并降低目前的运行成本。

合同能源管理在实施节能项目投资的企业(“用户”)与专门的营利性能源管理公司之间签订，它有助于推动节能项目的开展。在传统的节能投资方式下，节能项目的所有风险和所有盈利都由实施节能投资的企业承担；在合同能源管理方式中，一般不要求企业自身对节能项目进行大笔投资。

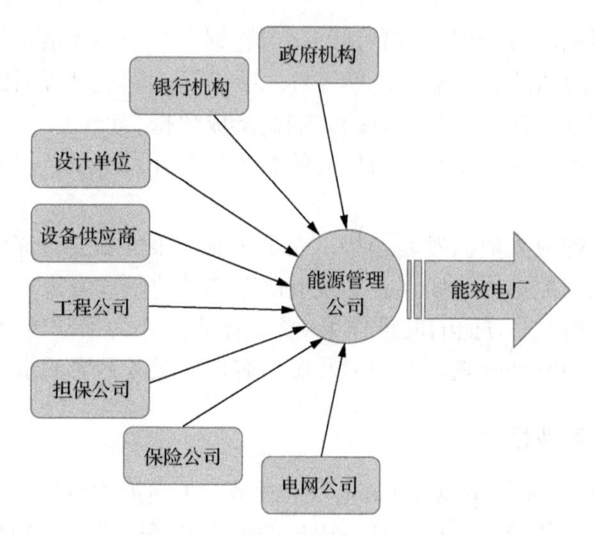

图 4.46　我国能效电厂的运营模式

合同能源管理为客户实施节能项目提供经过优选的各种资源集成的工程设施及其良好的运行服务，介入项目的多方都能从中分享到相应的收益，形成多赢的局面。但是，合同能源管理对客户的项目进行投资，承担了节能项目的多数风险，并且在中国推广受到外部环境的制约，税收政策亦有障碍。

2) 超级能源服务公司模式

超级能源服务公司实质是支持其他能源服务公司的能力开发和业务，并提供项目融资的实体；作为租赁或融资公司为能源服务公司和客户提供能效设备；政府可通过建立一个超级能源服务公司来促进能源服务产业，它可以是公共部门的一个能源服务公司(医院、学校和其他公共设施)，也可以是一个为私营部门的小型能源服务公司(工业和商业客户)提供融资的组织。

超级能源服务公司可以为客户提供融资及能效设备，能够提供能效技术整合解决方案的一条龙服务。

3) 设备租赁模式

租赁是一种合同安排，其中租赁公司(出租方)给予客户(承租方)在指定时间段使用其设备的权利并支付额定款项(通常是月度支付)，在租期结束后，客户可以购买，返回或继续租用设备，是一种具有融资和融物双重功能的合作[96]。租赁已被很多类型的组织广泛使用，有许多工商设备和汽车的租赁案例。在能效电厂市场化运作模式中，采用对能效设备进行租赁是一个不错的选择。

设备租赁可以轻松解决资金难题，获得税收优惠、缩短采购时间，套取大笔流动资金，规避金融风险。但是，设备租赁可能遇到设备技术问题，节能设备技术过时。

4) 国际金融机构贷款模式

国际金融机构贷款是指国际金融机构作为贷款人向借款人以贷款协议方式提供的优惠性国际贷款，一般利率较低。例如，目前亚行支持的两个60万kW能效电厂：广东能效电厂和河北能效电厂。国际金融机构贷款条件优惠、利率低于国内商业银行，通常为长期贷款。但是，国际金融机构贷款审批十分严格，可能错过项目投资的最佳时期，手续相当繁杂，可能影响项目进展。

4.4.6 电动汽车充换电商业模式

1. 新型电动汽车商业模式

在电动汽车商业化运营模式中，电网公司扮演了举足轻重的作用，就像航空运输离不开机场，电动汽车普及应有相对超前配套的充电设施。同时，由于用电高峰期的严重过载现象，大规模随机充电负荷必将对电网产生强大冲击，形成影响正常电力供应的潜在风险。所以，电动汽车产业发展必须有序地将充电设施建设纳入电力系统的规划概念当中。根据当前国内电动汽车产业发展现状，电网公司通过提供以标准电池为载体的电能量供应新模式引导整个电动汽车产业链，充分利用现有物流业、服务业、物联网等资源为客户提供极为方便的能源补给(电池更换)，促进电动汽车普及和产业持续快速发展。新型电动汽车商业模式基本分为车电分离、集中充电、定点换电、专业服务四大内容[97,98]。

在新型商业模式中，电网公司在电动汽车整个产业链中将定位于专业能源(标准电池模块)供给方。以规模效应降低电动汽车销售成本、运行成本，统一行业标准，规范供需，提高服务质量。可有效降低现有交通对油气资源的单一性需求。同时，统筹规划下的充(放)电站建设和集中的专业化管理，除起到削峰填谷，提高输、用电效率作用外，还可避免自主充电体系建设无序对城市电网安全的威胁，并将数量众多的车用蓄电池作为能源储存器，变国家储能到全民储能，保障国家能源安全。

根据电动汽车电池充电所需时间长、一次充电续驶里程有限的特点，采用电池租赁方式，为电动汽车客户提供快速电池更换业务。主要采用“集中充电，统一配送”的新型模式，未来用户购车不买电池，到换电站直接将耗尽的动力电池组快速更换为充电站充满的电池组，而由专业的电池服务运营公司负责电池组的集中充电、管理、维护及统一回收。电动汽车推广运营服务体系如图4.47所示。

2. V2G技术

车辆到电网(V2G)技术实现了电网与电动汽车的双向互动，是智能电网技术的重要组成部分。V2G技术描述的是一种新型电网技术，电动汽车不仅作为电力消费体，同时在电动汽车闲置时可作为绿色可再生能源为电网提供电力，实现在受控状态下电动汽车的能量与电网之间的双向互动和交换[99,100]。

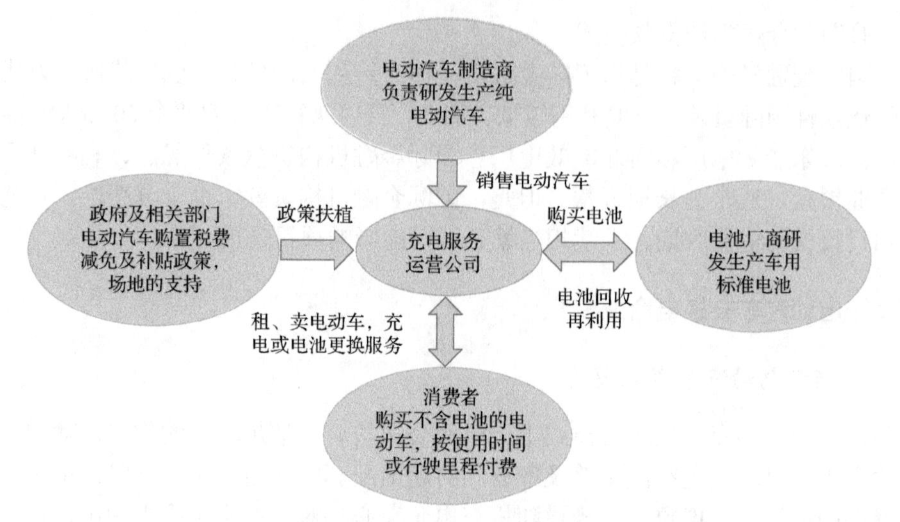

图 4.47　电动汽车推广运营服务体系

V2G 技术体现的是能量双向、实时、可控、高速地在车辆和电网之间流动，充放电控制装置既有与电网的交互，又有与车辆的交互，交互的内容包括能量转换、客户需求信息、电网状态、车辆信息、计量计费信息等。因此，V2G 技术融合了电力电子技术、通信技术、调度和计量技术、需求侧管理等的高端综合应用。V2G 技术的实现将使电网技术向更加智能化的方向发展，也将使电动汽车技术的发展获得新突破。V2G 技术的重要意义如下：

(1) V2G 技术实现了电网与车辆的双向互动，是智能电网技术的重要组成部分。V2G 技术的发展将极大地影响未来电动汽车商业运行模式。

(2) 对电动汽车用户而言，可以在低电价时给车辆充电。在高电价时，将电动汽车储存能量出售给电力公司，获得现金补贴，降低电动汽车的使用成本。

(3) 对电网公司而言，不但可以减少电动汽车大力发展带来的用电压力，延缓电网建设投资，而且可将电动汽车作为储能装置，用于调控负荷，提高电网运行效率和可靠性。

(4) 对于汽车企业，电动汽车目前不能大规模普及的一个重要原因就是成本过高。V2G 技术使得用户使用电动汽车的成本有效降低，反过来必然会推动电动汽车的大力发展，汽车企业也将受益。

(5) 风能和太阳能受天气、地域、时间段的影响，有不可预测性、波动性和间歇性，其不可直接接入电网。V2G 技术使得风能、太阳能等新能源大规模接入电网成为可能并实现。

4.4.7　储能调峰调频商业模式

在新的电力市场发展环境下，作为重要的调峰调频资源，储能技术将在加强电力调节能力、增强电网灵活性以及促进集中式和分布式可再生能源并网消纳等方面发挥重要作用。

2016 年 6 月，国家有关部门正式出台的《关于促进电储能参与“三北”地区电力辅助服务补偿(市场)机制试点工作的通知》(下文简称《通知》)正如一缕春风，吹开了储能参与调峰调频辅助服务市场的大门。根据《通知》的相关规定，我国将逐步建立电储能参与的调峰调频辅助服务共享新机制，充分发挥电储能技术在电力调峰调频方面的优势，电力储能系统在获得参与电网调峰调频等辅助服务身份的同时，也能够按应用效果获得应有的收益[101]。

2016 年 7 月，由中国电力科学研究院、比亚迪汽车工业有限公司、中关村储能产业技术联盟及中国化工学会储能工程专业委员会联合举办了“大规模储能配合新能源发电专题研讨会”。会上大家共同认为，中国储能在可再生能源发电应用中面临的最主要问题是缺乏盈利模式，导致储能电站运营存在困难。

理论上，储能可以实现改善风电质量、减轻电网压力、参与电力市场提供辅助服务等多重应用价值，但由于目前尚没有明确的参与机制与结算方式，由此导致储能价值难以正确衡量，并获得相应回报。另外，现阶段安装在风光基地的储能系统，由风光电站负责运营，因此电网不能从全局最优化的角度调度储能资源，储能可实现的功能大打折扣；由此导致储能系统与风光电站捆绑运营时，还需区分风光电站和电网的收益才能正确结算，因此对最后付费机制的设定，也造成了一定的困难。

研究建设独立的储能装置作为电力系统的常规可控设备参与调度运行，能够挖掘电储能更宽阔的应用途径和更稳定的运营方式。储能系统在不同的位置、环节、时期的作用不同，是可以优化协调协同发展的，因此应该开展发电侧、用户侧、电网侧储能应用的统筹发展机制研究，为将来出台储能规划和其他政策提供依据和支撑。

具体来讲，进一步支持储能参与调峰调频服务的有关政策思考如下：

(1)明确参与调峰调频储能电站建设的补贴或计费方式。避免只考虑一次性建设补贴，建议按服务效果设立明确的储能调峰调频价格机制。

(2)制定更严格的风电、光伏并网规则，提高风电、光伏的电能质量的同时，突出储能应用价值。

(3)储能建设的投资方应向独立于电网的第三方转移，而电网将主要承担为储能设施接入电网提供服务、计量与结算、协助建立辅助服务市场等责任。

(4)制定储能电站运行安全、施工安全监督管理办法等政策，明确储能电站、电网的运行安全责任，保障电网安全稳定运行。

经过发展，储能已经从技术研发、示范应用走向大规模、商业化发展的道路。储能的发展不仅契合了我国低碳绿色能源战略的宗旨、顺应了高效智能电力系统发展的主题，也是未来能源互联网建设发展的重要环节。储能产业的发展既需要自身技术的创新、成本效益的优化、标准规范的设立，也需要国家政策的大力支持和推动。作为推动产业发展的引擎，政策对储能产业参与电力系统市场机制的设立、电价的核定、企业技术创新的激励、应用规模的扩大、社会资本的进入都具有至关重要的作用。

4.5 展 望

4.5.1 智能电网建设成效

智能电网的关键是利用各种技术、资源和市场机制以实现高效运转。据美国能源部的报告，智能电网的功能将舒缓电网的阻塞和提高资产的利用率，在其实现后，估计通过美国现有的能源走廊可多送50%～300%的电力。

智能电网建设将是中国以及世界电网未来十年发展的主要方向。传统电网存在不支持大规模间歇性电源与分布式电源接入、输电损失巨大，且用户端无法互动等问题，无法满足低碳经济时代的要求。智能电网作为先进信息技术和高级物理电网的充分结合，是解决未来能源输送问题的理想方案，是未来电网发展的大趋势。智能电网的效益是明显的，可以归结为以下几个方面[102]：

(1) 电能的可靠性和电能质量提高的收益。

(2) 电力设备、人身和网络安全方面的收益——智能电网持续地进行自我监测，及时找出可能危及其可靠性以及人身与设备安全的境况，为系统和运行提供充分的安全保障。

(3) 能源效率收益——智能电网的效率更高，通过引导终端用户与电力公司互动进行需求侧管理，从而降低峰荷需求，减少能源使用总量和能量损失。

(4) 环境保护和可持续发展的收益——智能电网是“绿色”的，通过支持分布式可再生能源的无缝接入以及鼓励电动车辆的推广使用，可减少温室气体的排放。

4.5.2 智能电网的机遇与挑战

1. 机遇

智能电网技术集成了各个产业的关键技术，给相关设备制造和提供商带来了巨大商机，其清洁灵活的鲜明优势也使人们坚定地相信其广阔的发展前景。因此，智能电网概念一经提出，各种投资机会预测和投资计划相继出台[103]。

按照国家有关单位公布的我国智能电网的三个阶段发展目标，中国科学院权威专家曾预计，要达到国际先进水平，三个发展阶段的总投资将超过 4 万亿元。第一阶段，全数字化变电站大面积试点，包括数字化开关、互感器等元器件的试用，用电管理系统开发，分布式电源接入方案等。第二阶段，高级调度系统全面推广，原有系统更新、升级，全数字化变电站全面建设开始，柔性输电控制系统示范工程启动。在用户终端应用方面，智能电表和用电信息采集系统深入到居民小区，双向互动在大城市部分推广，配电自动化管理、分布式电源接入开始试点。第三阶段，全数字变电站全面普及，柔性输电技术全面应用，智能电表进一步推广，智能配电网基本建成，分布式能源、储能装置在主要城市得到广泛应用。

智能电网具有极强的兼容性，会带动太阳能、风能、地热能等新能源产业加速发展。届时，电网优化配置资源能力将大幅提升，清洁能源装机比例达到35%以上。而从智能电网价值链条分析来看，智能电网是由发电、输电、变电、配电、用电和调度等环节组成的有机整体。智能化和特高压建设只涉及智能电网庞大投资中的极小一部分，但对其他相关行业的带动作用却难以估量。我国的智能电网项目对于相关的制造商而言，是一个巨大的机遇，可以大幅提高生产企业的自主创新能力。

智能电网建设的出发点在于保障电网安全稳定运行的前提下尽可能使新能源更多地上网，因此，智能调度是解决这一问题的起点。柔性交流输电技术在新能源调度上网后，对于维护电网因新能源不稳定而产生的安全性和稳定性问题起着至关重要的作用。与此同时，智能电网建设中所涉及的调度自动化系统、稳定控制系统、柔性交流输电和数字化变电站等将直接为新能源的发展提供助力，并由此为相关电力设备厂商提供发展的空间。此外，智能电网还将带动信息化平台、调度自动化系统、稳定控制系统、微机继电保护、配网自动化系统、用电管理采集系统、电抗器、断路器、避雷器、抚瓷和特高压开关设备等方面强劲的市场需求。

2. 挑战

智能电网带来机遇的同时，也给更多的企业带来了挑战。面对挑战，如何迅速转变观点、开拓出路成为各类相关企业思考的重点[104]。从国际标准层面乃至国内行业层面，智能电网有如下挑战。

1) 做好新技术研究工作

智能电网研究是一个开放的大课题，其覆盖层面包括哪些具体内容仍然不完全确定，只要能够实现节能减排、提高能效、提高电力供应可靠性等根本目标的技术都可能成为智能电网研究的主要内容，因此，制造企业应该根据本领域特点，开拓思路，努力创新，为智能电网提供更多、更好的解决方案。

2) 加强行业交流与合作

智能电网带来的变革绝不仅仅是同行业的竞争，也是一场深刻的变革。借鉴互联网的发展，互联网的出现和大量使用带动了一批新兴产业，同时也有许多产业逐渐退出了历史舞台。智能电网带来的不仅是产品的变革，同样也有商业模式的变革等问题。

3) 加强行业管理，做好行业服务

新事物带来新的商机，同时由于市场的不完善和规范的不明确，也会给行业带来暂时的混乱。风力发电和太阳能发电是适应智能电网需要的新产业，但目前建设缺乏统一规划，管理混乱。在国家没有统一明确规划的情况下，行业协会应利用自身的优势，做好行业厂家的服务工作，促进交流和合作，做好行业发展规划化工作，在打造共同发展目标的前提下有秩序地进行研发工作。

4) 加快建立智能电网相关标准

智能电网是一个庞大的系统工程，不同的设备和系统要成为这个大系统有机整体的组成部分，就必须有统一的规范和标准。行业标准化组织应及时跟进，在把握市场局面的同时，做好新标准的制定工作和原有标准的修订。

从技术层面，建立一个功能完整的智能电网有如下挑战。

(1) 对配电网所有关键元素安装智能传感器或计量设备，保证其与电网具有双向通信功能。

(2) 高级测量体系 (AMI) 系统与测量数据管理系统 (M-DMS) 及用户室内网 (HAN) 的集成和同步。

(3) 用户服务门户系统“企业能源计划系统”客户语音服务系统的建设。

(4) 智能的在线实时故障检测系统的建设。

(5) 根据用户响应制定实行实时电价策略。

(6) 对高低压电网的 SCADA 系统进行整合。

4.5.3 智能电网发展模式

在未来数年乃至数十年内，智能电网将由电力系统基础设施和通信基础设施逐渐融合而成。智能电网方案将包括许多高级应用，以充分利用需求侧技术、通信技术、信息管理、高级计量体系和自动控制技术等，提高电网各组件的自愈能力、可靠性、安全性和效率。同时，提高用户用电效率，促进国家安全和经济的发展、减缓气候变化，从而有助于可持续发展的实现[105]。

展望未来，智能电网将呈现三大发展趋势。

1. 智能电网和信息通信

智能电网将物理的电网和数字的电网融为一体，实现基于广域的、多种能源形式发电的优化配置，保障能源安全、提高能效，支持可再生能源入网。通过对电网运行的实时信息、电力价格信息、负荷需求信息，以及用电信息的整合、挖掘和互动，客户用电有更多选择，节能、减排、气候变化等国家目标可以通过市场杠杆的作用分解到每家每户，为建立一个面向未来能源发展、能源有序消费的社会奠定基础。

网络信息技术为智能电网的高速高效经济运行，特别是在大数据、云计算及物联网环境下，提供了新的思路。它跳过了传统的状态空间思维，通过研究网络拓扑结构及物理结构的特性，使高效计算为智能电网实时控制提供了理论基础。云计算将计算、存储和通信网络作为一个整体性共享资源提供高效率服务[106-108]。

大数据对未来智能电网的发展有重要的推动作用，具有大量性、多样性、高速性、高价值等特点。智能电网大数据来自电网中许多源点，如运行数据及智能电表。这些数据，如果能够快速处理，得到准确信息，将使得电力的生产、传输及应用更加经济可靠。主要表现为以下五个方面：可以采用大数据分析技术对用户分类，以更好地实现需求侧管理，进而节约电力公司的投资和运行成本；采用大数据分析技术可以改善拥有众多资产和设备的电力公司的资产管理水平；可以采用大数据分析技术提高电网运行管理水平，特别是在面临极端天气等罕见事件时，可以减少停电时间和停电成本，降低用户的不满意度；采用大数据分析技术有助于促进可再生能源发电和电动汽车更加顺畅地接入电力系统；大数据技术可以与地理信息系统结合，提供可视化的电力系统规划、运行与检修方案。

物联网从另一角度提供了动态全局性网络平台，使智能电网的不同参与者能有效合作运行。他们共同面临的挑战包括保密安全及保护用户隐私。从互联网走向物联网，智能电网将改变人类未来的生活，主要表现为以下几方面。

(1)实时监控电量：每个家庭某个时间段的用电信息都能被精确采集，用户还可看到整个城市、不同地区的用电情况，从而为自己的用电进行规划，个人碳排放量管理将变得更为容易。

(2)远程操控家电：家用电器，如空调、洗碗机、灯具等设备，都可以与智能网络相连，其开关和温度调节均可通过手机或网络遥控操作，控制用电量。

(3)集成功能电线：一根线就集成了所有功能，只需要安装一个转换器，就能既输送电力，又进行网络信息传输。

(4)自选浮动电价：电价会根据一天中不同时段来自动定价，用户可在每天电价低时，买进一定的电量，等到用电紧张、电价上浮的时段再将它卖出去，也可异地买电，节省电费。

(5)自调节能家电：家用电器，如空调，能够感知用电高峰电价上涨，自动调整温度，冰箱、洗碗机等都会根据时间，把耗电大的操作安排在低电价期使用。

(6)自动恢复供电：电力调度中心大屏幕能自动显示网络故障方位并自动解决，保证供电的连续性。

(7)出售自用余电：用户可有效储存或转移电能，如屋顶太阳能发电所得在自用之余可以出售给电网。

(8)输送电能设备：如电动汽车可以实现电能的“上传”与“下载”，并参与电网调峰。

(9)装备能源系统：用户可自我装备各种可再生能源供能体系、智能化节能系统和蓄能削峰填谷装置。

2. 智能电网和能源融合

建设智能电网的最终目的是实现能源兼容与替代。虽然智能电网建设取得了显著的成绩，但是人们逐渐意识到单靠智能电网难以实现：大规模可再生能源的消纳，能源系统的综合规划、运行、管理和梯级利用，能源系统总体安全可靠性的增强，以及能源费用的降低。整体考虑各能源系统的融合成为解决这一系列问题的有效途径之一。

全面优化能源利用决策支持系统。基于智能电网技术的综合资源规划和电力负荷需求响应，将为电力用户提供双向智能传输系统，以减少高峰期的负荷。此外，还将通过电动汽车、可平移负荷等分散储能装置，支持风能、太阳能等间歇式能源接入电网，为清洁能源发电市场带来根本性变化。因此，配网网架重构、高级配电自动化、高级量测体系将成为研究和建设的重点领域。

未来的智能电网应该可以充分满足接纳新能源的需求，具备以下功能：①新能源的即插即用，当新能源并网或离网时，配电网应该能够识别新能源设备的状态及属性；②信息交互功能，当新能源向配电网发出服务请求时，配电网应该能够提供相应的服务；③能源管理功能，配电网能够适应分布式新能源和用户之间复杂的随机特性，实现多种新能源的动态管理和优化控制。

以电力为核心的综合能源系统研究将是未来发展的重要方向之一。多种能源组成的源、综合网络和多类负荷深度融合，整个能源系统的能量生产、传输、存储和使用，需采用系统的、集成的和精细的方法来规划、运行和管理，从而使整个能源系统的能源利用率、安全可靠性、环保性得到极大提高，并降低能源成本。

3. 智能电网和技术创新

计算机、自动化等技术与传统电力技术有机融合，在电网中得到广泛深入的应用，极大地提升了电网的智能化水平。传感器技术与信息技术在电网中的应用，为系统状态分析和辅助决策提供了技术支持，使电网自愈成为可能。调度技术、自动化技术和柔性输电技术的成熟发展，为可再生能源和分布式电源的开发利用提供了基本保障。

智能电网建立在集成的、高速双向通信网络基础上，旨在利用先进传感和测量技术、先进设备技术、先进控制方法，以及先进决策支持系统技术，实现电网可靠、安全、经济、高效、环境友好和安全地运行。它的发展是一场彻底的变革，是现有技术和新技术协同发展的产物，除了网络和智能电表外还包含更广泛的范围[109]。

互动电网作为全球电网的基本模式，本质就是能源替代、兼容利用和互动经济。从技术上讲，互动电网应是最先进的通信、IT、能源、新材料、传感器等产业的集成，也是配电网技术、网络技术、通信技术、传感器技术、电力电子技术、储能技术的合成，对于推动新技术革命具有直接的综合效果。

智能电网的广泛部署将给电网带来大量新的运行设备和相关技术，包括智能电表、高级监测、保护、控制和自动化设备、电动汽车充电、可调度和不可调度分布式发电资源、电能储存等。先进的设备和广泛的通信系统在每个时间段内支持市场的运作，为市场参与者提供了充分的数据，促进新技术的开发。

4.6　本 章 小 结

智能电网不是传统电网的重复建设，智能电网建设应该以创新为驱动力，以关键技术突破为着力点，以技术标准规范为准绳。本章首先从智能电网的概念、特征、意义，以及美国、欧洲、中国智能电网的建设思路与过程几个方面进行了概述，从智能电网信息化的体系和定位强调电网智能化革新中不可或缺的重要内容——信息革命；其次，智能电网涵盖的技术广泛，以电源侧、电网侧、用户侧和储能技术为切入点，讨论智能电网的关键技术，对智能电网技术的发展趋势进行分析，列举国内外的典型智能电网工程实践，增强对智能电网国内外建设成效的认识；最后，对智能电网的商业模式进行了概述，分别是西电东送和区域电网电力外送为主的大规模能源格局商业模式和涵盖分布式电源、光伏项目、电网大数据、能效电厂、电动汽车充换电和储能调峰调频等创新型智能电网商业模式。

智能电网的未来发展必须和环境、社会、经济等系统有机结合，本书从整个生态系统的角度来看待一次能源的采集、能量的转换和传输及用户用能方式，分析成本及短中长期经济、社会、环境效益。

参 考 文 献

[1] 刘振亚. 智能电网[M]. 北京：中国电力出版社, 2010.

[2] Hidayatullah N A, Stojcevski B, Kalam A. Analysis of distributed generation systems, smart grid technologies and future motivators influencing change in the electricity sector[J]. Smart Grid and Renewable Energy, 2011, 2(3): 216-229.

[3] Dollen D V. Report to NIST on the smart grid interoperability standards roadmap[J]. 2009.

[4] 中华人民共和国国家发展和改革委员会. 国家发展改革委国家能源局关于促进智能电网发展的指导意见(发改运行〔2015〕1518号)[EB/OL]. http://www.ndrc.gov.cn/[2015-07-06].

[5] 杜新伟. 对智能电网概念的理解与四川发展智能电网的思考[J]. 四川电力技术, 2009, (S1): 68-70.

[6] 汪秀丽. 智能电网浅议[J]. 水利电力科技, 2009, (4): 13-20.
[7] 马其燕. 智能配电网运行方式优化和自愈控制研究[D]. 北京: 华北电力大学, 2010.
[8] 李杰聪. 智能电网技术发展综述[J]. 广东科技, 2009, (18): 249-250.
[9] 古丽萍. 国外智能电网发展概述[J]. 电力信息与通信技术, 2010, 8(8): 29-32.
[10] 张钧, 黄翰, 张义斌. 国外智能电网顶层技术路线对比分析[J]. 华北电力大学学报(社会科学版), 2015, (4): 25-30.
[11] 冯庆东. 国内外智能电网发展分析与展望[J]. 智能电网, 2013, (1): 17-23.
[12] 高骏, 高志强. 我国统一坚强智能电网建设综述[J]. 河北电力技术, 2009, 28(b11): 1-3.
[13] 王国峰. 农网智能化的四项内容[J]. 中国电力企业管理, 2011, (14): 33-34.
[14] 杨鸿宾. 智能电网的信息化体系架构和相关技术研究[J]. 中国新技术新产品, 2010, (5): 171.
[15] 谭忠富, 鞠立伟. 中国风电发展综述: 历史、现状、趋势及政策[J]. 华北电力大学学报(社会科学版), 2013, (2): 1-7.
[16] 程启明, 程尹曼, 王映斐, 等. 风力发电系统技术的发展综述[J]. 南方能源建设, 2012, 33(1): 1-8.
[17] 程明, 张运乾, 张建忠. 风力发电机发展现状及研究进展[J]. 电力科学与技术学报, 2009, 24(3): 2-9.
[18] 李辉, 薛玉石, 韩力. 并网风力发电机系统的发展综述[J]. 微特电机, 2009, 37(5): 55-61.
[19] 杨培宏, 刘文颖. 基于 DSP 实现风力发电机组并网运行[J]. 可再生能源, 2007, 25(4): 79-82.
[20] 吴聂根, 程小华. 变速恒频风力发电技术综述[J]. 微电机, 2009, 42(8): 69-72.
[21] 荆龙. 鼠笼异步电机风力发电系统优化控制[D]. 北京: 北京交通大学, 2008.
[22] 林成武, 王凤翔, 姚兴佳. 变速恒频双馈风力发电机励磁控制技术研究[J]. 中国电机工程学报, 2003, 23(11): 122-125.
[23] 周扬忠, 胡育文, 黄文新. 基于直接转矩控制电励磁同步电机转子励磁电流控制策略[J]. 南京航空航天大学学报(自然科学版), 2007, 39(4): 429-434.
[24] 张岳, 王凤翔. 直驱式永磁同步风力发电机性能研究[J]. 电机与控制学报, 2009, 13(1): 78-82.
[25] 陈昆明, 汤天浩, 陈新红, 等. 永磁半直驱风力机控制策略仿真[J]. 上海海事大学学报(自然科学版) 2008, 29(4): 39-44.
[26] 夏长亮, 张茂华, 王迎发, 等. 永磁无刷直流电机直接转矩控制[J]. 中国电机工程学报, 2008, 28(6): 104-109.
[27] 胡海燕, 潘再平. 开关磁阻风力发电系统综述[J]. 机电工程, 2004, 21(10): 48-52.
[28] 刘伟, 沈宏, 高立刚, 等. 无刷双馈风力发电机直接转矩控制系统研究[J]. 电力系统保护与控制, 2010, 38(5): 77-81.

[29] 桓毅, 汪至中. 风力发电机及其控制系统的对比分析[J]. 中小型电机, 2002, 29(4): 41-45.
[30] 杜新梅, 刘坚栋, 李泓. 新型风力发电系统[J]. 高电压技术, 2005, 31(1): 63-65.
[31] 李勇, 胡育文, 黄文新, 等. 变速运行的定子双绕组感应电机发电系统控制技术研究[J]. 中国电机工程学报, 2008, 28(20): 124-130.
[32] 董萍, 吴捷, 陈渊睿, 等. 新型发电机在风力发电系统中的应用[J]. 微特电机, 2004, 32(7): 39-44.
[33] 张建忠, 程明. 新型直接驱动外转子双凸极永磁风力发电机[J]. 电工技术学报, 2007, 22(12): 15-21.
[34] 袁永杰. 开关磁阻四端口机电换能器及在风力发电中的应用研究[D]. 哈尔滨: 哈尔滨工业大学, 2008.
[35] 吴斌. 风力发电在能源互联网中的应用研究[J]. 工程技术(全文版), 2016, (6): 221.
[36] 程志冲. 光伏发电并网逆变控制技术研究[D]. 郑州: 华北水利水电学院, 2012.
[37] 林飞, 杜欣. 电力电子应用技术的 MATLAB 仿真[M]. 北京: 中国电力出版社, 2008.
[38] 周志敏, 纪爱华. 太阳能光伏发电系统设计与应用实例[M]. 北京: 电子工业出版社, 2010.
[39] Hua C C, Lin J R, Shen C M. Implementation of a DSP controlled photovoltaic system with peak power tracking[J]. IEEE Transactions on Industrial Electronics, 1998, 45(1): 99-107.
[40] Yu G J, Jung Y S, Choi J Y, et al. A novel two-mode MPPT control algorithm based on comparative study of existing algorithms[J]. Solar Energy, 2004, 76(4): 455-463.
[41] 袁路路, 苏海滨, 武东辉, 等. 基于模糊控制理论的光伏发电最大功率点跟踪控制策略的研究[J]. 电力电子, 2009, 24(2): 18-21.
[42] 糜洪元. 国内外燃气轮机发电技术的发展现况与展望[J]. 电力设备, 2006, 7(10): 8-10.
[43] 王敏, 庄明. 燃气轮机发电技术在我国能源领域的应用[C]//安徽新能源技术创新与产业发展博士科技论坛论文集. 合肥: 安徽省科学技术协会学会, 2010: 4.
[44] 张文普, 丰镇平. 燃气轮机技术的发展与应用[J]. 燃气轮机技术, 2002, 15(3): 17-25.
[45] 赵群, 张翔, 李辉. 基于燃料电池技术的新能源发展论述[J]. 机械, 2007, 34(7): 1-5.
[46] 武贺, 王鑫, 李守宏, 中国潮汐能资源评估与开发利用研究进展[J]. 海洋通报, 2015, 34(4): 370-376.
[47] 王浩, 韩秋喜, 贺悦科, 等. 生物质能源及发电技术研究[J]. 环境工程, 2012, 30(S2): 461-464, 469.
[48] 张铭路, 李胜蓝, 刘海涛. 页岩气发电的现状及发展策略分析[J]. 南京工程学院学报(自然科学版), 2014, 12(3): 43-47.
[49] 周孝信. 我国未来电网对超导技术的需求分析[J]. 电工电能新技术, 2015, 34(5): 1-7.
[50] 张文亮, 汤广福, 查鲲鹏, 等. 先进电力电子技术在智能电网中的应用[J]. 中国电机工程学报, 2010, 30(4): 1-7.
[51] 宋璇坤, 韩柳, 鞠黄培, 等. 中国智能电网技术发展实践综述[J]. 电力建设, 2016, 37(7): 1-11.

[52] 傅书逿. 2010 年智能电网控制中心新技术综述[J]. 电网技术, 2011, 35(5): 1-7.
[53] 关巍. 光纤传感技术在智能电网中的应用[J]. 电气技术, 2014, (3): 115-119, 127.
[54] 荆睿, 唐如. 智能电网背景下我国广域测量系统的应用研究现状综述[J]. 电气开关, 2012, 50(3): 7-9.
[55] 马韬韬, 李珂, 朱少华, 等. 智能电网信息和通信技术关键问题探讨[J]. 电力自动化设备, 2010, 30(5): 87-91.
[56] 汪琼燕. 基于 IEC61850 的变电站自动化系统功能和设备建模[C]//中国土木工程学会. 科技、工程与经济社会协调发展——中国科协第五届青年学术年会论文集. 北京. 中国土木工程学会, 2004: 2.
[57] Schwarz K, Eichbaeumle I. IEC61850, IEC61400-25 and IEC61970: information models and information exchange for electric power system[C]. Proceedings of the DISTRIBUTECH, 2004.
[58] Bushby S T, Newman H M. BACnet today[J]. Supplement to ASHRAE Journal, 2002, 44(10): 10-18.
[59] Cleveland F. IEC TC57 security standards for the power system information infrastructure-beyond simple encryption[C]. Transmission and Distribution Conference and Exhibition, Dallas, 2006: 1079-1087.
[60] Eidson J, Kang L. IEEE-1588 standard for a precision clock synchronization protocol for networked measurement and control system[C]. Sensors for Industry Conference, Houston, 2002.
[61] 杨旭英, 周明, 李庚银. 智能电网下需求响应机理分析与建模综述[J]. 电网技术, 2016, 40(1): 220-226.
[62] 张钦, 王锡凡, 王建学, 等. 电力市场下需求响应研究综述[J]. 电力系统自动化, 2008, 32(3): 97-106.
[63] 张文亮, 丘明, 来小康. 储能技术在电力系统中的应用[J]. 电网技术, 2008, 32(7): 1-9.
[64] 程时杰, 李刚, 孙海顺, 等. 储能技术在电气工程领域中的应用与展望[J]. 电网与清洁能源, 2009, 25(2): 1-8.
[65] 陈玉和. 储能技术发展概况研究[J]. 能源研究与信息, 2012, 28(3): 147-152.
[66] 马为民, 吴方劼, 杨一鸣, 等. 柔性直流输电技术的现状及应用前景分析[J]. 高电压技术, 2014, 40(8): 2429-2439.
[67] 朱然, 孙冀. 国外智能电网技术发展实践综述[J]. 电子质量, 2016, (9): 24-29.
[68] Howell S, Rezgui Y, Hippolyte J L, et al. Towards the next generation of smart grids: Semantic and holonic multi-agent management of distributed energy resources[J]. Renewable and Sustainable Energy Reviews, 2017, 77: 193-214.
[69] 郭昊坤, 吴军基. Agent 技术在中国智能电网建设中的应用[J]. 电网与清洁能源, 2014, 30(2): 12-16.
[70] 何光宇, 孙英云. 智能电网基础[M]. 北京: 中国电力出版社, 2010.

[71] 李喜来, 李永双, 贾江波, 等. 中国电网技术成就、挑战与发展[J]. 南方能源建设, 2016, 3(2): 1-8.
[72] 骆妮, 李建林. 储能技术在电力系统中的研究进度[J]. 电网与清洁能源, 2012, 28(2): 71-79.
[73] 丛晶, 宋坤, 鲁海威, 等. 新能源电力系统中的储能技术研究综述[J]. 电工电能新技术, 2014, 33(3): 53-59.
[74] 严干贵, 谢国强, 李国徽, 等. 储能技术在电力系统中的应用综述[J]. 东北电力大学学报, 2011, 31(3): 7-12.
[75] 刘英俊. 通信基站用相变储能模块的开发与数值模拟[D]. 长沙: 湖南大学, 2013.
[76] 黄晓英. 超导电磁储能的原理、构造及应用[J]. 供用电, 1995, 12(6): 52-54.
[77] 尹霞. 基于热力学模型的新型无机熔盐水化物相变储能材料的研究[D]. 长沙: 中南大学, 2012.
[78] 王承民, 孙伟卿, 衣涛, 等. 智能电网中储能技术应用规划及其效益评估方法综述[J]. 中国电机工程学报, 2013, 33(7): 33-41, 21.
[79] 罗星, 王吉红, 马钊. 储能技术综述及其在智能电网中的应用展望[J]. 智能电网, 2014, 2(1): 7-12.
[80] 秦立军, 马其燕. 智能配电网及其关键技术[M]. 北京: 中国电力出版社, 2010.
[81] 滕乐天. 建设智能电网的实践和深入思考[J]. 供用电, 2010, 27(5): 1-4, 14.
[82] 谢开, 刘明志, 于建成. 中津天津生态城智能电网综合示范工程[J]. 电力科学与技术学报, 2011, 26(1): 43-47.
[83] 宋晓芳, 薛峰, 李威, 等. 智能电网前沿技术综述[J]. 电力系统通信, 2010, 31(7): 1-4.
[84] 冉玘泉. 智能配电网自愈控制技术研究[D]. 成都: 西南交通大学, 2015.
[85] 张森林, 陈皓勇, 屈少青, 等. 南方电力市场西电东送双边交易模式及电价形成机制研究[J]. 电网技术, 2010, 34(5): 133-140.
[86] 卢文华, 崔宏伟, 蒋琪, 等. 区域电网电力外送的新模式探究[J]. 西安航空学院学报, 2009, 27(3): 24-27.
[87] 栾伟杰, 刘舒, 程浩忠, 等. 考虑不同利益相关者的分布式电源并网成本效益分析[J]. 电力建设, 2016, 37(9): 140-145.
[88] 史言信. 中国光伏企业商业模式创新研究[J]. 经济与管理研究, 2013, (10): 65-70.
[89] 白建勇. 屋顶光伏系统技术经济评价及运营模式选择研究[D]. 北京: 华北电力大学, 2014.
[90] 马勇, 曹之然. 创新光伏扶贫商业模式创建绿色生态示范城市[J]. 改革与开放, 2016, (7): 41-42.
[91] 王钦, 蒋怀光, 文福拴, 等. 智能电网中大数据的概念、技术与挑战[J]. 电力建设, 2016, 37(12): 1-10.

[92] 宋亚奇, 周国亮, 朱永利. 智能电网大数据处理技术现状与挑战[J]. 电网技术, 2013, 37(4): 927-935.

[93] 孙艺新. 电网大数据与商业模式创新[J]. 国家电网, 2015, (11): 50-52.

[94] Chen W, Zhou K, Yang S, et al. Data quality of electricity consumption data in a smart grid environment[J]. Renewable and Sustainable Energy Reviews, 2017, 75: 98-105.

[95] 曾鸣, 马少寅, 王蕾, 等. 低碳背景下我国能效电厂商业运行模式设计[J]. 工业工程, 2013, 16(6): 72-76.

[96] 向红伟, 曾鸣, 刘宏志, 等. 能效电厂项目市场运作模式及保障机制研究[J]. 水电能源科学, 2013, 31(3): 224-227, 256.

[97] 王抒祥, 饶娆, 宋艺航, 等. 电动汽车充换电服务商业模式综合评价研究[J]. 现代电力, 2013, 30(2): 89-94.

[98] 杨永标, 黄莉, 徐石明, 等. 电动汽车换电商业模式探讨[J]. 江苏电机工程, 2015, 34(3): 19-24.

[99] 李瑾, 杜成刚, 张华. 智能电网与电动汽车双向互动技术综述[J]. 供用电, 2010, 27(3): 12-14.

[100] 高赐威, 吴茜. 电动汽车换电模式研究综述[J]. 电网技术, 2013, 37(4): 891-898.

[101] 刘冰, 张静, 李岱昕, 等. 储能在发电侧调峰调频服务中的应用现状和前景分析[J]. 储能科学与技术, 2016, 5(6): 909-914.

[102] Hossain M S, Madlool N A, Rahim N A, et al. Role of smart grid in renewable energy: An overview[J]. Renewable and Sustainable Energy Reviews, 2016, 60: 1168-1184.

[103] 王成山, 王丹, 周越. 智能配电系统架构分析及技术挑战[J]. 电力系统自动化, 2015, 39(9): 2-9.

[104] Irfan M, Iqbal J, Iqbal A, et al. Opportunities and challenges in control of smart grids—Pakistani perspective[J]. Renewable and Sustainable Energy Reviews, 2017, 71: 652-674.

[105] 胡学浩. 智能电网——未来电网的发展态势[J]. 电网技术, 2009, 33(14): 1-5.

[106] 李祥珍, 刘建明. 面向智能电网的物联网技术及其应用[J]. 电信网技术, 2010, (8): 41-45.

[107] 刘畅, 王彦力. 建设基于云技术的智能电网高效通信网络探讨[J]. 电力信息化, 2010, 8(7): 18-21.

[108] 沈磊, 王凯令. 移动互联网时代下智能电网的发展前景和趋势[J]. 电气应用, 2013, (S2): 224-228.

[109] 王成山, 王守相, 郭力. 我国智能配电技术展望[J]. 南方电网技术, 2010, 4(1): 18-22.

第 5 章 能源互联网

能源供给短缺、环境污染与气候变化、新能源的开发与利用、储能技术的发展以及互联网信息技术的普及给全球能源行业带来了巨大影响。为了主动应对能源变革，综合运用互联网思维改造传统能源供需体系并建立能源互联网，已经成为未来能源发展的重要方向。

5.1 能源互联网概述

5.1.1 能源互联网概念及特征

1. 能源互联网发展背景

全球能源消费结构中，煤炭、石油、天然气等化石能源消费占较大比例，且化石能源资源有限，具有稀缺性和不可再生性，分布极度不均衡。消费的不断增加使很多能源资源不丰裕的国家严重依赖国际能源贸易市场，容易受到能源价格、能源运输条件、地缘政治、国际关系等因素的冲击，能源安全受到日益严峻的挑战。

环境污染与气候变化已经成为国际社会共同面临的严峻问题。化石能源的大量使用，造成了大量的碳排放，这已成为导致全球环境污染和气候变暖的重要因素。2015 年召开的巴黎气候变化大会通过了《巴黎协定》。根据协定，各方将以“自主贡献”的方式参与全球应对气候变化行动。发达国家将继续带头减排，并加强对发展中国家的资金、技术和能力建设支持，帮助后者减缓和适应气候变化。受节能减排压力影响，世界各国纷纷通过完善法律体系、出台相关政策、研发新技术等手段来保障清洁能源的开采和应用。目前，太阳能、风能等清洁能源产业化水平不断提高，在能源构成中的比例也在不断加大。

互联网技术与信息技术已普遍应用于传统行业[1]。将互联网技术应用于传统电力能源行业可以满足电力能源消费者日趋异质化的消费需求。例如，智能电网可以让用户实时了解供电能力、电能质量、电价情况和停电信息，合理安排电器使用，为消费者提供更加便利的交易平台和更多可选择的交易方式。

近年来，我国出台了一系列相关文件，为推动能源互联网的发展奠定了基础。2015 年 3 月国家印发有关文件明确了新电改的重点和路径：有序推进电价改革，理顺电价形成机制；推进电力交易体制改革，完善市场化交易机制；有序放开输配以外的竞争性环节电价，有序向社会资本放开配售电业务，有序放开公益性和调节性以外的发用电计划；推进交易机构相对独立，规范运行；开放电网公平接入，建立分布式电源发展新机制；进一步强化政府监管，进一步强化电力统筹规划，进一步强化电力安全高效运行和可靠供应。从新电改方案可以看出，搁置已久的能源改革将全面破局，石油、天然气等领域竞争性环节价格放开，电网体制也纳入改革范围。新电改为能源互联网建设提供了政策支持和方向引导，为其建设创造了良好的环境和平台。

2016 年 2 月，我国有关部门联合发布了《关于推进“互联网+”智慧能源发展的指导意见》，为产业发展路径提供了清晰的顶层设计和明确的指导路径，为产业未来 10 年的发展指明了方向，为能源互联网的发展创造了良好的环境，并对能源互联网的概念和边界做出了明确界定：“互联网+”智慧能源是一种互联网与能源生产、传输、存储、消费以及能源市场深度融合的能源产业发展新形态，具有设备智能、多能协同、信息对称、供需分散、系统扁平、交易开放等主要特征。

随后，我国推出了一系列“互联网+”应用试点示范工程，逐步摸索能源互联网建设及能源可持续发展之路。

2. 能源互联网的概念及特征

1) 能源互联网的概念

在传统能源基础设施架构中，不同类型能源之间具有明显的供需界限，能源的调控和利用效率低下，随着互联网理念的不断深化，一种新型的能源体系架构——“能源互联网”的构想应运而生[2]。其主要理念是将能源与互联网思维相结合，用互联网思维来解决能源供应问题。

2011 年，美国著名学者杰里米·里夫金在其新著《第三次工业革命》一书中，首先提出了能源互联网的愿景，引发了广泛关注，自此之后，国内外不同行业和领域纷纷对能源互联网开展了有益的探索与研究。当前，对能源互联网的典型认知主要有以下四种[3-5]。

(1) Energy Internet：这种认知方式侧重于能源网络结构的表述，以美国的 FREEDM 为典型代表。该方式立足于电网，借鉴互联网开放、对等的理念和架构，形成以骨干网(大电网)、局域网(微网)及相关连接网络为特征的新型能源网。在技术层面，重点研发融合信息通信系统的分布式能源网络体系结构。

(2) Internet of Energy：这种认知方式侧重于信息互联网的表述，以德国的 E-Energy 为典型代表。该方式将信息网络定位为能源互联网的支持决策网，通过互联网进行信息收集、分析和决策，从而指导能源网络的运行调度。

(3) Intenergy：这种认知方式强调互联网技术和能源网络的深度融合，以日本的数字电网路由器为典型代表。该方式采用区域自治和骨干管控相结合，实现能源和信息的双向通信。其中，信息流用于支持能源调度，能源流用于引导用户决策，以实现可再生能源的高效利用。

(4) Multi Energy Internet：这种认知方式强调电、热、化学能的联合输送和优化使用，以英国、瑞士等国的能源发展方向为典型代表。

尽管以上 4 种认知方式的侧重点各有不同，但都是将互联网技术运用到能源系统，以提高可再生能源的比例，实现多元能源的有效互联和高效利用。而在诸多一、二次能源类型中，电能是清洁、高效的能源类型，其传输效率高，在终端能源消费中具有便捷性，在当前的能源体系中占据重要位置，且已经形成大规模的电力传输网络。从某种意义上来说，电力系统是最具有互联网特征的网络。这些优势决定了电能在诸多能源类型中将起到枢纽作用。相应地，电网将成为能源转化和利用的核心平台，是能源互联网的关键物理基础。智能电网是能源互联网的主要技术模式。然而，能源互联网在以下两方面具有显著的理念创新：

(1) 范围和时空上更广域。能源互联网支持各种能源类型，并从源头到终端用户实现全方位、全时段的覆盖。随着信息互联网进入平台化发展的成熟期，“互联网+能源”将呈现多元化、平台化、综合性的服务业态。

(2) 理念上更创新。提高效率、优化资源配置是能源互联网最显著的特征，其本质是网络互联、信息对称、数据驱动。能源与信息网的深度融合将催化广泛的技术和商业模式创新。

综上所述，本书对能源互联网有如下定义：以智能电网为基础平台，深度融合储能技术，构建多类型能源互联网络，即利用互联网思维与技术改造传统能源行业，实现横向多源互补、纵向“源-网-荷-储”协调、能源与信息高度融合的新型能源体系，促进能源交易透明化，推动能源商业模式创新。

2) 能源互联网的关键特征

能源互联网的关键特征是互联网理念和技术的深度融入，其具体特征至少表现为以下几个方面：

(1) 能源协同化，支撑多类型能源的开放互联，提高能源综合使用效率。通过多能协同、协同调度，实现电、热、冷、气、油、煤、交通等多能源链协同优势互补，提升能源系统整体效率、资金利用效率与资产利用率。

(2) 能源高效化，支撑可再生能源的接入和消纳，主要着眼于能源系统的效益、效用和效能。通过风能、太阳能等多种清洁能源接入，保证环境效益、社会效益；以能源生产者、消费者、运营者和监管者的效用为本，提升能源系统的整体效能。

(3) 能源市场化，指能源具备商品属性，通过市场激发所有参与方的活力，形成能源创新商业模式。探索能源消费新模式，建设能源共享经济和能源自由交易，促进能源市场化。

(4) 能源信息化，指在物理上把能量进行离散化，进而通过计算能力赋予能量信息属性，使能量变成像计算资源、带宽资源和存储资源等信息通信领域的资源一样可以进行灵活的管理与调控，实现未来个性化定制化的能量运营服务。

(5) 对等开放性。所有能源应该同等待遇地接入能源互联网，接受各种小型用户的加入。要抱有能源的生产者同时也是能源的使用者的态度，实现个人、家庭、分布式能源等小微用户灵活自主地参与能源市场。

(6) 安全可靠性，它是能源互联网的必要特征。相比于传统的能源传输，能源互联网不需要大型的管道运输和交通运输，只需要建立可靠的电气网络，同时具有高标准的信息安全和隐私保护。

5.1.2 能源互联网发展的意义

大力发展可再生能源替代化石能源已经成为能源转型的主要方向和趋势。能源互联网是能源和互联网深度融合的产物，打破了传统能源产业之间的供需界限，旨在降低经济发展对传统化石能源的依赖程度，最大限度地提高再生能源的利用效率，从根本上改变当前的能源生产和消费模式，具有重要的革命意义。这主要体现在以下几个方面：最大限度地促进煤炭、石油、天然气、热、电等一次和二次能源的互联、互通和互补；在用户侧支持各种新能源、分布式能源的大规模接入，实现用电设备的即插即用；通过局域自治消纳和广域对等互联，实现能量流的优化调控和高效利用，构建开放灵活的产业和商业形态[6-8]。

1. 改善国内能源状况，促进国家发展

能源互联网是能源系统自身发展的内在需求和外部对能源系统的迫切需求相结合的产物。随着传统化石能源的逐渐枯竭以及能源消费引起的环境问题日益恶化，未来人类发展与传统能源结构不可持续的矛盾不断尖锐，世界范围内对能源供给与结构转变的需求更加高涨[9]。发展能源互联网将从根本上改变对传统能源利用模式的依赖，推动传统产业向以可再生能源和信息网络为基础的新兴产业转变，这是对人类社会生活方式的一次根本性革命[10-12]。我国“十三五”规划中指出，将推进能源与信息等领域新技术深度融合，统筹能源与通信、交通等基础设施网络建设，建设“源-网-荷-储”协调发展、集成互补的能源互联网。早日建立起能源互联网络，能够有效地改善我国能源状况，对我国整体发展具有以下重要的战略意义。

(1) 缓解或解决能源短缺危机。我国可再生能源开发潜力巨大，但能源利用效

率有待提高，能源互联网的发展能够显著提高能源利用效率，促进可再生能源更广泛的应用。能源互联网建设将逐步调整能源的消费结构，从以化石能源为主过渡到以可再生能源为主的新模式，并且通过先进的电子科技和信息技术的使用，拉近能源供应方和消费者的距离，更有效率地供给能源，从而减少能源的浪费。

(2)改善环境品质，助力可持续发展。建设以可再生能源为基础的能源互联网，可以显著减少化石能源的消耗以及由此产生的环境污染，降低二氧化氮、二氧化硫等污染物排放，从而大幅度地提高我国的环境质量。

(3)改善民生，提升民众幸福感。能源互联网将促进我国能源工业发展，降低能源生产和运输成本，提高能源利用效率，同时能引入市场竞争，促进能源部门和行业服务质量的改善，提高人民的生活质量。普通民众也可以作为能源市场主体参与到能源交易当中，作为消费者，直接表达需求，选择更加便利、人性化的消费方式；而作为供应者，可以将自己不需要的能源通过能源互联网进行销售，减少能源的闲置并实现经济效益。

(4)构建新型能源消费模式。通过互联网的信息贯通，整个能源系统以及消费者彼此都能交换信息，而且依靠智能协调来优化整个过程。这样，就可以将原本被动的、单向沟通的能源消费过程转变成市场导向、互动、以服务为本的过程。

2. 推动世界能源经济共同发展

1)以电力为核心，多种网络互联互通

在全球范围内发展能源互联网要以电力为核心，这主要是基于电力两大特性和目前能源系统的发展现状。电力的第一大特性是，具有高效的传输效率及便捷的终端使用性。一方面，电力传输具有快速、高效的特点，可以尽可能减少能源在传输过程中的损耗，方便能量的大范围输送，从而促进能源利用效率的提高和资源的优化配置；另一方面，未来全球能源互联体系结构中，可再生能源将逐步成为重要的能量来源，可再生能源能量密度低、随机性强、不可储存、无法直接在用能终端使用的性质，决定了在当前没有其他高效二次能源的前提下，转换为电能是较为经济的方式。可以说，电能在终端使用的便捷性，为可再生能源的高效利用提供基础和保障。电力的第二大特性是，拥有独特的电力传输网络。电力网络是迄今为止人类能源体系中最为完善的能源网络，同时电力输配网络具有极强的可延展性，这是其他能源网络所不具备的。

能源互联网以电力为核心，强调多类型网络的整合和互联，将打破不同类型能源之间的“隔离性”，从而实现多类型能源的综合协调优化，同时在用能终端给予用户更多的可选择权。

2) 推动全球能源分工新格局的形成

能源互联网的建设，使得全球范围内的能量按需流动成为可能。电能在生产地区与需求地区之间直接高效地流动，使得能量富集地区的电能生产在成本和产能上的双重优势越来越明显，而能量流动可靠性越来越高，也使得能量需求地区可以可靠地利用外来能量进行各项生产生活活动，而不执着于本区域的电能生产。经过持续演进，在各能量富集地区将出现大型的能量输出企业，为全球能量需求方提供专业的能量生产和传输服务，形成了能源分工新格局。

3) 重新定义能源市场定价机制

能源互联网的运行，为能源用户提供统一的使用接口，使得能源市场的定价只需要聚焦于能源互联网中的能量结算机制，不再受化石能源产量、新能源生产成本、政府补贴等各种因素的影响，而是由系统通过能量需求关系的实时变化来调整能量结算机制，不断优化能源市场的运行。

4) 优化全球能源结构

能源互联网屏蔽了化石能源与清洁能源在生产环节的差异，而能量自由、高效、可靠的流动使得在技术进步前提下产生的大量低成本清洁能源进入市场成为可能。长远而言，有限的化石能源的使用将成为越来越不经济的选择，最终会随着清洁能源技术的发展和能源互联网的普及而退出市场，从而优化全球的能源使用结构。

5) 推动世界各国协调发展

在全球范围内构建能源互联网，对世界能源、经济、社会、环境具有全局性影响。从能源角度讲，能源互联网可以推动清洁能源发展，为经济社会发展提供安全、清洁、高效、可持续的能源供应。从经济角度讲，能源互联网可以带动相关产业发展，促进广大发展中国家将资源优势转化为经济优势，成为世界经济新的增长点。从社会角度讲，能源互联网可以缩小国家间和地区间的差距，实现联合国“人人享有可持续能源”的目标，促进人类社会共同发展。从环境角度讲，能源互联网可以消除化石能源开发利用对环境的污染和破坏，根本解决气候变化问题，实现人类可持续发展。

3. 落实国家战略的重要举措

1) 与“能源革命”的关系

2014 年 6 月，国家印发《能源发展战略行动计划(2014—2020 年)》，以“节约、清洁、安全”为主要方针，以“节约优先、立足国内、绿色低碳、创新驱动”为基本战略，要求落实和做好如下工作：增强能源自主保障能力；推进能源消费革命，优化能源结构；拓展能源国际合作与推进能源科技创新。

为贯彻落实“四个革命、一个合作精神”，2016 年 12 月，发布的《能源发展“十三五”规划》及《能源生产和消费革命战略(2016—2030)》（以下简称《战略》）阐明了我国能源发展的指导思想、基本原则、发展目标、重点任务和政策措施，提出了要牢固树立和贯彻落实新发展理念，适应把握引领经济发展新常态，坚持以推进供给侧结构性改革为主线，把推进能源革命作为能源发展的国策，筑牢能源安全基石，推动能源文明消费、多元供给、科技创新、深化改革、加强合作，实现能源生产和消费方式的根本性转变。

(1) 能源供给消费。

通过能源互联网，大力开发可再生能源，在源头降低一次能源开采量；转变终端用能方式，提高用能效率。此外，分布式电源将迅速发展，基于特高压骨干网架和智能电网的全球能源互联网适合分布式清洁能源的接入，为我国广大农村地区用能方式的转变提供途径。

(2) 能源技术创新。

能源互联网构建涉及《战略》中 9 个重点创新领域和 20 个重点创新方向中的大多数内容，如分布式能源、智能电网等重点领域，以及光伏、太阳能热发电等，还涉及多个重大专项及重大工程。

(3) 国际合作模式。

国际合作是在全球范围内建设能源互联网的固有属性，开放互动是全球能源互联网的基本特征，构建全球范围的可再生能源配置平台是其基本内涵。设计互利共赢的国际合作模式，有助于我国能源体制的进一步发展，还原能源的商品属性，形成在开放格局下安全、有序、活跃的现代能源市场。

2) 与“一带一路”建设的关系

2013 年，共建“丝绸之路经济带”和“21 世纪海上丝绸之路”倡议的提出，为我国能源行业深化开展国际合作提供了历史契机。2015 年 3 月发布的《推动共建丝绸之路经济带和 21 世纪海上丝绸之路的愿景与行动》中提出加强能源基础设施互联互通合作，推进跨境电力与输电通道建设，积极开展区域电网升级改造合作，形成能源资源上下游一体化产业链。

自此，“一带一路”建设下的国际能源合作节奏加快。国家层面合作框架及基金设立为国际能源合作奠定了基础，如《筹建亚投行备忘录》、中国政府 400 亿美元丝路基金、《中俄东线供气购销合同》、中巴经济走廊能源项目合作的协议签订等，有望打造满足各国发展诉求的多元共赢局面。多国能源资源禀赋及发展战略规划显示国际能源合作意愿强烈，如俄罗斯 2035 年前能源战略、蒙古国政府制订的发展总体规划、哈萨克斯坦发布的 2020 年前发展战略规划及塔吉克斯坦“水电兴国”基本国策，都有互联互通与互利互惠的能源合作基础。

3）与《中国制造 2025》的关系

2015 年 5 月 19 日，国务院发布《中国制造 2025》，提出加快我国从制造大国向制造强国的转变，打造高端制造业，建设完整的电动汽车工业体系和创新体系，提升电力装备制造水平。《中国制造 2025》是我国实施制造强国战略的第一个十年行动纲领，它明确提出了必须紧紧抓住当前重大历史机遇，按照“四个全面”战略布局要求，实施制造强国战略；力争通过三个十年的努力，把我国建设成为引领世界制造业发展的制造强国。

能源互联网依托广泛的电力互联与合作，将推动我国电工装备广泛应用；凭借我国的电工技术优势赢得市场；通过积极参与国际竞争促进电工制造业整体升级。在未来电动汽车大规模发展的形势下，推动相关电力技术进步，为完整的大规模电动汽车产业提供坚强的技术支撑。

(1) 激发国际市场。国内/跨国/跨洲联网发展规模大，可再生能源与常规电源发展及投资需求巨大，可有效发挥电力产业链长、投资带动力强的优势，拉动经济增长，推动制造业升级。

(2) 提供全球竞争平台。我国电工制造业整体水平提升离不开积极参与国际竞争，在竞争中引进、升级和创新装备制造技术及工艺。

(3) 提供强力技术支撑。例如，智能电网技术为电动汽车行业的发展提供技术支撑，解决电动汽车发展中的充换电瓶颈问题，提升用户侧能源管理水平，加速电动汽车发展，促进电动汽车工业体系和创新体系升级。

4）与国际产能合作的关系

2015 年 5 月，国家发布《国务院关于推进国际产能和装备制造合作的指导意见》，提出大力推进国际产能和装备制造合作。电力作为重点行业，需大力开发和实施境外电力项目，提升国际市场竞争力；积极开展境外电网项目投资、建设和运营，带动输变电设备出口。

5）与“互联网+”及“创业创新”的关系

能源互联网通过构建活跃的电力市场，为我国“互联网+”及“创业创新”政策带来发展契机。随着我国电力体制改革的深入开展，完备的售电端市场、灵活的交易机制及基于分布式的智能终端用能将带来大量商机，成为未来新兴市场，吸引境内外投资者关注。通过市场机制及与信息技术高度融合，拉动电工制造业进一步升级，促进国民经济发展。

(1) 培育新兴产业。

开放的售电端市场，灵活的电力交易机制，分布式智能终端用能、信息化电工装备制造将为可再生能源大规模工业、商业及民用提供新兴市场空间和发展契机。

(2) 促进产业升级。

新兴电力市场推动了云计算、大数据和物联网等信息技术与传统电工制造业的高度融合，加速了技术的更新换代，有助于推动电工制造业整体升级。

(3) 引导投资融资。

成熟的国内外电力市场、灵活的融资渠道、可观的投资回报和利润空间是全球能源互联网的努力方向，这与投资创业的现实需求高度契合，有望吸引境内外投资者，提高资本效率，丰富投资渠道。

5.2　能源互联网关键技术

5.2.1　清洁能源技术

在我国可预期的未来能源互联网场景下，清洁能源，尤其是可再生能源的开发利用程度将会越来越大，在电力系统发电量和供电量中的占比将会不断提高。

随着科学技术的飞速发展和学科交叉融合成果的不断涌现，更多、更广的清洁能源新技术、新方法和新工艺将会走向实际应用。近年来，国内外出现的典型清洁能源技术及发电方式，主要包括风力发电、太阳能发电、清洁煤发电、燃气轮机发电、燃料电池发电、潮汐能发电、生物质能发电、页岩气和小堆核电等九种类型，详见本书 4.2.1 节。

5.2.2　能源传输与变换技术

1. 柔性直流输电

1) 柔性直流输电的概念

20 世纪 90 年代后期，以 ABB、西门子公司为代表的跨国企业率先研究并发展了柔性直流输电技术，并在多个领域得到了广泛应用。

最早的柔性直流输电技术采用 2 电平拓扑，通过脉宽调制的方式进行换流，靠并联在极线两端的电容器稳定电压和滤波。这种方式的优点为：电路结构简单，电容器少；缺点为：若开关频率较低则输出波形畸变较大，开关频率较高则换流器损耗较大。另外，2 电平换流器为提高容量需采用大量 IGBT 器件直接串联，必须配置均压电路以保证每个开关器件承受相同电压，开关触发的同步性也是个难题。ABB 公司开发的集成型的 IGBT 器件，能够一定程度上解决同步触发问题，但是只有 ABB 公司自身掌握该技术，造价昂贵，应用也不是很普及。之后还出现过 3 电平的换流器结构，但也与 2 电平结构存在类似问题，没有得到广泛应用。

自 2000 年以来，西门子公司开发出模块化多电平柔性直流输电技术，通过将原并联在极线两端的电容器分解到每个 IGBT 子模块和子模块的级联来解决电压的问题。其中每个子模块由 2 个(或多个)IGBT 开关器件、直流电容等元件构成。通过子模块之间的串联来提高每个桥臂的电压耐受水平，同时可通过器件(或桥臂)的并联来提高换流器的容量，具有较好的扩展性。这种拓扑结构不需要子模块的同步触发，开关频率低，损耗小，较好地解决了柔性直流输电的容量限制，已经成为目前柔性直流输电技术的主流。此后，ABB 公司开发了 IGBT 串联和多模块混合式的柔性直流输电技术，它综合了两种换流器技术的优势，也具有较好的应用前景。

2) 柔性直流输电系统的特征

柔性直流输电系统主要包括电压源换流器、换相电感(可能由相电抗器、联结变压器或它们的组合来提供)、交流开关设备、直流电容(可能包含在换流阀子模块中)、直流开关设备、测量系统、控制与保护装置等。根据不同的工程需要，可能还会包括输电线路、交/直流滤波器、平波电抗器、共模抑制电抗器等设备。换流站是柔性直流输电系统最主要的部分，根据其运行状态可以分为整流站和逆变站，两者的结构可以相同，也可以不同。目前常见的柔性直流换流站主接线方案主要包括单极对称接线方案和双极对称接线方案两种。

单极对称接线方案是目前柔性直流输电系统中最常见的接线方案。这种接线方案采用一个 6 脉动桥结构，在交流侧或直流侧采用合适的接地装置钳制住中性点电位，两条直流极线的电位为对称的正负电位。这种接线方案结构简单，在正常运行时，对联结变压器阀侧来说，承受的是正常的交流电压，设备制造容易。由于目前没有可以开断大电流的直流断路器，这种接线方案在发生直流侧短路故障后只能整体退出运行，故障恢复较慢。单极对称接线方案适合于直流线路采用电缆线路，发生短路故障的概率低，能够保证运行可靠性。该接线方案在海峡间的输电、风电传输等领域得到了广泛应用。

双极对称接线方案在目前的柔性直流输电系统中并不常见。这种接线方案采用两个 6 脉动桥结构，分别组成正极和负极，两极可以独立运行，中间采用金属回线或接地极形成返回电流通路。这种接线方案的特点是可靠性较单极对称接线高，当一极故障时，另外一极可以继续运行，不会导致功率断续。因此这种接线方案可以采用架空线作为直流输送线路，不受电缆制造水平的限制，直流侧可以选用较高的电压等级，输送容量较大。

柔性直流输电相对于传统基于晶闸管器件的高压直流输电技术有以下几个方面的优势：

(1) 无须交流侧提供无功功率，没有换相失败问题。传统高压直流输电技术换流站需要吸收大量的无功功率，占输送直流功率的 40%～60%，需要大量的无功功率补偿装置。同时，传统直流接入系统需要具备较强的电压支撑能力，否则容易出现换相失败。而柔性直流技术则没有这方面的问题，可以同时独立控制有功和无功功率，并可向无源网络供电。

(2) 柔性直流输电技术可以在四象限运行，且独立控制有功功率，不仅不需要交流侧提供无功功率，还能向无源网络供电。在必要时能起到静止同步补偿器的作用，动态补偿交流母线无功功率，稳定交流母线电压。如果容量允许甚至可以向故障系统提供有功功率和无功功率紧急支援，提高系统功角稳定性。而传统直流输电仅能两象限运行，不能单独控制有功功率或无功功率。

(3) 谐波含量小，需要的滤波装置少。无论是采用正弦脉宽调制(sinusoidal PWM，SPWM)技术的 2 电平拓扑还是采用最近电平逼近(NLS)的子模块多电平拓扑结构的柔性直流输电技术，其开关频率相对于传统直流较高，产生的谐波比传统小很多，需要的滤波装置容量小，甚至可以不需要滤波器。

由于受到电压源型换流器元件制造水平及其拓扑结构的限制，柔性直流输电技术在以下几方面具有局限性。

(1) 输送容量有限。其受到限制的主要原因，一方面是受到电压源型换流器件结温容量限制，单个器件的通流能力普遍不高，正常运行电流最高只能做到 2000A 左右；另一方面是受到直流电缆的电压限制，目前的交联聚乙烯(XLPE)挤包绝缘直流电缆的最高电压等级为 320kV，因此柔性直流换流站的极线电压也受到限制。如果采用架空线路，电压水平能够提高，但是可靠性大大降低；如果采用油纸绝缘电缆，则建设成本会大幅提高，输电距离也会受到影响。

(2) 单位输送容量成本高。相比于成熟的常规直流输电工程，柔性直流输电工程目前所需设备的制造商较少，主要设备尤其是子模块电容器、直流电缆等供货商都是国际上有限的几家企业，甚至需要根据工程定制，安排排产，因此成本高昂。IGBT 器件目前国内已经具备一定的生产能力，但是其内部的硅晶片仍然主要依靠进口。从目前国内舟山、厦门等柔性直流工程的建设成本来看，其单位容量造价约为常规直流输电工程的 4～5 倍。

(3) 故障承受能力和可靠性较低。由于目前没有适用于大电流开断的直流断路器，而柔性直流输电从拓扑结构上无法通过 IGBT 器件完全阻断故障电流，不具备直流侧故障自清除能力。因此，一旦发生直流侧短路故障，必须切除交流断路器，闭锁整个直流系统，整个故障恢复周期较长。相对于传统直流，柔性直流的故障承受能力和可靠性较低。如果采用双极对称接线方案，可以一定程度上提高可靠性，但是故障极的恢复时间仍会受到交流断路器动作时间的限制，整个系统完全恢复的速度比不上传统直流。这也是架空线在柔性直流输电中的应用受到限制的主要原因。

(4) 损耗较大。无论采用 SPWM 技术的 2 电平拓扑，还是采用 NLS 的子模块多电平拓扑结构的柔性直流输电技术，其开关频率相对于传统直流都较高，其开关损耗也是相当可观的。早期 2 电平柔性直流工程的换流站损耗能够达到 3%～5%，目前采用子模块多电平的柔性直流工程多将损耗控制在 1%以内，与传统直流的损耗相当，但是输送容量相对于传统直流还是很小，而如果容量提升，则必然需要更大规模的子模块和更快的开关频率，因此损耗也会相应提高。

(5) 输电距离较短。由于没有很好地解决架空线传输的问题，柔性直流输电工程的电压普遍不高。同时，柔性直流系统相对损耗较大，这就限制了其有效的输电距离。柔性直流输电工程的输电距离大多在几十千米到百余千米。从这个角度来说，柔性直流输电并不适合长距离输电[13]。

3) 柔性直流输电系统的工程应用

柔性直流输电能够替代传统直流的大规模送电和交直流联网，便于实现可再生能源等分布式电源并网，也可以用于大城市电网增容与直流供电和向弱系统或孤岛供电。

(1) 赫尔斯扬实验性工程。

1997 年投入运行的赫尔斯扬实验性工程是世界上第一个采用电压源换流器进行的直流输电工程。该实验性工程的有功功率和电压等级为 3MW/±10kV，这个工程连接了瑞典中部的赫尔斯扬和哥狄斯摩两个换流站，输电距离为 10km。工程于 1997 年 3 月开始试运行，随后进行的各项现场试验表明，此系统运行稳定，各项性能都达到预期效果。此工程在世界上首次实现了柔性直流输电技术的工程化应用，第一次将可关断器件阀的技术引入了直流输电领域，开创了直流输电技术的一个新时代。柔性直流输电系统的出现，使得直流输电系统的经济容量降低到几十兆瓦的等级。同时，新型换流器技术的应用，为交流输电系统电能质量的提高和传统输电线路的改造提供了一种新的思路。

(2) 卡普里维联网工程。

为了从赞比亚购买电力资源，纳米比亚电力公司打算将其东北部电网和中部电网进行连接。由于这是两个非常弱的系统，并且传输的距离较长(将近 1000km)，所以选择使用了柔性直流输电系统，以增强两个弱系统的稳定性，并借此可以和电力价格较昂贵的南非地区进行电力交易。该工程于 2010 年投入运行。根据实际情况，工程建设了一个直流电压为 350kV 的柔性直流输电系统，其额定有功功率为 300MW，连接了卡普里维地区靠近纳米比亚边界的赞比西河换流站和西南部 970km 之外的中部地区的鲁斯换流站。此工程的输电线路为一条 970km 的直流架空线，这条线路使用了现有的从鲁斯到奥斯的 400kV 的交流架空线路并进行升级改造，使之延长到赞比西河新建的变电站。

(3) 传斯贝尔电缆工程。

传斯贝尔柔性直流工程联结匹兹堡市的匹兹堡换流站和旧金山的波特雷罗换流站，线路采用一条经过旧金山湾区海底的高压直流电缆，全长 88km。该工程于 2010 年投入运行。工程建立的初衷是为东湾和旧金山之间提供一个电力传输和分配的手段，以满足旧金山日益增长的城市供电需求。目前由于旧金山其他电源接入点的建立，该换流站的主要职能是电力传输更多的转向调峰调频。由于柔性直流输电系统具有提供电压支撑能力和降低系统损耗的特点，该工程有效地改善了互联的两个地区电网的安全性和可靠性。

(4) 上海南汇柔性直流输电示范工程[14]。

上海南汇柔性直流输电示范工程是我国自主研发和建设的亚洲首条柔性直流输电示范工程，额定输送有功功率 20MW，额定电压±30kV，2011 年 7 月正式投入运行。该工程是我国在大功率电力电子领域取得的又一重大创新成果。南汇柔性直流输电工程的主要功能是将上海南汇风电场的电能输送出来，当时南汇风电场是上海电网已建的规模最大的风电场。风电场换流站经 150m 电缆线路连接风电场变电站 35kV 交流母线。南汇柔性直流输电工程的两个换流站之间通过直流电缆连接，线路长度约为 8km。上海南汇柔性直流输电示范工程两端换流站均采用 49 电平的模块化多电平拓扑结构，额定直流电压为±30kV。其工程基本参数如表 5.1 所示。

表 5.1 上海南汇示范工程参数

参数	数值
直流电压/kV	±30
直流电流/A	300
交流电压/kV	31
交流电流/A	340
额定有功功率/MW	20

2. 直流电网

1) 直流电网的概念

直流电网是指由大量直流端以直流形式互联组成的能量传输系统。直流电网的拓扑结构是由用途决定的，根据用途可以分为网状结构与树枝状结构。网状结构主要应用于直流输电网，树枝状结构主要应用于直流配电网。为了满足负荷密集区供电高可靠性要求并有效提高输送容量，直流输电网在负荷密集区呈网孔结构，在边远地区呈放射状；而在直流配电网中，可采用树枝状结构将直流电压降至用户负荷要求的电压等级[15]。

2) 直流电网的发展阶段

直流电网是在点对点直流输电和多端直流输电基础上发展起来的，用图 5.1 所示的三个示意图详细解释直流电网的发展阶段。

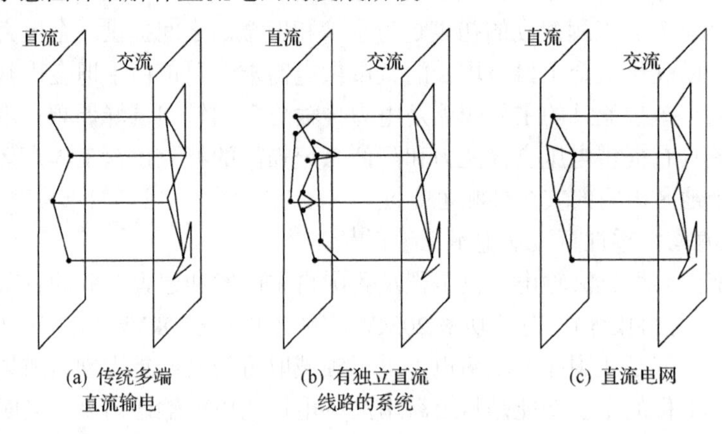

(a) 传统多端直流输电　(b) 有独立直流线路的系统　(c) 直流电网

图 5.1　直流电网的发展阶段

第 1 阶段的拓扑结构如图 5.1(a)所示。它是一个简单的多端系统，可以描述为带若干分支的直流母线。作为最简单的多端直流输电系统，其本身没有网格结构和冗余，并不是一个真正意义上的“电网”，因为该阶段拓扑里没有冗余。这种拓扑结构通常是作为交流的备用，或连接两个非同步的交流系统。

第 2 阶段的拓扑结构如图 5.1(b)所示。该阶段已经初步具备直流输电网络雏形，其中所有的母线均为交流母线，传统的输电线路为连接在两个换流站之间的直流线路所取代。在此拓扑中，所有的直流线路完全可控。可能包含了 VSC 和 LCC 两种输电方式，不同直流线路可能工作在不同的电压等级下，需要更加复杂的潮流控制来维持频率稳定。该阶段最主要的问题是需要大量的换流站。正常的大电网，按照惯例支路的数量一般是节点数量的 1.5 倍，这就要求换流站数量为 2×1.5×直流节点。若使用第 3 种拓扑结构，则换流站数量与直流节点数相同。这一点很重要，因为换流站在直流电网中是最昂贵的、最灵敏的、损耗最多的部件。

第 3 阶段的拓扑结构如图 5.1(c)所示。此时的拓扑是一个独立的网络，与第 2 阶段相比，并不是每条直流线路的两端都有换流站，只是通过换流站将直流电网与交流电网融合在一起。在独立的直流电网中，各条直流线路可以自由连接，可以互相作为冗余使用，而不是仅仅作为异步交流电网的连接设备。此外，第 3 阶段可以大大减少换流站的数量，经济意义重大。所以作为真正的直流电网，图 5.1(c)所示的拓扑结构是未来的发展趋势[16]。

3) 直流电网的实际应用

目前，国外已有较成熟的直流输电网规划。德国在非洲撒哈拉沙漠启动建设了大型太阳能项目，计划在南欧和北非打造有史以来规模最大的太阳能集中发电工程，通过组建跨越沙漠和地中海的电力供应线来覆盖全欧电力需求的15%。2010年，欧洲北海沿岸国家提出了北海超级电网(super gird)计划，准备利用直流电网技术将各国的风力发电、太阳能发电和水力发电资源进行整合，建设连接北海沿岸清洁能源项目的超级电网。北海超级电网与地中海的太阳能电网连接后组成欧洲的“超级电网”，这样的直流电网同时具有长距离输送电力能力以及小型分布式发电装置连接的能力。

4)直流电网的作用

(1)直流输电网。

在目前及今后很长一段时间内，中国的电力负荷中心都集中在中东部地区。中国能源和负荷分布不均衡的基本情形，决定了中国大容量远距离输电的基本格局。同时，随着可再生能源的迅速发展，可再生能源并网及远距离输送的需求将越来越强烈。位于中国内蒙古地区和沿海地区的大量风电，以及位于新疆、甘肃等地丰富的太阳能，将形成大量的电能输出。对可再生能源而言，比较理想的方式是通过直流入网。此外，西南部大量水电向东部输送、沿海大规模油气田可燃冰发电基地向大陆输送大量电能时，远距离大容量的输送无论经济上还是技术上，都宜采用高压直流输电方式。

全国这种多起点多落点的直流输电格局将逐步成为未来输电网的主流架构，同高压交流输电网络相辅相成，构成全国输电网络的主干结构。直流输电网还将与大城市中的直流配电网相连接，构成更强大的直流电网。利用VSC-HVDC技术将中国西北、华北地区丰富的太阳能、风能连接成直流输电网，最大限度减小可再生能源发电的间歇性及不稳定性问题。在青海、西藏等高海拔地区利用直流电网建设成本较低的优势，将丰富的太阳能、地热能连接成网，解决高海拔地区用电问题。同时，将东南沿海地区丰富的风能、大型油气田电能连接成直流电网，输送至沿海负荷中心，充分利用沿海地区能源储量大、距负荷中心近的优势。

(2)直流配电网

在城市配电网中，电动汽车、信息设备(如计算机与微处理器、通信系统设备、智能终端、传感器与传感器网络等)、半导体照明系统(发光二极管(light emitting diode，LED))等直流负荷不断增加。建立直流配电网将减少电力变换环节，大幅提高供电效率。城市人口密度不断上升，负荷密集区用电量不断加大，原有的交流配电网已经难以满足供电要求。电力扩容所需的架空输电走廊已难获得，交流地下电缆输电的输送距离又受容性电流限制(研究表明，400～500kV电压等级交流电缆输送距离最大仅为50km)，而使用地下直流电缆输电可避免容性电流问题，实现远距离输电[14]。

3. 海底电缆

1) 海底电缆的概念

海底电缆是指敷设在江河湖海水底的电缆。海底电缆的发展历史超过百年，最初用于向近海的灯塔等设备供电，现在主要用于海岛与大陆或海岛之间，陆地与海上风场、海上钻井平台之间的电网连接和通信连接，短程江河跨越等[17]。海底电缆的功能也由单纯的电力电缆、通信电缆发展到现在的能同时进行电力和通信传输的光电复合电缆。海底电缆跨越海峡江河，连接国际国内区域电网，以平衡电力供需，进行电力贸易，或用以连接近海岛屿与大陆电网，提高独立岛屿电网运行的可靠性和稳定性。迅速发展的近海风电场输出电力与大陆电网并网亦需要采用海底电缆，国际国内对海底电缆的需求日益增长[18]。

2) 海底电缆的分类

海底电缆按绝缘类型主要有浸渍纸绝缘电缆、自容式充油电缆、XLPE 绝缘电缆、聚乙烯绝缘电缆、乙丙橡皮绝缘电缆及充气电缆等。

浸渍纸绝缘电缆分为黏性油浸渍纸绝缘电缆和不滴流油浸纸电缆两种，分别用于不大于 45kV 和 500kV 的直流回路，且只限安装于水深 500m 以内的水域。绝缘纸带的厚度为 50～180μm，浸渍剂普遍采用合成的烷基苯(LAB)。浸渍纸绝缘电缆的典型结构包括导体绝缘层、绝缘层内外的半导电屏蔽层、铅合金护套、铅护套金属、加强层、聚乙烯护套、防海虫蛀的护套、聚丙烯塑料丝衬和垫钢丝铠装等。

自容式充油电缆中充入带油压的低黏度绝缘油，一方面可迅速消除由负荷变化导致绝缘热胀冷缩而形成的气隙，另一方面油压可以平衡海水的压力而避免铠装受到损害。更为重要的是，当电缆遭受外力破坏而有少量漏油时，不必马上停电，只需补油设备加入一些油，可适当延长故障检测和修复时间，提高供电的可靠性。但从环保角度来看，充油电缆漏油会污染海洋环境。自容式充油电缆的线心数分为单心和三心，单心电缆采用中空的线心作为油道，而三心电缆则利用三心间的空隙作为油的通路。充油电缆的工作场强可达普通油浸纸电缆的两倍，所以超高压大容量的海底电缆多采用充油电缆。它的基本结构包括导线绝缘层及其内外半导电屏蔽层、铅合金护套、加强层、聚乙烯套管、防海虫蛀蚀的护层、聚丙烯塑料丝衬垫和钢丝铠装。聚丙烯薄膜木纤维复合纸绝缘(PPLP)是近些年发展的新型绝缘材料，由三层组成，两侧是牛皮纸，中间为聚丙烯薄膜。它的电气强度高，介损小，输送容量大，可将电缆长期允许运行温度由 80℃提高到 85℃，可用于高达 1000kV 的交流和±600kV 的直流输电。浸渍纸绝缘电缆和充油电缆是海底电缆的传统形式，历史悠久，运行经验丰富，但由于纸绝缘的吸水性强，必须配合使用铅护套，所以这类电缆质量大，运输敷设不便，维护工作量大。

XLPE 绝缘电缆发展于 20 世纪 80 年代，多数用于 220kV 及以下电压等级，其制造和运行经验还远不如充油电缆。截止到目前，电压等级最高的 XLPE 交流海底电缆是耐克森(NEXANS)公司正在为位于挪威海的大型 OrmenLange 天然气田安装的 2.2km 长的 420kV 四根单心海底电缆。500kV 交流长距离海底电缆是目前仅有的充油电缆。

与充油电缆相比，XLPE 绝缘电缆具有以下优点：XLPE 电缆是固体绝缘，不需复杂的充油系统，不需要检测油位控制油压，运行费用低；XLPE 电缆没有铅护套，弯曲半径小，质量轻，可生产敷设的长度更长，且在敷设安装和运输时都要比充油电缆简单；XLPE 绝缘电缆的电气性能和力学性能也都优于充油电缆。正因如此，XLPE 绝缘电缆的发展有着更广阔的前景，但也有众多技术问题尚需解决。

乙丙橡皮绝缘电缆与 XLPE 电缆相比，介损正切值和介电常数都比较大，但与聚乙烯电缆相比更能防止树枝及局部放电，一般只用于中等电压的海底电缆。目前为止，最高等级的乙丙橡皮绝缘海底电缆是 2001 年安装在意大利威尼斯-穆拉诺-梅斯特(Venezia-Murano-Mestre)的 150kV 海底电缆。

充气海底电缆在结构上与充油电缆很相似，也使用预先浸渍好的纸带做绝缘，再充入带压力的氮气，带压力的气体填充了纸带间的空隙，提高了击穿电压。充气式海底电缆可用于交直流输电，它比充油电缆更适合较长的海底电缆网。但由于需在深水下使用高气压操作，增加了设计电缆及其配件的困难，该电缆一般限于水深为 300m 以内[17]。

3)海底电缆的工程应用

随着我国能源的开发和电力需求的日益增长，跨海输电的需求日益迫切。国内外实际的海底电缆输电工程如下。

(1)海底电缆输电工程。

从 1954 年瑞典哥特兰岛与本土之间敷设世界上第一条商业运行的 100kV、长度 98km 直流海底充油电缆开始，世界上已经敷设了相当数量的海底电缆，具有代表性的包括：1973 年，在丹麦与瑞典的厄勒/松德(Oresund/Sound)海峡敷设了世界上第一条 400kV 交流海底充油电缆，输送容量为 870MW；1983 年，在加拿大大陆西海岸和温哥华岛之间敷设并投运了双回路 500kV 交流海底充油电缆，每回路电缆线路总长 39km(两段，30km+9km)，最大水深 400m，每回输送功率 1200MW，电缆由意大利普瑞斯曼和挪威的 STK 公司生产；1989 年芬诺-斯堪高压直流输电工程，在芬兰西南与瑞典东部敷设了世界上第一条 400kV 单极直流海底充油电缆，长度 200km，以海水作为回流电路，额定输送功率 500MW；2000 年，日本纪伊海峡(Kii Channel)直流输电工程第一期，敷设了当时世界上单回输送容量最大的直流海底充油电缆，长度 48.9km，电压等级±250kV，电流 2800A，输送功率 1400MW；纪伊海峡二期电压等级将达到±500kV，输送容量达到 2800MW；1999 年，瑞典哥特兰岛二期敷设了世界上第一条商业化运行的轻型交联直流电力电缆，电压等级 80kV，输送容量 50MW。

(2) 我国的跨海海底电缆输电工程。

1986 年的珠江-虎门海底电缆工程是我国第一条超高压长距离输电工程。其输电电压等级 220kV，电缆长度为 2.7km，输送容量为 380MW，由日本住友公司承建。

1989 年，我国自行研制建设了浙江舟山海底直流工程。其技术特点是，双极电压±100kV，电流 500A，功率 100MW，海底电缆分两段，长度共 12km。

2009 年建成投入运行的南方电网与海南电网联网工程，其海底电缆部分是我国也是目前世界上最长的 500kV 交流海底电缆，电缆长度 32km，一期输送容量 600MW[19]。

4) 海底电缆的作用

我国海域辽阔，海岸线长，沿海岛屿需要采用海底电力电缆与大陆主网联网，以保证电力供应，提高电网运行稳定性。我国近海大陆架油田和天然气开发以及近海风电场建设对采用海底电力电缆与大陆主网并网需求趋势强劲。长距离的通信网、远距离的岛屿之间，以及跨海军事设施等较为重要的场合，都需要应用海底通信电缆。海底电力电缆主要应用在横越江河或者港湾、陆岛之间，以及钻井平台之间的互相连接等场合，其敷设距离与海底通信电缆相比会显得短一些。通常情况下，与同样长度的架空电缆传输电能相比较，应用海底电缆传输要显得昂贵许多。但是，它在地区性发电时的应用要比对较小且孤立的发电站的应用要经济得多。海底电缆更多的优势体现在近海地区的应用中。一些岛屿和河流较多的国家，对海底电缆的应用尤为广泛[20]。

4. 软开关

1) 软开关的概念

软开关又称智能开关（soft normally open point，SNOP），是用来取代传统联络开关的一种新型智能配电装置。与开关操作相比，SNOP 的功率控制更加安全、可靠，甚至可以实现实时优化；能够有效应对分布式电源和负荷带来的随机性和波动性；能够准确控制其所连接两侧馈线的有功与无功功率。SNOP 避免了开关变位造成的安全隐患，大大提高了配网控制的实时性与快速性，同时给配电网的运行带来了诸多益处[21]。

2) 软开关的分类

SNOP 的功能主要是基于全控型电力电子器件实现的，其具体实现方式目前主要有三种：背靠背电压源型变流器（back to back voltage source converter，B2B VSC）、静止同步串联补偿器（static synchronous series compensator，SSSC）和统一潮流控制器（unified power flow controller，UPFC）。

3) 软开关的实现原理

以 B2B VSC 为例，其拓扑结构由两个变流器经过一个直流电容器连接实现，如图 5.2 所示。

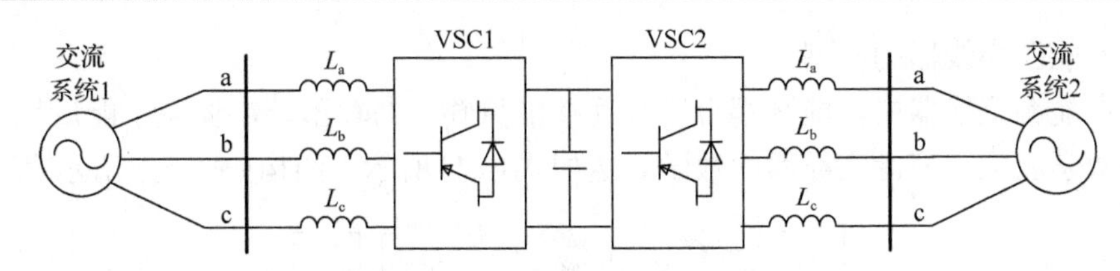

图 5.2　B2B VSC 的拓扑结构

上述装置的几种典型控制模式变流器的控制方式如表 5.2 所示。在正常运行情况下，一个变流器实现对直流电压的稳定控制，另一个变流器实现对传输功率的控制。由于每个变流器都可以同时控制两个状态量，因此可以对变流器的无功功率或者交流侧电压进行控制。在故障发生时，通过切换控制模式，变流器提供系统电压和频率的支撑，进而实现非故障区域的不间断供电。

表 5.2　SNOP 典型控制模式变流器的控制方式

控制模式	VSC1 控制方式	VSC2 控制方式	适用场景
1	PQ 控制/ PV_{ac} 控制	$V_{dc}Q$ 控制/ $V_{dc}V_{ac}$ 控制	正常运行
2	$V_{dc}Q$ 控制/ $V_{dc}V_{ac}$ 控制	PQ 控制/ PV_{ac} 控制	正常运行
3	V_F 控制/下垂控制	$V_{dc}Q$ 控制/ $V_{dc}V_{ac}$ 控制	VSC1 侧交流系统发生故障
4	$V_{dc}Q$ 控制/ $V_{dc}V_{ac}$ 控制	V_F 控制/下垂控制	VSC2 侧交流系统发生故障

4) 软开关的用途

SNOP 主要安装在传统 TS 处，可以对两条馈线之间传输的有功功率进行控制，并提供一定的电压无功支持。

SNOP 代替 TS 后形成的混合供电方式，结合了放射状和环网状供电方式的特点，给配电网运行带来的好处主要体现在以下几个方面：①平衡两条馈线上的负载改善系统整体的潮流分布；②进行电压无功控制改善馈线电压水平；③降低损耗提高经济性；④提高配电网对分布式电源的消纳能力；⑤故障情况下保障负荷的不间断供电。

5. 能源集线器(统一输配/多能源转换)

1) 能源集线器的概念

随着综合能源系统中关键组件的增加、能源耦合程度的加深以及负荷需求的多样化，面对含多等级差异、多时空差异的复杂能源系统，在保留不同能源主要特性并满足能量平衡的条件下，为了对综合能源系统的能量转化、存储和分配进行分析，能源集线器应运而生。能源集线器最早由苏黎世联邦理工学院的 Geidl 和 Andersson 提出。该模型将用能需求抽象为冷、热、电三类，可用于描述多能源系统中能源负荷网络之间的交换耦合关系[22]。

2) 能源集线器的模型

在能源集线器中，能源耦合矩阵连接能量输入与输出端，体现了能量耦合特性的数学表征。能源集线器的数学表达如式(5.1)所示，结构如图 5.3 所示[22]。

$$\underbrace{\begin{bmatrix} L_\alpha \\ L_\beta \\ \cdots \\ L_\omega \end{bmatrix}}_{\substack{L \\ \text{输出矩阵}}} = \underbrace{\begin{bmatrix} C_{\alpha\alpha} & C_{\beta\alpha} & \cdots & C_{\omega\alpha} \\ C_{\alpha\beta} & C_{\beta\beta} & \cdots & C_{\omega\beta} \\ \vdots & \vdots & & \vdots \\ C_{\alpha\omega} & C_{\beta\omega} & \cdots & C_{\omega\omega} \end{bmatrix}}_{\substack{C \\ \text{耦合矩阵}}} \underbrace{\begin{bmatrix} P_\alpha \\ P_\beta \\ \cdots \\ P_\omega \end{bmatrix}}_{\substack{P \\ \text{输入矩阵}}} \tag{5.1}$$

式中，L 为能量输出；P 为能量输入；C 为输入和输出之间的耦合系数。

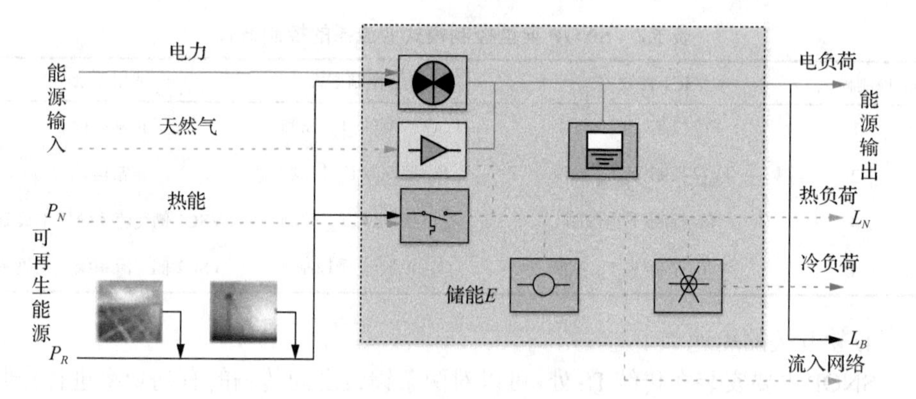

图 5.3 能源集线器结构

3) 能源集线器的分类

能源集线器可以根据其模型的不同分为两种类型，其结构如图 5.4 所示。

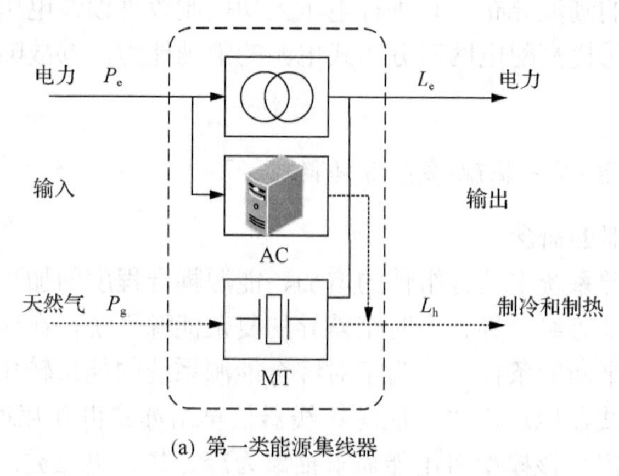

(a) 第一类能源集线器

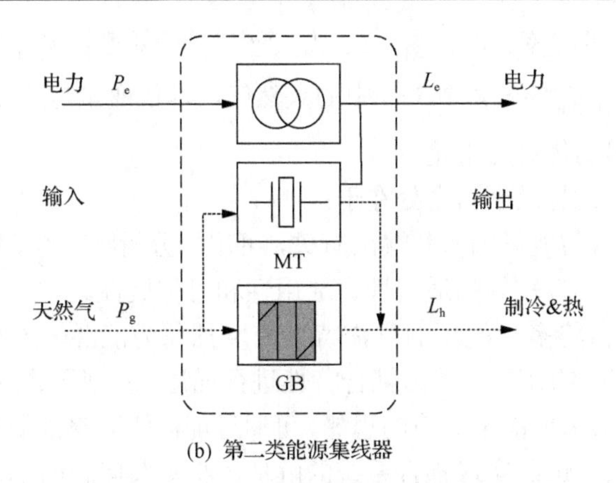

(b) 第二类能源集线器

图 5.4　两种能源集线器结构

第一类能源集线器模型如图 5.4(a)所示，它由电力变压器、微型燃气轮机(microturbine，MT)和中央空调(air conditioner，AC)系统共同构成。输入环节包括电能和天然气，其中天然气直接输入 MT，而电能同时输入变压器和 AC。输出环节包含了电力和冷热能两部分，其中所输出的电能由变压器和 MT 供给，而所输出的冷热能则由 AC 和 MT 共同产生。由此可得式(5.2)所示的耦合关系式，其中耦合矩阵 C 中的耦合系数不仅与转换装置的转换效率有关，还与能源在不同转换装置中的分配比例有关。因此，引入分配系数，$0 \leqslant V_{AC} \leqslant 1$，则$(1-V_{AC})P_e$表示直接供应电力负荷的电能，$V_{AC}P_e$则表示输入到空调中的电能：

$$\underbrace{\begin{bmatrix} L_e \\ L_h \end{bmatrix}}_{L} = \underbrace{\begin{bmatrix} (1-V_{AC})\eta^{T} & \eta_{ge}^{MT} \\ V_{AC}\eta^{AC} & \eta_{gh}^{MT} \end{bmatrix}}_{C} \underbrace{\begin{bmatrix} P_e \\ P_g \end{bmatrix}}_{P} \tag{5.2}$$

式中，η_{ge}^{MT} 和 η_{gh}^{MT} 分别为天然气经过 MT 转化为电力和热能的转换效率；η^{T} 为变压器效率；η^{AC} 为 AC 的制冷和制热的能效比；P_e 和 P_g 分别为能源集线器与电网和天然气网络的能量交互值；L_e 和 L_h 分别为能源集线器所供应的电负荷和热负荷。

第二类能源集线器模型如图 5.4(b)所示，它包含电力变压器、微型燃气轮机和燃气锅炉(gas boiler，GB)三个能源转化设备，其输入量和输出量与第一类能源集线器相同，不同之处只在于其内部能源转化环节发生了变化。因此，采用与第一种能源集线器类似的分析思路，可得此类能源集线器的耦合关系如式(5.3)所示：

$$\underbrace{\begin{bmatrix} L_e \\ L_h \end{bmatrix}}_{L} = \underbrace{\begin{bmatrix} \eta^{T} & V_{MT}\eta_{ge}^{MT} \\ 0 & V_{MT}\eta_{gh}^{MT} + (1-V_{MT})\eta^{GB} \end{bmatrix}}_{C} \underbrace{\begin{bmatrix} P_e \\ P_g \end{bmatrix}}_{P} \tag{5.3}$$

式中，η_{GB} 为 GB 的效率；$0 \leqslant V_{MT} \leqslant 1$ 为天然气分配系数；$V_{MT}P_g$ 为输入 MT 中的天然气；$(1-V_{MT})P_g$ 为输入到 GB 中的天然气，其他变量与式(5.2)相同[23]。

4)能源集线器的优势与不足

能源集线器的优势及创新之处在于：

(1)能源集线器与能量输入和输出有关，可用于分析跨区级、区域级与用户级的综合能源系统，具有较好的适用性、通用性和可扩展性。

(2)能源集线器将多种能源的供需特性高度抽象为能源输入与输出的平衡考量，通过耦合矩阵中的元素对能源耦合特性进行描述，实现了物理与数学的统一。

(3)能源集线器体现能量等值的思想，可通过能源矩阵将能源耦合量转化为单一能源系统的输出，进而实现耦合系统的解耦，将复杂问题简单化。

(4)能源集线器既可对现有的综合能源系统进行抽象建模，也可以作为能源网络中的能量自治单元或广义节点，为综合能源系统规划分析做出理论指导。能源集线器概念以及能源转换、分配、存储、利用等技术的有机结合，有利于构建未来综合能源系统的基本框架。

能源集线器的不足之处在于：

(1)能源集线器适用于某时间断面或某时间序列下的能源稳态分析，不考虑能量在传输和转换过程中的损耗，无法考虑能源环节的任何动态及多时间尺度特性。

(2)能源集线器建立在能源的输入与输出侧不相关的基础上，然而现实中随着信息系统的发展和控制理论的应用，存在能源输入与输出相关的系统，对于这类系统目前能源集线器无法分析。

(3)能源集线器的数学表达局限于数据的离散化，此外，对于耦合矩阵奇异的情况该模型无法处理，存在一定的局限性。

6. 电转气

1)电转气的概念

电转气(power to gas，P2G)技术是指，通过电解水(H_2O)产生氢气(H_2)和氧气(O_2)，再将氢气和二氧化碳催化产生甲烷(CH_4)。甲烷是天然气最重要的成分，P2G 转化的甲烷可直接注入天然气网络进行运输或存储。此外，P2G 还有利于增强系统接纳间歇性可再生能源发电出力的能力。随着近几年来天然气发电比例的增加，P2G 技术也逐渐成熟并商业化运行[24]。

2)电转气的技术分类

根据最终产物(氢气、天然气)的不同，可以将 P2G 技术分为电转氢和电转天然气两类。

电转氢是将多余的电能通过电解水产生氢气后，直接将氢气注入天然气管道或者氢气存储设备中进行存储，其能量转换效率可达 75%～85%。现有的电解制氢方法主要有两种：碱性电解水制氢和聚合物电解质电解水制氢。碱性电解水制氢是一种成熟的技术，已经被大规模应用。相比于碱性电解水制氢，聚合物电解质电解水制氢是一种新技术，这种方法更为灵活，负荷可以在 0～100%变化，而碱性电解水制氢最小负荷限制在 20%～40%。

电转天然气是在电转氢的基础上，在催化剂的作用下将电解水生成的氢气和二氧化碳反应生成甲烷和水，这个过程称为甲烷化过程，其能量转换效率约为 75%～80%。甲烷化过程中所需的二氧化碳，可以来自环境空气、火电厂烟气和厌氧细菌消化产生的生物气体。通过上述两个阶段化学反应，电转天然气综合效率在 45%～60%。

相比而言，通过 P2G 技术合成天然气，在增强微网中电力网络和天然气网络的耦合特性，提高综合能源系统的供能稳定性方面技术更加成熟完善。因此，电力转化为天然气比电转氢具有更广阔的应用前景[25]。

3) 电转气的应用场景

P2G 技术可视为储存电能的一种手段，其对电力系统的主要作用与储能设备类似，如参与系统调频和调峰、消纳富余的风电和光电、提供系统备用等。现有的 P2G 工程大多数为示范工程或试点工程，尚未达到大规模商用化应用的程度。尽管 P2G 技术在现有的技术经济条件下还无法发挥很大的作用，但从技术层面上讲，确实具备这样的潜力。从 P2G 技术特性出发，有多种未来可能的应用场景，简单列举以下几种。

(1) P2G 参与电力天然气系统日常调度运行。P2G 厂站在电力天然气系统的日常运行，通过从电力系统购入电力和电量，并将转化得到的天然气进行储存或在天然气市场出售。

(2) P2G 参与电力系统优化运行。从电力调度运行和市场运营的角度，P2G 厂站作为电力负荷并具备储能性质，可用来减小电力系统的运行成本、增加社会福利。

(3) 消纳间歇性可再生能源的富余发电出力。消纳间歇性可再生能源的富余发电出力、平衡可再生能源发电出力波动，被广泛认为是 P2G 技术最适宜的应用场景。P2G 厂站的作用主要体现在两个方面：一是在风力发电、光伏发电等出力过剩时段消纳部分电量，并转化为天然气进行储存，可减少弃风、弃光电量，提高可再生能源的发电利用率；二是弥补风力发电光伏发电出力波动，尽可能避免火电机组启停和减少系统备用容量需求，进而改善系统运行的经济性。

(4) 为电力系统运行提供辅助服务。采用不同的技术手段，P2G 厂站的启停时间可以从分钟级到小时级不等，启停响应速度较快的 P2G 厂站可以为电力系统提供调频旋转备用。

(5) 为电力市场提供非旋转备用等辅助服务。在竞争的电力市场环境下提供辅助服务，可以为 P2G 厂站带来额外收益。

(6) 参与电/气/热/冷等多能源系统的协调优化。综合多种能源的能源集线器，可以为 P2G 技术提供更广阔的运行灵活性。在电气和气电转化过程中，通常伴随着热量的产生和消耗。对热量合理的收集和利用，可以提高能源中心整体的能源利用率[26]。

4) 电转气技术的作用

基于天然气、电力和热力供能的微网系统，是典型的用户侧综合能源系统形态。通过对微网系统中天然气、电力和热力环节进行协调优化，可以提高可再生能源的利用率；通过需求响应技术，可以改变用户在某时段的用电量，能够提高新能源出力与负荷的匹配度，从而提高系统对可再生能源的消纳能力；此外，也可在多能耦合系统中发展储气、储电和储势能等技术，提高可再生能源的综合利用率，最终通过多元消纳技术或多元储能技术减少弃风、弃光等现象。

由于电力大量存储的成本很高，而储气成本相对较低，可在微网系统中大力发展储气技术。例如，通过 P2G 技术将多余的风电、光伏发电转化成天然气进行存储，减少弃风、弃光等现象。在负荷低谷或可再生能源出力高峰期，将富余的电能转化为天然气或氢气，存储在天然气管网或天然气存储设备中。当出现电力短缺时，再将所存储的气体转化为电能或热能提供给用户，从而提高了微网系统在负荷低谷期消纳可再生能源的能力。P2G 技术也增加了系统中电-气耦合环节的作用，增强了电力天然气系统之间的耦合性和系统的供能稳定性。

7. 电动汽车

1) V2G 的概念

V2G 技术是指，利用大量电动汽车的储能源作为电网和可再生能源的缓冲。当电网负荷处于高峰时，由电动汽车储能源向电网馈电；当电网负荷处于低谷时，由电动汽车储能源存储电网过剩的发电量，避免造成发电容量的浪费。通过这种方式，电动汽车用户可以在电价低时从电网买电，电网电价高时向电网售电，从而获得一定的收益。

2) V2G 的实现方法

当前的电动汽车种类繁多、用途各异。不同类型的电动车所采用的供电方式各不相同，这就决定了 V2G 具有不同的实现方法。根据应用对象的不同，可以将 V2G 的实现方法分为以下四类。

(1) 集中式 V2G 实现方法。集中式 V2G 是指将某一区域内的电动汽车聚集在一起，按照电网的需求对此区域内电动汽车的能量进行统一的调度，并由特定的管理策略来控制每台汽车的充放电过程。

(2) 自治式 V2G 实现方法。自治式 V2G 的电动车经常散落在各处，无法进行集中管理，因而一般采用车载式的智能充电器，它们可以根据电网发布的有、无功需求和价格信息，或者根据电网输出接口的电气特征(如电压波动等)，结合汽车自身的状态(如电池 SOC)自动地实现 V2G 运行。

(3)基于更换电池组的 V2G 实现方法。该方法源于更换电池组的电动汽车供电模式，需要建立专门的电池更换站，在更换站中存有大量的储能电池，因而也可以考虑将这些电池连接到电网上，利用电池组实现 V2G。

(4)基于微网的 V2G 实现方法。该方法是将电动汽车的储能设备集成到微网中。它与集中式 V2G 和自治式 V2G 实现方法的区别在于，这种 V2G 方法作用的直接对象不是大电网，而是微网。该方法直接为微网服务，为微网内的分布电源提供支持，并为相关负载供电。

3) V2G 涉及的关键问题

从电网角度对 V2G 进行智能调度。它有两种不同的处理方式。第一种方式是由电网直接对接入的每台电动车连同其他发电单元进行统一调度，采用智能的算法来控制每台汽车的 V2G 运行。但是，这种方式会使问题变得异常复杂。此外，这种方式是从电网的角度来考虑的，并没有从用户的角度进行分析。第二种方式是在电网与电动汽车群之间建立一个中间系统，称为 Aggregator。该中间系统将一定区域内接入电网的电动汽车组织起来，成为一个整体，服从电网的统一调度。这样电网可以不必深究每台电动车的状态，只需根据自己的算法向各个中间系统发出调度信号(包括功率的大、有功还是无功以及充电还是放电等)，而对电动汽车群的直接管理则由中间系统来完成。从用户角度对 V2G 进行智能充放电管理，需要充分利用电动汽车的分布功率供给电网，并进行频率调节，同时智能安排使用 PHEV 和 EV 的可用能量存储；采用现代智能控制方法解决 V2G 管理问题，要使电动汽车实现 V2G，需要在电网和汽车间配备双向的智能充电器。此双向充电器必须具有为电动汽车电池充电的功能，同时产生最小的电流谐波，也应具有根据调节需要向电网回馈能量的能力。

V2G 运行会对电池产生影响。电动汽车的拥有者可以通过 V2G 向电网回馈能量，从而产生一定的收益。但是，实际上这些收益的一部分是以 V2G 设备的损耗为代价的，特别是车载电池的损耗。现有电池的寿命是一定的，不断对电池进行充电和放电必然会使其可用次数减少，容量降低。因此，需要研究 V2G 运行对电池寿命的影响。目前，尚没有相对完善的模型来评估 V2G 运行对电池寿命的影响，现有研究也只是针对 V2G 的某一个方面来进行的，V2G 运行的其他方面以及大功率的情形有待进一步深入研究[27]。

5.2.3　能源存储技术

1. 能源存储技术的分类

电能可以转换为机械能、化学能、电磁能等多种形式进行存储[28]。按照储能方式的不同，可以分为机械储能、电化学储能、电磁储能和相变储能四大类型。

2. 能源存储技术的应用

1) 机械储能

常用的机械储能方式有抽水蓄能、压缩空气储能和飞轮储能三种[29]。

(1) 抽水蓄能。抽水蓄能是最古老，也是目前装机容量最大的储能技术。它的基本原理是在用电低谷时，将电能以水的势能的形式储存在高处的水库里；用电高峰时，开闸放水，驱动水轮机发电。抽水蓄能电站具有循环效率较高(70%～85%)、额定功率大(10～5000MW)、容量大(500～8000MW·h)、使用寿命长(40～60 年)、运行费用低、自放电率低等特点。电站选址与建设周期长是其主要的制约因素。目前抽水蓄能机组发展方向是高水头、高转速、大容量以及提高机组的智能化水平。从 20 世纪 50 年代开始，抽水蓄能电站的发展进入起步阶段。第一座抽水蓄能电站于 1882 年在瑞士的苏黎世建成。抽水蓄能电站既可以使用淡水，也可以使用海水作为存储介质。目前，地下抽水蓄能的新思路已经浮出水面。地下抽水蓄能电站与传统抽水蓄能电站的唯一区别是水库的位置。传统的抽水蓄能电站对于地质构造与适用区域有较高的要求。然而，只要有地下水可用，地下抽水蓄能电站就可以建筑在平地。上水库在地表，下水库在地下。

(2) 压缩空气储能。压缩空气储能工作时分为储能和释能两个过程：储能时，风电机组输出功率较大，富余风电注入压缩空气储能电站，通过电动机驱动压缩机将空气压缩并降温后存储到储气站，储气站包括报废矿井沉降的海底储气罐、山洞过期油气井或新建储气井等；释能时，风电机组输出功率不能满足负荷需求，将高压空气升温后，进入燃烧室助燃，燃气膨胀驱动燃气轮机，带动发电机发电。

(3) 飞轮储能。飞轮储能系统由高速飞轮、轴承支撑系统、电动机/发电机、功率变换器、电子控制系统和真空泵、紧急备用轴承等附加设备组成。飞轮储能功率密度大于 5kW/kg，能量密度超过 20W·h/kg，效率在 90%以上。储能时，飞轮储能系统中电能驱动电动机带动飞轮高速旋转，将电能以旋转体动能形式存储在高速旋转的飞轮体中；释能时，高速旋转的飞轮作为原动机带动发电机发电，将机械能转换为电能，输出给外部负载使用[30]。

2) 电化学储能

电化学储能是通过发生化学反应来存储或者释放电能量的过程，且反应是可逆的。根据化学物质的不同，电化学储能可以分为全钒液流电池、钠硫电池、锂离子电池和铅酸电池储能等[31]。

(1) 全钒液流电池。全钒液流电池中正极活性物质由 V^{5+} / V^{4+} 的钒离子溶液组成，负极活性物质由 V^{3+} / V^{2+} 的钒离子溶液组成，正、负极活性物质分别储存在各自的电解液储罐中。全钒液流电池中储液罐里电解质溶液的容积决定电池的容量，浓度决定电池的充放电深度。

(2) 钠硫电池。由于钠硫电池具有毫秒级的响应速度以及稳定的工作状态，风电储能中钠硫电池的应用很广泛。目前，日本在钠硫电池储能系统的研究和利用上最先进。

(3) 锂离子电池。锂离子电池依靠锂离子在正极和负极之间的移动来工作。锂离子电池具有比能量和能量密度高等优点，但是成本较高，单体电池一致性及安全性无法满足大规模储能的需求。

(4) 铅酸电池。铅酸电池的正负极在放电时都转化为硫酸铅，在充电时又会还原为初始状态。单格铅酸电池的额定电压为 2V，针对其应用范围不同，其容量从数安小时到上万安小时不等。目前，世界各地已经建立了许多基于铅酸电池的储能系统。

(5) 镍电池。可充电镍电池属于二次电池，正极是活性物质氢氧化镍。所有类型的镍电池中，镍镉 (Ni-Cd) 电池和镍氢 (Ni-H) 电池是发展最成熟的。镍镉电池使用氢氧基氧化镍和镉金属作为电极，直到 20 世纪 90 年代，这种电池在充电电池的市场中一直占据统治地位。镍镉电池具有相对便宜、快速充电、长周期寿命、在深放电率下也不会损失电池容量等优点，但电池中使用的镉有剧毒，虽然可回收，但如果不妥善处理，可能会对环境造成危害。镍氢电池在许多应用中已取代镍镉电池。同样大小的电池，镍氢电池比镍镉电池多提供 30%～40%甚至更高的功率容量，这使得镍氢电池能够满足高功率要求，在混合动力电动汽车中应用广泛。相比镍镉电池，镍氢电池更环保[32]。

3) 电磁储能

电磁储能是一种将电能转化成电磁能储存在电磁场的储能技术，主要有超导磁储能和超级电容器储能两种方式[33]。

(1) 超导磁储能技术。超导储能系统工作时把能量储存在流过超导线圈的直流电流产生的磁场中，转换效率可达 96%。超导储能系统具有高效率、快响应、无污染等优点，由于在超导状态下线圈不计电阻，能耗很小，可以长期无损耗地储能。但超导线圈需要置于极低温液体中，成本太高，增加了系统复杂性。超导储能系统能实现新能源电力系统对电压频率的控制，提高风力发电机的输出稳定性；同时可实时交换大容量电能并实现功率补偿，有效提高瞬态电能质量及暂态稳定性。

(2) 超级电容器储能技术。超级电容器依据双电层原理直接存储电能，是一种介于常规电容器和电池之间的储能装置。其充放电过程具有良好的可逆性，可以反复储能数十万次，超级电容器在承袭常规电容器优点的基础上，又具备温度范围宽、安全稳定等特点，适合短时充放电。超级电容器可向新能源电力系统提供备用能量、改善电网动态电压变化、提供电动汽车瞬时高功率。

4) 相变储能

相变储能是利用相变材料吸放热量从而存储和释放能量的储能技术，不仅能量密度高，且所用装置简单、设计灵活、使用方便、易于管理[34]，主要分为相变蓄热技术和相变蓄冷技术。其中，相变蓄冷技术主要分为三种：冰蓄冷技术、气体水合物蓄冷技术、潜热型功能热流体蓄冷技术。

5.2.4　能源互联网运行优化技术

1. 总体构架

能源互联网在以下各个环节需要具备不同的功能和特征，即供应侧除了包含一次能源，还包括太阳能、风能等分布式能源的接入；传输侧必须融合多种工业控制与网络信息技术，对如何进行高效率的能源分配提供支持；能源转换环节是能源互联网的精髓所在[35,36]。随着科学技术的发展，不同能源形式之间的转换将逐渐变为现实，更利于能源的优化分配；负荷应用侧，如储能、电动汽车等主动式负荷的接入，使得负荷在时空范围内具有随机性和不确定性。动态和实时地进行供需平衡，是能源互联网的基本要求和规律。

图 5.5 描述了能源互联网的总体架构，主要由发电系统、电气化交通系统、天然气系统及综合调度系统等组成。

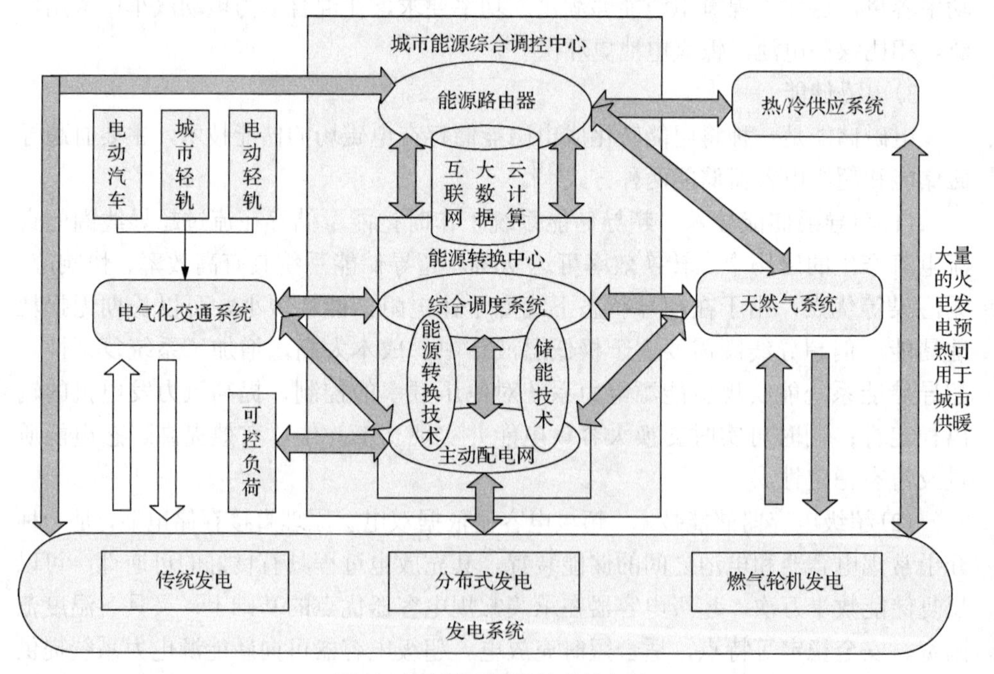

图 5.5　能源互联网的总体架构

发电系统作为能源互联网最根本的载体，承载着大部分的能量交互。如何完善发电系统的网架建设、管理系统建设、营销策略建设等，也是能源互联网得以实现的基本条件之一。

电气化交通系统以电动汽车为核心，包含多种清洁交通工具的系统，如城市轨道交通、电动公交车、电动汽车与电动轻便车等。

在能源互联网背景下，P2G 技术不断完善，通过多余的电能将水电解成氢气和氧气，再将氢气与二氧化碳生产甲烷的工业流程已经为有关单位所使用，其转化效率能达到 80%左右。这种电转气技术的不断普及，不仅使得天然气管道作为连接气源与城市配气系统的纽带，也使得天然气系统与配电系统得到了结合。

信息网络与工业控制是能源互联网中能源调控中心的重要构成部分。工业控制过程在电网中相当于调度系统，信息网络大多是基于计算机互联网技术实现的，它也是整个城市能源互联网得以正常、高效地实现现实优势的基础保证[37]。

由此可见，能源互联网以能源路由器为能量优化调度控制中心[38]，以电能、热能为能源消费终端，以能源转换中心为多种能源间相互转化的枢纽，实现一次能源侧多种能源的有效、合理、环保利用，满足用户侧的多样性需求，支撑配电网、供热网络的安全、稳定运行。具体可以阐述如下。

(1) 能源路由器作为实现能源互联网内部能量优化控制及能源互联网与配电网/供热网络之间信息交换与能源共享的电力电子装置，是能源互联网的控制核心。与传统电力系统中采用的垂直式控制不同，由于能源互联网内信息流与能源流一体化的发展趋势，以能源路由器为核心的能量调度控制中心需要具有自主、并行地处理融合能源流与信息流的多样化任务的能力。

(2) 由于电能、热能在能源传输效率、传输方式等方面具有无法比拟的优势，以电能为中心能源终端、热能为辅助能源终端的能源开发利用模式是未来能源互联网发展的战略方向。

(3) 作为能源互联网中一次能源侧与能源终端(电能、热能)间的转换装置，能源转换中心是一种混杂的多能源间转换装置的集合，其中包括电能与电能间直接变换装置(如整流器、逆变器等)、热能与热能间直接变换装置(如热交换器等)以及实现天然气热电联产的装置(如燃气轮机等)。

(4) 能源互联网一次能源侧的能源种类繁多，其中包括分布式可再生能源(如风能、光能、生物质能等)、清洁能源(如天然气等)及传统化石能源(如煤炭等)，大规模可再生能源的高效利用有助于能源消费结构低碳化。

(5) 以热电联产系统为纽带，协调分配能源互联网内电能、热能，满足能源互联网内多种负荷的供能需求，有效平抑能源互联网内负荷波动，可实现与配电网及供热网络的能源共享。

综上所述，能源互联网以电力系统、天然气网络与交通网络为物理实体，高效利用分布式可再生能源，以电能、热能等形式进行能量的传输与使用，基于信息网络对广域分布式设备进行协调控制，保证能源互联网的安全、稳定运行，可实现与配电网、供热网络等主网络的能源共享。

2. 能量路由器

能量路由器所设置的网络的位置和层级决定了它的功能。因此，本书将多能源能量路由器的功能分为电网层和用户层两个层面进行论述。

能量路由器的电网层功能主要体现在以下三个方面。

(1) 多能源管理与调控。能量路由器要具备管理、调控多种不同能量流的功能。第一，要保证能量来源符合能量质量要求；第二，要支配能量流在网络中合理流动，确保适当的能量流流向适当的负荷；第三，要实现对能量质量的实时监控、调控，保证能量流在网络中安全流动。

(2) 信息保障。能源互联网要求较高的信息流动和共享的灵活度[39]。第一，要求实时各个决策都受到全网最全面信息的支持，为决策提供及时可靠的充分数据，防止造成信息不足导致的决策错误；第二，要求全部信息及时传输，满足全网响应的实时性，避免过时信息造成不利影响；第三，要求能量路由器对其工作范围内的实时信息进行收集，并且能够进一步分析处理和运用。

(3) 孤岛运行。微网有时可能脱离主电网独自运行，例如，主网故障时，微网即进入孤岛运行模式。此后，微网成为能源互联网中的“局域网”，能量路由器应统一协调管理“局域网”中的各类分布式电源、储能装置和负荷，尽可能持续供电，保障微网安全有序运行，降低停电或事故发生率。

能量路由器与用户侧设备(如分布式电源、储能装置和不同性质负荷)连接，用户侧设备和能量路由器一起组成能源“局域网”[40]。能量路由器的用户层功能主要体现在以下五个方面。

(1) 支持即插即用接入。能量路由器面向用户时，其操作应简易方便，应具有通用的标准接口，且包含功率转换和通信功能。通信方面可以甄别接入的设备类型和用户请求，根据需要交互能量；功率转换方面主要负责接通和断开能量流，使得设备可以顺利连接或脱离，这一点可以利用电力电子换流器的技术实现。

(2) 支持能量双向流动。在能源互联网中，分布式能源和储能装置既可以作为负荷吸收能源，又能当作电源向电网供电，这就使得网络中能源的流动具有双向性。因此，能量路由器的接口应该支持双向性。具体设计中，与供能单元连接的接口可以单输入，与负荷连接的接口可以单输出，与储能设备连接的接口则应具有双向性。

(3) 用户服务请求和终止。用户侧设备向能量路由器发出需求申请信号，能量路由器接到后迅速识别相应请求，然后给予反馈并满足用户需求；当用户侧设备不需要某项服务时，向能量路由器提出终止请求，则能量路由器停止该服务。

(4)用户个性化管理。用户可以灵活调整自己的能量使用策略，能量路由器可以制定相应的供能模式满足用户需求。

(5)人机交互与网络管理。能量路由器要具备方便快捷的控制界面，通过该界面，用户能够按需选择和配置相应的功能模块。同时，能量路由器要能够记录全网运行中生成的关键数据和其他信息，形成日志文件，为能源互联网的优化稳定运行提供参考。

能量路由器可根据其应用的不同层级分为区域型和家庭型两类。不同层级的能量路由器，因其在能源互联网中的功能和定位不同，存在不同的组成部分和实现方式。区域型能量路由器基于固态变压器(solid state transformer，SST)实现，而家庭型能量路由器可基于多端口变化器(multiport converter，MPC)或者逻辑控制器(programmable logic controller，PLC)实现。

1)区域型能量路由器

基于高频链和电能转换技术的电力电子变换装置——SST[41]被认为是构建能源互联网的核心技术之一。固态变压器一般认为由三部分组成：AC/DC 整流器、DC/DC 变换器和 DC/AC 逆变器。固态变压器具有控制能量双向流动的能力，可以对有功和无功功率元件进行控制，并且具有更大的控制带宽，支持即插即用功能。

SST 可以使区域型能量路由器自动分配能量，其核心技术包括功率器件组成和电路拓扑结构。半导体元件是 SST 的主要构成之一。几十年来，利用 Si 材料制作而成的半导体元件应用已经遍及各种不同的功率、电压范围。相比之下，新型 SiC 半导体器件优势明显，具备高击穿场强、抗高温高压、抗辐射等特点。SST 的经典电路拓扑主要有两种形式[42]：一种是单级的、不含直流的拓扑结构，即直接 AC/AC 变换；另一种是多级的、含直流的拓扑结构，即间接 AC/AC 变换，各级变换是低压逆变、双向 DC/DC 变换和高压整流。

2)家庭型能量路由器

在家庭型配电系统中，一般通过 MPC 来实现能源-电网-负荷-储能之间的能量转换的称为基于 MPC 的家庭型能量路由器。多端口变换器利用电力电子技术，能实现储能设备和多种新能源的耦合，提高响应速度。与基于 SST 的区域型能量路由器相比，它转换电压较低，电路拓扑简单。文献[43]设计了一种双向多端口变换器，由 DC-DC 基本结构组成。如果忽略电网和配电系统的能量交换，可再生能源与负荷可以利用 MPC 达到能量平衡状态。当负荷数量不多、结构较为简单时，MPC 内部的控制器就可以调控、管理系统中的能量。

能量流与信息流在基于 SST 的区域型能量路由器和基于 MPC 的家庭型能量路由器中分线、独立传输，而在基于可编程式 PLC 的家庭型能量路由器中是共线、耦合传输的，这样具有布线简单、降低设备体积和成本的优点，还可以避免由通信线路故障造成的停电事故。PLC 的发展推动了能量流和信息流共线传输的更新进步，传统的 PLC 技术在调制电路中通过数据量化，利用高频信号当作载波，将数据和电能从耦合线路传输到接收端。

为了实现电能的多路径传输，基于 PLC 技术的时分复用调控方式[44]，在试验中检验了其在家庭能量管理系统中的可行性。在该系统中，发出端将分布式能源的发电信息及相关数据组合起来，放到量化能量包中；然后复合设备利用时分复用技术，把能量包复合到相同的传输线上传送；接收端将传送过来的能量包进行解耦，把地址信息解读出来，通过控制能量路由器，把电能分配给相应的负荷。另外，可以在接收端设置储能装置，来弥补分布式电源的不确定性和不连续性，优化输送给负荷的电能质量。

智能能量管理(intelligent energy management，IEM)模块作为能量路由器的“大脑”，即能量控制中心，起着至关重要的作用。实现能量的流向和流量控制，对能量进行统一管理和调配。

为了降低能量控制中心的信息处理压力、提高信息处理速度、提高能量路由器性能，文献[45]中设计了一级 IEM 模块和二级 IEM 模块。一级 IEM 模块对上连接供能单元，对下连接二级 IEM 模块；二级 IEM 模块对上受一级 IEM 模块的控制，对下连接各个能量转换装置，如图 5.6 所示。

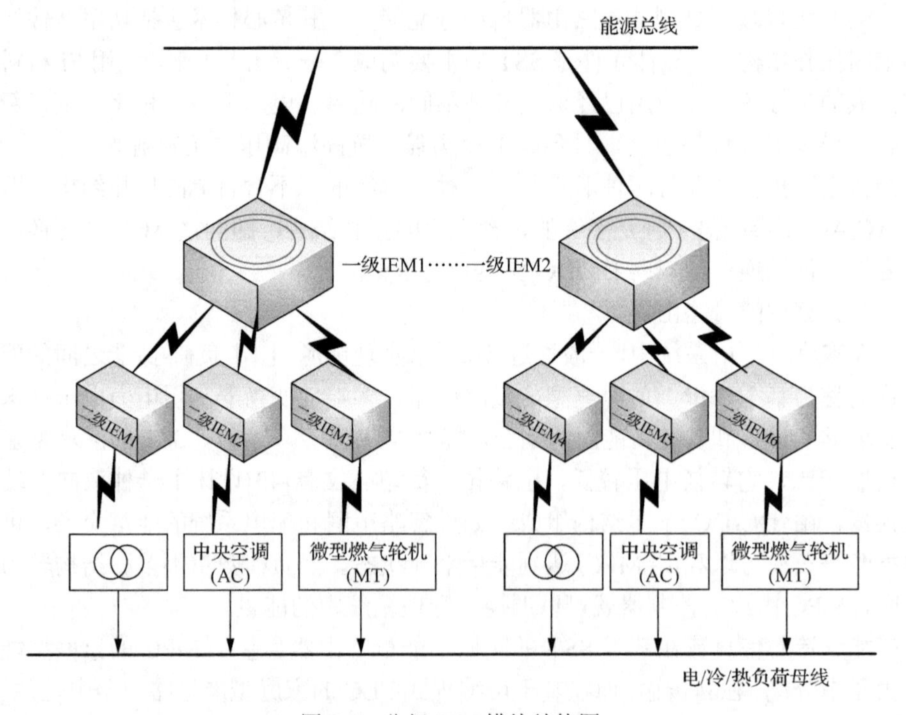

图 5.6 分级 IEM 模块结构图

一级 IEM 模块与信号采集及传输装置相连，接收输入侧和二级 IEM 模块传送过来的数据和信息，实时监控能量路由器所在局域能源网的能量流动情况，根据能量流动趋势、负荷需求变化、能源价格波动等情况，迅速分析并做出决策。

由于能量路由器具备判断终端地址和选择传输路径的功能，IEM 模块还起到另一重要作用，即进行能量流的路由选择。

将能量路由器内部的智能控制系统分层设计，设立一级和二级 IEM 模块以及不同的运行策略，将大大减少一级 IEM 模块的工作量，提高整个路由器的运行速度和可靠性，为能量路由器所在能源局域网的安全高效运行提供了必要条件。

各供能单元(包括分布式可再生能源)通过能量路由器与配电网相连，如图 5.7 所示，能量路由器控制其工作范围内的各个分布式电源(包括燃料电池、风力发电、光伏发电等)以及能量存储设备(包括蓄电池、电动汽车等)。每一个能量路由器除了控制分布式电源单元外，还可以通过传输装置与外部能源网络进行能量交换，从而使各种能源得到充分有效的合理利用。

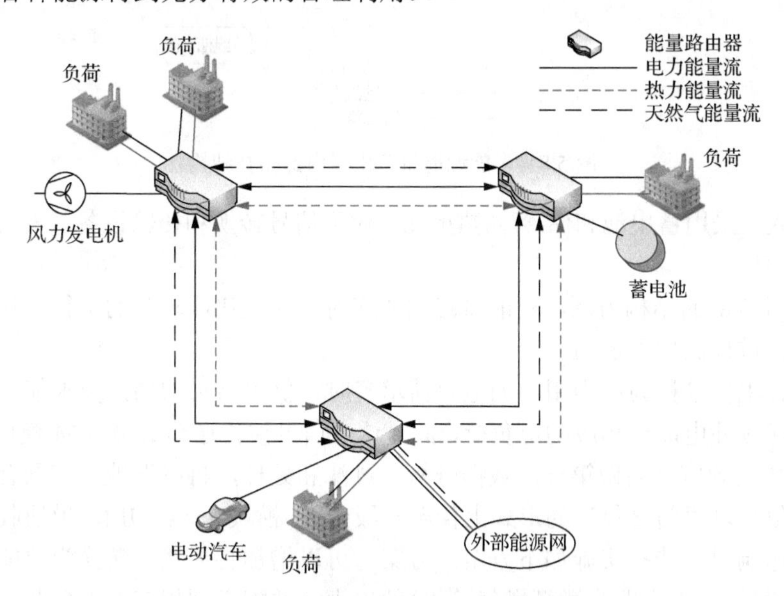

图 5.7　未来含能量路由器的系统结构图

多能源能量路由器内部拓扑结构如图 5.8 所示。分布式能源的多样性决定了能量路由器必须包含多种不同的组成单元，图 5.8 以天然气分布式微能源为例(实际应用中，还可照此加入风能、太阳能、生物质能等其他种类的分布式能源)，对能量路由器的内部结构做出了合理性分析及设计。

在该结构中，能量路由器对上连接外电网和天然气分布式能源系统，对下连接电/热/冷三种性质的负荷。对于能量路由器内部的能量转换装置，在此采用典型的电/电转换设备固态变压器及电/冷、热转换设备空调和微型燃气轮机。对于能量

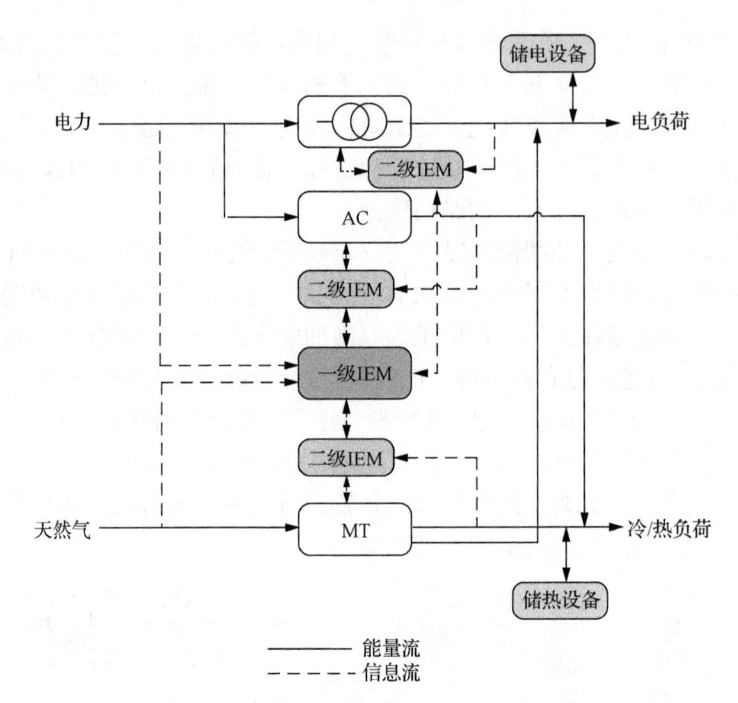

图 5.8　多能源能量路由器内部拓扑结构

储存装置，采用蓄电池和储冷/储热单元。对于信号转换和传输设备，采用不同类型的传感器。

以图 5.8 的结构为例，对能量路由器应对负荷变化需求时的上行工作过程和下行工作过程做如下说明。

上行工作过程为：当用户侧电负荷增多时，供电需求增加，要求能量路由器及时传送额外电能至相应的电负荷，此时这一信息被传送至二级 IEM 模块，二级 IEM 模块收到信号后做第一层数据分析、过滤和处理，将终端地址连同有效的负荷需求信息以“信息包”的形式上传至一级 IEM 模块。一级 IEM 模块收到信息包后迅速响应，选择实施如下方案。方案一可以增加将天然气转换为电能的能量转换装置(此结构中即为微型燃气轮机)的出力，并配送到相应的电负荷；方案二可以在满足实时冷/热负荷需求的前提下，减少耗电转换装置(此结构中即为空调)的使用，将这部分电能节省下来配送至相应电负荷处；方案三可以额外向电网要电。具体选择哪种方案进行供电需求补偿，一级 IEM 模块将根据实时的能源分布情况和经济性进行分析后做出最优决策。

下行工作过程为：一级 IEM 模块收到来自不同二级 IEM 模块的信息包并分别并行处理后，将终端地址连同指令和相应信息打包成一个个新的“信息包”，此时路由器的下行关口全部打开，所有信息包经由各个关口无差别向下传输。当二级 IEM 模块收到众多信息包后，先从包头中取出终端地址，识别该地址是否指向工作范围内的受控终端，若是则保留，不是则丢弃。二级 IEM 模块再从保留的信息包中逐一识别来自一级 IEM 模块的指令，按指令调控相应的能量转换装置(固态变压器/空调/微型燃气轮机)以满足负荷的需求。

3. 多能互补

1)多能互补的概念及种类

多能互补，字面上看就是多种能源互相补充、综合利用、提高能源输出和利用效率。常规来讲，平时所说的多能互补，就是用户端(特别是工业和产业园区)实施能源综合梯级利用，如典型的冷热电三联供项目。

一般的多能互补示范工程可以分为两类：①面向终端用户的电、热、冷、气等多种用能需求，优化布局建设一体化集成供能基础设施，实现多能协同供应和能源综合梯级利用。该类工程主要为天然气分布式能源，主要是冷热电三联供，即以天然气为主要燃料带动发电设备运行，产生的电力供应用户，发电后排出的余热通过余热回收利用设备向用户供热、供冷，大大提高整个系统的一次能源利用率，实现能源的梯级利用。②利用大型综合能源基地风能、太阳能、水能、煤炭、天然气等资源组合优势，推进风光水火储多能互补系统的建设运行。

能源互联网的核心就是横向互补、纵向优化，提高能源总体效率。因此，抛开互联等信息技术不谈，多能互补下的综合能源系统，可以说是智慧能源在能源专业范畴中的精髓，也是智慧能源的工程化体现。就目前的技术发展状况而言，多能互补的种类可以概括为用户侧多能互补和电源侧多能互补两大类。

(1)用户侧多能互补。

天然气分布式能源是用户侧多能互补的主要形式之一。国内发展天然气分布式能源的时间较短，处于起步状态。我国天然气分布式能源发展起步较晚，上海、长沙、北京相继出台了补贴激励政策，其他地方都在筹划中；有一些成功的案例，许多项目在建设和规划之中，人才队伍也在不断扩大，工程建设经验逐步积累。随着天然气、电力改革的进一步深化，政策的落实，我国天然气分布式能源即将迎来井喷式发展，未来发展空间巨大。

国外发达国家的天然气分布式能源(冷热电三联供)发展较早，也较为成熟。在天然气供给充足和环境保护的双重推动下，美国的分布式天然气得到了长足发展，欧洲和日本的分布式天然气发展也十分迅速[46]。

(2)电源侧多能互补。

国内由于“三北”地区新能源富集，近年来新能源基地打捆互补输送一直是研究和实践的热点。当然，其中也存在不少问题，如火电比例较大的成本问题、故障下的电源和负荷两侧的稳定问题等。哈密至郑州的直流输电通道目前的实际输送功率不高，也正是这些问题所致。

国外基本没有大电源基地的打捆输送，比较接近电源侧多能互补的，应该是“虚拟电厂”的概念。“虚拟电厂”是指通过分布式电力管理系统将电网中分布式电源、可控负荷和储能装置聚合成一个虚拟的可控集合体，参与电网的运行和调度。即随着分布式能源比例的不断提高，在原有的大电网中，高效地控制这些分散的小型“电厂”，也可认为是电源侧多能互补的一种体现。当然，“虚拟电厂”不仅限于电源侧。

例如，德国北部港口城市库克斯港市的虚拟电厂项目，整个系统由风力(600kW)发电、太阳能(80kW)发电、冷藏仓库(250kW 和 260kW)、热电联产系统(460kW 和 5.5kW)构成，通过转移冷藏仓库的热需求来抵消风力发电的变动。通过整合风力发电、太阳能发电及冷藏仓库的电力需求，能够如同一座发电站一样进行电力控制。

2)多能互补的工程

用户侧多能互补工程成败的关键在于其经济性。只有具备较好的经济性能，才有真正实现产业化的希望。对于实际的多能互补工程项目，影响其经济性的因素包括实际效率、价格和智能互联。

(1)实际效率。

实际效率主要取决于机组/负荷匹配，即针对不同用户的负荷情况，通过分析全年负荷变化情况来选择系统各装置的机组容量，并对选定的机组配置方案进行优化分析，尽量提高其能源利用率。国内现在不少项目，由于电负荷预测不准、机组容量配置不合理，经济性很差，有的已经停运，有的靠国家补贴存活。

天然气分布式发电有其适用场景，冷热负荷需要连续且基本稳定，同时原动机所提供的冷热负荷用户能消纳所发电能或自用或上网。冷热负荷预测和特性分析十分重要，直接决定机组规模。

(2)价格。

分布式能源系统的经济性与当地的电价、气价有密切关系。对应不同的价格体系，分布式能源系统的经济性可能有着根本性的不同。尤其是天然气价格，是整个分布式天然气项目能否存活的关键，燃料成本几乎占项目总成本的 70%～80%。就目前的价格机制来看，大多数地区不是很理想，但在试点工程背景下应该会有所改善。

(3)智能互联。

现在的大多数多能互补工程都在独立园区或区域实施，如何组织这类独立系统，使供应侧、传输侧、需求侧、平台侧各部分都做到智能高效，是当前的重要技术课题。智能互联的关键内容涵盖网架优化、终端主站建设方案、通信方案、主动控制方案、主动服务方案等。

3) 多能互补系统的运行优化与调度

在各类能源互联网组建方案中，最常出现的能源形式为电力-天然气-热能，即电/气/热能源系统。对该类系统的综合建模、机理分析、能量优化和调度管理等方面的研究，是能源互联网领域的一大热点。在能源互联网中，多能互补系统的运行优化涉及能源流与信息流的一体化发展趋势。该趋势使得多能互补系统的控制管理从垂直化管理模式向扁平化管理模式转变。就能源流而言，由于能源互联网是以电力系统为主要物理实体，接入大规模分布式可再生能源，且兼容天然气网络、交通网络等复杂网络，能源互联网一次能源侧的能源组成与用户侧的负荷需求更加灵活多样。

与智能电网不同，能源互联网中多种分布式能源、清洁能源与传统化石能源之间均呈现出对等性，并且能源互联网中一次能源侧各种能源与用户侧负荷及能量存储侧的储能设备、储热设备间也呈现出平行关系，而不是传统的垂直关系。此外，由于大规模分布式可再生能源接入，配电网不再等同于一个无穷大的电源，而是一个与能源互联网对等的供电网络或电能用户。在智能电网中，电能为单一的能源传输与利用形式。但在能源互联网中，能源的传输途径和能源消费终端均包括电能、热能等多种平行的能量传输与利用形式。

综上所述，能源互联网与智能电网的最大区别在于多能互补系统中多种能源间产能、供能、用能、储能间呈现出完全对等的关系。因此，在能源互联网的优化配置问题中，优化目标和限制条件的耦合性更强，涉及的因素更多，优化方法也更为复杂。针对能源互联网能源流呈现出的对等特征，为实现低碳化能源消费结构并降低一次能源消耗的目标，必须设计好能源互联网一次能源侧的能源调度优化模型。该模型应该优先考虑最大限度地利用可再生能源，实现环境效益的最大化。在此基础上，再考虑能源供应经济效益及社会效益的最大化，使得能源互联网中供能成本最小、多能负荷停供损失最小。这样，就可以实现分布式可再生能源的大规模利用，有效保障能源互联网的供能可靠性，支撑配电网、供热网络的安全和稳定运行。

5.2.5　信息通信关键技术

1. 智能芯片

1) 智能芯片的概念

智能芯片一般与感应系统及动力传动系统一起作用，相互弥补。智能芯片的分类有很多，按照用途的不同，分类也会不同。一般的智能芯片相当于一个单片机，负责处理收集到的感应型号，再通过电器开关驱动电动机，将指令传递给传动系统来完成初始要达到的效果[47]。

2)人工智能芯片的发展

目前，面向人工智能的处理器芯片有两种硬件优化升级的发展路径：一种是延续传统计算架构，加速硬件计算能力，主要以四种类型的芯片为代表，即GPU、DSP、FPGA、ASIC，但CPU依旧发挥着不可替代的作用；另一种是颠覆经典的冯·诺依曼计算架构，采用人脑神经元的结构来提升计算能力，以IBM TrueNorth芯片为代表。

(1)CPU及其局限性。超速处理硬件发展起来后，CPU在机器学习上进行的计算量大大减少，但是CPU并不会完全被取代，因为CPU较为灵活，且擅长于单一而有深度的运算，还可以做其他事情。Intel推出至强处理器Phi系列产品。但是即便Intel的芯片在集成度和制造工艺上具有优势，由于CPU并非针对深度学习的专业芯片，相对于专业芯片，其运行效率必然受到一定影响。

(2)GPU芯片。GPU作为最早从事并行加速计算的处理器，相比CPU速度快，比其他处理器芯片价格低，但是GPU也有一定的局限性。深度学习算法分为训练和执行两部分，GPU平台在算法训练上非常高效。但在执行部分，由于GPU只能单任务进行处理，效率较低。

(3)DSP芯片。用传统DSP架构来适配神经网络的技术思想。在国际上目前已有成熟的产品，如Synopsys公司的EV处理器、Cadence公司的Tensilica Vision P5处理器和CEVA公司的XM4处理器等。其中，EV处理器可在典型的28nm工艺技术中实现高达1GHz的运行速率。但三者都是针对图像和计算机视觉处理器IP核，应用领域有一定的局限性。

(4)FPGA芯片。相比GPU，FPGA硬件配置灵活、单位能耗比低、价格便宜。但是，FPGA使用者需具备硬件知识，要求较高。FPGA正迅速取代ASIC和应用专用标准产品(ASSP)来实现固定功能逻辑。目前的FPGA市场由Xilinx和Intel公司主导。

(5)ASIC芯片。ASIC芯片的计算能力和计算效率可以直接根据特定算法的需要进行定制，所以其可以实现体积小、功耗低、高可靠性、保密性强、计算性能高、计算效率高等优势。在其所针对的特定的应用领域，ASIC芯片的能效表现要远超CPU、GPU等通用型芯片以及半定制的FPGA。

(6)神经形态芯片。基于神经形态的芯片架构，彻底颠覆了经典的冯·诺依曼架构。IBM的研究人员将存储单元作为突触、计算单元作为神经元、传输单元作为轴突，搭建了神经芯片的原型。IBM True North采用三星28nm低功耗工艺技术，由54亿个晶体管组成的芯片构成，有4096个神经突触核心的片上网络，实时作业功耗仅为70mW。由于神经触突要求可变且有记忆功能，IBM采用与CMOS工艺兼容的相变非挥发存储器(PCM)技术，实现并加快了这一商业化进程[48]。

3) 人工智能芯片的技术特点

CPU 通用性最强，但延迟严重、散热高、效率最低。

GPU 相对其他芯片通用性稍强、速度快、效率高，但是在神经网络的执行阶段效率低。

DSP 速度快、能耗低，但是任务单一，目前成熟商品仅作为视觉处理器 IP 核使用。

FPGA 具有低能耗、高性能以及可编程等特性，相对于 CPU 与 GPU 有明显的性能与能耗优势。

ASIC 可以更有针对性地进行硬件层次的优化，从而获得更好的性能。但是，ASIC 芯片的设计和制造需要大量的资金、较长的时间周期和工程周期，而且深度学习算法还未完全稳定，若深度学习算法发生大的变化，FPGA 能很快改变架构，适应最新的变化，ASIC 类芯片一旦定制则无法再次进行写操作。另外，FPGA 结构非常规整，相比于 ASIC 芯片可以享受最新的集成电路制造工艺带来的性能和功耗优势。

当前阶段，GPU 配合 CPU 是人工智能芯片的主流。之后，随着视觉、语音、深度学习算法在 FPGA 上的不断优化，FPGA 将逐渐取代 GPU 与 CPU 成为主要芯片。从长远看，人工智能类脑神经芯片是发展的路径和方向[49]。

2. 云计算

1) 云计算的概念

云计算是一种按使用量付费的模式。这种模式提供可用的、便捷的、按需的网络访问，进入可配置的计算资源共享池(资源包括网络、服务器、存储、应用软件、服务)。这些计算资源能够被快速提供，只需投入很少的管理工作，或与服务供应商进行很少的交互(美国国家标准与技术研究院(National Institute of Standards and Technology，NIST) 定义)。

2) 云计算的特点

(1) 超大规模。“云”具有相当的规模，Google 云计算已经拥有 100 多万台服务器，Amazon、IBM、微软、Yahoo 等的“云”均拥有几十万台服务器。企业私有云一般拥有数百上千台服务器。“云”能赋予用户前所未有的计算能力。

(2) 虚拟化。云计算支持用户在任意位置使用各种终端获取应用服务。所请求的资源来自“云”，而不是固定的有形实体。应用在“云”中某处运行，但实际上用户无须了解、也不用担心应用运行的具体位置。只需要一台笔记本电脑或者一个手机，就可以通过网络服务来实现我们需要的一切，甚至包括超级计算这样的任务[50]。

(3) 高可靠性。“云”使用了数据多副本容错、计算节点同构可互换等措施来保障服务的高可靠性，使用云计算比使用本地计算机可靠。

(4) 通用性。云计算不针对特定的应用，在“云”的支撑下可以构造出千变万化的应用，同一个“云”可以同时支撑不同的应用运行。

(5) 高可扩展性。“云”的规模可以动态伸缩，满足应用和用户规模增长的需要。

(6) 按需服务。“云”是一个庞大的资源池，用户按需购买，其可以像自来水、电、煤气那样计费。

(7) 极其廉价。由于“云”的特殊容错措施可以采用极其廉价的节点来构成“云”，“云”的自动化集中式管理使大量企业无须负担日益高昂的数据中心管理成本，“云”的通用性使资源的利用率较之传统系统大幅提升，因此用户可以充分享受“云”的低成本优势，经常只要花费几百美元、几天时间就能完成以前需要数万美元、数月时间才能完成的任务。

(8) 潜在危险性。云计算服务除提供计算服务外，还必然提供存储服务。但是云计算服务当前垄断在私人机构(企业)手中，而他们仅能够提供商业信用。政府机构、商业机构(特别像银行这样持有敏感数据的商业机构)对于选择云计算服务应保持足够的警惕[51]。一旦商业用户大规模使用私人机构提供的云计算服务，无论其技术优势有多强，都不可避免地让这些私人机构以“数据(信息)”的重要性挟制整个社会。对于信息社会而言，“信息”是至关重要的。另外，云计算中的数据对于数据所有者以外的其他用户云计算用户是保密的，但是对于提供云计算的商业机构而言确实毫无秘密可言。所有这些潜在的危险，是商业机构和政府机构选择云计算服务，特别是国外机构提供的云计算服务时，不得不考虑的一个重要的前提。

云计算可以彻底改变人们未来的生活，但同时也要重视环境问题，这样才能真正为人类进步做贡献，而不是简单的技术提升。

3) 云计算的应用领域

云计算的应用领域主要包括以下三种：基础设施即服务、平台即服务和软件即服务。

基础设施即服务(infrastructure as a service，IaaS)：消费者通过 Internet 可以从完善的计算机基础设施获得服务，这类服务称为基础设施即服务。基于 Internet 的服务(如存储和数据库)是 IaaS 的一部分。

平台即服务(platform as a service，PaaS)：把服务器平台作为一种服务提供的商业模式。通过网络进行程序提供的服务称为 SaaS，而云计算时代相应的服务器平台或者开发环境作为服务进行提供就成为了 PaaS。

软件即服务(software as a service，SaaS)：随着互联网技术的发展和应用软件的成熟，在 21 世纪开始兴起的一种完全创新的软件应用模式。它与按需软件(on-demand software)、应用服务提供商(application service provider，ASP)、托管软件

(hosted software)具有相似的含义。SaaS 是一种通过 Internet 提供软件的模式，厂商将应用软件统一部署在自己的服务器上，客户可以根据自己的实际需求，通过互联网向厂商定购所需的应用软件服务，按定购的服务多少和时间长短向厂商支付费用，并通过互联网获得厂商提供的服务[52]。

4) 智能电网中的云计算

结合电网公司网络业务特点和云计算技术按需所取、弹性部署的优势，研究云计算技术在电网数据中心、资源池化、平台研发、业务系统中的应用，提升电网信息通信能力，可助力坚强智能电网建设。

电网公司引入云计算技术，通过建设云计算数据中心，开展资源虚拟化，构建具体业务应用服务体系，可实现云计算技术与电网公司从基础设施到平台、再到应用的全面结合。这样，将为电力行业提供集中统一、按需服务、弹性扩展、安全可靠的云计算服务模式，进而提升电力行业的资源应用效率、信息处理能力、集约化管理水平，降低系统建设运营成本，有效地支持我国的智能电网建设[53]。

3. 大数据

1) 大数据的概念

大数据是指无法在一定时间范围内用常规软件工具进行捕捉、管理和处理的数据集合，是需要新处理模式才能具有更强的决策力、洞察发现力和流程优化能力的海量、高增长率和多样化的信息资产。

2) 大数据的特点(IBM 提出)

容量：数据的大小决定所考虑的数据的价值和潜在的信息。

种类：数据类型的多样性。

速度：获得数据的速度。

可变性：妨碍了处理和有效管理数据的过程。

真实性：数据的质量。

复杂性：数据量巨大，来源多渠道。

价值：合理运用大数据，以低成本创造高价值。

3) 智能电网大数据

(1) 数据特征。

随着电力信息化的推进和智能变电站、智能电表、实时监测系统、现场移动检修系统、测控一体化系统以及一大批服务于各个专业的信息管理系统的建设和应用，数据的规模和种类快速增长，这些数据共同构成了智能电网大数据。

根据数据来源的不同，可以将智能电网大数据分为两大类：一类是内部数据；另一类是外部数据。内部数据来自用电信息采集系统(collection information system,

CIS)、营销系统、广域监测系统(wide area measurement system，WAMS)、配电管理系统、生产管理系统(production management system，PMS)、能量管理系统(EMS)、设备检测和监测系统、客户服务系统、财务管理系统等。外部数据来自电动汽车充换电管理系统、气象信息系统、GIS、公共服务部门、互联网等。这些数据分散放置在不同地方，由不同单位/部门管理，具有分散放置、分布管理的特性[54]。

这些数据之间并不完全独立，其相互关联、相互影响，存在比较复杂的关系。如气象条件和社会经济形势会影响用户的用电情况、用户用电数据影响电力市场交易情况，电力市场数据可以为相关公共服务部门决策提供依据，而电力企业的GIS 数据必须以市政规划数据作为参考。此外，这些数据结构复杂、种类繁多，除传统的结构化数据外，还包含大量的半结构化、非结构化数据，如服务系统的语音数据，检测数据中的波形数据、直升机巡检中拍摄的图像数据等。这些数据的采样频率与生命周期各不同，从微秒级到分钟级，甚至到年度级。

综合各种对大数据的数据特征描述，考虑到智能电网数据的特点，智能电网大数据的数据特征可归结为如下几点：

①数据来自分散放置分布管理的数据源，数据量大、维度多、数据种类多。

②对公司、用户和社会经济均有巨大的价值。

③数据之间存在着复杂关系需要挖掘，且大多数情况下有实时性要求。

(2)分析架构。

目前被广泛接受的大数据三层分析架构如图 5.9 所示，包含数据访问和计算、数据隐私和领域知识及大数据挖掘算法。

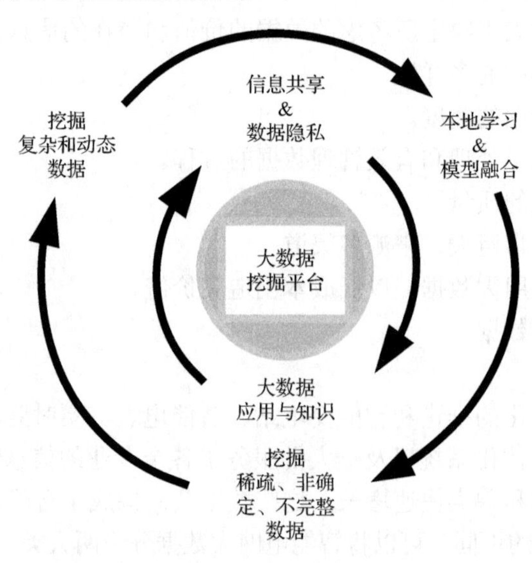

图 5.9　大数据三层分析架构

对于内层架构，即大数据挖掘平台，其核心主要集中于数据访问和计算过程，随着智能电网中数据量持续增长，数据的分布存储将成为必然，而一个高效的计算平台在计算时必须将分布式的大规模数据存储纳入考虑，将数据分析及处理任务分割成很多子任务，并通过并行的程序在大量的计算节点上执行。

在架构的外层，首先要对异构、不确定、不完备，以及多源的智能电网大数据通过数据融合技术进行预处理；其次，复杂和动态的数据在预处理之后被挖掘；之后，具有普适性的智能电网全局知识可以通过局部学习和模型融合获得；最终，模型及其参数需要根据反馈进行调整。

分析架构的中间层，对于内外两层起到重要的联系作用。智能电网大数据挖掘平台应该实现信息的共享与隐私的保护，而领域及应用知识的获取可以为数据挖掘工作提供参考。在整个过程中，信息共享不仅是每个阶段顺利进行的保证，同样是智能电网大数据处理和分析的目的所在[55]。

(3) 大数据关键技术。

大数据存储及处理平台：从大数据存储与处理之间相互关系的角度出发，主要的存储及处理模式可以分为流处理和批处理两种。流处理是直接处理，它将数据视为流，数据流本身具有大量、持续到达且速度快等特点，当新的数据到来时就立刻被处理并返回所需的结果，这种模式适用于电网中对实时性要求比较高的业务，如电源与负荷的联合调度以及设备的在线监测等。批处理是先存储后处理，其核心思想在于将问题分而治之，这种处理模式适合电网规划等对于实时性要求不高，但是数据量非常庞大繁杂的业务。

由于智能电网是一个不断发展的系统工程，将来自方方面面的数据在逻辑上集中起来进行管控，无法保证其可行性、可靠性与可扩展性。而融合了分布式文件系统、分布式数据处理系统、分布式数据库等的云计算技术，可以作为大数据存储和处理的基础平台与技术支撑，为大数据在智能电网中的应用服务。

大数据的数据解析，包含数据分析与解读两个方面。大数据分析是研究巨量的多种类型的数据，以发现其中隐藏的模式、未知的相互关系及其他有用信息的过程。为使分析结果被理解和应用，有必要进行大数据解读。大数据解读是对大数据本身及其分析过程进行深层次剖析以及多维度展示，并将大数据分析结果还原为具体行业问题的过程。由于在解读的过程中伴随着对于数据本身的分析，大数据解读也可以看作一种特殊的大数据分析方法。

参考近年来各国的研究，结合我国某权威研究机构开展的大数据应用需求分析，智能电网大数据重点研究方向包括：为社会、政府部门和相关行业服务；为电力用户服务；支持电网自身的发展和运营。每个方向均包含若干技术领域，概括如表 5.3 所示[56]。

表 5.3 智能电网大数据重点方向及重点领域

重点方向	重点领域
服务社会、政府部门和相关行业	社会经济状况分析和预测 相关政策制定依据和效果分析 风电、光伏、储能设备技术性能分析
面向电力用户服务	需求侧管理/需求响应 用户能效分析 客户服务质量分析与优化 业扩报装等营销业务辅助分析 供电服务舆情监测预警分析 电动汽车充电设施建设部署
支持公司运营和发展	电力系统暂态稳定性分析和控制 基于电网设备在线监测数据的故障诊断与状态检修 短期/超短期负荷预测 配电网故障定位 防窃电管理 电网设备资产管理 储能技术应用 风电功率预测 城市电网规划

4. 物联网

1) 物联网的概念

物联网是指通过射频识别技术、红外感应器、全球定位系统、激光扫描器等信息传感设备，利用现代通信技术将待识别物体与互联网进行连接，从而实现对物体的识别、定位、跟踪、监控和管理。

2) 物联网技术的研究内容

物联网技术的研究内容主要包括以下八个方面：

(1) 现代通信技术。物联网技术依托现代通信技术，尤其是无线通信技术和无线智能网络。虽然现代的宽带通信技术、多媒体通信技术已经十分完善，但如何与物联网技术进行较好的结合仍需要进行深入的研究。

(2) 物联网数据采集技术。传感器技术目前相对比较成熟，但如何实现数据的进一步准确采集、图像识别等仍需要相关的研究与突破。

(3) 物联网数据处理技术。物联网技术必然会面临海量的数据，如何对这些数据进行处理与挖掘仍是一个十分棘手的问题。目前，信息处理技术已经得到十分迅速的发展，相信这一问题也将在一定的时间里得到较好的解决。

(4) 物联网智能终端技术。智能终端的研究关系到物联网的感知延伸层能否得以实现。现有的智能终端比较广泛，主要有智能手机、智能 PDA 等，将现有的智能终端应用到物联网中使物联网技术进一步获取广泛使用的价值，但这种技术需要智能终端技术有更完善和更优越的性能，因此，智能终端技术仍是物联网技术相关的一个重要研究内容。

(5) 物联网网络兼容技术。物联网技术设计待识别物体与互联网的连接，但这种连续需要网络兼容，因此这个技术也是需要注意的一个方面。

(6) 物联网信息安全技术。与互联网技术相似，信息安全问题仍是十分重要的一个议题，安全和隐私问题是物联网技术面临最大的一个挑战。研究该问题包括物理安全问题、加密技术、访问安全性策略、系统安全技术及系统体系安全管理技术。

(7) 物联网应用技术开发。物联网的发展并非纯理论的实现，实际的应用价值是推动物联网发展的必要途径，与物联网相关的应用技术都应该得到充分的考虑与探索，这也是物联网技术非常重要的价值体现。

(8) 物联网标准化技术。大量实践表明，标准化是推动技术发展的重要途径。目前，物联网技术在全国尚没有形成统一的技术标准，这也会制约物联网技术的快速和稳定发展，尽快制定物联网相关领域的技术标准已经成为物联网技术发展的首要问题，这些技术主要包括现代通信技术、物联网的数据处理技术、物联网的数据采集技术、物联网的智能终端技术、物联网的网络兼容技术、物联网的信息安全技术等。

3) 物联网技术的主要应用

(1) 智能绿色城市。智能城市概念包括建设服务城市，实现合理的城市规划、完善的城市管理，使城市服务更加便利，使城市资源、环境和经济社会实现可持续发展。另外，通过物联网技术实现城市的实时监控，更好地实现城市安全和统一管理。

(2) 城市智能交通。城市交通拥堵已经是十分常见的现象，如何解决这个问题，政府和公众都十分关心。智能交通系统包括公交无线监控、智能调度、智能化公交站点、智能化城市地图，同时，媒体与监控中心数据交互，可实现多媒体数据的分析与发布。

(3) 智能家庭护理。通过简易的家庭医疗传感设备，可以对家中患者或老人的生理指标进行测试，并将数据发布到相关医疗中心或者家属智能终端。根据客户需求，还可以远程专家咨询和提供健康服务，为现代家庭养老问题提供便利，构建和谐社会。

(4) 智能家居。智能化的家居给生活带来更高品质，它利用物联网技术，将家庭设备，如照明系统、家居电器等通过网络联网设备实现自动化，通过网络来实现对家庭设备的远程控制，提供家居便利。智能家居还可以实现家庭的实时监控，给家庭安全也带来保障。

(5) 智能农业生产。农业生产在近些年已经较传统农业有了很大的改变。现代农业通过调整温室温度、检测土壤湿度、CO_2 的浓度、光照情况、环境温度湿度等参数，极大地改善了农作物的收成并减少农作物产出周期。物联网技术可以随时对这些参数进行自动化的检测并且把检测数据进行实时传送，为科学管理农业生产提供便捷的技术手段。

4) 智能电网与物联网的融合

物联网与智能电网的相互渗透和深度融合是信息通信技术发展到一定阶段的必然结果，它能有效整合电力基础设施资源和通信基础设施资源，提高电力信息化水平，改善现有电力基础设施的利用效率[57]。智能电网和物联网的深度融合发展，不仅能够加强电厂、电网以及用户间的互联互动，提高电网信息化、自动化、互动化水平，也将能够使生活更智能、更节能，极大地提升生活品质。但在智能电网和物联网的融合过程中，应该注意以下几方面的问题。

(1) 规划层面。需要注重系统的协调发展。例如，在智能电网规划中需要注意预留物联网采集、通信、传输、线路等各类物理资源或接口，在应用方面需要注意相似业务的融合。

(2) 设计层面。需要注重协议与体系的兼容。虽然在传输层面两者容易通过 TCP/IP 协议进行数据包的结合，但在接入层面的标准、协议则过于分散。如何将传感技术、射频识别技术、配网自动化技术、低压集抄与负控技术、MZM 技术等各类技术协议统一结合，是一个值得研究的艰巨课题。

(3) 实施层面。需要注重业务优势的互补与共享。例如，物联网通信信道与智能电网的功率、电能量采集、控制技术结合，物联网的信息交互处理共享优势与智能电网的辅助决策系统、人工智能系统结合，物联网的“全面感知”与智能电网的电能控制、需求侧管理结合等。每个物品在物联网中被寻址，就需要一个地址，物联网需要更多的 IP 地址，IPv4 资源即将耗尽，需要 IPv6 来支撑。同时，由于物联网的终端除具有本身功能外还拥有传感器和网络接入等功能，信息采集频繁，其数据安全问题也必须重点考虑。

5.3 能源互联网商业模式

5.3.1 能源互联网相关环境因素分析

1. 与能源互联网相关的关键要素

《第三次工业革命：新经济模式如何改变世界》中提出，历次工业革命都发生在新通信技术与新能源系统相结合的时期，并指出第三次工业革命“即将发生”。其中，第一次工业革命是煤炭、蒸汽和印刷术的结合和驱动；第二次工业革命是石油、电力和通信技术的结合和驱动；而即将到来的第三次工业革命，则是新能源技术和新通信网络技术的有机结合与驱动[5]。

由此可见，能源互联网是以信息系统与能源生产、传输、存储、消费(源-网-

荷-储）以及能源市场深度融合的新业态，至少涉及信息、物理及市场三个维度。如何让信息流、能量流和价值流这三个维度，即信息系统与能源系统有机融合与深度创新，是探究能源互联网新型商业模式不可缺少的过程。图 5.10 给出了能源系统与信息系统的融合过程。

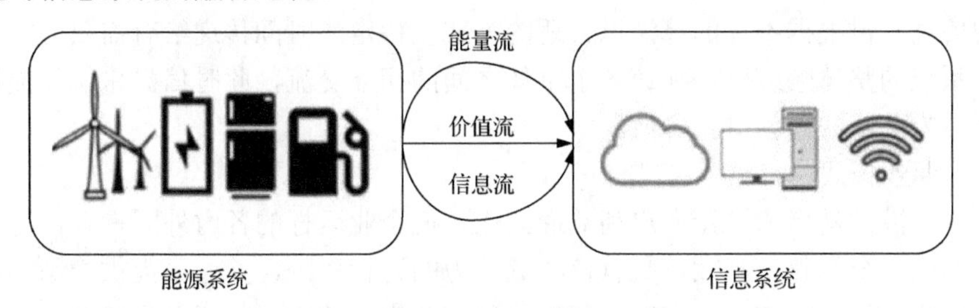

图 5.10　能源系统和信息系统融合过程

1）能源系统

能源系统是指能源从开发、运输、加工、转化、分配到最终使用的一系列环节组成的生产消费系统。能源系统作为国民经济的一个重要子系统，与社会经济运行、自然环境、科技水平等有着极为密切的联系。它既是国民经济系统运行的产物，又是国民经济系统发展的动力，以满足经济社会发展的需要为目标。

未来的能源系统要求具有扁平化结构和智能化功能的能量网络，来整合分布式、间歇式、多样化的能量供应和需求，实现可再生能源的高效利用，满足日益增长的能源需求，减少能源利用过程中对环境造成的破坏。其目标是，调动各能源单元的主观能动性，形成类似信息互联网、可以自我服务和自我更新的生态环境。

2）信息系统

信息系统是指一切由计算机硬件、网络和通信设备、计算机软件、信息资源、信息用户和特定规则组成的互联互通系统。其中，包括微电子技术、信息物理系统技术、信息通信技术、云计算、大数据等一系列关键应用。

信息系统承担全部信息的感知、采集、传输、处理、存储及监控一体化等基础功能，包括整个能源系统的存在和活动、静态和动态的信息，也是能源互联网智能化的关键所在。它利用感知层、通信层、数据层和决策层的相互耦合作用，为数据获取、经营生产和业务保障等三个环节提供支持。将获取的供能、用能等数据与政策、价格等数据有机结合起来，形成超级数据库，采用数据挖掘、预测分析等方法可开展商业拓展。

3）信息系统与能源系统的融合

信息系统与能源系统的交互融合大致分为三个阶段[58]。第一个阶段为信息化、数字化阶段，此时，信息通信为能源电力行业提供服务，带来快捷、准确、方便等好处。第二个阶段为智能化阶段，也就是智能电网阶段。在该阶段，信息通信成为能源电力基础中不可或缺的组成部分，即以信息流与能量流相结合为特征。第三个阶段为能源互联网阶段，即信息、能源、价值合为一体，信息系统除了履行基本的信息采集和传递之外，在能源互联网技术框架下还会对从互联共享平台获得的电力、天然气、智能交通、气象等不同类型数据进行分析处理，提炼有价值的信息，再根据不同的算法以合适的方式在特定的时间传递给有需要的客户，提升系统的整体响应度，加速各个主体之间的相互交流，此时信息系统与能源系统合二为一，共同创造新价值。

4）商业模式

商业模式是指为了让客户利益最大化，把企业运行的各内外因素有机协调起来，形成一个完整、高效、具有核心竞争力的运行系统，并通过提供产品和服务实现持续盈利的完整解决方案。任何一种商业模式的实现都要受到政策、机制、技术、投资机会等各方面的因素影响，也将得益于新政策、新机制、新技术的变化。通过深度梳理分析，找出能源系统与信息系统的相关政策、机制、技术等关键因素，可为能源互联网商业模式的分析拓展打下基础。

2. 能源系统相关环境因素分析

1）政策因素

开放、自由、充分竞争的特点将激发市场中各商业主体的积极性，实现更大的价值创造与市场的高效运行。我国在电力、油气等各种能源体制方面的改革已经拉开序幕，市场中将会涌现出更多主体，原有的能源市场将增添更大活力，成为能源互联网中的最大原动力。

2015 年 3 月，国家在有关体改文件中提出了有序推进电价改革、理顺电价形成机制；推进电力交易体制改革；推进交易机构相对独立，规范运行；开放电网公平接入，建立分布式电源发展新机制；进一步强化政府监管、电力统筹规划、电力安全高效运行和可靠供应。可以看出，搁置已久的能源改革将全面破局，石油、天然气等领域竞争性环节价格竞相放开，电网体制也纳入改革范围，为能源互联网建设提供了政策支持和方向引导，为其建设创造了好的环境和平台。

2016 年，国家有关部门联合发布《关于推进“互联网＋”智慧能源发展的指导意见》，体现了政府对能源互联网产业发展的期待和信心，同时又为产业发展路径提供了顶层设计和指导方针。其中明确提出，2016～2018 年，将着力推进能源互联网试点示范工作：建成一批不同类型、不同规模的试点示范项目；攻克一批重大关键技术与核心装备，促使能源互联网技术达到国际先进水平；初步建立能源互联网市场机制和市场体系；初步建成能源互联网技术标准体系，形成重点技术规范和标准；催生能源金融、第三方综合能源服务等新兴业态；培育一批有竞争力的新兴市场主体；探索可持续、可推广的发展模式；积累重要的改革试点经验。

总体而言，我国目前的能源互联网建设仍处于初级阶段，还有很多问题需要解决。一方面，以往的电、热、气等各种形式能源系统在规划、运行等各方面几乎是保持独立的，缺乏多种形式能源的协同管理，从而无法实现各种能源协同效益的最大化。另一方面，能源的生产、传输、存储、消费四个维度间存在一定程度的壁垒，缺乏能源生产和消费的自由转换。因此，想要在横向及纵向链条做出突破，需要从构建市场机制、制定法律法规、着力科技创新、保障人才组织等方面入手，保障能源互联网的快速发展，从而促进能源体制的改革。

2) 机制因素

能源互联网的发展与能源体制改革进程关系密切，能源互联网的开展需要在当前的机制上做出改变，将多种能源形式、参与主体纳入能源互联网中。在充分竞争的能源市场中，各商业主体需要自觉地提高自身竞争力。例如，能源生产商需要更高效更低成本的生产优质能源，能源传输商需要理性评估成本，使其规划方案性价比最优；能源零售商需要以用户为中心提供个性化的用能服务等。

我国在推进能源互联网建设过程中，主要采用的是试点加推广的模式，即先在一个相对集中的园区或地市(地区或城市)进行能源互联网工程试点，并逐渐丰富、增强各点之间的连接，进而形成更大规模的能源互联网络。随着市场规模的扩大和市场机制的成熟，未来能源互联网商业运营模式的总体发展将趋于扁平化和分散化。然而，在试点阶段，能源互联网的商业模式选择需要兼顾区域发展和整体发展的平衡协调，也需要考虑区域内部机制的灵活性与示范效益，综合考量试点的建设过程和参与主体。小规模的试点项目，在建设初期宜采用相对集中的“渐进式自适应能效激励分摊机制”商业模式，并同期打造能源互联网领域的商业信用机制。在市场环境和技术相对成熟后可考虑逐步引入多元化、分散化新型商业模式，为更多市场主体开放能源互联网接口提供平台。

3) 技术因素

能源互联网的构建，需要以能源生产、转化、传输、存储、接入等关键技术方面的突破作为支撑。其中，包括新能源发电技术、大容量远距离输电技术、先进电力电子技术、先进储能技术等[59]。

在能源生产方面，新能源发电技术包括各种高效发电技术、运行控制技术。例如，规模光伏发电和太阳能集热发电技术、变速恒频风力发电技术、微型燃气轮机分布式电源技术、燃料电池功率调节技术、谐波抑制技术、高精度新能源发电预测技术、新能源继电保护技术等，这些技术未来的突破，有助于实现能源互联网的低碳化和清洁化。

在能源转化方面，电转氢、冷热电联产机组等将实现能源的自由高效转化，以提高能源系统的灵活性。

在能源传输方面，大容量远距离输电是我国及世界能源革命的基础。另外，无线充电技术、海底电缆技术等快速发展，将实现能源传输的便捷性。

在能源储存方面，先进储能技术包括压缩空气储能、飞轮储能、电池储能、超导磁储能、超级电容器储能、冰蓄冷热、氢存储、P2G 等技术及新型节能材料将实现各种能源形式的成本高效储存，打破电力生产的实时平衡约束。

在能源接入方面，利用多端直流技术、先进电力电子技术等将实现发电和用电设备的自由接入与即插即用。

3. 信息系统相关环境因素分析

1)政策因素

能源互联网时代，能源系统中每时每刻都将会产生、收集、存储、处理海量的数据，大数据将会以指数级爆发增长。现在，人们已开始重视数据中包含的价值。通信网络的日益完善，也为大数据技术的应用提供了基础。未来，以数据为核心的商业模式，将会在能源互联网中扮演重要的角色，同时可以通过增值服务，来提供创新的服务。

近几年来，电力行业信息化得到了长足发展。我国电力行业的信息化起源于 20 世纪 60 年代，从开始的电力生产自动化到 80 年代以财务电算化为代表的管理信息化建设，再到近年的大规模企业信息化建设，特别是伴随着下一代智能化电网的全面建设，以物联网和云计算为代表的新一代信息技术在电力行业中的广泛应用，电力数据资源开始急剧增长并初具规模[60]。例如，某企业用电信息采集系统中，智能电表的数量在 2015 年就已达到了 3 亿块，用电信息采集数据达到了拍字节(PB)级别。如此高数量级别的数据，将对现今电网的数据存储和管理提出严峻的挑战。

为此，尽管这几年总体经济增速放缓，但能源行业大型央企的 IT 支出却少受影响。“十二五”期间，在智能电网的推动下，一些大型国有企业都在进行大规模的信息化投资。发电侧的多家发电集团，也在重构其信息系统，以建立新的管理与运营模式，在 IT 方面的投入也将迅猛增长。

可以说，我国电力行业正处于信息化时代的关键转折点。当前的电力建设也以信息化作为支撑，投资规模逐步扩大，电力系统承载的信息和数据量将越来越庞大。随着国家智能电网与特高压工程的进一步推进，国家级电网运营系统势必会产生更多的数据。这些数据中心的建立，将为我国电力安全与电力信息化的发展奠定良好的基础。

但仍需指出，目前的电网企业，已经从原来的数据类型较为单一、增长较为缓慢的情况，过渡到复杂及异构数据源广泛存在的时代。如何从海量的数据中识别出可用数据，评估其潜在的价值及信息安全，是迫在眉睫并需要解决的关键技术问题。

2)机制因素

在 21 世纪的网络时代，新基础设施的重要特征必然离不开信息化和网络化两个信息时代的基本要素。信息技术凭借其扁平化、网络化、智能化的特点，将全球范围内分散的、小规模的、间歇性的、多样式的信息整合起来，奠定了现代信息社会的基础，也使得互联网行业创造了其他行业无法比拟的价值。

在能源领域，在消耗日益增加的环境下，现有架构的局限和矛盾的突显、分布式能源和可再生能源的兴起，导致能源变革势在必行。根据当前能源发展的现状，简单地增加能源供给、提高能源利用效率已不能解决能源问题和环境问题。因此，需要建立一个全新的能源体制机制，实现不同能源之间的有效协同和高效调度。

信息通信技术可以为该体系中能源的调度和使用提供支撑。通过能量和信息的双向流动，以信息流支撑能源调度，实现能量流和信息流的深度耦合，最大限度地利用可再生能源，保证能源的供需平衡。

3)技术因素

相比而言，信息和通信技术在能源互联网中的应用有着更鲜明的特色和创新性。在传统电力系统中，往往信息系统构成相对简单，数据体量也较小，一般以集中控制为主，灵活互动性不高。能源互联网基础设施只是提供了基本的物质条件，而要使整个能源网络高效运行、良性互动，更主要的还是依赖先进信息技术的支持。这些先进的信息技术，包括智能感知技术、云计算技术、大数据分析技术等，使得能源互联网可以以先进的信息系统为中枢，结合电力电子技术基础，以分布式新能源为主题实现电力系统与天然气供热管网等系统相耦合，构建能量、信息对等互联的双向互动网络，以满足不同种类能源需求，使多能高效利用和新能源高度兼容。能源互联网开放平台是利用云计算和大数据分析技术构建的开放式管理和服务软件中心，通过其可实现能源互联网的数据采集、管理、分析及互动服务功能。

智能感知技术包括数据感知、采集、传输、处理、服务等技术。智能传感器获取能源互联网中的各类运行状态参数，传感器数据经过处理、聚集、分析并提供改进的控制策略。例如，利用基于 IPv6 的开放式多服务体系，实现用户与电网之间的互动及各种智能设备的即插即用。

云计算是一种能够通过网络随时随地、按需方式、便捷地获取计算资源，并提高其可用性的模式，能够实现随时、随地、随身地高性能计算。能源互联网将支持企业对企业(business to business，B2B)模式、企业对客户(business to consumer，B2C)模式、客户对客户(customer to consumer，C2C)模式等，利用互联网强大的互联互通能力，支持发电商、网络运营商、用户、批发或零售型售电公司等多种市场主体在任何时间、任何地点完成交易。

能源互联网中管网安全监控、经济运行、能源交易和用户电能计量等数据较传统智能电能表的数据量要大得多，海量数据的分析处理与大数据技术的特性相契合。大数据技术的关键过程，包括数据的采集、预处理、存储和管理、分析、展现和应用。

5.3.2 商业模式中的互联网思维

1. 互联网思维的内涵

互联网思维的内涵，不是指对任意业态简单的数字化、网络化，而是参照互联网业态对其他业态的转变、改造乃至颠覆，是在互联网、大数据、云计算等科技不断发展的背景下，对这个产业的市场、用户、产品、价值链乃至对整个商业生态进行重新审视、探索、开发的一个过程。

工业社会的构成单元是有形的物质，而构成互联网世界的基本介质则是无形的信息。物理世界需要以某种固定的结构互联，而互联网结构没有固定的层级结构，更没有中心节点。在互联网世界中，虽然不同的点有不同的权重，但没有一个点是绝对的权威。所以作为一个概念或符号，“互联网思维”的内在精神是开放包容，“互联网思维”的基本原则是主体对等，互联网的发展路径是去中心化。

(1) 互联网思维与开放包容。未来的社会将是一个网状的社会，一个产业的价值是由连接点的广度与厚度决定的。作为信息社会的基本特征，连接即价值，连接越宽泛价值越大，即信息含量决定主体的价值。因此，开放是一种态度，也是一种手段，是主体在产业中的生存途径。

(2) 互联网思维与主体对等。互联网时代里信息的流动造成了主体边界的液态化，似有还无，若隐若现。每个主体扮演着双重角色，既是资源，也是资产；既是供应商，也是用户。主体之间的规则由这个网络内部自定义生成，无须体系外的主体去定义。

(3) 互联网思维与去中心化。去中心化，是指所有的节点在生态圈中都是普通节点，也都是潜在的中心节点，没有上下、高低、左右、前后、轻重之分。当众多节点一起连接到某一个节点时，这个节点就成为节点簇，也是一个临时中心；当众多节点断开与这个节点的连接时，这个节点又成为普通节点。因此，去中心化不是不要中心，而是中心离开了节点就无法存在，而不是节点离开了中心无法存在。去中心化不仅体现在节点层面，也同样体现在整个业态层面。

2. 互联网视角下的能源供给

作为支撑人类文明发展的一种基础元素——能源，相对于“传统”互联网产业，在灵活性、开放性、可扩展性等方面具备特有的天然属性。同时，从互联网的视角去观察，能源供给这个业态具备形成信息互联互通、能量流与信息流双向交互等特征的潜力。转变能源结构、提高能源效率、创新能源消费等都是能源领域改革面临的巨大挑战，也都是用互联网思维探索形成能源供给新业态的动力。

互联网视角下的能源供给，应以互联网思维与理念构建信息能源互融互通的“广域网”；以开放的信息能源一体化架构，最大限度地适应充分优化的能源生产结构；通过信息与互联网技术、能源的高效梯级利用及多时空智能化调度控制，实现上下互通的能量对等分享。

在互联网视角下，希望构造一个新的能源体系，使得能源能像信息互联网中的信息一样，任何合法主体都能够自由接入与分享，用一张具有扁平化结构与智能化供能的能量网络构建能量的供应与需求，满足新的能源需求，同时实现人类社会在低碳减排方面设定的长远目标。

以区域能源系统为例，相较于传统的区域集中供热、能源站余电上网等业务模式，在互联网思维的新视角下可以构想，通过信息能量深度耦合以及多能源系统的广泛集成，实现电能、冷、热能的高效生产、灵活控制以及智能利用，促进可再生能源的大幅接入，实现开放、灵活互动的电能交易形式；深入挖掘用户需求响应潜力，最终整体提高终端能源的使用效率，降低能源生产成本，减少全社会碳排放量。作为互联网思维视角下的运营主体，通过灵活控制区内能量生产环节、降低传输环节能耗、增强能源供应可靠性，利用价格信号充分协调，不同时间、空间以及能源形式的使用，大幅度提高终端能源生产与利用效率，从而创造额外的商业价值。作为互联网思维视角下的客户主体，通过合理安排能源利用，降低能源使用费用，进而降低生产成本。作为互联网思维视角下的投资主体，通过投资能源互联网中新能源发电、冷热电三联供、先进信息以及控制技术，降低综合能源系统的运营成本，实现充分的投资回报。

在社会影响方面，互联网视角下的能源供给，将推动能源供给体系的变革，推动能源技术革命，促进电力体制改革，支撑社会生产模式转型，创新商业模式、创造就业机会，促进产业升级、形成新增长点。

3. 基于互联网思维的潜在商业模式创新

1）概述

能源业态的商业模式具有天然的“垄断”趋向，这是它区别于其他业态的一大特征。但与此同时，在能源发展过程中逐渐形成的自然垄断开始起到反制效应，能源的供给侧改革成为迫切需求。由于互联网本身具有的扁平化属性，人们在不断深入地探求新的商业模式，推进利用互联网技术改造传统能源行业，促进能源的供给侧改革。

互联网思维下，对能源业态新商业模式进行探索的核心思想，是如何将互联网经济和共享经济的本质融合进能源供给的各个环节。商业模式创新的基本原则是“人人生产能源，人人使用能源”，用互联网的方式将能源调配到最需要最合理的地方，实现真正的高效与低成本。

基于上述核心思想与创新原则，可以探索商业模式创新的依托路径。

首先，能源互联网语境下的能源供给，应充分融合互联网技术，如数据的获取、传输与分析，强调信息流与能源流的融合。互联网上流动的是数据流，接入的是无数信息发送和接收的终端；而能源互联网上流动的是能量流，接入的是无数电力生产和消费的终端。数据流与能量流具有不同的物理特性，又具有相同的“流通”特性，互联网技术与思维对能源业态的提升核心就在于使能量流摆脱物理边界条件的束缚，实现能量在物理维度之外的流通。

其次，是能源供给与消费各个环节中实现主体的对等和去中心化，在思维模式、行为模式、业务模式多层面产生根本性的转变。在能源互联网上，能源将可以自由地生产、消费、互换、交易；能源的生产和消费的效率将得以提升；新的能源交易的自由市场、能源资产交易的自由市场都将得以建立；各种对能源进行管理、控制、交易的应用将陆续出现，形成能源互联网的庞大市场。

2) 创新中的机遇与挑战

(1) 传统能源与可再生能源的辩证关系。

能源互联网的发展目前仍处于起步和探索阶段。在未来探索商业模式的过程中，应充分遵循互联网思维的内涵，使商业模式的开发为能源发展服务，极力避免由商业利益的争夺造成新的能源结构的扭曲与能源主体间关系的失衡。

正如杰里米·里夫金所提倡的那样，能源互联网的概念与基本特征应当包括：可再生能源作为主要一次能源，可大规模接入分布式发电系统与分布式储能系统；基于互联网技术实现广域能源共享；支持交通系统向电气化方向转变等。这一概念强调了未来能源构成要素的广泛性、平等性、协同性，电能不是唯一一种能源传输和利用的介质，其目的是要实现能源的优化配置，实现能源低成本消费。能源互联网的新商业模式应遵循这一初衷，合理对待能源构成中的众多必要因素，既包含太阳能、风能、核能、海洋能等，也蕴含煤炭、石油等传统的化石能源，能源构成要素间的竞争关系应当是对等的。例如，所承担社会责任和环境压力应当是一致的，能源构成要素间是协同的。其中，能源的低成本消费在重视经济效益的基础上，还包含对社会效益和环境效益的追求，以达到最优综合效益。换言之，商业模式的拓展应着眼于煤炭、电力、石油、天然气、新能源、可再生能源等全面的能源供应体系，达到在确保能源安全性的同时，促进经济增长；通过能源互联网技术与手段，在能源供需格局新变化、国际能源发展新趋势下，发展和推广新的商业模式。

(2)能源与信息的辩证关系。

能源与信息无疑是能源互联网的两大关键要素。如何处理好这两大要素间的辩证关系，避免简单的相互叠加，而是形成相互交叉的两个周线，在更高的维度去观察发掘，这是互联网思维下能源商业模式创新的关键课题。

首先，能源输送是能源互联网的重点。从目前的能源结构以及未来能源可预期的发展来看，能源互联网包括电力系统、天然气网络以及交通网络等，如电力系统与交通网络之间通过充电桩等充电设备实现与电动汽车的能源输送，天然气通过燃气轮机组实现向电力系统的靠拢，从而完成能源输送。在未来技术条件下，还可能出现电力系统与天然气系统的双向能量流动，甚至供热系统也会构成一个网络成为能源互联网的一部分，从而完成电力系统与供热系统之家的能源在“能量”形式上的输送功能。同时，对于整个能源产业链，打破能源在生产、运输、存储、经营以及消费等过程中的体制与技术壁垒，实现能源从生产到消费的自由流动。电动汽车、充电桩领域的发展是由能量要素催生新商业模式的一个典型案例。在整个能源互联网框架下，电动汽车不单是能源形式的变换、技术的突破，而且触动了交通生态圈思维观念的转变。

其次，包含了能够体现能源信息并实现能源交易的信息网络是改造能源业态的关键。这里所讲的能源信息流，主要包括一次能源本身的固有信息构成的信息流。这些信息可以构成能源通过互联网实现快捷交易的要素，如煤炭、石油等实现网上交易；一次能源转变为二次能源过程中在节能、环保等方面形成的信息，构成了重要的能源利用过程中的大数据；二次能源在输送、被使用过程中所形成的信息流，如电力交易、电力损耗等；由前三者所衍生出来的安全防护、隐私保密需求等信息流。能源信息是能源互联网的重要构成要素，在信息交互的主导下，能源大数据理念将会使电力、石油、天然气等能源领域数据应用得到充分发展：第一，未来能源大数据有利于能源配置单位、科研院所、高校等建立能源研究的综合数据平台，从而实现能源供给、消费的平衡和优化；第二，以信息交互为特点的去中心化的能源信息互联网，将更加便捷地让用户参与到节能环保行动当中，也有利于政府实现节能环保效能的追踪与管理。

再次，在能源与信息这两个轴线之间，数据将成为这个多维空间中的介质，为由线及面的商业模式的形成提供物质性基础。大数据是信息化经济时代的一个特征，海量的数据也将充斥整个能源系统，而以大数据为核心的商业模式在能源互联网领域中的诞生应当以有效的数据信息为依托。能源互联网中，有效的数据信息，是指能源要素在生产、流通、消费等闭环中形成的各种数据，在经过数据挖掘、筛选后所提炼的包括能源生产信息以及用户的消费习惯、生活方式等在内的商业信息，能够构成重要的生产要素的数据信息。有效的能源数据所催生的信息增值服务，其商业主体不仅包括传统的能源企业、电力企业、可再生能源企业等，还包括互联网企业在内的跨界的商业主体，它们都将有机会参与到能源互联网未来的商业竞争格局中，甚至以数据研究分析为主要业务形态的企业也将从能源互联网未来的有效数据信息中受益。有效的数据信息的使用，不仅可以实现能源配置的优化，而且有利于用户更好改善利用能源的方式，使能源在使用过程中趋向低成本，实现包括社会效益、环境效益在内的高效益。

(3)创新与政策支撑的辩证关系。

能源互联网商业模式的开发应立足于能源结构，努力寻找信息在不同类型能源利用效能中的应用价值。从能源互联网属性要求出发，商业模式的发掘不仅需要依托物理层面的能源、信息要素，而且需要体制政策层面的支撑。目前，能源体制壁垒的存在，实则是政府过度干预能源市场化流通交易的结果。这种政府干预虽然在特定的历史时期能够快速发展能源，并为国民经济提供强有力的支撑，但随着市场体制的健全，依然受到体制壁垒保护的能源领域，产能过剩、垄断等特征就会对能源发展战略掣肘。能源的“互联网思维”源自互联网信息技术的商业价值的成功，向能源领域传递了一种能源在供应、消费上的民主意识、平等意识。固有的能源体制将在能源互联网时代被打破，而市场竞争环境以及商业主体也将呈现多样化。同时，政策的突破将为所有的能源体系要素创造一个自由的市场化竞争环境，打破传统能源产业之间的供需界限，促进油、气、电等一、二次能源类型的互联互通。

综上所述，商业模式的发掘应着眼于可复制和易复制，海量资源聚沙成塔，在网络环境中实现商业模式从量变到质变。

5.3.3 商业模式初探

1. 新型商业模式与实现

现代管理学之父彼得·德鲁克曾说过：“当今企业的竞争，不是产品之间的竞争，而是商业模式的竞争”。商业模式的本质就是企业以商业利益为目的，组织和管理资源(输入要素)，形成能够满足消费者需求(输出产品/服务)，并且可复制可持续的系统[61]。能源互联网的商业模式的独特之处，在于如何以互联网为平台来对各类要素进行组织和管理，调动各参与者的积极性，并通过多层次的市场来进行价值的交换和利益的补偿[62]。

传统能源企业本身已经有成熟的商业模式，但在互联网深刻改变人类生活形态的今天，能源企业不可避免地受到它的影响，并需要努力适应多变和复杂的竞争环境。如能源行业有其特殊性，购买能源不像人们日常生活中通过互联网购买普通商品一样便捷，首先要解决安全性问题，因此能源安全及高效的转移是能源互联网的基础核心。

又如，直到现在，我国大部分能源消费者无法选择自己的供应商。绝大部分的能源公共企业通过自然垄断掌控了一个地区的大部分消费者，对他们来讲，没有太大的动力来思考如何吸引及提升客户的忠诚度。但是，随着能源体制的改革和开放，以及技术的创新和产业化，未来消费者有更多的能源产品可供选择，可以选择不同的供应商、电源及资费套餐，甚至可以通过互联网加以组织，搭建自产自销、区域互济的交易平台来参与市场化的竞争，进而做出能源的清洁性、可靠性和经济性的最佳平衡选择。

在消费者从被动接受消费到主动参与市场的大转型过程中，如何通过设计新的商业模式，改变边际效益递减的老路，如何通过互联网和新的能源信息技术，激励新的主动型消费者，构建新的生产者和消费者互动关系，从而实现边际效益递增的发展模式，是所有企业都无法置身事外，在未来发展中必须要解决的问题。

为了支撑能源互联网时代丰富多样的商业模式，需要在各个环节、产业链条上实现全面的变革，构建合理而灵活的市场体系。

图 5.11 为一个能量耦合、价格耦合、增值服务“三位一体”的能源互联网创新体系架构，它可以孕育众多商业主体，创造百花齐放的商业模式。

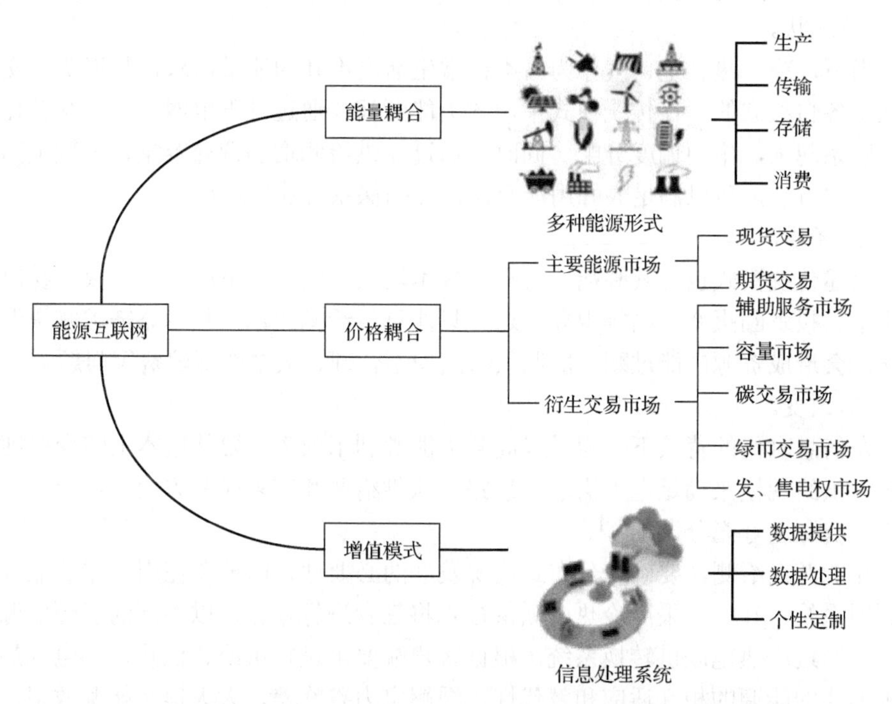

图 5.11　能量耦合、价格耦合、增值模式构成的能源互联网创新体系架构

能源生产及消费(能量耦合)：能源互联网将打破传统意义上能源供应、消费环节条块分割的状况，把电、热、冷、气等多种能源形式在生产、输送、存储、

消费等各个环节联立起来。

资产投资与交易(价格耦合)：能源互联网将还原能源商品属性，同时尽可能实现能源真实价格发现，因此需要在能量市场、碳排放市场等各种市场中建立现货交易、期货交易相互支撑和耦合的两级市场体系，还需要建立辅助服务市场、容量市场、碳交易市场、绿币交易市场、发电权市场、售电权市场等各种其他衍生交易市场。

信息增值服务(增值模式)：能源互联网将以信息为纽带，以数据为资源，以互联为手段，通过信息的增值，来提供创新性的服务。

以下将从这三个方面对能源互联网可能出现的众多商业模式及其实现方法进行归纳、抽象和分析。

2. 能源生产及消费商业模式

1)生产及消费商业模式的发展趋势

从管理经济学角度出发，分析能源生产及消费端的特点和痛点，从现状、矛盾、改变和趋势四个维度进行分析，从而提出未来可行的商业模式。

(1)现状。

当下，冷、热、电、气作为人类日常生活离不开的能量需求，其消费与交易仍然是各自独立的。在传统模式中，各类能源都要通过骨干电网作为相互转化的枢纽联系起来，集中调度分配。同时，通过在供给侧增加调峰容量、扩建电网输配容量的方法，可以满足高峰用能负荷，并确保系统稳定运行。

(2)矛盾。

上述传统模式也有其弊端，其投资成本较大，电网、电厂的资产很容易出现利用率、投资回报率不高等现象。这种只注重供给侧改革，却忽略需求侧资源的做法，会造成资源产能过剩、能源供给结构不合理、大量资源浪费等问题。

(3)改变。

在信息时代的背景下，为了提高各类能源利用效率，要从根本上转变单纯依靠扩大供给规模来满足电力需求的思路，从供给侧和需求侧两方面，结合互联网思维对资源进行充分调动[63]。

在能源供给侧，要确立分布式能源发展的必要性，即分布在用户端的能源综合利用系统。其中，采用冷热电联供技术将三者进行结合，以不同的能源资源为输入，通过冷热电联供转换系统，根据客户端要求进行供冷、供热、供电，加强各种形式的能源的相互适应和替代性，缓解电力谷峰差，大大提高能源效率，以求达到用户需求、资源配置、环境保护、经济需求等方面的最佳优化。

在用户侧，在电力体制改革、售电侧放开的大背景和信息技术日益成熟的背景下，应引入需求侧响应概念，通过削减或转移用户的部分高峰负荷，合理错峰并降低峰谷差，从而降低对新增发电容量和输配电系统扩容的需求。这样做既可以提高现有电力设备的利用效率，同时还可通过与供给侧统筹协调，节省土地、资金、人力等多种关键社会资源。因此实施需求侧响应能够帮助调整电力供给侧发展方式，调整电力供给结构，提高能源供给侧的精细化管理水平，把有限的资源投入到真正需要的地方。

目前，我国对需求侧资源的响应已经有所实践[64]。以政策性引导为基础，开展有序用电和实施谷峰分时电价。以政府为主导，电力公司为实施主体，并由负荷集成商积极参与，分析用户潜力和向用户提供设备和技术，并采取适当双向激励模式，对用户给予电价折扣、节电奖励，对集成商给予节电效益补贴和推广收益。不过，需求侧响应仍面临不小的挑战，一方面是电价激励机制因其计算的复杂性，调整难度较大；另一方面，对负荷集成商而言，缺乏补贴指定的市场化机制、标准的制定，难以做到资源优化配置。

(4)趋势。

在能源生产及消费端，应逐渐从政府包办过渡到由集成商主导，加强和客户之间的互动联系，提高用户参与的积极性。例如，利用大数据平台，对用户的用电偏好、需求做抓取，同时提供完善的软硬件基础，使得用户可以对能源的消耗进行实时监控和对不同能源产品进行价格比对，以选取最合适的消费模式。

2)未来的创新商业模式

根据上述分析，能源互联网的优势在于，能源的供应者和消费者可以根据技术的发展通过互联网进行快速、便捷、低成本的局部交易[65]，从而提出以下未来可能出现的创新商业模式。

(1)智能小区商业模式。

智能电能表的高速发展和逐步应用，揭示着用电信息的采集程度更加先进，使多方能源作为信息来源接入成为可能。随着对数据的收集和挖掘更加深入，供应商和用户之间的双向增值信息交流互动将会更加便捷和透明。通过智能电表、家庭网关、智能用电交互软件，构成了一种新型的能源互联网络系统——智能小区。

在智能小区内，用户用电数据、电价信息和系统运行状况可以精确地测量、收集、储存、分析、运用和传送，并且基于互联网，家庭住户可以通过软件同步管理数据信息，同时用户对不同能源商品的需求和峰谷电价的反馈又可以反向为供给侧提供有效的数据源支持，使得供给侧和需求侧协同合作，大大提高能源利用效率和资源配置优化。

(2)智能楼宇控制商业模式。

信息时代，传感器的大量应用也可以以硬件革新的形式对传统的需求侧响应制度进行改变。例如，对楼宇的照明、空调、电梯、供暖等用智能传感器进行监控，通过控制终端来对各个部件的能源消耗进行全景具体把控，在抓取楼宇的整体用能数据后，可结合冷、热、电等多种能源对不同时段能源消耗需求量的不同来合理优化运行及阶梯利用，以提升能源综合利用效率，降低用能成本。同时，在夏季空调用电高峰，可以批量对大楼与群进行负荷调控终端的数据整合，实现更加灵活的调峰控制。

(3)中间商交易商业模式。

未来能源也可以通过一个中间平台进行统一采集、受理，并根据相关的市场机制进行合理报价。客户则直接根据自己的所需向中间商进行能源购买，而中间商则负责协同各类能源提供商进行合作，实现供销分离；亦可存在多个中间平台进行良性竞争，促进能源价格的弹性化和用户的选择多样性，提高市场竞争力。

另外，在分布式能源模式的基础上，未来用户可以根据自己的用能需求，向负荷集成商索要能源供给方案，即形成一个自给自足的小型供能耗能平衡体，以便在满足自身对能源使用的需求基础的同时，将多余部分做分布式能源排布，与周边商户进行能源互补，相当于单边的需求侧响应机制，由用户之间互相交流，取长补短。

(4)灵活储能商业模式。

随着储能技术及设备的发展，也会带来新的商业模式。因储能灵活可以为系统带来更大的灵活性，可以先行制定一个储能标准和供能标准以规范能源服务市场。通过供能与服务业相结合，根据用户特点为其打造合适的消费模式，让用户可以通过不同的储能模式自由搭配，构建适合自己的消费模式，定制能源服务。这种商业模式尤其适合中小型用户，可以减少不必要的能源浪费，提高效率。

3. 资产投资与交易商业模式

1)能源投资商业模式

能源互联网时代，强调要以用户为中心创造价值，在通过促进用户自身对节能环保的意识提升的同时，还可以通过结合能源设备建设投资和互联网融资租赁业务，提高资产利用效率。相比于传统能源行业，新能源企业通过以政府主导性支持并提供公共风险资本和政府金融、政策支持，寻求资金源两种方式进行融资，往往融资需求量大，投入期限长，而且基于可再生能源的特殊性，信贷资金支持度不高，企业债券融资困难，企业上市门槛高。

然而，通过能源互联网平台，在发掘能源大数据中隐藏的价值之下，以数据分析为基础，促进新能源企业通过在股东出资、银行贷款、发行债券等融资途径的基础上，更多发展融资租赁、风险投资、私募股权投资、碳交易等新型融资方式，创造和互联网相结合的新型商业模式。

(1) 电池云商业模式。

利用能源互联网后台分析出能源提供商生产过剩、冗余的能源资源，利用标准化技术将这部分能源以新型电池的形式封装储存，再通过能源智慧网络形成可租赁形式的交易平台，让运营商搭建一个储能电池的信息发布和交易匹配平台，并提供物流传输渠道。这样，用户通过平台发布自身用能状态和对储能电池的需求程度，也可了解他方供能的需要，在平台上实现双向交互，供需匹配，盘活储能电池市场，提高电池利用效率和减少多余能源浪费，为租赁双方创造价值。

(2) P2P 理财融资模式。

通过能源商品和互联网融资业务相结合，如某理财融资商业模式，投资者通过该平台购买基于新能源设备的理财产品，如待建太阳能发电项目的光伏电板，然后从平台获取稳定的租金收益，还有一份额外收益激励对节能减排的积极性；另外，该平台则依照投资商的委托向分布式能源设备生产商提供部件租赁服务，以便让承建商用先进的技术设备进行铺设，然后其产能的部分费率收入则返还给平台作为管理费用。通过该互联平台，为投资者和企业搭建一个高效、直接的融资租赁桥梁，创造轻松、自由的融资租赁环境，做成互联网金融、委托融资租赁、新能源生产设备三者相结合的新一代融资租赁产品。

2) 能源交易商业模式

市场交易的革新是能源互联网构建创新、稳健、开放、平等的商业生态系统的不可缺少的组成部分。通过多方位市场机制的建立和多元化商业模式的创建，促进各能源形式的广泛参与和公平竞争，形成一个多元化的交易模式。

基于电能在传输效率、传输方式上明显优势，热能的传输也非常成熟，能源互联网未来的能源开发利用模式将以电能为中心，能源终端、热能为辅助能源终端。因此，能源互联网下的交易模式也主要围绕着以电为主导载体的冷、热、电传统能源交易市场，并衍生出其他以新能源为载体，以互联网信息技术为背景的多服务、可配置、个性化的辅助交易场所。

下面针对未来智能互联结合能源一体化的商业模式进行探讨。

(1) 区块链技术与虚拟电厂商业模式。

区块链是近年来出现的一种新概念和新技术，其发展可以归纳为四个阶段：区块链 1.0 时代，分布式数据布置架构阶段；区块链 2.0 时代，出现类似于 SaaS、PaaS、IaaS 等高级应用，普通消费者只需使用基于区块链的 BaaS 解决问题，开发人员只需调用各种区块链平台及程序中间件和 API，并在区块链上进行应用开发；区块链 3.0 时代，现阶段习以为常的商业范式，将会被“分布式自组织”的新型商业模式取代，并有可能率先在诸如众筹、共享经济、电动汽车、分布式光伏、储能等领域深度应用；区块链 4.0 时代，基于区块链、IT、人工智能(artificial intelligence，AI)、能源互联网的技术集成和新一代信息物理网络将演化出新的商业经济模式。

区块链作为一种具有去中心化、透明化、合约自治化、记录可追溯性特点的分布式账本共享数据库和智能合约体系，不仅在金融、证券、交易系统等领域具有巨大的应用前景，同时也十分适合在能源互联网的交易模式上发挥作用[66]。区块链技术的核心是，保障信任的基础上革新传统互联网的格局，可以很好地促进各种形式能源、各参与主体的协同，促进信息系统和物理系统的进一步交融，实现能源交易的多元化和低成本化[67]。

区块链技术和能源互联网之间在一定程度上存在对偶性。例如，一方面，两者都体现了去中心化的思想。区块链是以分布式数据库在各个节点都保存全部信息，而能源互联网则以分布式能源和微电网构成其主要部分；另一方面，两者也都具有自我调节管理的特性，强调建立开放和公平的市场并促进衍生品的形成，同时还都具有智能化、合约化的趋势。

随着众多分布式能源并行进入大电网并进行统一调度，其容量小、供给不连续和随机性的问题可以通过虚拟电厂对多方新能源主体进行广泛聚合、集中管理，促进分布式能源消纳，实现不同发电资源的协同。

区块链可以为这种虚拟发电资源提供公平、可信、去中心、合约化的交易平台，大幅降低成本。结合区块链技术的虚拟发电交易市场具有以下特点：一是分布式信息系统与虚拟电厂的发电资源匹配，其开放性提高了平台的可接入性，便于接纳更多类型资源，平台维护工作由用户资源接手，保证了平台去中心化属性，相互间拥有等同权利义务；二是区块链的加密数据结构保障了平台的安全性和公平性，按需按量保障利益的合理分配，充分调动各方参与者的积极性；三是能源厂商和虚拟电厂会按所需利益签署智能合约，按此执行，在区块链系统上实现点对点交易的自动化，无须中央机构干预，大大降低中间成本；四是公开透明的平台确保了信息的透明化，分布式能源厂商可以按条件寻找最合适的虚拟电厂，双方相互激励，促进交易市场的竞争力。

目前，能源互联网的交易形式主要还是利用统一中心化的管理机构完成，导致任务繁重，无法体现能源快速交易特性的优势。因此，构建一种安全、快速、自动的交易模式，使得供需双方可以不通过第三方机构而进行点对点、端对端、面对面直接交易，借助区块链技术将使其成为可能。

(2)绿色电力零售商业模式。

在可再生能源发展到一定程度后，绿色电力零售是一种必然产生的商业模式。以德国为例，2017 年，在其超过 1000 家售电公司中，有超过八成的售电公司向客户提供绿色售电套餐，而同期购买清洁电力终端用户的百分比也超过 15%，在此之中更是有超过三成家庭用户选择了绿色电能资费方案。对用分布式可再生能源生产的电能进行零售的方式，通常由独立售电商或者小型新能源发电商运营，通过销售经过认证清洁售点套餐获得价差收益。

基于绿色电力证书的认证成本和交易成本，其售价普遍高于普通电价。德国有多家提供绿色电力证书的认证机构，若新型电能销售商不想通过机构购买证书，则一是自己拥有可再生能源发电系统并通过认证，二是和新能源发电商签署附带证书的长期合约协议。这两种方式都会催生相比传统发电售电的额外成本，并通过终端电价转移到消费者身上，但通过相应的需求响应激励，消费者已对这部分增幅做好准备。

因目前电能生产和销售认证无法做到统一，许多售电商趋向于购买可再生能源富余区域的清洁电力，甚至出现跨国绿色电力证书买卖这类服务。例如，德国许多绿色销售商热衷于向北欧购买清洁电力，充分利用其水力发电的高占比和低价格优势。同时，德国认证机构还推行绿色电力标签行业标准，要求绿色能源来源的更新性，即销售商要从当年新投产的新能源电站中按比例购买清洁电能，以刺激可再生能源生产端的发展。

4. 增值服务商业模式

1）增值服务商业模式的发展趋势

在传统电力系统中，信息系统的构成往往相对简单，数据体量也较小，一般以集中控制为主，灵活互动性不高。而在能源互联网中，信息系统的运作方式是以先进的信息系统为中枢，以电力电子技术为基础，以分布式新能源为主体，实现电力系统与天然气供热管网等系统相耦合，构建能量、信息对等互联的双向互动网络，以满足不同种类能源需求，达成多能高效利用和新能源高度兼容。在能源互联网技术框架下，信息系统的作用不再单一。除履行基本的信息采集和传递之外，还会对从互联共享平台获得的电力、天然气、智能交通、气象等不同类型数据进行分析处理，提炼有价值的信息，再根据不同的算法以合适的方式在特定的时间传递给有需要的客户，提升系统的整体响应度，加速各个主体之间的相互交流。

基于如此庞大的数据体量和多样性，未来可能将这部分产业交由服务公司协助处理。因此，信息增值服务应运而生。能源互联网的信息增值服务可以在能源互联网信息服务平台的基础上，借助物联网、云计算等先进的理论、方法和技术，针对不同主体对不同业务的信息需求特点，建立“全面、智能、专业、互动、安全”的信息服务体系，实现多级信息子平台间的互联互通，以及跨领域跨业务横向和纵向的数据共享，向用户提供个性化服务，开创多种多样的商业模式。

2）创新型商业模式

(1)数据增值商业模式。

围绕数据的收集、处理、提取和分析的创新服务，可以从原始数据提供商、进阶数据处理商及个性化数据定制商的三个角度，对能源互联网这一信息能源融合的智能体系在数据层面进行增值。

“毛数据”提供商业模式：对用户而言，其产生的各种用能数据(如用电电量、电器功率、用气流量等)，以及对能源交互系统而言，其产生的和系统运行状态有关的数据，都可直接被系统运营商或设备制造商纳为所用，这是原始数据提供。在互联网时代，数据可以作为一种标准化产品，按照数量、采集周期频度等，在数据平台上进行数据资源的买卖，从中产生一定运营利润。

“净数据”处理商业模式：通过对庞大数据群的挖掘分析，可以提取出有价值的信息。例如，用户对不同能源的倾向度和消费习惯，并且可以更进一步，分析客户生活方式，提供可跨界利用的商业信息，产生更为广域的商业价值。例如，可以通过构建大型数据中心和云平台的形式，将不同用户用能数据和设备运行状态集进行集中规整，获取“净数据”，大幅降低冗余性，实现信息高效管理，提供更直观、更利于分析的数据，以便给用户一个正向的可视化反馈。

个性定制商业模式：通过进一步的数据细化，和用户的基本属性如社会地位、工作性质等相关联，可以做到针对特定用户群根据其对价格的承受力、对需求响应的参与度、对能效管理的开放度等因素进行精准匹配，通过标签分类更好地勾勒市场营销的模式。基于传感网络和大数据的能源互联网全面态势感知的一个重要体现是能为用户、售电商、新能源开发商等参与商业交易的各个主体提供个性化定制服务，在提供个性化数据服务的基础上可以通过专业背景，作为客服顾问向用户提供用能建议，创造增值服务。

(2)能源管家商业模式。

创立一种集中式能源管理公司，基于各个用户的数据信息，用更为专业的数学算法模型对其用能行为进行更先进、全面的统筹规划；提供如用能预测、谷峰能源搭配、新能源最大化模型等服务；让用户可以将自己的用能情况委托给公司，让专业人士进行全程规划安排，节省用户时间成本；同时，通过算法优化节约下来的能源花销可与用户共享，增强用户对节能减排的积极性。

(3)能源“阿里巴巴”商业模式。

通过大数据构建能源快速分销体系，构建类似“阿里巴巴”能源类网络交易平台，即各能源供应商可以以“开网店”的形式自由售卖能源商品或各种能源服务，让客户根据自身需求进行多样选择。该模式在其他实体商品的交易中已日趋完善，而能源网络平台则更注重于提供各类服务让顾客选择。

3)应用案例

目前，国外的一些售电公司已经开始利用大数据平台，在开展售电业务的同时，抓取用户用电数据、该地区其他能源消化数据以及公共交通设施等用能数据，基于用户消费特性向用户提供合适的综合能源套餐。这种方式相对于在单独签订供电合同上有更大的优惠，而且通过用户对自己可视化的用电分析反馈，改善多能搭配，提升用户参与多能平台和使用新能源的积极性。另外，互联网公司也开始借助能源互联网提供的智慧网络平台发现新的商机：一种是数据通信企业，更偏向于硬件方面的开发，对他们而言能源端的信息互联开发轻车熟路，路由器、交换机、智能电表无须大幅度改动仍可沿用；而更偏向于移动互联网应用开发的公司，则侧重于抢占用户入口，奉行软件至上主义，加大对互联网平台的完善和用户个性化服务的定制。

在德国慕尼黑，有一家最大的城市综合能源服务公司，其商业模式是向该市及其周边地区家庭和工商业客户提供供电、供气服务。通过对不同能源主体的能耗、消费等数据进行分析归总，基于消费群体的差异和需求，提供种类繁多的供电套餐，如固定电价、绿色电力、云电力套餐等。此外，公司的业务不局限于电力业务，还提供供热、供水、公共交通、电动汽车租赁、免费充电桩等业务服务。通过打造各方自由接入、平等开放的平台，从而增大客户黏性，提高忠诚度，其获利方式也更加多样。

在德国，2000 年初创立的“能源大门”能源互联网公司，通过对用户端需求的不断调研，继而推出了一个基于大数据分析的能源在线交易信息查询和服务平台，而且还在移动终端上退出了相应的应用程序，让能源生产消费者、资源使用者可以方便快捷地查询到实时能源交易信息和交易量，还可以分析价格走势，让用户决定买卖时机和对各类能源消耗有一个总体的把控；此外，通过数据整合、筛选和分析，电、天然气、煤炭、石油和分布式可再生能源的相关动态和行业调研也可通过网络平台和客户端一览无余。

同时，部分售电公司也从互联网生态模式中得到启发，自行开发基于个人用户的客户端。例如，德国的一些传统售电公司基于个人用电管理、智能家居控制及电动汽车充电等方面推出一系列移动应用：通过查询账单，了解电价走势，让家庭用户更为方便快捷地了解自己的用电状况；对拥有电动汽车的客户可以搜寻就近的充电桩，通过比对价格，从容选择；对智能家居用户而言，可以远程控制家用电器，了解各方耗能信息，方便统一管理。

另外，能源型增值服务还可以在保障客户源、阻止客户流失和吸引客户加入等方面进行拓展，而这方面的强化离不开新型的客户数据库管理和用户智能分析系统的互联网端发展。例如，在德国柏林的 IQ1 公司，通过对德国 SAP 公司的云应用平台上的客户信息进行抓取，分析并预测客户更换电力公司的可能性，并预先一步和客户对接进行营销，提供与之相符的新定价，以留住主导客户。同时，也可通过平台数据处理得到那些想加入该供电公司的客户列表，通过概率大小进行排列，降低营销盲目性和营销成本。

5.3.4　碳排放权交易

如今，已经普遍认识到，传统“高碳”的社会发展模式不利于社会的可持续发展。电力作为我国重要的商品能源，在其生产和消费过程中同时也伴随着巨大的二氧化碳排放。分布式发电和微电网技术的推广和应用，为可再生能源的大规模就地开发与综合利用带来了重大机遇。与此同时，在未来新的电力市场环境下，微电网作为一种新型售电商，不仅要积极参与电力市场自身的竞争，同时也将面对全行业碳排放权交易市场的挑战。本节提供的碳排放权交易相关知识与体系，将为微电网参与全面竞争和提高效益、不断创新商业模式和运营模式提供理论和方法支撑。

1. 碳排放权交易的背景

在借鉴国际上治理环境方面尤其是大气治理方面先进的经验和方法后，经过《联合国气候变化框架公约》多次缔约方会议的商谈和妥协，碳排放权交易的三种减排机制[68,69]（联合履行、排放额交易、清洁发展机制(CDM)）被写入《京都议定书》，使二氧化碳的减排额可以在不同国家间交易。由于在世界上任何地方减少二氧化碳的排放对于全球气候的影响效果是一样的，而在不同的国家实现相同数量的减排额的成本差异较大。因此，选择 CDM，通过在减排成本较低、减排潜力较大的发展中国家来完成减排项目是比较经济的，同时也可以使发达国家在较低的成本情况下完成减排任务。

我国作为发展中国家，采用 CDM，是与发达国家实现双赢的最好方式。通过合作，我国可以获得资金和相关技术，发达国家可以在我国开展减排温室气体项目并获得项目减排的温室气体份额，如提高能效、开发清洁能源、植树造林等。

2. 碳排放权交易的市场体系与类型

1) 碳排放权交易的市场体系

(1) 欧盟碳排放权交易体系。

欧盟碳排放权交易体系(European Union emission trading system，EUETS)是世界上规模最大，并且唯一一个运行中的国家间、多行业的排放交易体系。其管理模式为总量与交易(cap and trade)模式，在每个交易阶段开始前，由欧盟委员会设定各个国家或地区温室气体的排放总量，即在排放交易机制调控范围内，所有企业在规定期间内最大的排放限值。设定排放配额总量后，欧盟委员会按照指令制定无偿分配或者拍卖细则，根据不同行业，参照企业历史排放及减排潜力，决定相应的分配方式，将排放配额分配给各个企业。每个企业在获得排放配额后，将根据情况选择减少排放量，将多余的排放配额拿到市场出售获取利润，或从市场购买不足的排放配额。

(2) 美国东北部区域温室气体行动计划。

美国东北部区域温室气体行动计划(regional greenhouse gas initiative，RGGI)

是美国第一个温室气体强制减排交易机制，也是美国区域温室气体减排机制中最为人们所熟悉的。拍卖是 RGGI 的主要分配方式，还有固定出售和从州账户中直接分配两种方法，但是后两种分配方法所占比例非常低，不到 10%。RGGI 规定，至少 25%的配额要进行拍卖，其余 75%由各州自行决定分配方法。而实际分配过程中，各州提出的拍卖比例达到了 90%左右，有的州甚至实行 100%拍卖。

(3) 美国加利福尼亚州碳排放权交易机制。

加利福尼亚州空气资源委员会采取免费分配和拍卖相结合的方式。配额分配依据的原则包括：确保市场环境秩序稳定，减少碳排放泄漏发生，积极鼓励企业参与碳排放权交易；有利于市场保持一定的流动性；减少对个体终端消费者的影响，尤其是对低收入消费者的影响；促进低碳领域的投资，包括低碳技术和低碳燃料等；避免因配额发放带来的大量“意外之财”。

对于可以参与配额拍卖的主体资格限制比较宽松，受控排放实体、选择性受控排放实体、相关资源型排放实体以及其他注册机构均可参与配额拍卖。配额拍卖按季度举行，每季度一次。拍卖会采取一轮竞标、密封投标的方式，投标的配额数量必须是 1000t 的倍数。拍卖设置拍卖底价，最终竞标价格必须高于或等于拍卖底价。

(4) 澳大利亚碳定价机制。

在澳大利亚碳价机制实施的初期，仍然是实行以免费分配为主的碳配额制度。这有利于减轻对企业生产运营成本的影响，有利于碳价机制的推行。

澳大利亚在设计交易机制时，还考虑到与其他国家碳减排交易体系的协调和对接，以使国内企业能参与国际碳市场，购买国际碳信用额度，有机会以最低的价格来进行碳减排[8]。

然而，澳大利亚碳价机制的发展并不是一帆风顺的。2014 年 7 月 17 日，澳大利亚联邦国会参议院废除了现行的碳价机制。这使得第一阶段都尚未完成的碳定价机制草草结束。从目前来看，澳大利亚是唯一一个废除碳排放定价的国家，其未来的碳减排政策也不明朗。

2) 碳排放权交易的类型

(1) 按是否具有强制性分类。

根据是否具有强制性，碳交易市场可分为强制性(或称履约型)碳交易市场和自愿型碳交易市场。

强制性碳交易市场，也就是通常提到的“强制加入、强制减排”，是目前国际上运用最为普遍且发展势头最为迅猛的碳交易市场。强制性碳交易市场能够为《京都议定书》中强制规定温室气体排放标准的国家或企业有效提供碳排放权交易平台，通过市场交易实现减排目标，其中较为典型或影响力较大的有 EUETS、RGGI、新西兰排放交易体系(NZETS)等。

自愿性碳交易市场，多出于企业履行社会责任、增强品牌建设、扩大社会效益等一些非履约目标，或是具有社会责任感的个人为抵消个人碳排放、实现碳中和生活，而主动采取碳排放权交易行为以实现减排。自愿性碳交易市场通常有两种形式：一种为"自愿加入、资源减排"的纯自愿碳市场，如日本的经济团体联合会自愿行动计划(KVAP)和自愿排放交易体系(J-VETS)；另一种为"自愿加入、强制减排"的半强制性碳市场，企业可自愿选择加入，其后则必须承担具有一定法律约束力的减排义务，若无法完成将受到一定惩罚。由于后者发生前提为"自愿加入"，且随着强制性碳交易市场的不断扩张，此类事件逐渐被强制性或纯自愿性碳市场所取代，故未单独列出。

(2)按交易标的分类。

交易标的对应于碳产品的性质和产生方式，根据不同的交易标的，可将排放交易体系分为两种基本类型，即基于配额的交易和基于项目的交易。

基于配额的交易，遵循"总量控制与交易"的机制，其交易标的是基于总体排放量限制而事前分配的排放权指标或许可，即"配额"。这一交易机制通常要求设定一个总的绝对排放量上限，对排放配额事先进行分配，减排后余出部分可在市场范围内出售，从而建构配额交易市场。就目前全球碳交易市场的运行状况来看，配额交易市场占据绝对主导地位。一般而言，总量控制与交易体系也允许抵消部分使用，即参与市场交易的国家或企业，若未达到减排目标，可在一定限度内购买特定减排项目产生的经核证的减排量或减排单位等信用额度以抵消配额。

基于项目的交易，则采用"基准与信用"的机制，对应的交易标的是某些减排项目产生的温室气体减排"信用"，如CDM下的核证减排量、JI机制下的排放减量单位等。它是一种事后授信的交易方式，只有在进行了相关活动并核实证明了其信用资格后，减排才真正具有价值，同时根据实际减排量的信用额度(确认的额外减排量)给予相应的经济激励。这一交易机制为管制对象设定了排放率或减排技术标准的基准线，对减排后优于基准线的部分经核证后发放可交易的减排信用，并允许因高成本或其他困难而无法完成减排目标的管制对象通过这些信用来履约。

(3)其他分类。

另有一些不同的标准，可将碳交易市场分为不同的类型。

根据与国际履约义务的相关性，即是否受《京都议定书》辖定，可分为京都市场和非京都市场。其中，京都市场主要由IET、CDM和JI市场组成，非京都市场则不基于《京都议定书》相关规则，包括企业自愿行为的碳交易市场和一些零散市场等。

根据覆盖地域范围，可分为跨国性/全国性碳交易市场、区域性碳交易市场、地区性碳交易市场。跨国性/全国性碳交易市场的典型代表为EUETS。

根据覆盖行业范围，可分为多行业和单行业碳交易市场，如EUETS覆盖能源、钢铁、电力、水泥、陶瓷、玻璃、造纸、航空等多个行业，RGGI只覆盖电力行业。

此外，在具体交易环节中，还可根据流通市场和产品的合约性质，分为一级市场、二级现货市场和二级衍生品市场。

3. 我国碳排放权交易试点

2011 年 3 月 16 日，“十三五”规划公布，明确提出在“十二五”期间要逐步建立碳排放权交易市场。2011 年 10 月 29 日，国家发展改革委办公厅发出《关于开展碳排放权交易试点工作的通知》[70]，同意北京市、上海市、天津市、重庆市、湖北省、广东省及深圳市开展碳排放权交易试点。各个试点在地方政府的主导下，积极设计排放政权交易体系、建设碳市场。2013 年 6 月 18 日，深圳碳市场率先启动，随后其他试点碳市场在完善相关政策法规后亦陆续启动。

各个试点地区的碳排放权交易体系和相关制度设计在碳交易体系的架构搭建上保持相对一致，均包含了政策法规体系、配额管理、报告核查、市场交易和激励处罚措施。考虑到不同地区在经济产业结构、能源结构、人口规模、消费结构、发展阶段以及发展规划等方面存在较大差异，各试点地区在组节上更多地考量了地方的差异性。整体来看，七大试点[71]碳市场的发展各具特色。

1) 深圳试点

深圳市采用灵活的碳强度指标，建设科学规则性调整总量和结构的碳市场。在此原则下，深圳对工业企业的配额分配，基于单位工业增加值进行。深圳采取“自上而下”和“自下而上”结合的方法，确定可规则性调整的总量控制目标。深圳试点的总量目标：首先，与经济增长率相关；其次，以碳强度下降为强制性约束；最后，根据碳强度下降目标和预期产值确定配额数量。

2) 上海试点

上海市采取“控制强度，相对减排”原则，“以降低碳排放强度为目标，在推动企业转型发展的基础上，合理确定企业排放配额，促进企业碳减排目标的实现”。上海试点通过编制城市温室气体排放清单，对参与碳交易的企业和单位的碳排放情况进行盘查，从而“自下而上”地确定总量控制目标。

3) 北京试点

北京试点实行碳排放总量控制。“市人民政府根据本市国民经济和社会发展计划，科学设立年度碳排放总量控制目标，严格碳排放管理，确保控制目标的实现和碳排放强度逐年下降”。另外，北京试点结合全市产业结构调整、能源结果调整，发布了 41 个细分行业的碳排放强度先进值。

4) 广东试点

广东试点按照“现有控排企业逐步减少排放，预留新建项目排放空间”的总体思路确定配额总量。确定各个行业配额总量的思路如下：第一，电力行业。合理预留增长空间，保证全省供电需求。第二，水泥行业。淘汰落后产能，置换排放空间。第三，钢铁行业。淘汰落后产能，预留新增排放空间。第四，石化行业。保证新建项目需求，减少现有企业排放。

5）天津试点

天津试点通过一般均衡（computable general equilibrium，CGE）模型、长期能源替代规划（long-range energy alternative planning，LEAP）系统，设置了基准线情景、无约束情景、宽松情景和低碳情景等不同情景进行分析，估算设定碳排放总量目标。

6）湖北试点

根据《湖北省碳排放权交易试点工作实施方案》，湖北试点根据国家下达的“十二五”期间单位生产总值二氧化碳排放下降17%和单位生产总值能耗下降16%的目标，通过科学核算和预测，确定全省2015～2020年温室气体排放总量和分行业碳排放总量。

7）重庆试点

采用简化的“自上而下”和“自下而上”结合的方法，设定总量控制目标。

“自下而上”确定基准配额总量。以2008～2012年的历史排放量为基础，选择各个企业的最高年度排放量，加总得到2013年的交易覆盖企业的基准配额总量。

“自上而下”确定交易覆盖企业的总体排放目标。结合重庆市“十二五”期间碳排放强度下降17%的目标和单位工业增加值能耗下降18%的目标，确定了企业在2013～2015年年度配额总量逐年下降4.13%的绝对量化减排目标。2015年后，则根据国家下达的碳排放下降目标确定。

5.4　展　　望

当前，面对全球范围的能源资源紧张、环境污染以及气候变化等诸多挑战，努力降低对化石能源的依赖，逐步建立以清洁能源为主的新型能源体系，已经成为世界各国的共同目标和选择。能源互联网是以互联网思维与理念构建的新型信息-能源融合的“广域网”，它以电网为“主干网”，以微能网、分布式能源等能量自治单元为“局域网”，以开放对等的信息-能源一体化架构，真正实现能源的按需传输和动态平衡使用，因此可以最大限度地适应新能源的接入。全球多个此类的“广域网”通过信息及大电网互联互通，有助于在全球“广域范围内”激发能源的时空互补潜能，实现能源优化配置。

5.4.1　能源互联网的建设思路与建设重点

1. 能源互联网的建设思路

能源互联网建设是新能源技术、储能技术、现代通信技术等先进技术与配套政策措施、市场机制的高度整合，是一项高度复杂的系统工程。本书提出我国能源互联网的建设思路，为能源互联网的建设和发展提供借鉴及指导。具体建设思路如下。

(1) 统筹规划与顶层设计。结合我国国情以及能源分布特点、用能情况以及社会经济条件，建立适合我国的能源互联网络体系。开拓适合我国国情的能源互联网模式，制定发展能源互联网的路线图和清晰明确的行动纲领。

(2) 优化能源结构。制定可再生能源中长期规划，选择重点清洁能源优先发展，以点带面，实现清洁可再生能源的全面发展，扩大能源互联网的能量源。

(3) 提升能源互联网支撑能力，为我国能源互联网建设提供更为有力的技术支撑和储备。加快“云计算”在能源领域中的应用与发展。“大数据”是未来能源互联网发展的重要信息数据支撑，而“云计算”作为计算资源的底层，支撑着上层的“大数据”处理，凭借其存储成本低、安全可靠，处理速度快的特点，将会成为能源互联网中信息数据交互的可靠保障。

(4) 完善市场机制。能源互联网具有高度开放和共享的特点，这在很大程度上取决于政策和市场的开放自由程度。推动政府完善相关的政策制度，建立完善的市场机制，防止出现市场垄断，以政策形式扶持能源市场的自由化。

(5) 完善各类数据标准及信息传输协议。主要是指完善能源互联网中各类型设备以及数据接口标准以及信息传输协议，从而保证能源互联网中设备与设备、设备与能源网络、设备与通信网络以及信息与数据的互联互通，推动能源互联网的建设与部署。

(6) 综合论证实施的必要性和可行性。能源互联网不可能一蹴而就，应循序渐进，进行相应的示范园区建设与试点实验验证。通过相应的试点工程对能源互联网技术以及政策的可行性进行综合、科学的探讨论证。

2. 能源互联网建设的重点任务

2016 年，我国发布有关文件中明确了能源互联网建设的十大重点任务。

一是推动建设智能化能源生产消费基础设施。鼓励建设智能风电场、智能光伏电站等设施及基于互联网的智慧运行云平台，实现可再生能源的智能化生产；鼓励煤、油、气开采加工及利用全链条智能化改造，实现化石能源绿色、清洁和高效生产；鼓励建设以智能终端和能源灵活交易为主要特征的智能家居、智能楼宇、智能小区和智能工厂。

二是加强多能协同综合能源网络建设。推动不同能源网络接口设施的标准化、模块化建设，支持各种能源生产、消费设施的“即插即用”与“双向传输”，大幅提升可再生能源、分布式能源及多元化负荷的接纳能力。

三是推动能源与信息通信基础设施深度融合。促进智能终端及接入设施的普及应用，促进水、气、热、电的远程自动集采集抄，实现多表合一。

四是营造开放共享的能源互联网生态体系，培育售电商、综合能源运营商和第三方增值服务供应商等新型市场主体。

五是发展储能和电动汽车应用新模式。积极开展电动汽车智能充放电业务，探索电动汽车利用互联网平台参与能源直接交易、电力需求响应等新模式；充分利用风能、太阳能等可再生能源资源，在城市、景区、高速公路等区域因地制宜建设新能源充放电站等基础设施，提供电动汽车充放电、换电等业务。

六是发展智慧用能新模式。建设面向智能家居、智能楼宇、智能小区、智能工厂的能源综合服务中心，通过实时交易引导能源的生产消费行为，实现分布式能源生产、消费一体化。

七是培育绿色能源灵活交易市场模式。建设基于互联网的绿色能源灵活交易平台，支持风电、光伏、水电等绿色低碳能源与电力用户之间实现直接交易；构建可再生能源实时补贴机制。

八是发展能源大数据服务应用。实施能源领域的国家大数据战略，拓展能源大数据采集范围。

九是推动能源互联网的关键技术攻关。支持直流电网、先进储能、能源转换、需求侧管理等关键技术、产品及设备的研发和应用。

十是建设国际领先的能源互联网标准体系。

5.4.2　能源互联网发展路径

1. V1.0 阶段——基于区域/园区的能源互联网业务

V1.0 能源生态模式如图 5.12 所示。可以通过整合资源，整合相互独立的资本和整合技术，形成可控的多能互补体系，充分挖掘综合能源优化供给的潜在价值。通过储能设施，运用互联网技术，实现能源信息的整合，最终提高综合用能效率，

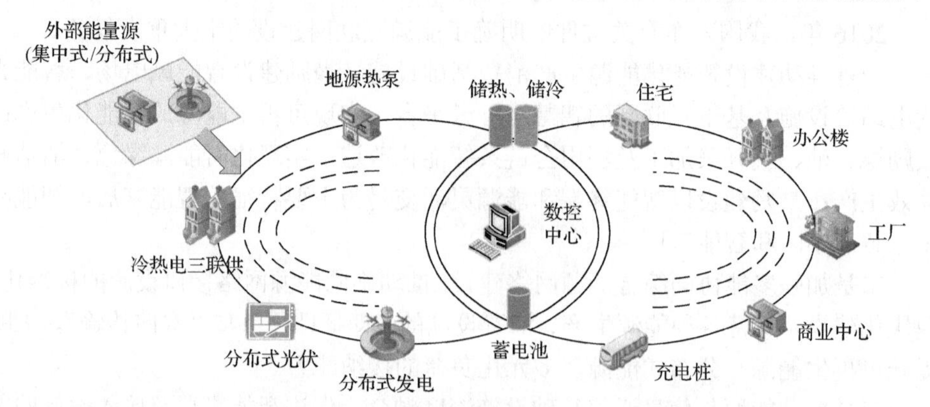

图 5.12　区域综合能源未来生态 V1.0 能源生态模式

提供用户综合能源服务，参与能源市场交易，从而获得额外收益，实现投资方、区域设施产权所有方、用能单位的多方互赢。

2. V2.0 阶段——基于多区域/园区能量与信息互通的能源互联网业务

广泛地复制 V1.0 能源生态模式，将不同园区的局部能源互联网连接起来，总体运作，如图 5.13 所示。在满足各自区域园区整体能源需求的基础上，将不同园区的多余能源，通过电网、热网等形式整合并输出，以广义能源互联网形式成规模地对其他用户供能。

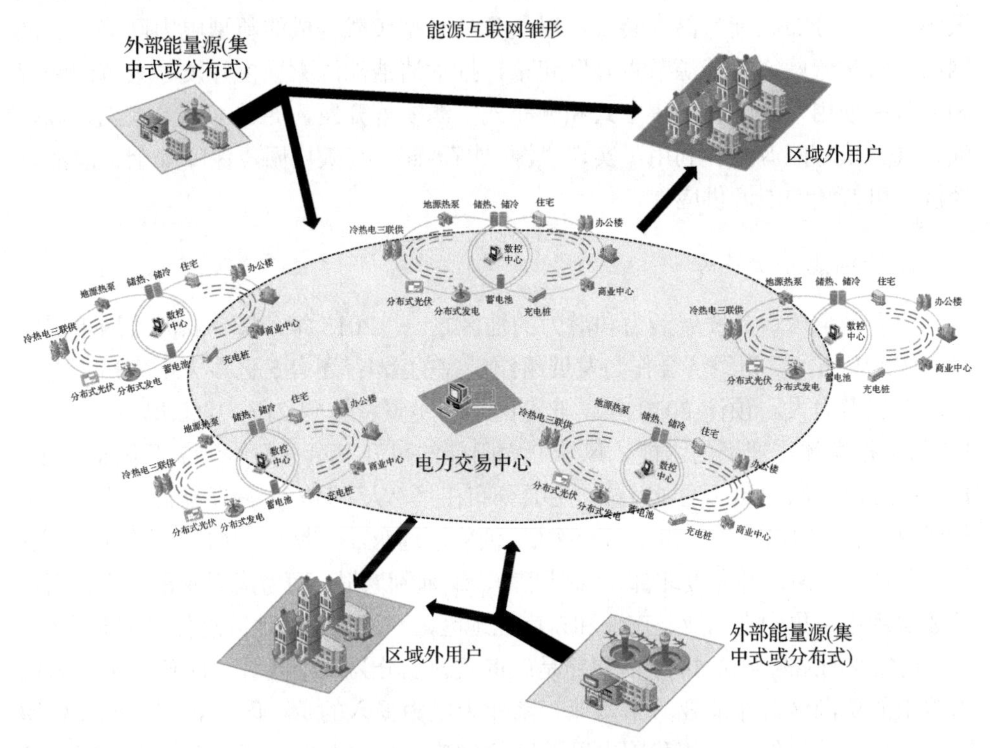

图 5.13　区域综合能源未来生态 V2.0 能源生态模式

3. V3.0 阶段——基于能源基地与需求中心的源-网-荷-储能源互联网业务

在成熟运作 V2.0 能源生态模式的基础上，将可再生能源基地与需求中心，以电网为核心，多种管网并举的方式连接，通过交易平台大范围配置可再生能源，实现可再生能源高渗透率供给。

4. V4.0 阶段——全球能源互联网

在各国 V3.0 能源生态模式发展成熟的基础上，为解决全球范围内资源与需求不匹配的能源供需结构，充分开发各大洲可再生能源基地，以及北极风电、赤道太阳能等资源，通过高压电力网络实现全球范围内可再生能源的优化配置。

5.4.3 全球能源互联网发展格局

在全球范围内构筑能源互联网是一项开创性的系统工程。基于对全球水能、风能、太阳能等资源的评估，以及对世界电力发展、能源供需的研究，综合考虑技术进步，构建全球能源互联网，其总体思路是：以电网为核心，基于互联网思维，运用先进的电力电子技术、信息技术和智能管理技术，将大量由分布式能量采集装置、分布式能量储存装置，以及各种类型负载构成的新型电力网络、石油网络、天然气网络等能源节点互联起来，推动清洁能源大规模开发、大范围配置和高效率使用，加快各种集中式和分布式电源统筹开发，促进水、风、光、煤、油、气、核等能源互补利用，实现“源-网-荷-储”高效协同，保障安全、清洁、经济、可持续的能源供应。

1. 亚洲能源互联网

亚洲是全球最具发展活力和潜力的地区之一。2015 年，整个亚洲人均年用电量 2032kW·h，仅为经济合作与发展组织国家的 1/4；还有 5 亿多无电人口，电力需求增长潜力大。预计 2030 年，亚洲的总用电量将达到 21.6 万亿 kW·h，增长 1.3 倍。据统计，亚洲的水能、风能、太阳能的可开发量分别达到 7 万亿 kW·h、160 万亿 kW·h、240 万亿 kW·h，主要分布在呈“人”字形的两条能源带上：一条从西亚、中亚到我国西部和北部、蒙古、俄罗斯远东，可考虑以风能、太阳能为主；另一条从巴基斯坦和印度北部、我国西南、缅甸到老挝，可考虑以水能为主。而亚洲 80%用电量集中在东亚、南亚和东南亚地区，与资源富集地区总体呈逆向分布。

构建亚洲能源互联网的一种思路是：将亚洲划分为六个区域，西亚、中亚为电力输出的资源区，东北亚、东南亚、南亚为电力受入的负荷区，我国是连接资源区和负荷区的枢纽。发挥我国电网的区位优势，加快开发中亚、西亚清洁能源基地，经我国送电至东北亚、东南亚、南亚，形成“西电东送、北电南供”的格局，实现亚洲能源互联互通。

2. 欧洲能源互联网

欧洲的能源消费水平高，其中的化石能源占 72%。欧洲未来的发展趋势主要是用清洁能源替代化石能源，并大幅提高电能比例。根据欧盟《2050 能源路线图》，实现 2050 年碳减排 80%～95%的目标，清洁能源比例要超过 80%；电力需求在 2010 年基础上增长 50%～80%，需要增加 4 万亿 kW·h 左右的清洁电力。欧洲风能主要集中在北海、波罗的海等地区，太阳能集中在地中海沿岸。但内陆地区资源有限，如德国太阳能发电利用小时数仅为北非的 50%左右，单位电量成本高并占用大量土地，仅靠洲内开发无法实现清洁发展目标。这就决定了必须发挥周边非洲、亚洲的资源优势，走洲内开发和跨洲配置并重的发展道路。

构建欧洲能源互联网的总体思路是：加强欧洲电网骨干网架升级改造，建设北欧、北海、南欧至欧洲大陆输电通道，支撑洲内清洁能源大规模开发利用；推进欧洲、亚洲、非洲电网互联，引入非洲、亚洲清洁能源，更大范围优化配置资源，形成欧亚非电网互联格局，实现可持续发展目标。

3. 非洲能源互联网

非洲地区长期严重缺电，人均年用电量 650kW·h，仅为经济合作与发展组织国家的 7.7%，有近 6 亿无电人口。预计 2050 年，非洲的用电总量将达到 5 万亿 kW·h，是目前的 7 倍，电力需求潜力巨大。非洲拥有丰富、优质的清洁能源资源，水能、风能、太阳能分别占全球的 10%、32%和 40%。太阳能主要集中在北部和南部，风能集中在东部和西北部沿海地区，水能集中在刚果河、尼罗河、赞比西河、尼日尔河。

构建非洲能源互联网的一种思路是：加快建设北部、西部、中部、南部、东部五大区域互联电网和大型能源基地送出通道，早日形成非洲统一电网，发挥非洲水电“调节器”作用，支撑南部、北部风电、太阳能发电开发，保障洲内电力供应。同时，建设非洲-欧洲输电通道，向欧洲输送清洁电力，将资源优势转化为经济优势，带动非洲经济社会发展。

4. 美洲能源互联网

美洲能源发展不平衡。北美洲能源消费总量占世界的 20%左右，其中化石能源占 82%。要实现碳减排目标，必须加快开发清洁能源，到 2050 年用电总量将翻一番，达到 10.2 万亿 kW·h。南美洲人均年用电量 1877kW·h，仅为经济合作与发展组织国家的 22%。预计到 2050 年，用电总量将增长 5 倍，达到 5 万亿 kW·h。美洲清洁能源资源丰富，北美洲主要有加拿大东部和西部水能、美国中部风能、美国西南部和墨西哥太阳能，南美主要有亚马孙河水能、西海岸中部阿塔卡玛沙漠太阳能、阿根廷南部风能。能源消费主要集中在美国东西海岸、巴西东南部和阿根廷中部等地区。

构建美洲能源互联网的一种思路是：加强北美洲电网网架建设和改造，加快开发加拿大水电，美国西南部、中部和墨西哥北部风电、太阳能发电，向美国东西海岸负荷地区送电；加快开发亚马孙流域水能、阿塔卡玛沙漠太阳能和沿海风能，形成南美洲洲内“北电南送、西电东送、水风光互济”格局；同时，依托中美洲电网实现北美-南美跨洲联网。

5.5 本章小结

能源互联网是在全球能源供给短缺、环境污染与气候变化、新能源的开发与利用以及互联网信息技术全面普及的大背景下逐步发展起来的新型能源供需体系。

本章通过分析能源互联网的几种典型认知方式，结合我国能源发展需要和政策方向，给出了一种能源互联网的定义，即以智能电网为基础平台，构建多类型能源互联网络，利用互联网思维与技术改造传统能源行业，实现横向多源互补，纵向“源-网-荷-储”协调，能源与信息高度融合的新型能源体系，促进能源交易透明化，推动能源商业模式创新。

本章围绕该能源互联网的定义，从能源互联网关键技术、能源互联网商业模式以及能源互联网未来形态展望等方面进行了详细的论述。首先，对清洁能源技术、能源传输与变换技术、能源存储技术、能源互联网运行优化及信息通信关键技术等五大能源互联网关键技术进行了系统性的分析与论述；其次，通过深度梳理分析，找出了能源系统与信息系统的相关政策、机制、技术等关键因素，并以互联网思维对能源互联网商业模式进行了初探；最后，从能源革命和全球能源互联网战略的角度对能源互联网的发展进行了展望，提出从基于区域/园区的能源互联网业务(V1.0)到全球能源互联网(V4.0)的发展路径以及未来各大洲的全球能源互联网发展格局。希望本章内容能够为读者提供一种当前视角下的能源互联网知识框架。

参考文献

[1] 赵立昌. 互联网经济与我国产业转型升级[J]. 当代经济管理, 2015, 37(12): 54-59.

[2] Rifkin J. The Third Industrial Revolution: How Lateral Power Is Transforming Energy, the Economy, and the World[M]. New York: Palgrave MacMillan, 2011: 73-107.

[3] Alex Q H, Mariesa L C, Gerald T H, et al. The future renewable electric energy delivery and management (FREEDM) system: The energy internet[J]. Proceedings of the IEEE, 2010, 99(1): 133-148.

[4] Boyd J. An internet-inspired electricity grid[J]. IEEE Spectrum, 2013, 50(1): 12-14.

[5] Xue Y S. Energy internet or comprehensive energy network[J]. Journal of Modern Power Systems & Clean Energy, 2015, 3(3): 297-301.

[6] 曹军威, 孟坤, 王继业, 等. 能源互联网与能源路由器[J]. 中国科学: 信息科学, 2014, 44(6): 714-727.

[7] Nicola B, Angelo P, Michele Z. The internet of energy: A Web-enabled smart grid system[J]. IEEE Network, 2012, 26(4), 39-45.

[8] Lanzisera S, Weber A R, Liao A, et al. Communicating power supplies: Bringing the internet to the ubiquitous energy gateways of electronic devices[J]. Internet of Things Journal, 2014, 1(2): 153-160.

[9] Grid 2030: A national vision for electricity's second 100 years[R]. United State Department of Energy Office of Electric Transmission and Distribution, 2003.

[10] 曾鸣, 张晓春, 王丽华. 以能源互联网思维推动能源供给侧改革[J]. 电力建设, 2016, 37(4): 10-15.

[11] 姚建国, 高志远, 杨胜春. 能源互联网的认识和展望[J]. 电力系统自动化, 2015, 39(23): 9-14.

[12] 余晓丹, 徐宪东, 陈硕翼, 等. 综合能源系统与能源互联网简述[J]. 电工技术学报, 2016, 31(1): 1-13.

[13] 马为民, 吴方劼, 杨一鸣. 柔性直流输电技术的现状及应用前景分析[J]. 高电压技术, 2014, 40(8): 2429-2439.

[14] 季舒平. 上海南汇柔性直流输电示范工程关键技术研究[D]. 上海: 上海交通大学, 2013.

[15] 温家良, 吴锐, 彭畅, 等. 直流电网在中国的应用前景分析[J]. 中国电机工程学报, 2012, 32(13): 7-12, 185.

[16] 王杨宁. 论多端直流输电与直流电网技术[J]. 低碳世界, 2014, (7): 60-61.

[17] 邱巍, 鲍洁秋, 于力. 海底电缆及其技术难点[J]. 沈阳工程学院学报(自然科学版), 2012, 8(1): 41-44.

[18] 应启良. 我国发展直流海底电力电缆的前景[J]. 电线电缆, 2012, (3): 1-7, 10.

[19] 赵健康, 陈铮铮. 国内外海底电缆工程研究综述[J]. 华东电力, 2011, 39(9): 1477-1481.

[20] 郭学勇. 浅谈海底电缆的实际应用[J]. 企业技术开发: 学术版, 2011, 30(1): 36-37, 65.

[21] 王成山, 宋关羽, 李鹏, 等. 一种联络开关和智能软开关并存的配电网运行时序优化方法[J]. 中国电机工程学报, 2016, 36(9): 2315-2321.

[22] 王伟亮, 王丹, 贾宏杰, 等. 能源互联网背景下的典型区域综合能源系统稳态分析研究综述[J]. 中国电机工程学报, 2016, 36(12): 3292-3305.

[23] 徐宪东, 贾宏杰, 靳小龙, 等. 区域综合能源系统电/气/热混合潮流算法研究[J]. 中国电机工程学报, 2015, 35(14): 3634-3642.

[24] 黄国日, 刘伟佳, 文福拴, 等. 具有电转气装置的电-气混联综合能源系统的协同规划[J]. 电力建设, 2016, 37(9): 1-13.

[25] 陈沼宇, 王丹, 贾宏杰, 等. 考虑 P2G 多源储能型微网日前最优经济调度策略研究[J]. 中国电机工程学报, 2016, 37(11): 3067-3077.

[26] 刘伟佳, 福拴, 薛禹胜, 等. 电转气技术的成本特征与运营经济性分析[J]. 电力系统自动化, 2016, 40(24): 1-11.

[27] 刘晓飞, 张千帆, 崔淑梅. 电动汽车 V2G 技术综述[J]. 电工技术学报, 2012, 27(2): 121-127.

[28] 张文亮, 丘明, 来小康. 储能技术在电力系统中的应用[J]. 电网技术, 2008, 32(7): 1-9.

[29] 艾欣, 董春发. 储能技术在新能源电力系统中的研究综述[J]. 现代电力, 2015, 32(5): 1-9.

[30] 丛晶, 宋坤, 鲁海威, 等. 新能源电力系统中的储能技术研究综述[J]. 电工电能新技术, 2014, 33(3): 53-59.

[31] 吕健钫, 吴林林, 盛四清, 等. 满足系统调度需求的储能技术的应用研究[J]. 华北电力技术, 2015,(3): 1-7.

[32] 李佳琦. 储能技术发展综述[J]. 电子测试, 2015,(18): 48-52.

[33] 周林, 黄勇, 郭珂, 等. 微电网储能技术研究综述[J]. 电力系统保护与控制, 2011, 39(7): 147-152.

[34] 陈建斌, 胡玉峰, 吴小辰. 储能技术在南方电网的应用前景分析[J]. 南方电网技术, 2010, 4(6): 32-36.

[35] 曾鸣, 杨雍琦, 刘敦楠, 等. 能源互联网“源-网-荷-储”协调优化运营模式及关键技术[J]. 电网技术, 2016, 40(1): 114-124.

[36] 陈启鑫, 刘敦楠, 林今, 等. 能源互联网的商业模式与市场机制(一)[J]. 电网技术, 2015, 39(11): 3050-3056.

[37] 郝文斌, 陈立, 于晋, 等. 城市能源互联网体系架构设计研究[J]. 通信电源技术, 2017, 34(2): 120-122.

[38] 马钊, 周孝信, 尚宇炜, 等. 能源互联网概念、关键技术及发展模式探索[J]. 电网技术, 2015, 39(11): 3014-3022.

[39] 孙宏斌, 郭庆来, 潘昭光. 能源互联网: 理念、架构与前沿展望[J]. 电力系统自动化, 2015, 39(19): 1-8.

[40] 赵彪, 赵宇明, 王一振, 等. 基于柔性中压直流配电的能源互联网系统[J]. 中国电机工程学报, 2015, 35(19): 4843-4851.

[41] 蔡巍, 赵海, 王进法, 等. 能源互联网宏观结构的统一网络拓扑模型[J]. 中国电机工程学报, 2015, 35(14): 3503-3510.

[42] 田世明, 栾文鹏, 张东霞, 等. 能源互联网技术形态与关键技术[J]. 中国电机工程学报, 2015, 35(14): 3482-3494.

[43] 杨方, 白翠粉, 张义斌. 能源互联网的价值与实现架构研究[J]. 中国电机工程学报, 2015, 35(14): 3495-3502.

[44] 曹军威, 王继业, 明阳阳, 等. 软件定义的能源互联网信息通信技术研究[J]. 中国电机工程学报, 2015, 35(14): 3649-3655.

[45] 王继业, 孟坤, 曹军威, 等. 能源互联网信息技术研究综述[J]. 计算机研究与发展, 2015, 52(5): 1109-1126.

[46] 董朝阳, 赵俊华, 文福拴, 等. 从智能电网到能源互联网: 基本概念与研究框架[J]. 电力系统自动化, 2014, 38(15): 1-11.
[47] 施羽暇. 人工智能芯片技术研究[J]. 电信网技术, 2016, (12): 11-13.
[48] 高超, 孙颖, 褚婧, 等. 云计算在智能电网中的应用[J]. 电信技术, 2016, (7): 85-89.
[49] 张东霞, 苗新, 刘丽平, 等. 智能电网大数据技术发展研究[J]. 中国电机工程学报, 2015, 35(1): 2-12.
[50] 燕妮. 浅论物联网技术的应用研究[J]. 科技信息, 2013, (19): 81, 94.
[51] 王家华. 物联网在智能电网中的应用[C]. 战略性新兴产业的培育和发展——首届云南省科协学术年会, 2011.
[52] 赵国栋. 大数据时代的历史机遇[M]. 北京: 清华大学出版社, 2013.
[53] 刘振亚. 智能电网技术[M]. 北京: 中国电力出版社, 2010.
[54] 李国杰, 程学旗. 大数据研究: 未来科技及经济社会发展的重大战略领域——大数据的研究现状与科学思考[J]. 中国科学院院刊, 2012, 27(6): 647-657.
[55] 沐连顺, 崔立忠, 安宁. 电力系统云计算中心的研究与实践[J]. 电网技术, 2011, 35(6): 171-175.
[56] 王德文, 宋亚奇, 朱永利. 基于云计算的智能电网信息平台[J]. 电力系统自动化, 2010, 34(22): 7-12.
[57] 赵俊华, 文福拴, 薛禹胜, 等. 云计算: 构建未来电力系统的核心计算平台[J]. 电力系统自动化, 2010, 34(15): 1-8.
[58] 曹军威, 孙嘉平. 能源互联网与能源系统[M]. 北京: 中国电力出版社, 2016.
[59] 孙威, 李建林, 王明旺, 等. 能源互联网储能系统商业运行模式及典型案例分析[M]. 北京: 中国电力出版社, 2017.
[60] 赖征田. 电力大数据[M]. 北京: 机械工业出版社, 2016.
[61] 余来文. 企业商业模式[M]. 北京: 经济管理出版社, 2014.
[62] 能源互联网研究课题组. 能源互联网发展研究[M]. 北京: 清华大学出版社, 2017.
[63] 曾鸣, 樊倩男. 新形势下我国电力需求侧管理的发展方向[J]. 黄河科技大学学报, 2016, 18(6): 47-54.
[64] 夏鑫, 黄永斌. 电力需求侧管理城市综合试点进展与建议[J]. 供用电, 2014, (3): 21-23.
[65] 刘敦楠, 曾鸣, 黄仁乐, 等. 能源互联网的商业模式与市场机制(二)[J]. 电网技术, 2015, 39(11): 3057-3063.
[66] 周国亮. 区块链技术在能源互联网中的应用[C]. 电力行业信息化年会. 2016.
[67] 张宁, 王毅, 康重庆, 等. 能源互联网中的区块链技术: 研究框架与典型应用初探[J]. 中国电机工程学报, 2016, 36(15): 4011-4022.
[68] United Nations Framework Convention on Climate Change(Organization). Kyoto protocol to the united nations framework convention on climate change[J]. Review of European Community & International Environmental Law, 1998, 7(2): 214-217.

[69] 曾贤刚, 朱留财, 吴雅玲. 气候谈判国际阵营变化的经济学分析[J]. 环境经济, 2011, (Z1): 39-48.

[70] 陈洁民, 李慧东, 王雪圣. 澳大利亚碳排放交易体系的特色分析及启示[J]. 生态经济, 2013, (4): 70-74, 87.

[71] 孟早明, 葛兴安, 等. 中国碳排放权交易实务[M]. 北京: 化学工业出版社, 2016.